钢结构工程关键岗位人员培训丛书

钢结构工程翻样下料员必读

魏 群 主编

王裕彪 陈学茂 孔祥成 刘 悦 副主编

中国建筑工业出版社

图书在版编目（CIP）数据

钢结构工程翻样下料员必读/魏群主编. —北京：中国建筑工业出版社，2012.1
钢结构工程关键岗位人员培训丛书
ISBN 978-7-112-13909-5

Ⅰ. ①钢… Ⅱ. ①魏… Ⅲ. ①钢结构-建筑材料-技术培训-教材 Ⅳ. ①TU511.3

中国版本图书馆 CIP 数据核字（2011）第 274272 号

本书为钢结构工程翻样下料员的培训用书及必备参考书，全书全面系统介绍了钢结构工程翻样下料员必须掌握的专业基础知识、专业技能、施工中常遇到的问题及其解决方法，特别是对近年来工程实践中广泛应用的新技术、新工艺、新材料、新设备进行了介绍。全书共 12 章，分别是：概论、建筑钢结构常用钢材、钢结构构件加工制作的准备工作、钢结构构件翻样与下料、钢材加工工艺、焊接连接、螺栓连接、铆接工艺、组装装配、钢结构变形的矫正、钢结构工程防腐蚀、钢结构制作的安全生产。本书内容丰富，浅显实用，概念清晰，通俗易懂，并附有例题、实例和有关图表供参考使用。

本书既可作为钢结构工程翻样下料员的培训用书，也可作为钢结构工程项目管理人员、施工技术人员、监理人员及工程质量监督人员的参考用书。

* * *

责任编辑：范业庶
责任设计：李志立
责任校对：王誉欣 陈晶晶

钢结构工程关键岗位人员培训丛书
钢结构工程翻样下料员必读
魏 群 主编
王裕彪 陈学茂 孔祥成 刘 悦 副主编
*
中国建筑工业出版社出版、发行（北京西郊百万庄）
各地新华书店、建筑书店经销
霸州市顺浩图文科技发展有限公司制版
北京建筑工业印刷厂印刷
*
开本：787×1092 毫米 1/16 印张：18¾ 字数：452 千字
2012 年 3 月第一版 2012 年 3 月第一次印刷
定价：**45.00** 元
ISBN 978-7-112-13909-5
（21576）

《钢结构工程关键岗位人员培训丛书》
编写委员会

前　言

钢结构建筑被称为21世纪的绿色工程，具有强度高、重量轻、抗震性能好、施工速度快、地基费用省、工业化程度高、建筑造型美观等诸多优点，与其他结构相比，它还是节能环保型的、可回收利用的建筑结构。自改革开放以来，我国钢结构建设发展很快，钢材的品种、质量有了很大的提高，一些新设备、新技术、新材料不断地应用到工程实践中。与此同时，为了保证工程质量，对钢结构行业技术人员的知识更新和整体素质提出了更高的要求。

在工程实践中，如何在严格遵循国内外相关钢结构设计、制作和安装规范的前提下，准确、真实地将结构施工图所表达的内容转化为钢结构制造企业更易于接受的车间制造工艺详图，并指导制作方、安装方关于结构设计的制作工艺，安装方案，保证工程建设满足技术规范，同时审核钢结构制作图纸的准确性，对图纸的改进提出合理化建议的工作就显得尤为重要。

然而，通过近几年对钢结构设计、施工现状的调查与了解，发现业界对钢结构翻样下料的重视程度不容乐观。为了提高对钢结构设计图纸的深化认识，也为了提高钢结构翻样下料员的整体技术素质，编者针对钢结构翻样下料员必须掌握的知识，用通俗的语言，编写了这本《钢结构工程翻样下料员必读》。

本书共分十二章。包括概论、建筑钢结构常用钢材、钢结构构件加工制作的准备工作、钢结构构件翻样与下料、钢材加工工艺、焊接连接、螺栓连接、铆接工艺、组装装配、钢结构变形的矫正、钢结构工程防腐蚀、钢结构制作的安全生产，系统地介绍了钢结构工程翻样下料员必备的基本知识、基本理论和方法。编写时，力求语言简练、重点突出、浅显实用、内容翔实，讲清概念、联系实际、便于自学、文字通俗易懂。

在本书的编写过程中，参阅了我国最新的标准规范及大量的资料和书籍，并得到了中国建筑工业出版社领导和有关人员的大力支持，在此谨表衷心感谢！由于编者水平有限，加上时间仓促，书中缺点在所难免，恳切读者提出宝贵意见。

目　录

1 概　论

1.1 钢结构的特点及发展方向

钢结构工程是一个系统工程，小到几吨，大到几千吨、几万吨；在国民经济中占有很重要的地位，我国是世界上最大的钢结构市场。我国钢产量大幅度增加，已跃居世界第一，更加速了钢结构的发展。

1.1.1 钢结构优点

钢结构和其他材料的结构（如钢筋混凝土结构、木结构和砌体结构等）相比，有如下优点：

（1）钢材的强度高，塑性和韧性好

钢材与其他建筑材料相比，强度高很多，适合建造跨度大、高度高或承载重的结构。钢材塑性好，变形大，结构在一般工作条件下不会因超载而突然断裂。韧性好，吸收能量的能力强，使钢结构具有优越的动力荷载适应性，因此，在地震区采用钢结构是比较合适的。

（2）钢材材质均匀，同力学计算的假定比较符合

钢材在冶炼和轧制过程中质量可严格控制，材质波动的范围很小，与其他建筑材料相比，钢材内部组织均匀，各个方向的物理力学性能基本相同，接近于各向同性体，且在一定的应力幅度内应力与应变成线性关系。这些物理力学性能比较符合工程力学计算采用的基本假定，因此，钢结构的实际工作性能与理论计算结果吻合较好。

（3）钢结构的重量轻

虽然钢材的密度比其他建筑材料大许多，但因强度高，做成的结构比较轻。其轻质性可以用强度与相对密度之比来衡量，比值越大则结构越轻。例如，同样跨度承受相同荷载的普通钢屋架的重量只有钢筋混凝土屋架的 1/4～1/3。若采用冷弯薄壁型钢屋架，甚至接近 1/10。结构重量轻可降低地基及基础部分造价，而且对抵抗地震作用有利，同时方便运输及吊装。但由于强度高，做成的构件截面小而壁薄，受压时构件一般由稳定和刚度控制，强度难以充分发挥。

（4）钢结构制造简便，施工周期短

钢结构所用材料为成材，其构件由专业化的工厂制造，加工简便，机械化程度高，质量可靠，精确度高。钢结构施工一般采用构件在工厂制造后运至工地拼装，可以采用安装简便的普通螺栓和高强度螺栓，也可在地面拼装或焊接成较大单元后吊装，现场装配速度很快，施工周期短，交付使用快。小量的钢结构和轻钢结构也可以在现场就地制造，随即用简便机械吊装。此外，已建钢结构易于拆迁、改建、扩建和加固。

（5）钢结构密闭性好

钢材组织致密，具有不渗透性和耐高压性，采用焊接可制成完全密闭结构，水密性和

气密性均较好，适合压力容器、油库、管道和煤气柜等板壳结构。

1.1.2 钢结构缺点

钢结构与钢筋混凝土结构、木结构和砌体结构等相比，有如下缺点：

（1）钢结构耐腐蚀性差

钢材的最大缺点是易锈蚀，对钢结构必须注意防护，尤其是薄壁构件。新建钢结构必须先彻底除锈并涂刷防锈油漆或镀锌，然后定期维护，维护费用较大。在无侵蚀性介质的一般厂房中，锈蚀问题并不严重。近年来出现的耐大气腐蚀的钢材具有较好的抗锈蚀能力，已逐步推广应用。

（2）钢结构耐热但不耐火

钢材长期经受100℃辐射热时，其主要性能（强度、弹性模量等）变化很小，当温度达150℃以上时，必须用隔热层加以保护，当温度超过300℃后，强度急剧下降，600℃时钢材进入塑性状态而丧失承载能力。因此钢结构不耐火，对重要结构必须采取防火措施，如涂刷防火涂料等，费用较大。

（3）钢结构在低温下可能发生脆性断裂

钢材虽为韧性材料，但在低温下材质变脆，如果设计、制造或使用不当，结构会发生脆性断裂现象，设计时应特别注意。

1.1.3 钢结构的合理应用范围

钢结构的合理应用范围不仅取决于钢结构本身的特点，而且取决于国民经济发展的具体情况。过去由于我国钢产量不能满足国民经济建设的需要，使得钢结构的应用受到限制。1949年全国钢产量只有十几万 t，随着近十年钢产量的快速增长，1998年已达1亿 t，居世界钢产量第一位，2002年钢产量达2亿 t，使钢结构在我国得到很大发展，应用范围很广。

目前钢结构的适用范围，就工业与民用建筑来说，大致如下：

（1）大跨结构

结构跨度越大，自重在全部荷载中所占比重越大，减轻自重就成为设计的关键；钢结构具有材料强度高，自重结构轻的特点。适用于大跨度结构，如飞机制造厂的装配车间（跨度一般在60m以上）、飞机库、火车站、展览馆、影剧院、大会堂等的大跨结构体系。常用结构形式有网架（壳）结构、桁架结构、拱结构、悬索结沟、斜拉结构、框架结构以及预应力结构等。

（2）重型厂房结构

重型厂房是指车间里的桥式吊车的起重量很大（通常在100t以上）或起重量虽不大，但吊车在24h内作业频繁的厂房，以及直接承受很大振动荷载或受振动荷载影响很大的厂房，例如，大型钢铁企业的炼钢、轧钢、无缝钢管等车间；重型机器厂的铸钢、锻压、水压机车间；造船厂的船体车间等。

（3）高层建筑结构

由于城市建设的需要，高层、超高层建筑逐渐增多。钢结构强度高、自重轻，构件体积小，且装配化程度高，对高层建筑尤其有利。因此，多采用全钢结构或钢-混凝土组合结构作为高层结构的承重结构。例如，上海浦东 88 层的金茂大厦，其高度为 420.5m，采用钢框架—混凝土内筒结构，为我国第一高楼；上海锦江饭店、北京京广大厦、深圳发展中心大厦及深圳地王大厦等均为高层钢结构建筑。

（4）高耸结构

高耸结构包括塔架和桅杆结构，如高压输电线塔架、广播和电视发射塔、环境气象监视塔、石油钻井塔和火箭发射塔等。

（5）轻型钢结构

对于使用荷载较轻的中小跨度结构，结构自重在荷载中占有较大比例，采用钢结构可有效减轻结构自重。如轻型门式刚架结构、冷弯薄壁型钢结构及钢管结构等轻型钢结构等，已广泛用于没有吊车或吊车吨位不大的工业厂房、办公楼及中小体育馆，并开始用于民用住宅建筑。

（6）受动力荷载影响的结构

设有较大锻锤或有较大动力作用设备的厂房，因振动对结构的影响较大，往往选用钢结构。抗震要求较高的结构也宜采用钢结构。

（7）可拆卸结构

需搬迁的结构，如建筑工地的生产生活用房、临时展览馆等，以及需移动的结构，如桥式起重视、塔式起重机、龙门起重机、装卸桥，以及水工船闸、升船机等，采用钢结构最适宜。

（8）容器及其他构筑物

利用密闭性及耐高压的特点，钢结构广泛地应用于冶金、石油、化工企业的油库、油罐、煤气罐、高炉、热风炉、烟囱以及水塔等。此外，还有栈桥、管道支架、钻井和石油塔架，以及海上采油平台等，也经常采用钢结构。

1.1.4 钢结构发展方向

（1）发展低合金高强度钢材和型钢品种

利用高强度钢材，可以用较少材料做成工效较高的结构，对跨度和荷载较大的结构及高耸结构极为有利；我国钢结构规范推荐的钢材有 Q235 钢、Q345 钢、Q390 钢、Q420 钢（牌号的数字为钢材屈服点，N/mm^2）。第一种钢材是普通碳素结构钢，后三种是低合金高强度结构钢，根据工程经验可知，采用低合金高强度钢材比采用 Q235 钢，可节约用钢量 15％～25％。

在连接方面，配合高强度钢材的应用，钢结构设计规范也推荐了与上述四种钢材相匹配的焊条。另外，用 35 号钢、45 号钢经热处理后制成 8.8 级高强度螺栓和 20MnTiB 钢制成 10.9 级高强度螺栓已经在工程中广泛使用。

我国钢结构常用的型钢截面有普通工字钢、槽钢和角钢，这种型钢的截面形式和尺寸不完全合理。近年开发的型钢截面还有 H 型钢和 T 型钢，可直接用作梁、柱或屋架杆件，使制造简便，工期缩短，已列入我国钢结构设计规范。

压型钢板也是一种新材料，它由薄钢板（厚 0.5～1mm）模压而成。由于其重量轻（自重仅 $0.10kN/m^2$），且具有一定的抗弯能力，作为外墙板和屋面板在轻型厂房中被广泛使用。另外，在组合楼板中可兼作施工模板使用，大大缩短施工周期。

（2）结构和构件设计计算方法的深入研究

现行国家标准《钢结构设计规范》（GB 50017）采用以概率理论为基础的极限状态设计方法，以考虑分布类型的二阶矩阵概率法计算结构可靠度，并以分项系数的设计表达式进行计算。该方法的进步之处在于不用经验的安全系数，是根据各种不定性分析所得的失效概率去度量结构可靠性，并使所计算的结构构件的可靠度达到预期的一致性和可比性。但它仍为近似概率设计法，尚需继续深入研究。

（3）结构形式的革新

平板网架结构、网壳结构、薄壁型钢结构、悬索结构、预应力钢结构等均为新结构。而钢与混凝土组合结构的研究和应用，也可看作结构的革新。这些新技术、新结构的应用，在减轻结构自重、节约钢材方面有很大作用，为大跨度结构、高层、超高层结构的发展奠定了基础。

轻型钢结构具有用钢量小，自重轻，工业化生产程度高，建造速度快，造价低，外表美观等优点，从20世纪90年代由国外引进以来，受到用户的普遍欢迎，这种结构特别适于无吊车或小吨位吊车的中小跨度单层厂房及仓库。《门式刚架轻型房屋钢结构技术规程》（CECS102）的正式颁布实施，极大地推动轻型钢结构在我国的健康发展。

（4）开发、应用新型材。

如H型钢、压型钢板、夹芯板、建筑用铝制品及膜材料、彩板瓦、金属拱形屋面板。钢和混凝土组合构件是一种经济合理的组合结构。目前，压型钢板与混凝土组合楼板、钢与混凝土组合梁、钢管混凝土柱等形式正在推广应用。

1.1.5 钢结构存在的主要问题

（1）Q345厚板焊接时往往出现层状撕裂。

（2）低合金高强度结构钢用于轧制冷弯薄壁型钢尚未很好解决，还不能满足轻钢房屋结构制作所需。

（3）钢结构建筑能作批量生产的较少，非标设计比较多，限制了生产的发展。

（4）我国生产的型材规格、品种尚不能满足建筑市场需求。如H型钢规格不齐，方管最大规格边长只有280mm（按规定，最大规格边长1000mm），冷弯薄壁型钢缺少可搭接的斜卷边I型钢，而国外早已广泛应用。

（5）建筑用高强度低合金钢品种较少。

（6）钢结构以中厚板为主的钢材、H型钢、冷弯型钢、钢管（无缝、焊接）彩色涂层卷板需求增加；大中规格角钢、热轧工字钢、槽钢用量减少；焊条、焊丝、高强度螺栓等连接材料，其品种和质量正在不断发展。但是，钢材品种、规格、强度级别、设计安全储备等方面与工业发达国家比，还存在一定的差距。

1.2 钢结构的连接方法

1.2.1 钢结构构件常用的型钢

钢结构构件常用型钢见表1-1。

钢结构构件型钢特点分析　　　　　　　　　　　　表 1-1

型钢名称	草图	规格(最大～最小)(mm)	特点分析	用途
工字钢(GB/T 706—1988)	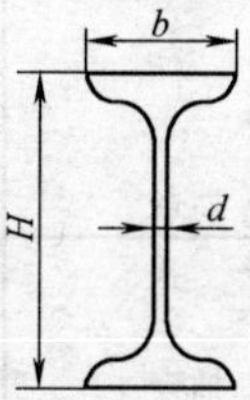	I100×68×4.5 ～ I550×170×16.5	与 H 型钢比，重量相当时，W_x W_y 较小；当 W_x W_y 相当时，比 H 型钢重	常规使用新产品设计，多采用热轧 H 型钢替代 I 字钢
热轧 H 型钢(GB/T 11263—1998)	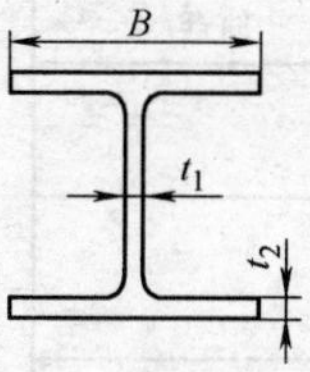	H100×100×6×8 ～ H900×300×16×28	H 型钢代替工字钢，可节约钢材 7%～15%	在建筑工程上应用 H 型钢，可使结构重量减轻，制造周期缩短 30%～50%，综合成本降低 20%
高频焊接 H 型钢	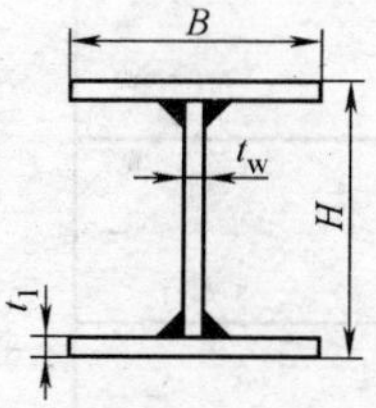	H100×50×2.3×3.2 ～ H400×200×4.5×9	截面结构合理，力学性能优良，经济性好，比手工电弧焊 H 型钢生产效率高，质量好	经济效益十分显著，热轧 H 型钢是平衡腿(内腿无斜度)，施工方便，外形美观
矩形冷弯空心型钢(GB 6728—86)	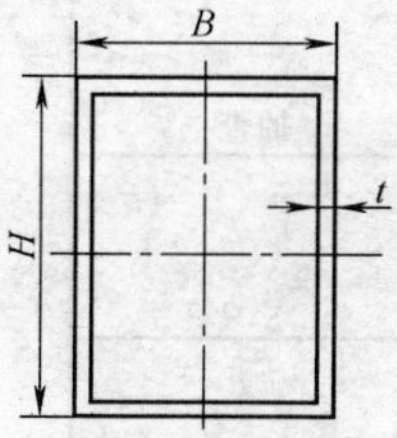	$H\times B\times t=$ 30×20×1.5 ～ 600×400×16	第四代 H 型钢，是将腹板材料移向两边，可以极大地提高对 y_0 轴的惯性矩 I_{y0}，截面组合合理	用于建筑和机械制造钢结构
圆形冷弯空心型钢	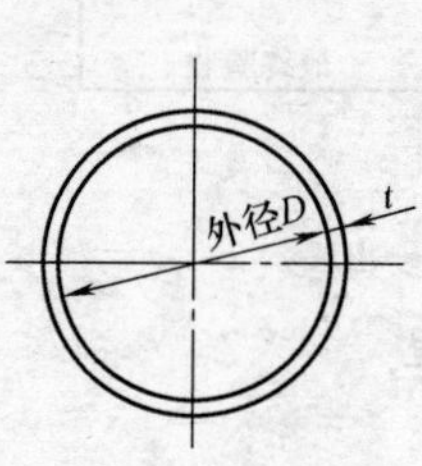	$D\times t=$ 21.3×1.2 ～ 610×16		用于建筑业和机械制造业

1.2.2 钢结构制作总流程

钢结构制作流程如图 1-1 所示。

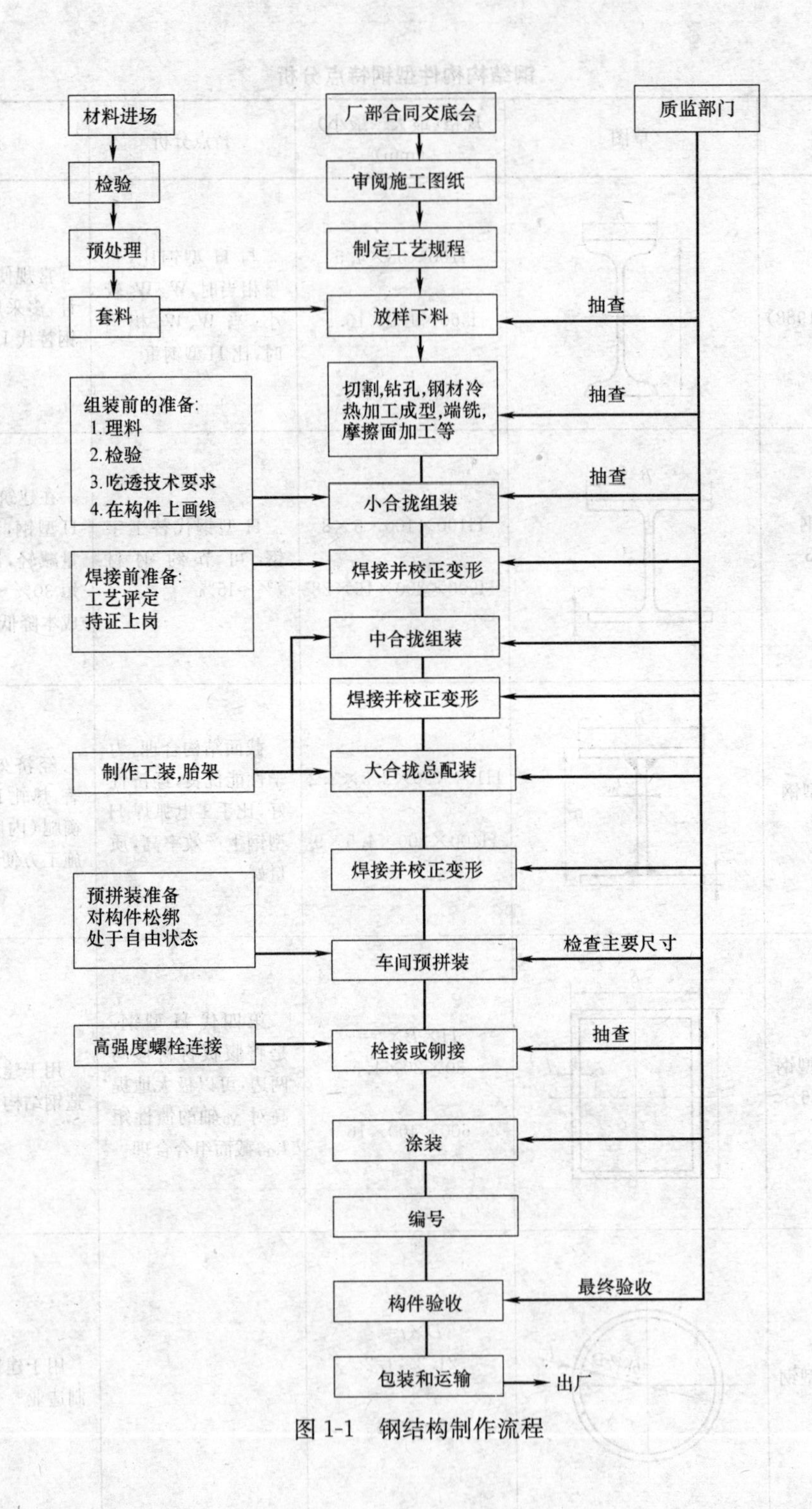

图 1-1　钢结构制作流程

1.3　建筑钢结构形式

钢结构的应用范围极其广泛，为了更好地发挥钢材的性能，有效地承担荷载，不同的工程结构也将采用不同的结构形式。主要结构形式有：门式单层轻钢压型彩板厂房建筑，传统型厂房屋盖结构，框架结构、网架结构、悬索结构、桥梁、塔桅。

1.3.1 门式单层轻钢压型彩板厂房建筑

轻钢结构建筑厂房具有以下特点：(1) 重量轻、耗钢量低；(2) 造价适宜；(3) 施工周期短；(4) 抗震性能好；(5) 造型美观，已在我国广泛采用，正从南方向北方开发，其结构形式如图 1-2、图 1-3 所示。

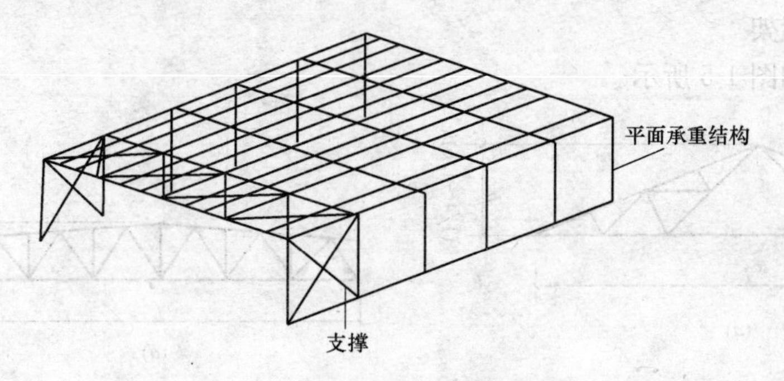

图 1-2　单层厂房常用结构形式

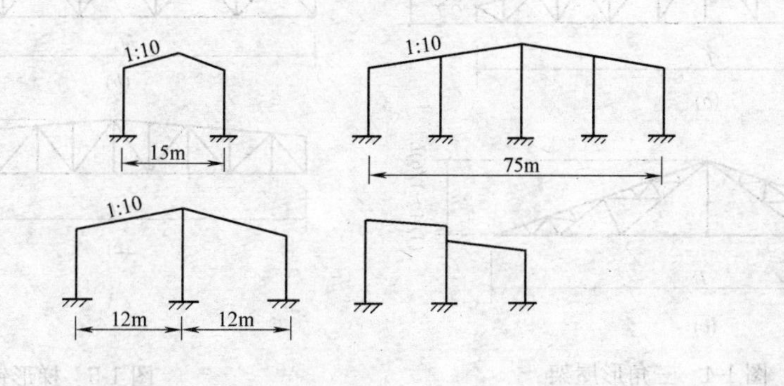

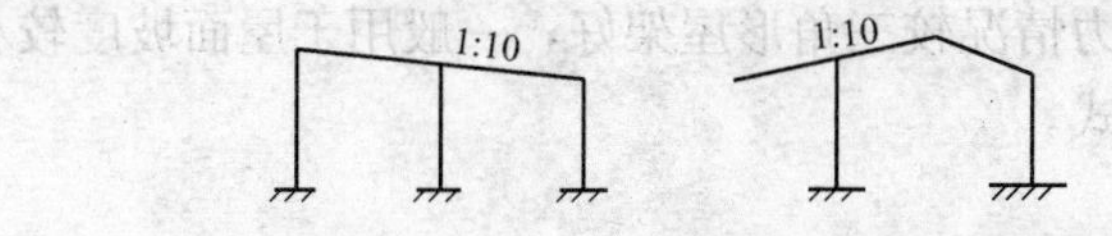

图 1-3　门式刚架

同样跨度，6m 柱距与 9m 柱距相比较，9m 柱距用钢量略增（见表 1-2）。

轻钢结构耗钢量　　**表 1-2**

柱距(m)	跨度 l(m)				耗钢量(kg/m^2)	比较
	18	21	24	27		
6	耗钢量最经济				25(Q235)	100%
9	耗钢量最经济				29.1(Q345)	116.4%

随着跨度减小（$l<18$m）或增大（$l>35$m），用钢量增加较多。

门式刚架剖面形状。有单跨、多跨、带毗跨、挑檐等形式屋面，坡度 1/8～1/20 等，在雨水较多地区宜取其中较大值。

1.3.2 传统型厂房屋盖结构

(1) 三角形屋架

三角形屋架如图 1-4 所示。

三角形屋架多用于屋面坡度较大的屋盖结构中，当屋面材料为机平瓦或石棉瓦时，要求屋架高跨比为 1/4～1/6。

(2) 梯形屋架

梯形屋架如图 1-5 所示。

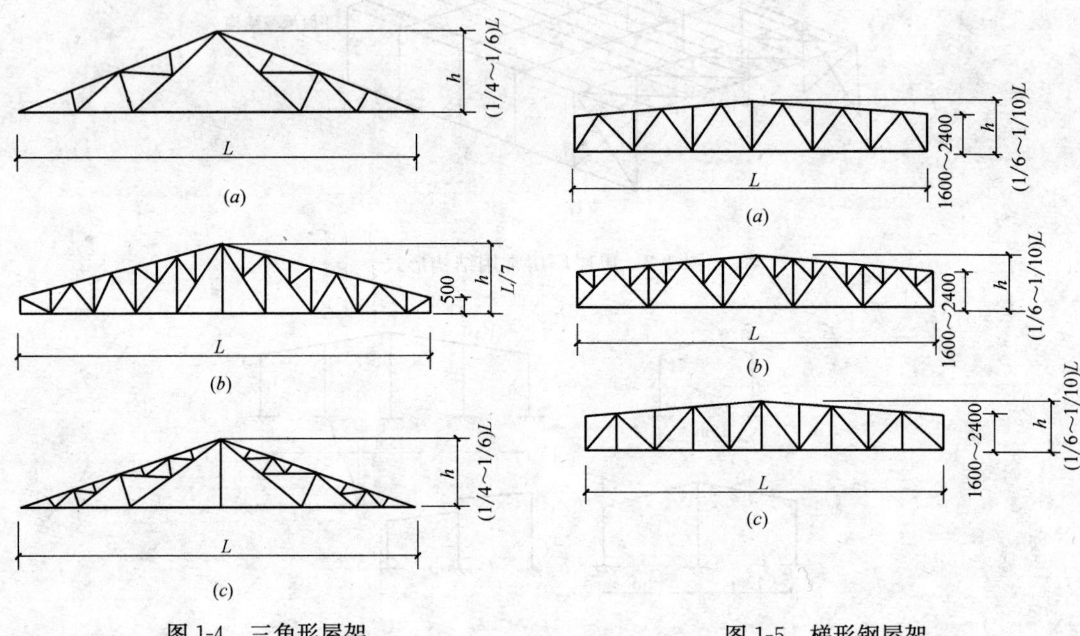

图 1-4　三角形屋架

图 1-5　梯形钢屋架

其外形比较接近于弯矩图，受力情况较三角形屋架好，一般用于屋面坡度较小的屋盖中。是工业厂房屋盖结构的基本形式。

(3) 矩形（平行弦）屋架

矩形（平行弦）屋架如图 1-6 所示，其上、下弦平行，一般用于托架或支撑体系。

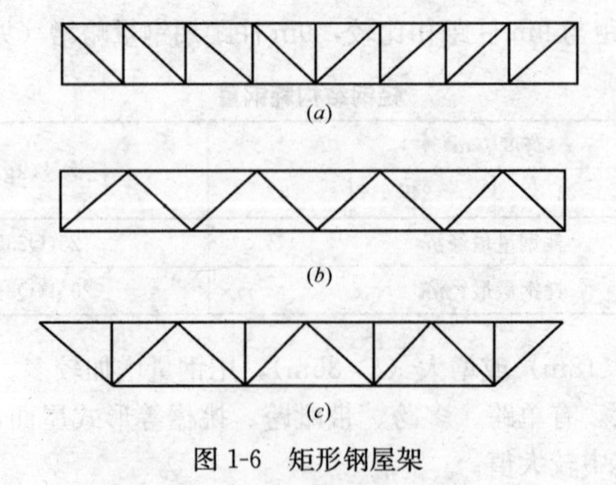

图 1-6　矩形钢屋架

(4) 菱形屋架及其截面形式

菱形屋架及其截面形式如图 1-7 所示。

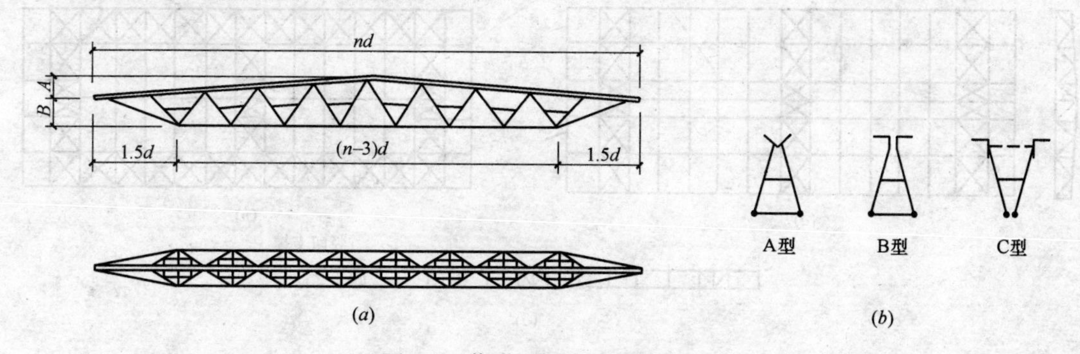

图 1-7 菱形屋架及其截面形式

(5) 单层厂房结构

1) 单层厂房钢结构的组成。

一般是由檩条、天窗架、屋架、托架柱、吊车梁及各种支撑、墙架等构架组成（图 1-8)。主要构件用钢量情况见表 1-3。

2) 支撑体系的名称及结构。

厂房主要构件用钢量百分比参考值 **表 1-3**

构架名称	厂房类型		
	中型厂房	重型厂房	特重型厂房
柱子	30%～45%	35%～50%	40%～50%
吊车梁	15%～25%	25%～35%	25%～35%
屋盖	30%～40%	20%～35%	10%～20%
墙架构件	5%	5%～10%	5%～10%

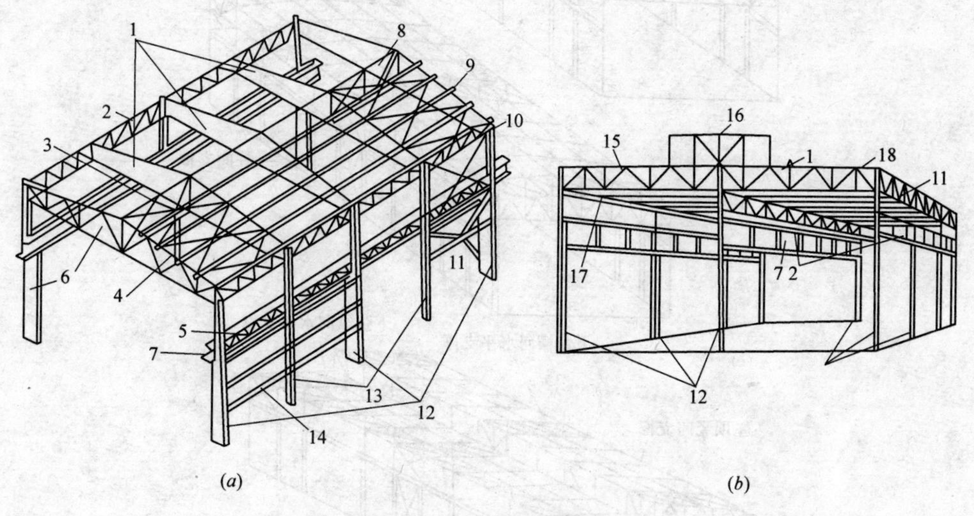

图 1-8 厂房骨架透视图

1—屋架；2—托架；3—支撑和檩条；4—上弦横向水平支撑；5—制动桁架；6—横向平面框架；7—吊车梁；8—屋架竖向支撑；9—檩条；10、11—柱间支撑；12—框架柱（墙架柱）；13—中间柱（墙架柱）；14—墙架；15—屋面；16—天窗架；17—下弦纵向水平支撑；18—中间屋架屋盖支撑如图 1-9～图 1-11 所示。

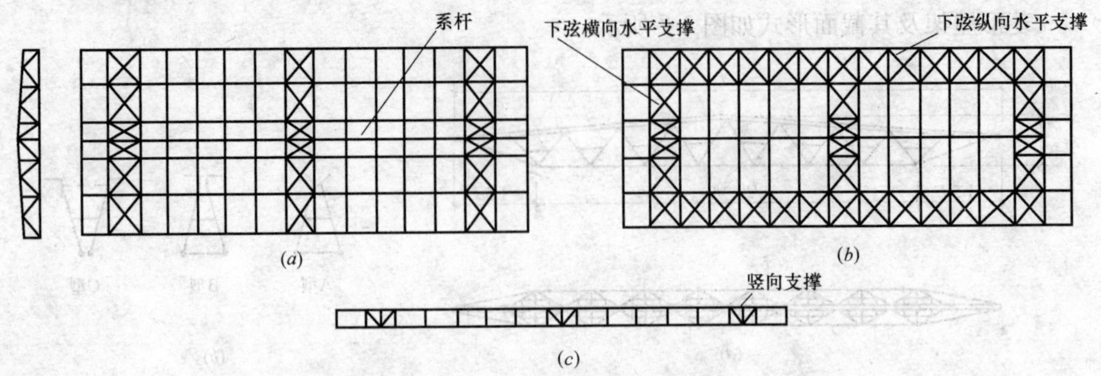

图 1-9 工业厂房屋盖支撑布置示例

(a) 上弦横向水平支撑；(b) 下弦水平支撑；(c) 竖向支撑

1.3.3 框架结构

框架钢结构常用于大跨度公共建筑，多层工业厂房和一些剧院、商场、体育馆、火车站、展览厅、大型船体车间、钢构车间及飞机库等。

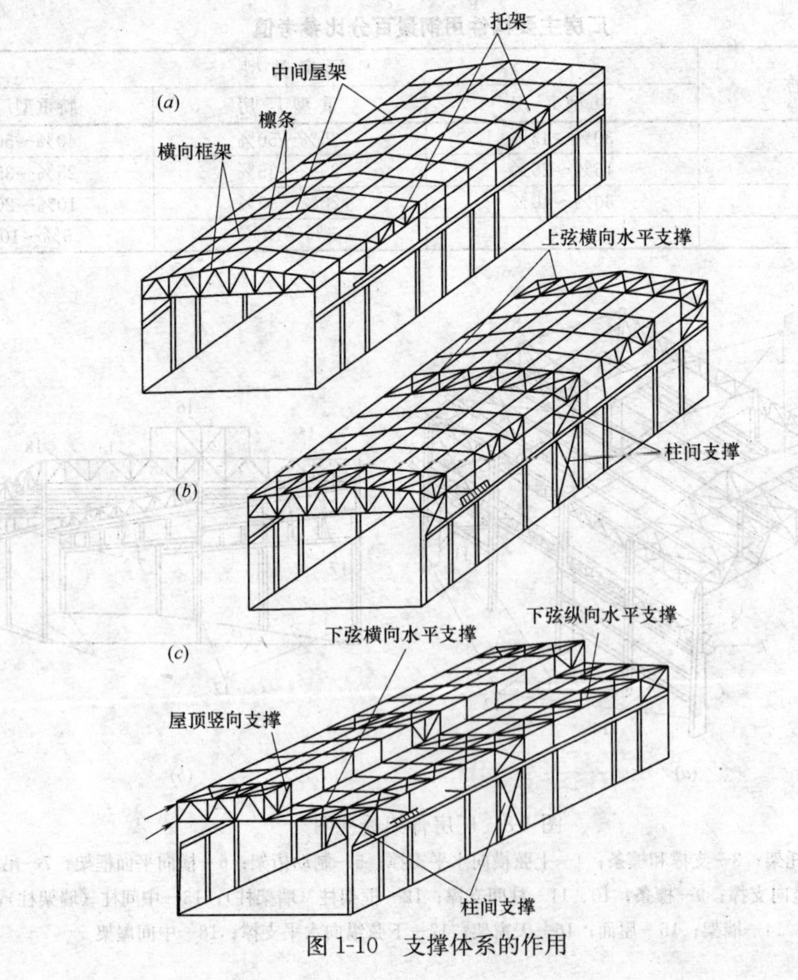

图 1-10 支撑体系的作用

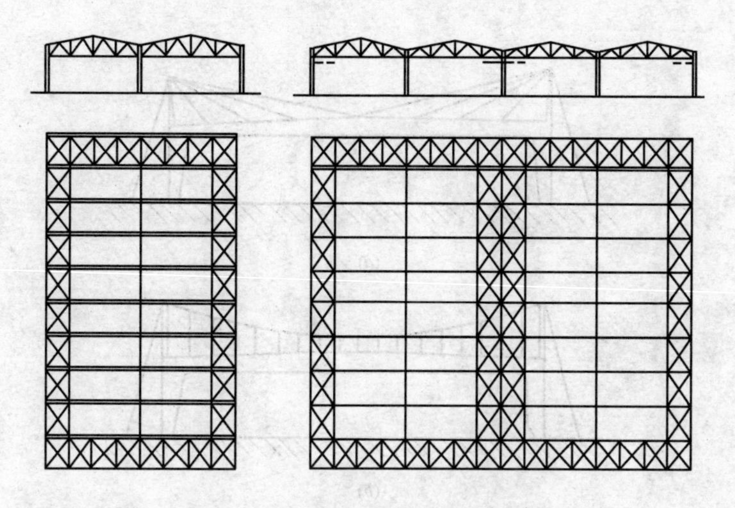

图 1-11　多跨厂房下弦水平支撑布置

框架结构可设计成实腹式框架（图 1-12）、格构式框架（图 1-13）和混合式框架（横梁格构式、柱为实腹式）（图 1-14）。

实腹式框架外形美观、制作和安装省工，但用料多；格构式框架刚度较大，省料，自重轻，用于跨度较大的屋架；混合式框架减轻了横梁自重，增加了结构刚度。

近年来出现悬挂式框架，以减小横梁结构重量（图 1-15）。

（1）拱形框架（图 1-16）：外形美观、跨度大，一般用于火车站及体育馆。

折线形框架（图 1-17）：多用于球类比赛馆。

（2）悬臂框架（图 1-18）：多用于停车场、展览馆等公共场所。

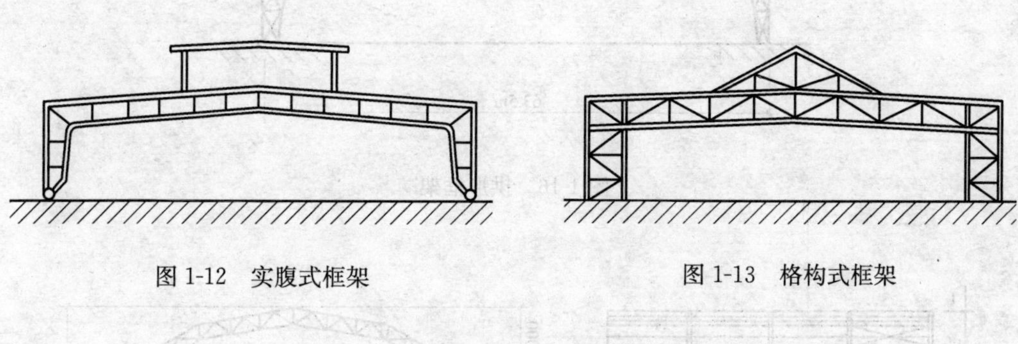

图 1-12　实腹式框架

图 1-13　格构式框架

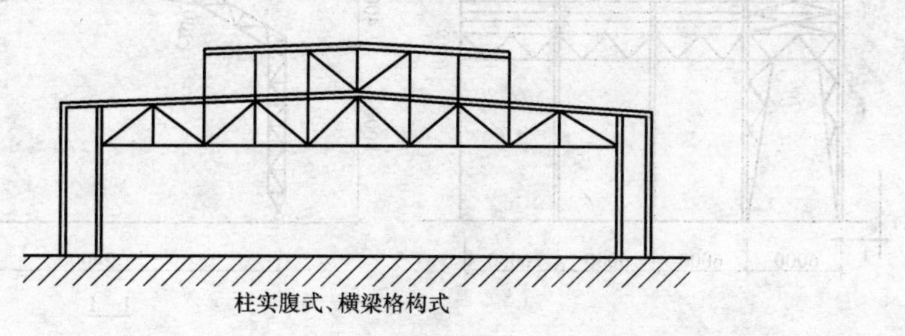

图 1-14　混合式框架

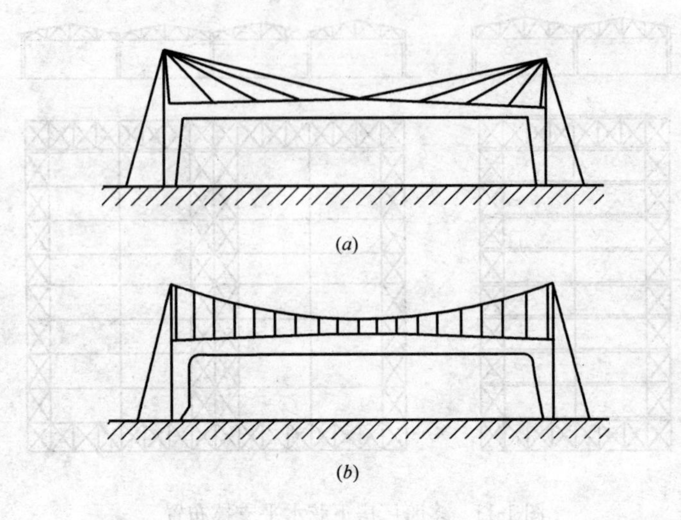

图 1-15　悬挂式框架

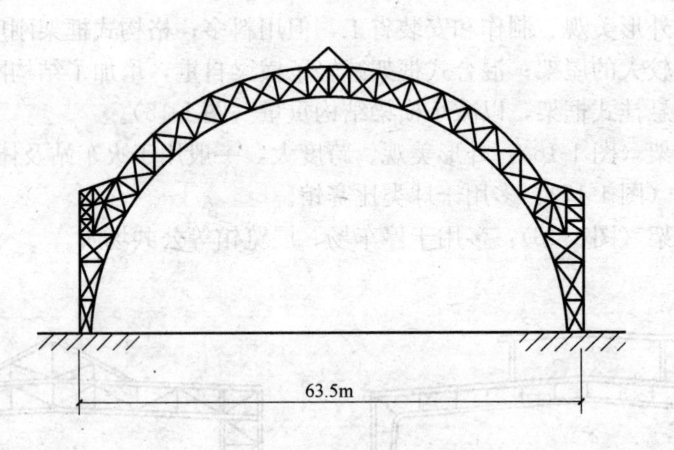

图 1-16　拱形框架

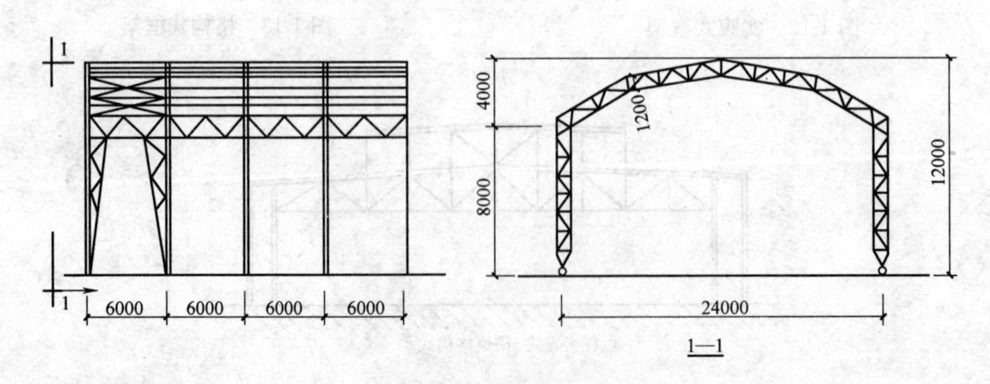

图 1-17　折线式框架

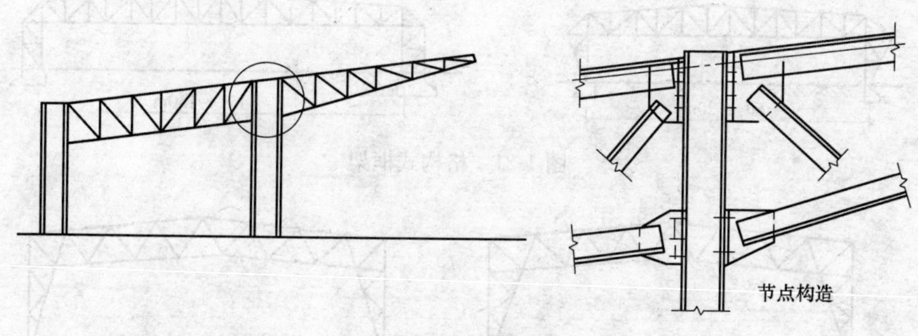

图 1-18　悬臂框架

（3）悬臂环状框架（图 1-19）：比较美观，制作安装简便。

（4）具有拉杆的实腹式框架（图 1-20）：为了减小横梁的跨中弯矩，通常都在支座铰的水平面内设置拉杆施加预应力，可降低横梁高度（可取 $L/30 \sim L/40$L 为跨度）。

（5）格构式框架（图 1-21）：当跨度较大时，采用格构式框架。图 1-22 是三铰、双铰和无铰格构式框架。

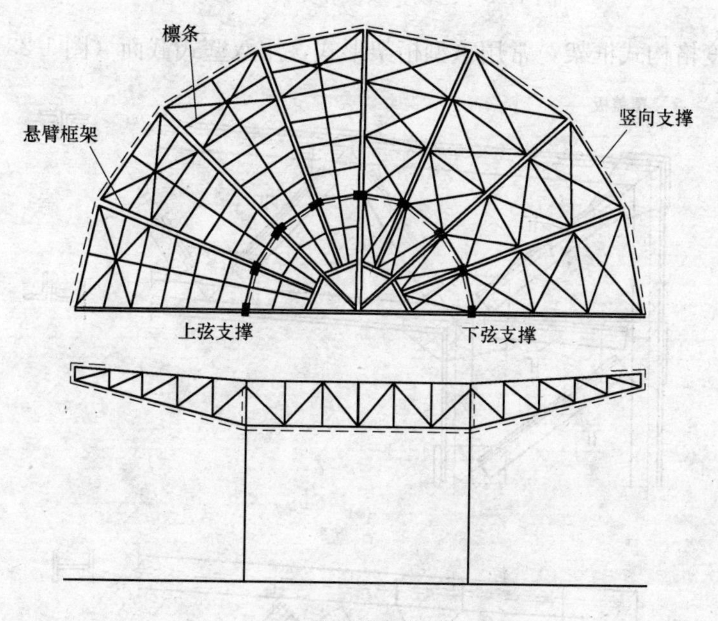

图 1-19　悬臂环状框架支撑布置

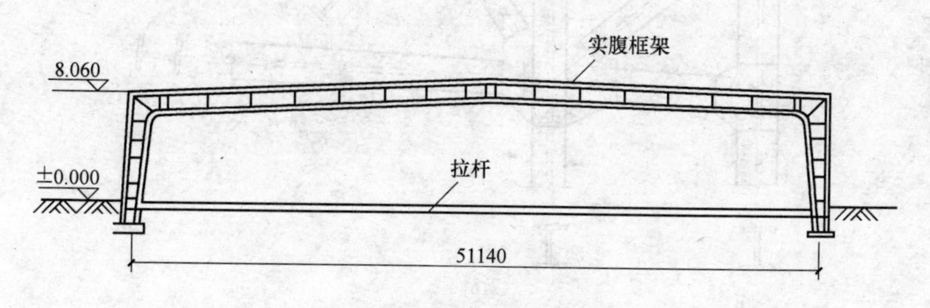

图 1-20　实腹式框架及拉杆

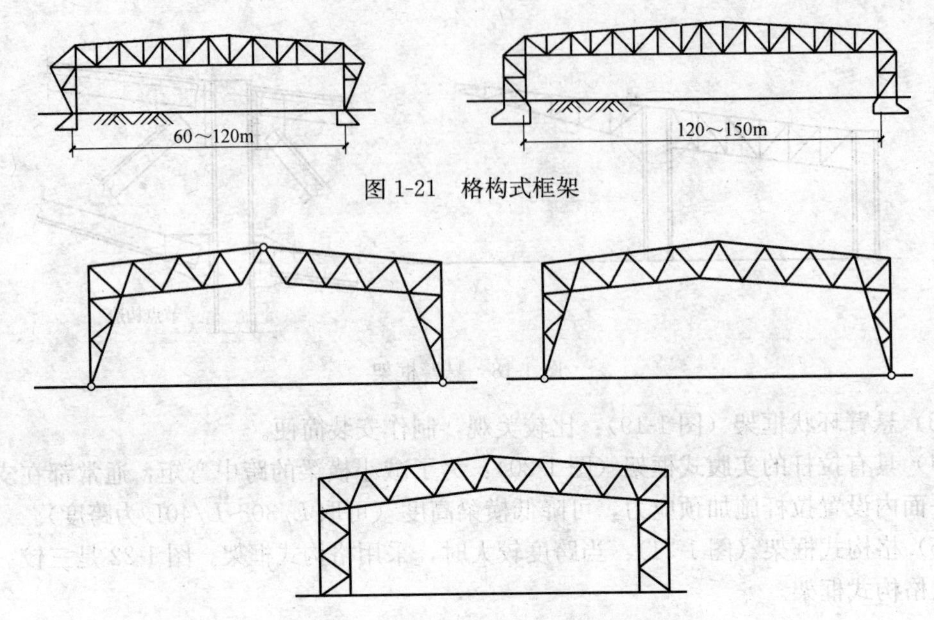

图 1-21　格构式框架

图 1-22　三铰、双铰和无铰格构式框架

对于大跨度格构式框架，常用重型桁架形式，用双壁式截面（图 1-23）。

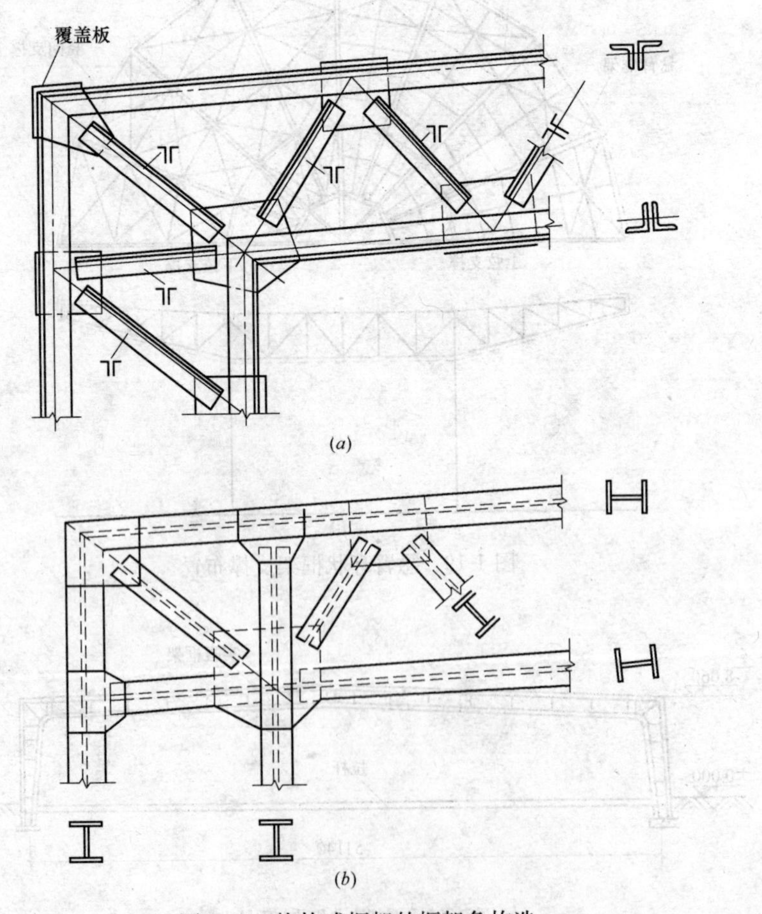

图 1-23　格构式框架的框架角构造

双铰框架恒载作用下的弯矩图和所采用的截面形式见图 1-24。

(6) 预应力框架［图 1-25 (*a*)］其经济效果并不佳，只有当跨度很大而框架又不高时才合理。图 1-25 (*b*) 很合理；图 1-25 (*c*)、(*d*)、(*e*) 均可获得合理的预应力分布，可取得较好的经济效果，但必须设置很粗的预应力筋。图 1-25 (*f*)、(*g*) 形式只对横梁部分加预应力，因而经济效果较差。

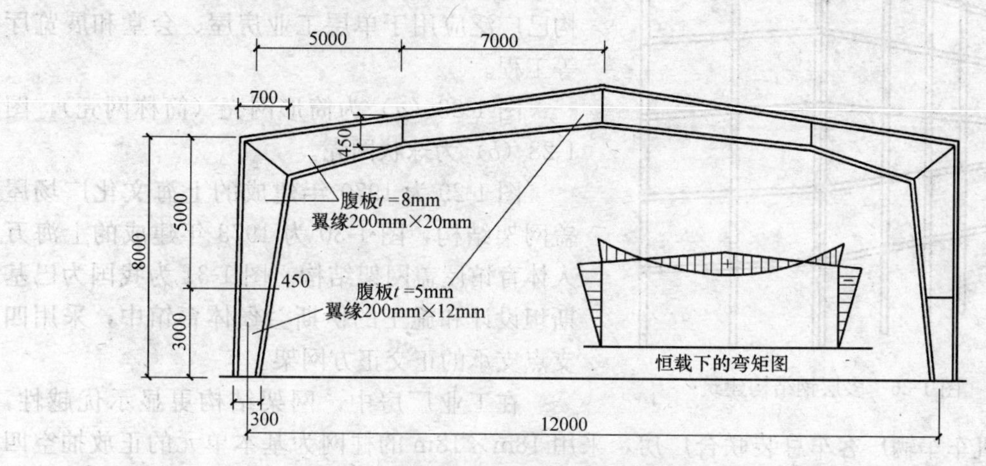

图 1-24　变截面实腹式框架

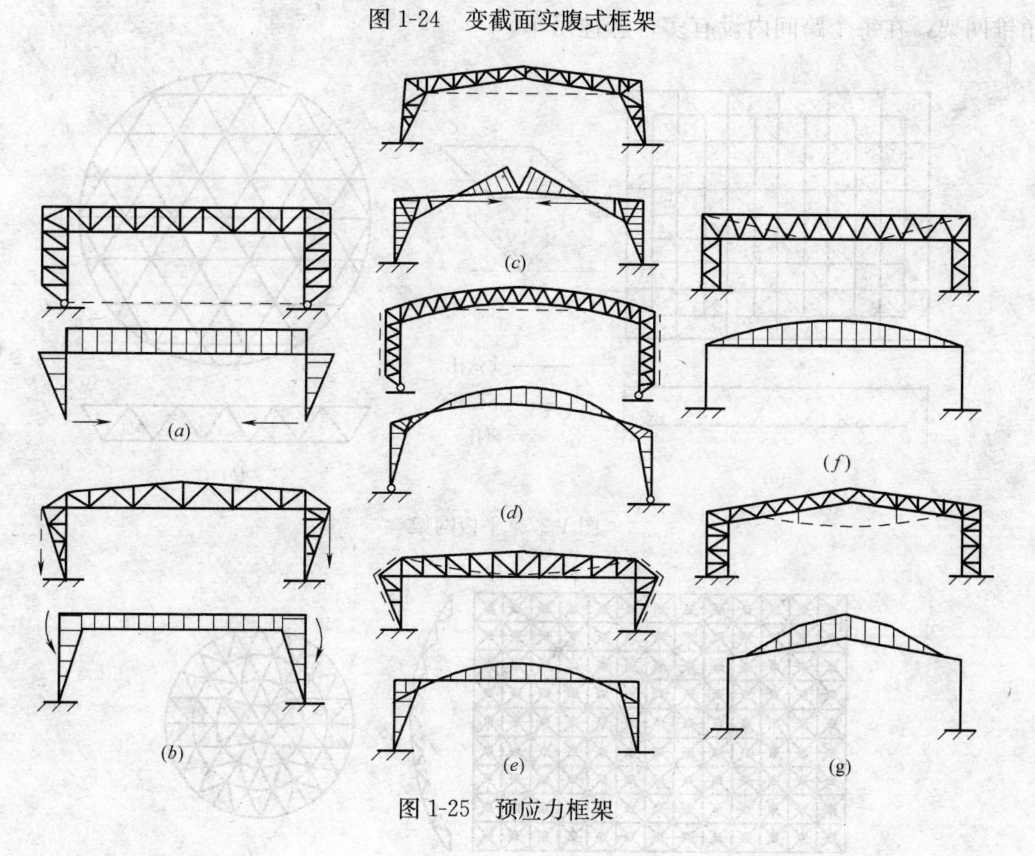

图 1-25　预应力框架

1.3.4　网架结构

大跨度空间结构的应用正逐渐增加。空间结构具有三度空间的结构体系，在荷载作用

图 1-26　多层钢结构建筑

下三向受力，呈空间工作。由于多向受力的特点，改变了平面结构受力状态，增加了结构安全度，使材料更合理利用，取得了较好的经济效益。如图 1-26 所示为多层钢结构建筑。

图 1-27 由三个方向交叉桁架组成，这种结构已广泛应用于单层工业房屋、会堂和展览厅等工程。

图 1-28（*a*）为筒形网壳（简称网壳），图 1-28（*b*）为球状网壳。

图 1-29 为 1970 年建成的上海文化广场屋盖网架结构，图 1-30 为 1973 年建成的上海万人体育馆屋盖网架结构。图 1-31 为我国为巴基斯坦设计和施工的伊斯兰堡体育馆中，采用四支点支承的正交正方网架。

在工业厂房中，网架结构更显示优越性，如唐山机车车辆厂客车总装联合厂房，采用 18m×18m 的柱网为基本单元的正放抽空四角锥网架，在每个跨间内设有多台悬挂吊车。

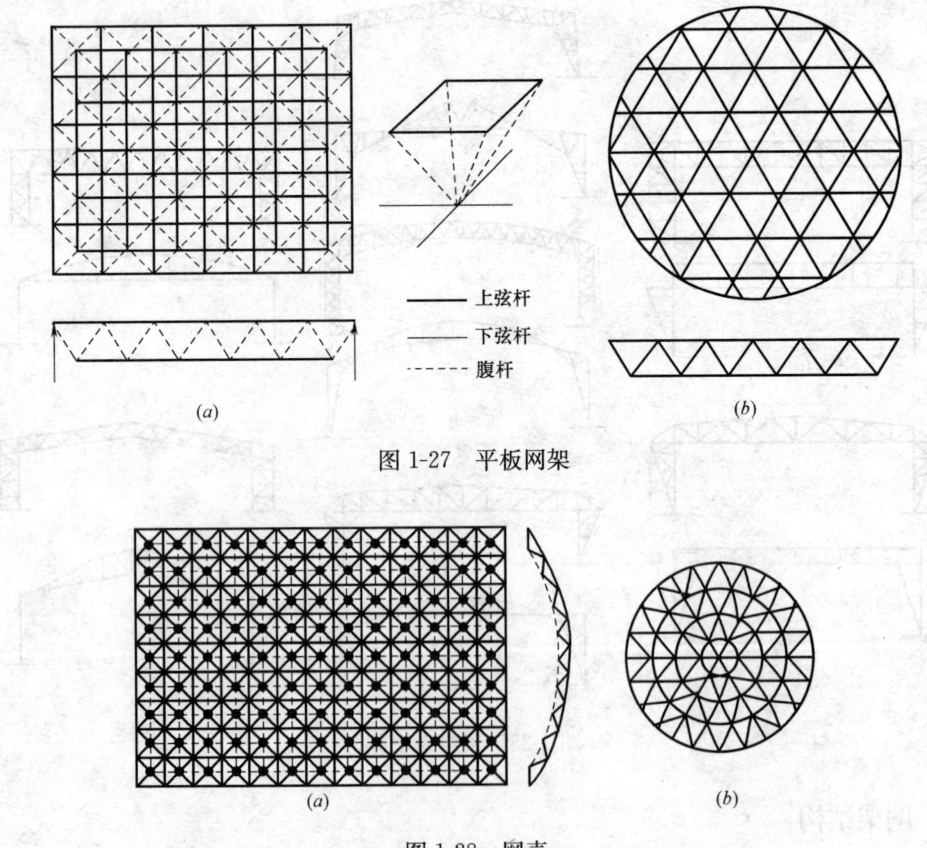

图 1-27　平板网架

(*a*)　(*b*)

图 1-28　网壳

（*a*）筒状网壳；（*b*）球状网壳

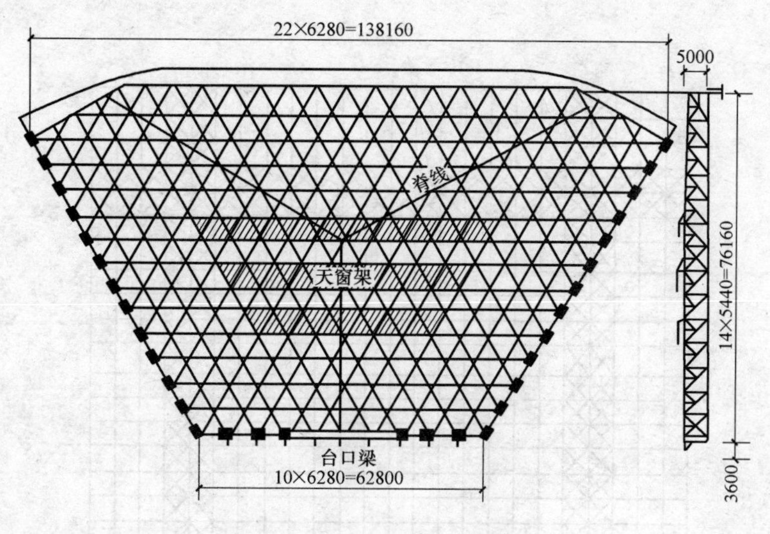

图 1-29　上海文化广场

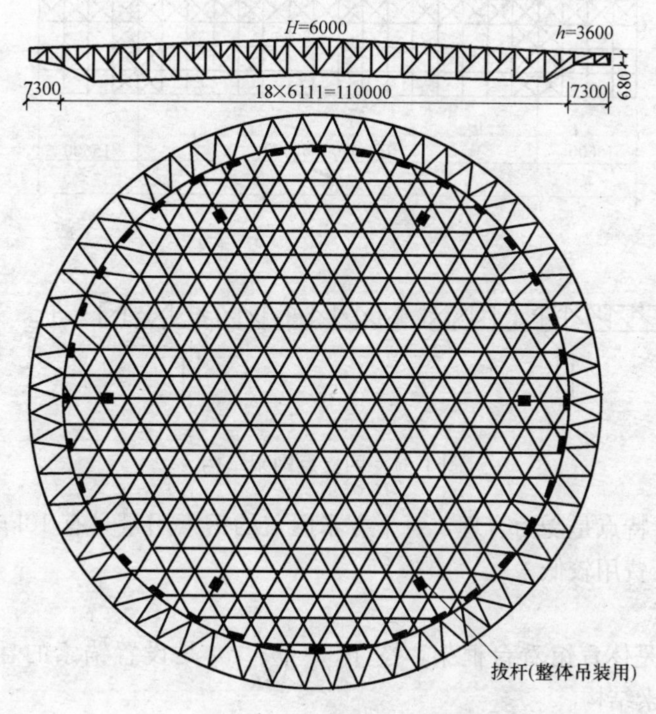

图 1-30　上海万人体育馆

1.3.5　悬索结构

钢索按一定规律组成各种不同形式的结构体系并悬挂在相应的支承结构上称为悬索结构。悬索一般可用高强度钢丝组成的钢绞线、钢丝绳或钢丝束，也可采用圆钢筋或带状薄钢板。最近 40 年来，悬索结构取得较大发展，出现了有代表性悬索结构屋盖，主要用于飞机库、体育馆、展览馆、会堂、车站、商场等大跨度建筑。

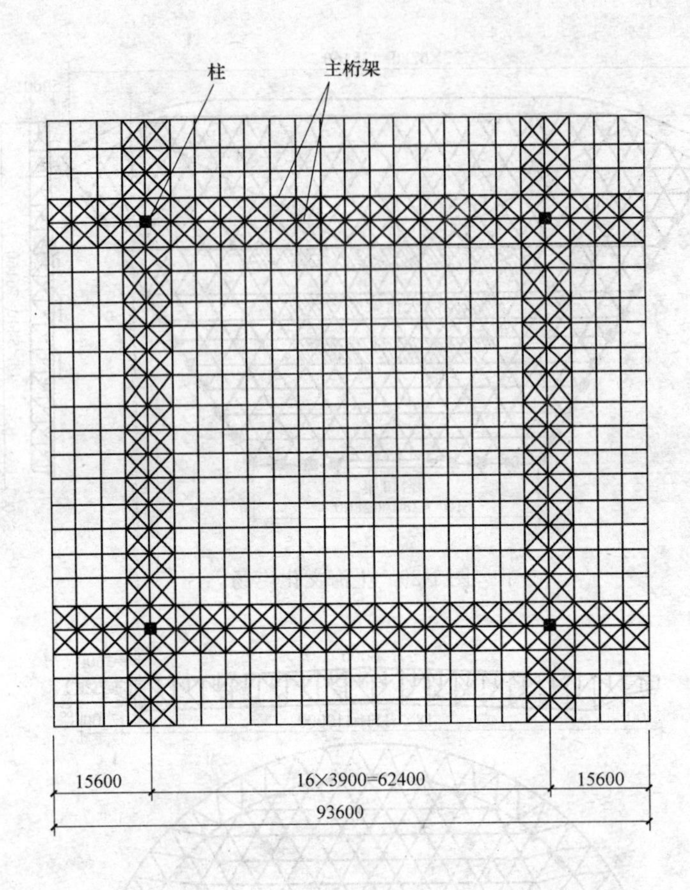

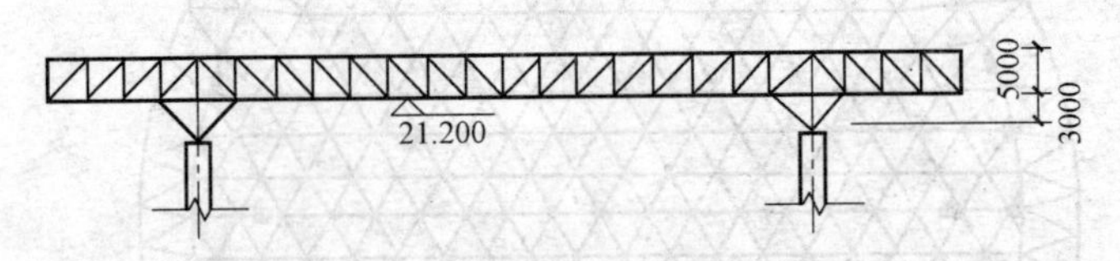

图 1-31　四支点网架结构

悬索结构主要特点是受力合理，每平方米屋盖的钢索用量只有 10kg 左右，屋面构件也轻、施工方便、费用较低。

(1) 单层悬索

图 1-32（a）是体育馆看台框架，图 1-32（b、c）是设置锚索的悬索结构，图 1-32（d、e）是伞形悬索结构。

(2) 双层悬索

解决悬索屋盖稳定性问题的一个有效办法是采用双层悬索。由于双层悬索具有较好的稳定性，可以采用轻屋面，如薄钢板、铝板、石棉等屋面材料和轻质高效的保温材料。

图 1-33 是车辐式双层索网，图 1-34 为多跨厂房的双层悬索结构，图 1-35 是波形屋面悬索结构，图 1-36 是预应力双层悬索体系。

(3) 张拉集成结构

张拉集成结构如图 1-37 所示。

(4) 索膜结构

索膜结构由索和膜组成，具有自重轻，体形灵活多样的特点，适宜于大跨度公共建筑。图 1-38c 为 104m×67m 的溜冰馆结构。

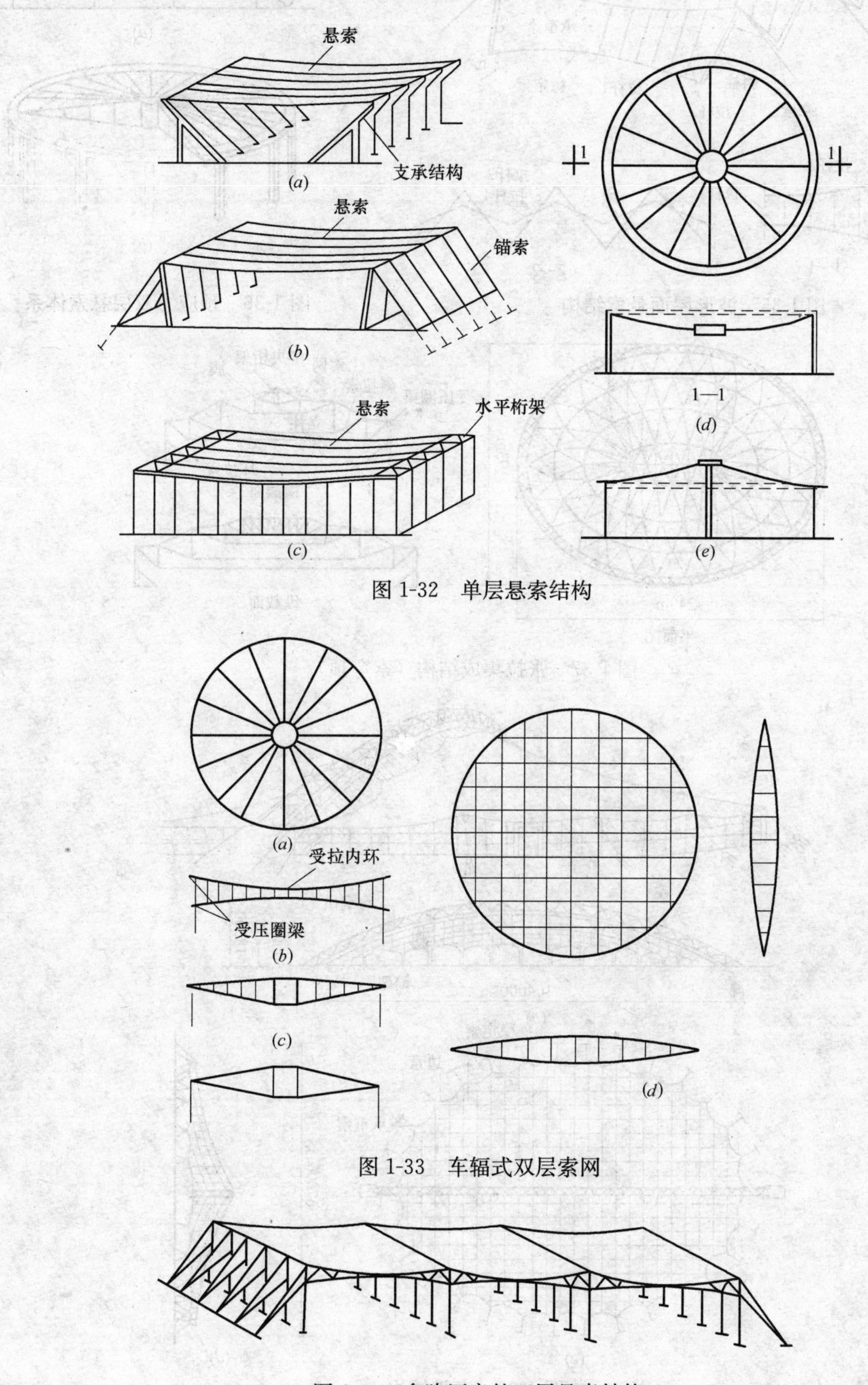

图 1-32　单层悬索结构

图 1-33　车辐式双层索网

图 1-34　多跨厂房的双层悬索结构

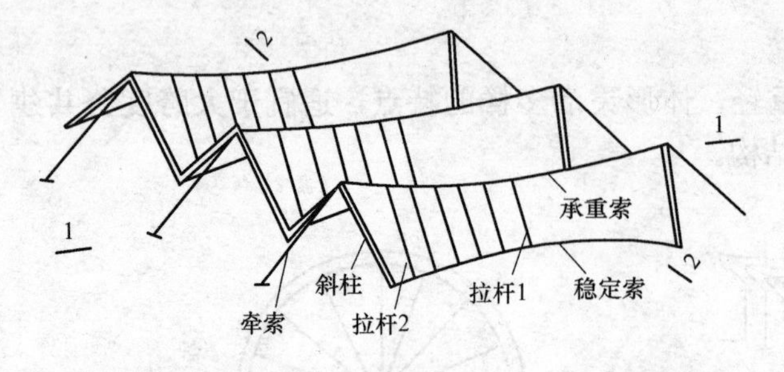

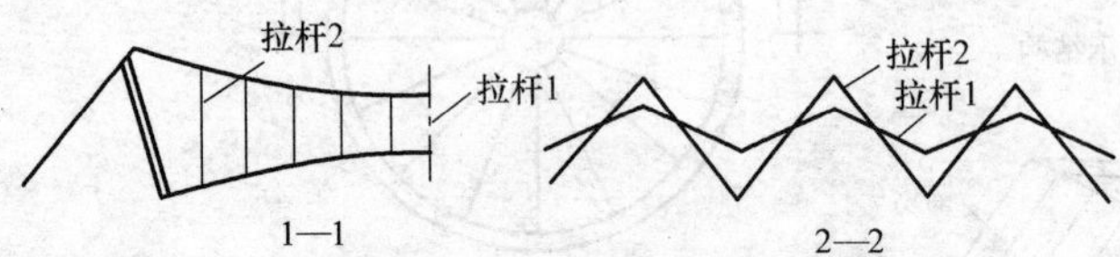

图 1-35　波形屋面悬索结构

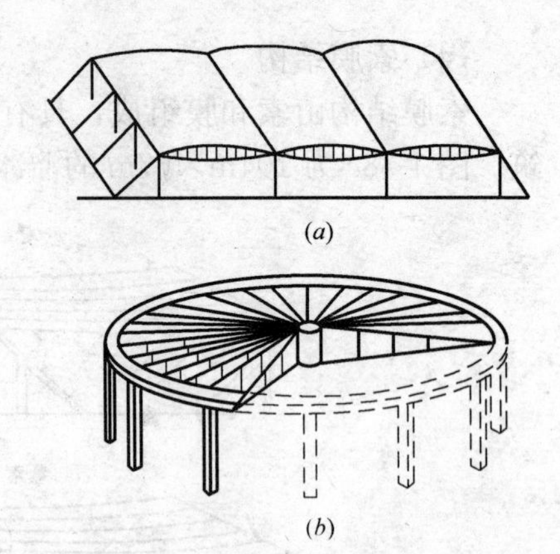

图 1-36　预应力双层悬索体系

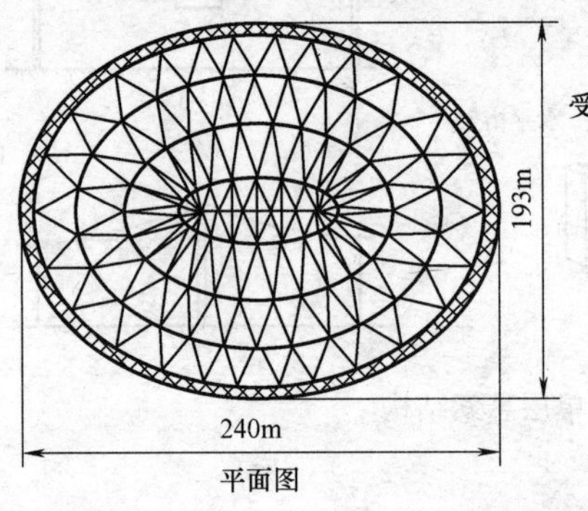

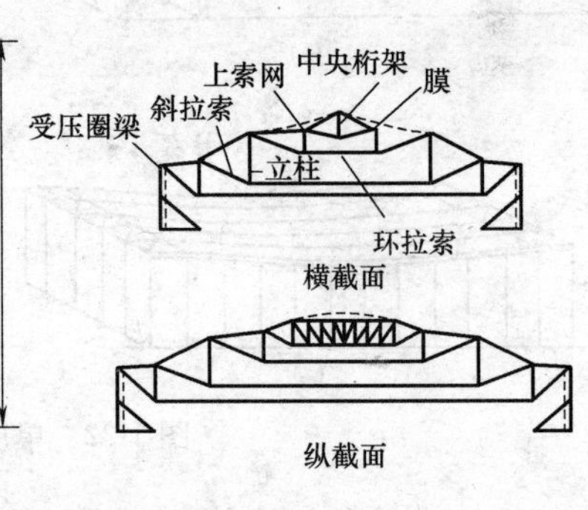

图 1-37　张拉集成结构（索穹顶）

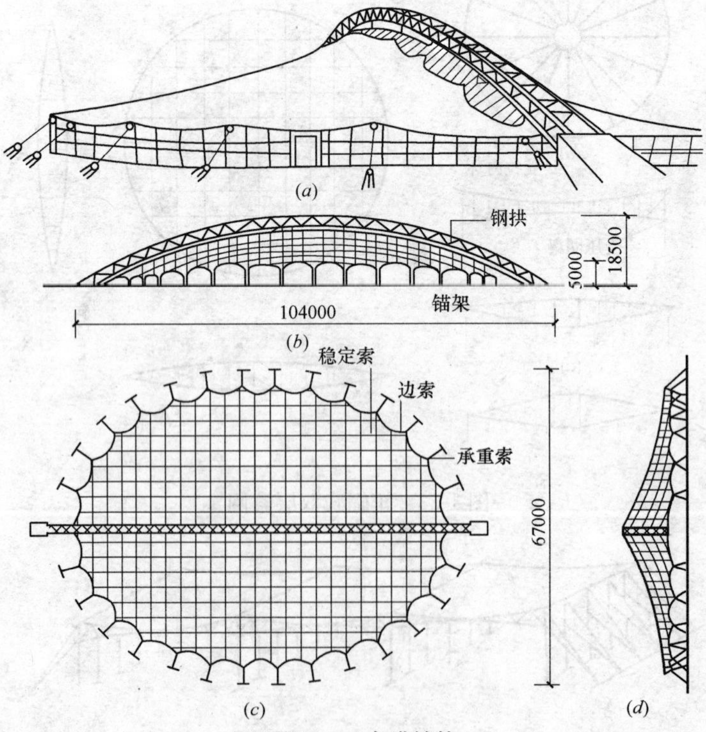

图 1-38　索膜结构

1.3.6　桥梁的主要结构形式

桥梁的主要结构形式有：实腹板梁式结构［图 1-39（*a*）］，桁架式结构［图 1-39（*b*）］，拱式结构［图 1-39（*c*）］，柔性拱与梁结合式［图 1-39（*d*）］，斜拉结构［图 1-39（*e*）］，悬索结构［图 1-39（*f*）］等。

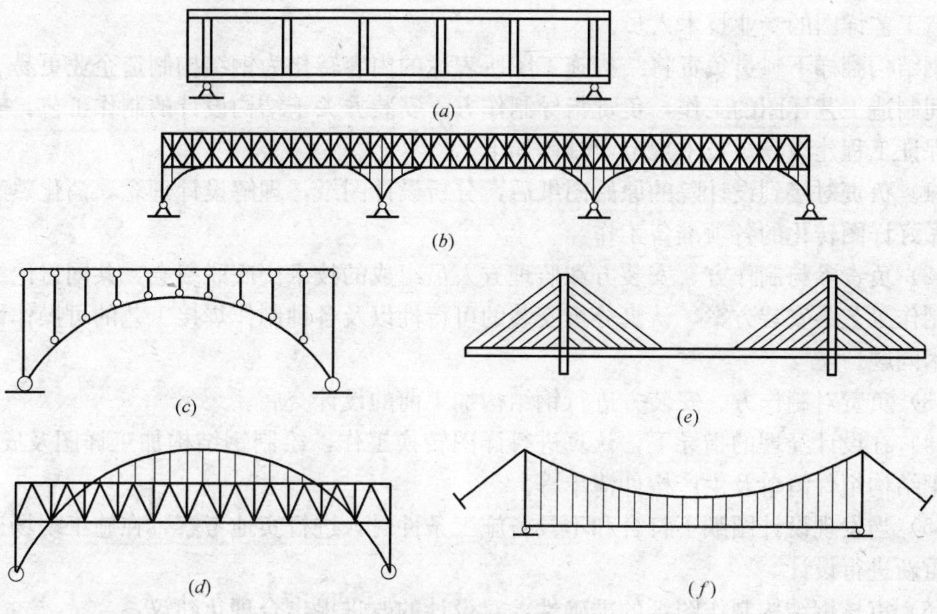

图 1-39　桥梁的主要结构形式

1.3.7　用于塔桅的主要结构形式

塔桅的主要结构形式为：（1）桅杆结构。如图 1-40（*a*）所示，杆身依靠纤绳的牵拉而站立，杆身可采用圆管或三角形、四边形等格构杆件。（2）塔架结构。塔架立面轮廓线可采用直线形、单折线形、多折线形和带有拱形底座的多折线形，如图 1-40（*b*）所示，平面可分为三角形、四边形、六边形、八边形等。

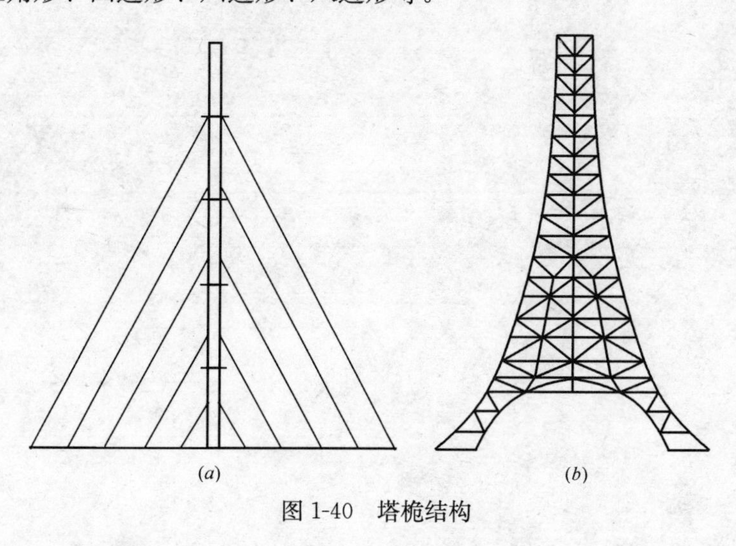

图 1-40　塔桅结构

1.4 钢结构翻样下料员的职责与权利

钢结构翻样下料员，主要是指在严格遵循国内外相关钢结构设计、制作和安装规范的前提下，准确、真实地将结构施工图所表达的内容转化为钢结构制造企业更易于接受的车间制造工艺详图的专业技术人员。

钢结构翻样下料员负责将结构施工图所表达的内容转化为钢结构制造企业更易于接受的车间制造工艺详图的工作，负责指导制作方、安装方关于结构设计的制作工艺，安装方案，保证工程建设满足技术规范，具体如下。

(1) 负责对接到设计院的原始图纸后，分析设计图纸，理解设计理念，消化熟悉设计图，做好详图转化的各项准备工作。

(2) 负责参与制作方、安装方和监理方人员组成的技术交底联络会，共同讨论结构设计的制作工艺、安装方案，认真分析安装的可行性以及各种制作焊接工艺的可操作性等关键技术问题。

(3) 负责对制作方、安装方进行钢结构加工前的设计交底。

(4) 在设计经理的指导下，认真进行详图转换工作，绘制钢结构加工详图及安装图，编制钢结构组件清单及生产构件清单等。

(5) 当发现设计图纸不符合和不具备施工条件时，进行实地考察，在施工现场进行修改或重新进行设计。

(6) 审核钢结构制作图纸的准确性，对设计的改进提出合理化建议。

(7) 提高构件图纸的准确性，提高零件加工件图纸的准确性。

(8) 协助图纸的深化，发现问题及时纠正，保证构件制作的顺利完成。

(9) 配合技术部经理协调处理加工过程中所遇见的技术问题。

2　建筑钢结构常用钢材

2.1　钢材基础知识

建筑中的主要承重结构，常使用各种规格的型钢来组成各种形式的钢结构。钢结构用钢的钢种和牌号，主要根据结构的重要性、荷载特征、结构形式、应力状态、连接方法、钢材厚度和工作环境等因素选择。对于承受动力荷载或振动荷载的结构、处于低温环境的结构，应选择韧性好、脆性临界温度低的钢材。对于焊接结构应选择焊接性能好的钢材。我国钢结构用的热轧型钢主要是碳素结构钢和低合金高强度结构钢。

钢结构常用的型钢有圆钢、方钢、扁钢、工字钢、槽钢、角钢等。型钢由于截面形式合理，构件间的连接方便，是钢结构中采用的主要钢材。

2.1.1　我国钢号表示方法

钢的牌号简称钢号，是对每一种具体钢产品所取的名称，是人们了解钢的一种共同语言。我国的钢号表示方法，根据国家标准《钢铁产品牌号表示方法》（GB/T 221—2008）中规定，采用汉语拼音字母、化学元素符号和阿拉伯数字相结合的方法表示。即：

① 钢号中化学元素采用国际化学符号表示，例如 Si、Mn、Cr……。混合稀土元素用“RE”（或“Xt”）表示。

② 产品名称、用途、冶炼和浇注方法等，一般采用汉语拼音的缩写字母表示，见表 2-1。

③ 钢中主要化学元素含量（%）采用阿拉伯数字表示。

国家标准钢号中所采用的缩写字母及其涵义　　表 2-1

名称	汉字	符号	字体	位置
屈服点	屈	Q	大写	头
沸腾钢	沸	F	大写	尾
半镇静钢	半	b	小写	尾
镇静钢	镇	Z	大写	尾
特殊镇静钢	特镇	TZ	大写	尾
氧气转炉(钢)	氧	Y	大写	中
碱性空气转炉(钢)	碱	J	大写	中
易切削钢	易	Y	大写	头
碳素工具钢	碳	T	大写	头
滚动轴承钢	滚	G	大写	头
焊条用钢	焊	H	大写	头
高级(优质钢)	高	A	大写	尾

续表

名称	汉字	符号	字体	位置
特级	特	E	大写	尾
铆螺钢	铆螺	ML	大写	头
锚链钢	锚	M	大写	头
矿用钢	矿	K	大写	尾
汽车大梁用钢	梁	L	大写	尾
压力容器用钢	容	R	大写	尾
多层或高压容器用钢	高层	gc	小写	尾
铸钢	铸钢	ZG	大写	头
轧辊用铸钢	铸辊	ZU	大写	头
地质钻探钢管用钢	地质	DZ	大写	头
电工用热轧硅钢	电热	DR	大写	头
电工用冷轧无取向硅钢	电无	DW	大写	头
电工用冷轧取向硅钢	电取	DQ	大写	头
电工用纯铁	电铁	DT	大写	头
超级	超	C	大写	尾
船用钢	船	C	大写	尾
桥梁钢	桥	q	小写	尾
锅炉钢	锅	g	小写	尾
钢轨钢	轨	U	小写	头
精密合金	精	J	大写	中
耐蚀合金	耐蚀	NS	大写	头
变形高温合金	高合	GH	大写	头
铸造高温合金		K	大写	头

建筑工程用钢有钢结构用钢和钢筋混凝土用钢两类。建筑工程所用的钢筋、钢丝、型钢（扁钢、工字钢、槽钢、角钢）等，通称为建筑钢材。钢材是工程建设中的重要材料，它广泛应用于工业与民用房屋建筑、道路桥梁、国防等工程中。建筑钢材的主要优点有：

（1）强度高。在建筑中可用作各种构件，特别适用于大跨度及高层建筑。在钢筋混凝土中，能弥补混凝土抗拉、抗弯、抗剪和抗裂性能较低的缺点。

（2）塑性和韧性较好。在常温下建筑钢材能承受较大的塑性变形，可以进行冷弯、冷拉、冷拔、冷轧、冷冲压等各种冷加工可以焊接和铆接，便于装配。

（3）建筑钢材的主要缺点是容易生锈、维护费用大、防火性能较差、能耗及成本较高。

我国钢号表示方法的分类说明：

（1）碳素结构钢

1）由 Q＋数字＋质量等级符号＋脱氧方法符号组成。它的钢号冠以“Q”，代表钢材的屈服点，后面的数字表示屈服点数值，单位是 MPa。例如，Q235 表示屈服点（σ_s）为

235 MPa 的碳素结构钢。

2）必要时钢号后面可标出表示质量等级和脱氧方法的符号。质量等级符号分别为 A、B、C、D。脱氧方法符号：F 表示沸腾钢；Z 表示镇静钢；TZ 表示特殊镇静钢，镇静钢可不标符号，即 Z 和 TZ 都可不标。例如，Q235-AF 表示 A 级沸腾钢。

3）专门用途的碳素钢，例如桥梁钢、船用钢等，基本上采用碳素结构钢的表示方法，但在钢号最后附加表示用途的字母。

（2）优质碳素结构钢

优质碳素结构钢是含碳小于 0.8％的碳素钢，这种钢中所含的硫、磷及非金属夹杂物比碳素结构钢少，机械性能较为优良。

钢中除含有碳（C）元素和为脱氧而含有一定量硅（Si）（一般不超过 0.40％）、锰（Mn）（一般不超过 0.80％，较高可到 1.20％）合金元素外，不含其他合金元素（残余元素除外）。此类钢必须同时保证化学成分和力学性能，其硫（S）、磷（P）杂质元素含量一般控制在 0.035％以下。若控制在 0.030％以下者叫做高级优质钢，其牌号后面应加“A”，例如 20A；若 P 控制在 0.025％以下、S 控制在 0.020％以下时，称为特级优质钢，其牌号后面应加“E”以示区别。对于由原料带进钢中的其他残余合金元素，如铬（Cr）、镍（Ni）、铜（Cu）等的含量一般控制在 Cr≤0.25％、Ni≤0.30％、Cu≤0.25％。有的牌号锰（Mn）含量达到 1.40％，称为锰钢。

钢号开头的两位数字表示钢的碳含量，以平均碳含量的万分之几表示，例如，平均碳含量为 0.45％的钢，钢号为“45”，它不是顺序号，所以不能读成 45 号钢。

锰含量较高的优质碳素结构钢，应将锰元素标出，例如，50Mn。

沸腾钢、半镇静钢及专门用途的优质碳素结构钢应在钢号最后特别标出，例如，平均碳含量为 0.1％的半镇静钢，其钢号为 10b。

（3）碳素工具钢

1）钢号冠以“T”，以免与其他钢类相混。

2）钢号中的数字表示碳含量，以平均碳含量的千分之几表示。例如，“T8”表示平均碳含量为 0.8％。

3）锰含量较高者，在钢号最后标出“Mn”，例如，“T8Mn”。

4）高级优质碳素工具钢的磷、硫含量，比一般优质碳素工具钢低，在钢号最后加注字母“A”，以示区别，例如，“T8MnA”。

（4）易切削钢

1）钢号冠以“Y”，以区别于优质碳素结构钢。

2）字母“Y”后的数字表示碳含量，以平均碳含量的万分之几表示，例如，平均碳含量为 0.3％的易切削钢，其钢号为“Y30”。

3）锰含量较高者，亦在钢号后标出“Mn”，例如，“Y40Mn”。

（5）合金结构钢

1）钢号开头的两位数字表示钢的碳含量，以平均碳含量的万分之几表示，如 40Cr。

2）钢中主要合金元素，除个别微合金元素外，一般以百分之几表示。当平均合金含量＜1.5％时，钢号中一般只标出元素符号，而不标明含量，但在特殊情况下易致混淆者，在元素符号后亦可标以数字“1”，例如，钢号“12CrMoV”和“12Cr1MoV”，前者铬含量为0.4%～0.6%，后者为0.9%～1.2%，其余成分全部相同。当合金元素平均含量≥1.5%、≥2.5%、≥3.5%时，在元素符号后面应标明含量，可相应表示为2、3、4等。例如，18Cr2Ni4WA。

3）钢中的钒V、钛Ti、铝AL、硼B、稀土RE等合金元素，均属微合金元素，虽然含量很低，仍应在钢号中标出。例如，20MnVB钢中，钒为0.07%～0.12%，硼为0.001%～0.005%。

4）高级优质钢应在钢号最后加“A”，以区别于一般优质钢。

5）专门用途的合金结构钢，钢号冠以（或后缀）代表该钢种用途的符号。例如，铆螺专用的30CrMnSi钢，钢号表示为ML30CrMnSi。

（6）低合金高强度钢

1）钢号的表示方法，基本上和合金结构钢相同。

2）对专业用低合金高强度钢，应在钢号最后标明。例如16Mn钢，用于桥梁的专用钢种为“16Mnq”，汽车大梁的专用钢种为“16MnL”，压力容器的专用钢种为“16MnR”。

（7）焊条钢

它的钢号前冠以字母“H”，以区别于其他钢类。例如，不锈钢焊丝为“H2Cr13”，可以区别于不锈钢“2Cr13”。

2.1.2 钢结构用钢的牌号

钢结构用钢的牌号，是采用现行国家标准《碳素结构钢》（GB/T 700—2006）和《低合金高强度结构钢》（GB/T 1591—2008）的表示方法。它由代表屈服点的字母、屈服点的数值、质量等级符号、脱氧方法符号四个部分按顺序组成。所采用的符号分别用下列字母表示：

Q—钢材屈服点“屈”字汉语拼音首位字母；

A、B、C、D、E—分别为质量等级；

F—沸腾钢“沸”字汉语拼音首位字母；

Z—镇静钢“镇”字汉语拼音首位字母；

TZ—特殊镇静钢“特镇”两字汉语拼音首位字母。

在牌号组成表示方法中，“Z”与“TZ”符号予以省略。根据上述牌号表示方法，如碳素结构钢的Q235-A.F表示屈服点为235N/mm^2、质量等级为A级的沸腾钢；Q235-B表示屈服点为235N/mm^2、质量等级为B级的镇静钢；低合金高强度结构钢的Q345-C表示屈服点为345N/nm^2、质量等级为C级的镇静钢；Q420-E表示屈服点为420N/mm^2、质量等级为E级的特殊镇静钢（低台金高强度结构钢全为镇静钢或特殊镇静钢，故F、Z与TZ符号均省略）。

GB/T 700—2006对碳素结构钢的牌号共分四种，即Q195、Q215、Q235和Q275。其中Q235钢是钢结构设计规范推荐采用的钢材，它的质量等级分为A、B、C、D四级，各级的化学成分和机械性能相应有所不同（见GB/T 700—2006）。另外，A、B级钢分沸腾钢或镇静钢，而C级钢全为镇静钢，D级钢则全为特殊镇静钢。在机械性能中，A级钢保证f_u、f_y和δ_5三项指标，不要求冲击韧性，冷弯试验也只在需方有要求时才进行，而B、C、D级钢均保证 f_u、f_y、δ_5、冷弯试验和冲击韧性（温度分别为：B级20℃、C级0℃、D级－20℃）。

2.1.3 建筑钢材的分类

1. 钢结构用钢的种类

钢的种类繁多，根据国家标准《钢的分类》（GB/T 13304.1—2008、GB/T 13304.2—2008）规定，按其化学成分不同分类，分为非合金钢、低合金钢和合金钢。按主要性能及使用特性分类，非合金钢又可分为以规定最低强度或以限制碳含量等为主要特性的各种类别，碳素结构钢即属于前者。低合金钢又可分为低合金高强度结构钢、低合金耐候钢等类别。适合于钢结构的是碳素结构钢和低合金高强度结构钢中的几种牌号，以及性能较优的其他几种专用结构钢（桥梁用钢、耐候钢、高层建筑结构用钢等）。建筑钢材的分类见表2-2。

钢材的分类 **表2-2**

<table>
<tr><th>分类方法</th><th>分类名称</th><th>说明</th></tr>
<tr><td rowspan="2">按化学成分分</td><td>碳素钢</td><td>指钢中除铁、碳外，还含有少量锰、硅、硫、磷等元素的铁碳合金，按其含碳量的不同，可分为：
(1)低碳钢-含碳量 $\omega_c \leqslant 0.25\%$；
(2)中碳钢-含碳量 ω_c(0.25%～0.6%)；
(3)高碳钢-$\omega_c \geqslant 0.60\%$</td></tr>
<tr><td>合金钢</td><td>为了改善钢的性能，在冶炼碳素钢的基础上，加入一些合金元素而炼成的钢，如铬钢、锰钢、铬锰钢、铬镍钢等。按其合金元素的总含量(品质)，可分为：
(1)低合金钢-合金元素的总含量≤5%；
(2)中合金钢-合金元素的总含量为5%～10%；
(3)高合金钢-合金元素的总含量＞10%</td></tr>
<tr><td rowspan="3">按冶炼设备分</td><td>转炉钢</td><td>指用转炉吹炼的钢，可分为底吹、侧吹、顶吹、空气吹炼、纯氧吹炼等转炉钢；根据炉衬的不同，又分为酸性和碱性两种</td></tr>
<tr><td>平炉钢</td><td>指用平炉炼制的钢，按炉衬材料的不同分为酸性和碱性两种，一般平炉钢多为碱性</td></tr>
<tr><td>电炉钢</td><td>指用电炉炼制的钢，有电弧炉钢及真空感应炉钢等。工业上大量生产的是碱性电炉钢</td></tr>
<tr><td rowspan="3">按浇注前脱氧程度分</td><td>沸腾钢</td><td>属脱氧不完全的钢，浇注时钢锭模里产生沸腾现象。其优点是冶炼损耗低、成本低、表面质量及深冲性能好；缺点是成分和质量不均匀、抗腐蚀性和力学强度较差，一般用于轧制碳素结构钢的型钢和钢板</td></tr>
<tr><td>镇静钢</td><td>属脱氧完全的钢，浇注时钢锭模里钢液镇静，没有沸腾现象。其优点是成分和质量均匀；缺点是金属的收得率低，成本较高。一般合金钢和优质碳素结构钢都为镇静钢</td></tr>
<tr><td>半镇静钢</td><td>脱氧程度介于镇静钢和沸腾钢之间的钢，因生产较难控制，目前产量较少</td></tr>
<tr><td rowspan="3">按钢的品质分</td><td>普通钢</td><td>钢中含杂质元素较多，含硫量 ω_S 一般≤0.055%，含磷量 $\omega_P \leqslant 0.045\%$，如碳素结构钢、低合金结构钢等</td></tr>
<tr><td>优质钢</td><td>钢中含杂质元素较少，含硫量及含磷量一般均≤0.04%，如优质碳素结构钢、合金结构钢、碳素工具钢和合金工具钢、弹簧钢、轴承钢等</td></tr>
<tr><td>高级优质钢</td><td>钢中含杂质元素极少，含硫量 ω_S 一般≤0.03%，含磷量 $\omega_P \leqslant 0.035\%$，如合金结构钢和工具钢等。高级优质钢的钢号后面，通常加符号“A”或汉字“高”，以便识别</td></tr>
<tr><td>按钢的用途分</td><td>结构钢</td><td>(1)建筑及工程用结构钢。简称建造用钢，是指建筑、桥梁或其他工程上用于制作金属结构件的钢，如碳素结构钢、低合金高强度结构钢等
(2)机械制造用结构钢。是指用于制造机械设备上结构零件的钢。这类钢基本上都是优质钢或高级优质钢，主要有优质碳素结构钢、合金结构钢、易切削结构钢、弹簧钢、轴承钢等</td></tr>
</table>

续表

分类方法	分类名称	说　　明
按钢的用途分	工具钢	一般用于制造各种工具，如碳素工具钢、合金工具钢、高速工具钢等。按其用途又分为刃具钢、模具钢、量具钢
	特殊钢	指具有特殊性能的钢，如不锈耐酸钢、耐热不起皮钢、高电阻合金钢、耐磨钢、磁钢、低温用钢等
	专业用钢	指各个工业部门用于专业用途的钢，如汽车用钢、农机用钢、航空用钢、化工机械用钢、锅炉用钢、焊条用钢、桥梁用钢等
按制造加工形式分	铸钢	指采用铸钢方法生产出来的一种钢铸件，主要用于制造一些形状复杂、难于锻造或切削加工成形而又有较高强度和塑性要求的零件
	锻　钢	指采用锻造方法生产出来的各种锻材和锻件。锻钢件的技术指标比铸钢件高，能承受大的冲击力，塑性、韧性和其他力学性能均高于铸钢件，所以重要的机器零件都应当采用锻钢件
	热轧钢	指用热轧方法生产出来的各种钢材。热轧方法常用来生产型钢、钢管、钢板等大型钢材，也用于轧制线材
	冷轧钢	指用冷轧方法生产出来的各种钢材。与热轧钢相比，冷轧钢的特点是表面光洁，尺寸精确，力学性能好。冷轧常用来轧制薄板、钢带和钢管
	冷拔钢	指用冷拔方法生产出来的各种钢材。冷拔钢的特点：精度高、表面质量好。冷拔方法主要用于生产钢丝，也用于生产直径在 50mm 以下的圆钢和六角钢，以及直径在 76mm 以下的钢管

注：1. 表中成分含量均指质量分数。
2. ω_C、ω_S、ω_P 分别表示碳、硫、磷的质量分数。

2. 钢材的品种和规格

钢结构采用的钢材品种主要为热轧钢板和型钢，以及冷弯薄壁型钢和压型板。

(1) 钢板

钢板分为厚钢板、薄钢板和扁钢，其规格用符号"—"和宽度×厚度×长度的毫米数表示。如：—300 ×10 ×3000 表示宽度为 300mm，厚度为 10mm，长度为 3000mm 的钢板。

厚钢板：厚度大于 4mm，宽度 600～3000mm，长度 4～12m。

薄钢板：厚度小于 4mm，宽度 500～1500mm，长度 0.5～4m。

扁钢：厚度 4～60mm，宽度 12～200mm，长度 3～9m。

(2) 热轧型钢

常用的热轧型钢有 H 型钢、T 形钢、工字钢、槽钢、角钢和钢管（图 2-1）。

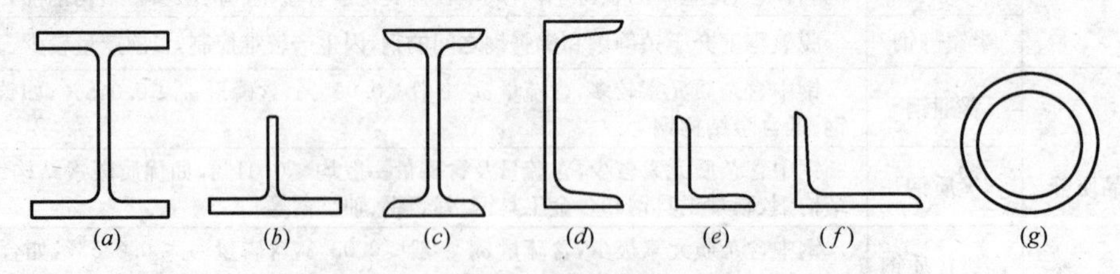

图 2-1　热轧型钢

(a) H 型钢；(b) T 形钢；(c) 工字钢；(d) 槽钢；
(e) 等边角钢；(f) 不等边角钢；(g) 钢管

H 型钢和 T 形钢（全称为剖分 T 形钢，因其由 H 形钢对半分割而成）是近年来我国推广应用的新品种热轧型钢。由于其截面形状较之于传统型钢（工、槽、角）合理，使钢材能更好地发挥效能（与工字钢比较，两者重量相近时，H 型钢不仅高度方向抵抗矩 W_x 要大 5%～10%，且宽度方向的惯性矩 I_y 要大 1～1.3 倍），且其内、外表面平行，便于和其他构件连接，因此只需少量加工，便可直接用作柱、梁和屋架杆件。H 型钢和 T 形钢均分为宽、中、窄三种类别，其代号分别为 HW、HM、HN 和 TW、TM、TN。宽翼缘 H 型钢的翼缘宽度 B 与其截面高度 H 一般相等，中翼缘的 $B \approx (2/3 \sim 1/2)H$，窄翼缘的 $B=(1/2 \sim 1/3)H$。H 型钢和 T 形钢的规格标记均采用：高度 $H\times$ 宽度 $B\times$ 腹板厚度 $t1\times$ 翼缘厚度 $t2$。如 HM482×300 ×11×15 表示 500×300 型号中的一种（另外一种为 HM488×300 ×11×18，同型号 H 型钢的内侧净空相等），用其剖分的 T 形钢为 TM241×300×11×15。

工字钢型号用符号“I”及号数表示，号数代表截面高度的厘米数。20 号和 32 号以上的普通工字钢，同一号数中又分 a、b 和 a、b、c 类型，其腹板厚度和翼缘宽度均分别递增 2mm。如 I36a 表示截面高度为 360mm、腹板厚度为 a 类的普通工字钢。工字钢宜尽量选用腹板厚度最薄的 a 类，这是因其重量轻，而截面惯性矩相对却较大。我国生产的最大普通工字钢为 63 号，长度为 5～19m。工字钢由于宽度方向的惯性矩和回转半径比高度方向的小得多，因而在应用上有一定的局限性，一般宜用于单向受弯构件。

槽钢型号用符号“[”及号数表示，号数也代表截面高度的厘米数。14 号和 25 号以上的普通槽钢，同一号数中又分 a、b 和 a、b、c 类型，其腹板厚度和翼缘宽度均分别递增 2mm。如 [36a 表示截面高度为 360mn、腹板厚度为 a 类的普通槽钢。我国生产的最大槽钢为 40 号，长度为 5～19m。

角钢分等边角钢和不等边角钢两种。等边角钢的型号用符号“∟”和肢宽×肢厚的毫米数表示，如∟100×10 为肢宽 100mm、肢厚 10mm 的等边角钢。不等边角钢的型号用符号“∟”和长肢宽×短肢宽×肢厚的毫米数表示。如∟100×80×8 为长肢宽 100mm、短肢宽 80mm、肢厚 8mm 的不等边角钢。我国目前生产的最大等边角钢的肢宽为 200mm，最大不等边角钢的两个肢宽为 200mm×125mm。角钢的长度一般为 3～19m。

钢管分无缝钢管和电焊钢管两种，型号用“Φ”和外径×壁厚的毫米数表示，如 ϕ219×14 为外径 219mm，壁厚 14mm 的钢管。我国生产的最大无缝钢管为Φ630×16，最大电焊钢管为Φ152×55。

(3) 冷弯型钢和压型钢板

建筑中使用的冷弯型钢常用厚度为 1.5～5mm 的薄钢板或钢带经冷轧（弯）或模压而成，故也称为冷弯薄壁型钢（图 2-2）。

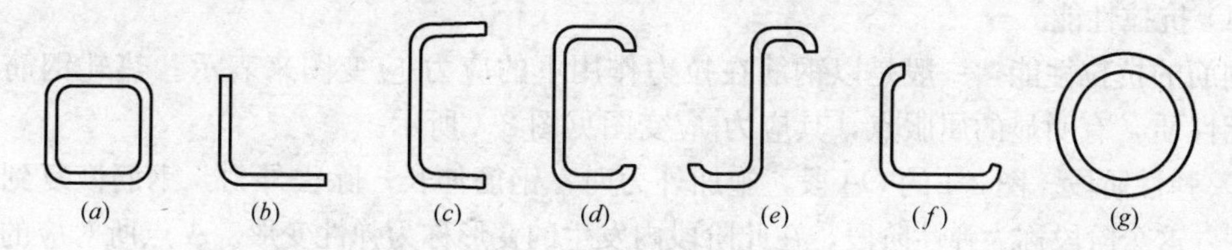

图 2-2　冷弯薄壁型钢

(a) 方钢管；(b) 等肢角钢；(c) 槽钢；(d) 卷边槽钢；
(e) 卷边 Z 形钢；(f) 卷边等肢角钢；(g) 焊接薄壁钢管

另外还有用厚钢板（大于 6mm）冷弯成的方管、矩形管、圆管等，称为冷弯厚壁型钢。压型钢板是冷弯型钢的另一种形式，它是用厚度为 0.3～2mm 的镀锌或镀铝锌钢板、彩色涂层钢板经冷轧（压）成的各种类型的波形板，图 2-3 所示为其中几种压型钢板。

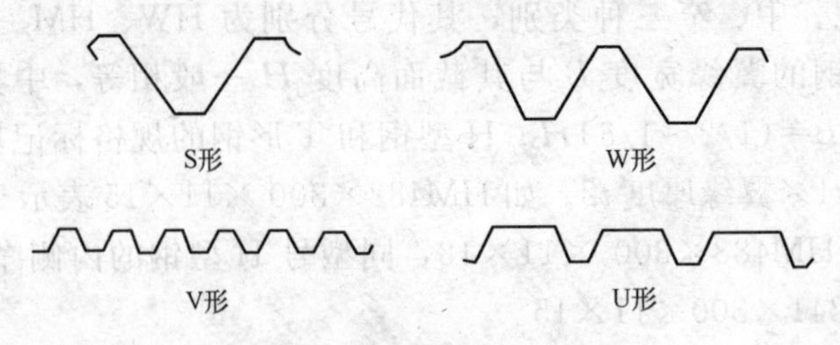

图 2-3 压型钢板的部分板型

冷弯型钢和压型钢板分别适用于轻钢结构的承重构件和屋面、墙面构件。冷弯型钢和压型钢板都属于高效经济截面，由于壁薄，截面几何形状开展，截面惯性矩大，刚度好，故能高效地发挥材料的作用，节约钢材。

（4）碳素钢

碳素钢有 Q195、Q215、Q235、Q275 四个牌号，Q195 不分等级，Q215 分 A、B 两个等级。这两个牌号的钢强度不高，不宜作为承重结构钢材。Q235 钢有四个等级，除 A 级外，B、C、D 级均有较高的冲击韧性，有较高的强度和良好的加工性能，在工业与民用建筑和一般构筑物钢结构工程中已运用多年，其机械性能和化学成分与国外规范中的同类钢号相比都比较接近。因此规范推荐使用。

低合金高强度结构钢按屈服点数值分为八个牌号：Q345、Q390、Q420、Q460、Q500、Q550、Q620、Q690。它是在碳素钢的基础上添加少量的合金元素，以提高其强度、耐腐蚀性等，在低温下有较好的冲击韧性。结构中采用低合金结构钢，可减轻结构自重，延长使用寿命。

2.1.4 建筑钢材的性能

1. 钢材的力学性能

在钢筋混凝土结构中所使用的钢材是否符合标准，直接关系着工程的质量，为此，在使用前必须对钢筋进行一系列的检查与试验，力学性能试验就是其中的一个重要检验项目，是评估钢材能否满足设计要求，检验钢质及划分钢号的重要依据之一。力学性能是指钢材在外力作用下所表现出的各种性能，其主要指标有下列几种。

（1）抗拉性能

钢筋的抗拉性能，一般是以钢筋在拉力作用下的应力-应变图来表示。热轧钢筋具有低碳钢性质，有明显的屈服点，其应力-应变图见图 2-4 所示。

1）弹性阶段。图 2-4 的 *OA* 段，施加外力时，钢筋伸长；除去外力，钢筋恢复到原来的长度，这个阶段称为弹性阶段，在此阶段内发生的变形称为弹性变形。*A* 点所对应的应力叫做弹性极限或比例极限，用 δ_p 表示。*OA* 呈直线状，表明在 *OA* 阶段内应力与应变的比值为一常数，此常数被称为弹性模量，用符号 *E* 表示。弹性模量 *E* 反映了材料抵抗弹性变形的能力。工程上常用的 HPB235 级钢筋，其弹性模量 $E=2.0\times10^5\sim2.1\times10^5\mathrm{N/mm^2}$。

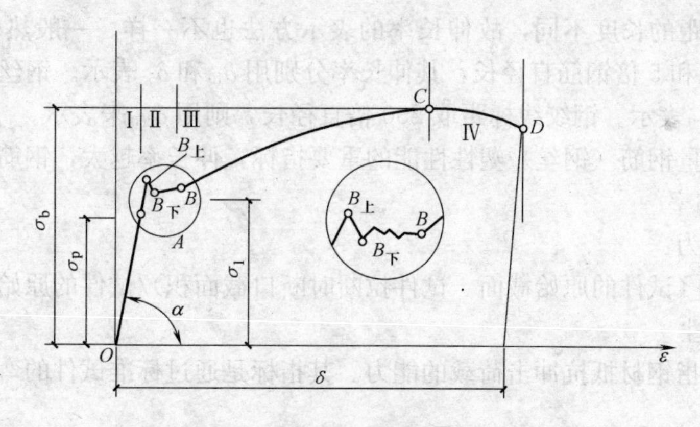

图 2-4　低碳钢受拉时的应力-应变图

2）屈服阶段。图 2-4 中的 $B_上$ B 段。应力超过弹性阶段，达到某一数值时，应力与应变不再成正比关系，在 $B_下$ B 内图形呈锯齿形，这时应力在一个很小范围内波动，而应变却自动增长，犹如停止了对外力的抵抗，或者说屈服于外力，所以叫做屈服阶段。

钢筋到达屈服阶段时，虽尚未断裂，但一般已不能满足结构的设计要求，所以设计时是以这一阶段的应力值为依据，为了安全起见，取其下限值。这样，屈服下限也叫做屈服强度或屈服点，用"σ_s"表示。HPB235 级钢筋的屈服强度（屈服点）为不小于 240N/mm^2。

3）强化阶段。图 2-4 中 BC 段。经过屈服阶段之后，试件变形能力又有了新的提高，此时变形的发展虽然很快，但它是随着应力的提高而增加的。BC 段称为强化阶段。对应于最高点 C 的应力称为抗拉强度，用"σ_b"表示。如，HPB235 级钢筋的抗拉强度 σ_b = 380N/mm^2。

屈服点 σ_s 与抗拉强度 σ_b 的比值叫屈强比。屈强比 σ_s/σ_b 越小，表明钢材在超过屈服点以后的强度储备能力越大，则结构的安全性越高。但屈强比小，则表明钢材的利用率太低，造成钢材浪费。反之，屈服比大，钢材的利用率虽然提高了，但其安全可靠性却降低了。HPB235 级钢筋的屈强比为 0.58～0.63。

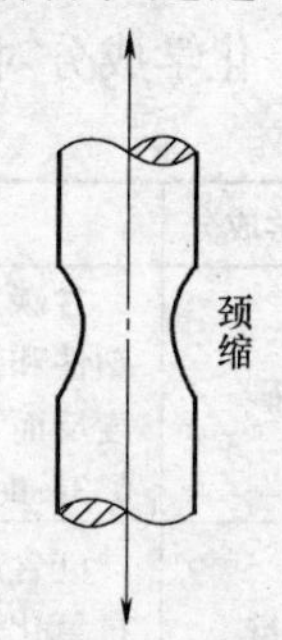

图 2-5　颈缩现象示意图

4）颈缩阶段。图 2-4 中 CD 段。当试件强度达到 C 点后，其抵抗变形的能力开始有明显下降，试件薄弱部分的断面开始出现显著缩小，此现象称为颈缩，如图 2-5 所示。试件在 D 点断裂，故称 CD 段为颈缩阶段。

（2）塑性变形

通过钢材受拉时的应力—应变图，可对其塑性性能进行分析。钢筋的塑性性能必须满足一定的要求，才能防止钢筋在加工时弯曲处出现裂缝、翘屈现象及构件在受荷载过程中可能出现的脆断破坏。

表示钢材塑性变形性能的指标有两个：

① 伸长率

它的计算公式为：

$$\delta = (\text{标距长度内总伸长值}/\text{标距长度}) \times 100\%$$

式中　δ——伸长率（%）。

由于试件标距的长度不同，故伸长率的表示方法也不一样。一般热轧钢筋的标距取10倍钢筋直径长和5倍钢筋直径长，其伸长率分别用δ_{10}和δ_5表示。钢丝的标距取100倍直径长，则用δ_{100}表示。钢绞线标距取200倍直径长，则用δ_{200}来表示。

伸长率是衡量钢筋（钢丝）塑性性能的重要指标，伸长率越大，钢筋的塑性越好。

② 断面收缩率

其计算公式为：

断面收缩率=[(试件的原始截面－试件拉断时断口截面积)/试件的原始截面]×100%

(3) 冲击韧性

冲击韧性是指钢材抵抗冲击荷载的能力。其指标是通过标准试件的弯曲冲击韧性试验确定的。

钢材的冲击韧性是衡量钢材质量的一项指标，特别对经常承受荷载冲击作用的构件，如重量级的桥式起重机梁等，要经过冲击韧性的鉴定。冲击韧性越大，表明钢材的冲击韧性越好。

(4) 焊接性能

在建筑工程中，钢筋骨架、接头、预埋件连接等，大多数是采用焊接的，因此要求钢筋应具有良好的焊性能。钢筋的化学成分对钢筋的焊接性能和其他性能有很大的影响。

(5) 硬度

硬度是指金属材料抵抗硬物压入表面的能力，是热处理工件质量检查的一项重要指标。测定硬度可用压人法。按照压头和压力的不同，测定钢材硬度常用的方法有布氏法、洛氏法和维氏法。相应的硬度试验指标有布氏硬度（HB)、洛氏硬度（HR）和维氏硬度（HV)。

2. 化学成分对钢材性能的影响

化学成分对钢材性能的影响见表2-3。

化学成分对钢材性能的影响 **表2-3**

化学成分	化学成分对钢材性能的影响	备　注
碳	含碳量在0.8%以下时，随含碳量的增加，钢的强度和硬度提高，塑性和韧性降低；但当含碳量大于1.0%时，随含碳量增加，钢的强度反而下降。含碳量增加，钢焊接性能变差，尤其当含碳量大于0.3%时，钢的可焊性显著降低	建筑钢材的含碳量不可过高，但是在用途上允许时，可用含碳量较高的钢，最高可达0.6%
硅	硅含量在1.0%以下时，可提高钢的强度、疲劳极限、耐腐蚀性及抗氧化性，对塑性和韧性影响不大，但可焊性和冷加工性能有所影响。硅可作为合金元素，用于提高合金钢的强度	硅是有益元素，通常碳素钢中硅含量小于0.3%，低合金钢含硅量小于1.8%
锰	锰可提高钢材的强度、硬度及耐磨性。能消减硫和氧引起的热脆性，改善钢材的热工性能。锰可作为合金元素，提高钢材的强度	锰是有益元素，通常锰含量在1%～2%
硫	硫引起钢材的“热脆性”，会降低钢材的各种机械性能，使钢材的可焊性、冲击韧性、耐疲劳性和抗腐蚀性等均降低	硫是有害元素，建筑钢材的含硫量应尽可能减少，一般要求含硫量小于0.045%
磷	磷引起钢材的“冷脆性”，磷含量提高，钢材的强度、硬度、耐磨性和耐腐蚀性提高，塑性、韧性和焊接性能显著下降	磷是有害元素，建筑用钢要求含磷量小于0.045%
氧	含氧量增加，使钢材的机械强度降低、塑性和韧性降低，促进时效，还能使热脆性增加，焊接性能变差	氧是有害元素，建筑钢材的含氧量应尽可能减少，一般要求含氧量小于0.03%

续表

化学成分	化学成分对钢材性能的影响	备　注
氮	氮使钢材的强度提高，塑性特别是韧性显著下降。氮会加剧钢的时效敏感性和冷脆性，使可焊性变差。但在铝、铌、钒等元素的配合下，可细化晶粒，改善钢的性能，故可作为合金元素	建筑钢材的含氮量应尽可能减少，一般要求含氮量小于0.008%

注：表中成分含量均为质量分数。

2.1.5 钢结构工程材料的环保问题

1. 材料的放射性

材料的放射性主要是来自其中的天然放射性核素，主要以铀（U）、镭（Ra）、钍（Th）、钾（K）为代表，这些天然放射性核素在发生衰变时会放出α、β和γ等各种射线，对人体会造成严重影响。^{226}Ra、^{232}Th衰变后会成为氡（^{222}Rn、^{220}Rn），氡是气体。氡气及其子体又极易随着空气中尘埃等悬浮物进入人体，对人体造成健康伤害。而材料衰变过程中所释放的γ射线等则主要以外部辐射方式对人体造成伤害。材料的放射性衰变模式及3种衰变有以下几种：

① α衰变：放射出α射线。

② β衰变：最常见的是放射出β射线。

③ γ衰变：放射出γ射线。

④ 自发裂变和其他一些罕见的衰变模式。

α射线是氦原子核，携带2个电子电量的正电荷。α射线的穿透能力较低，即使在气体中，它们的射程也只有几厘米。一般情况下，α射线会被衣物和人体的皮肤阻挡．不会进入人体。因此，α射线外照射对人体的损害是可以不考虑的。

β射线是带负电的电子。β射线的穿透能力较α射线要强，在空气中能走几百厘米，可以穿过几毫米的铝片。

γ射线是波长很短的电磁辐射，也称为光子。γ射线的穿透能力比β射线强得多，对人体会造成极大危害。如^{54}Mn的γ射线能量为0.8348MeV，经过75mm厚的铅，γ射线强度还可剩0.1%。

2. 内照射指教、外照射指数

放射线从外部照射人体的现象称为外照射，放射性物质进入人体并从人体内部照射人体的现象称为内照射。

根据各种放射性核素在自然界的含量、发射的射线类型及射线粒子的能量，真正需要引起起人们警惕的放射性物质是铀、镭、钍、氡、钾5种。其中，氡是气体，主要带来的是内照射问题。镭（^{226}Ra）比较复杂，除了构成外照射外，其衰变产物为氡（^{222}Rn），直接和空气中氡的含量相关。铀的放射线能量较小，危害较小。其他核素主要引起外照射问题。依据各放射性核素的危害程度，人们采用内照射指数和外照射指数来控制物质中放射性物质的含量。

内照射指数（I_{Ra}）：$I_{Ra}=C_{Ra}/200$

外照射指数（I_{γ}）：$I_{\gamma}=C_{Ra}/370+C_{Th}/260+C_{K}/4200$

式中，C_{Ra}、C_{Th}、C_{K}分别是镭－226、钍－232、钾－40的放射性比活度。

3. 建筑材料放射性核素限量

在日常生活中，人体会受到微量的放射核素照射，对人体健康没有影响。但达到一定的剂量时，就会伤害人体。射线粒子会杀死或杀伤细胞，受伤的细胞有可能发生变异，造成癌变、失去正常功能等，使人致病。

4. 材料中有机物的污染及危害

(1) 苯

苯是一种无色、具有特殊芳香气味的油状液体，微溶于水，能与醇、醚、丙酮和二硫化碳等互溶。甲苯和二甲苯都属于苯的同系物，都是煤焦油分馏或石油的裂解产物。以前使用涂料、胶粘剂和防水材料产品，主要采用苯作为溶剂或稀释剂。而《涂装作业安全规程安全管理通则》(GB 7691—2003) 中规定："禁止使用含苯（包括工业苯、石油苯、重质苯，不包括甲苯、二甲苯）的涂料、稀释剂和溶剂。"所以目前多用毒性相对较低的甲苯和二甲苯，但由于甲苯挥发速度较快，而二甲苯溶解力强，挥发速度适中，所以二甲苯是短油醇酸树脂、乙烯树脂、氯化橡胶和聚氨酯树脂的主要溶制，也是目前涂料工业和胶粘剂应用面最广，使用量最大的一种溶剂。

苯属中等毒类，其嗅觉阈值为 4.8～15.0mg/m^3。于 1993 年被世界卫生组织 (WHO) 确定苯为致癌物 (Groupl)。苯对人体健康的影响主要表现在血液毒性、遗传毒性和致癌性三个方面。高浓度苯蒸气吸入主要引起中枢神经症状（痉挛和麻醉作用），引起头晕、头痛、恶心。长期吸入低浓度苯，能导致血液和造血机能改变（急性非淋巴白血病，ANLL）及对神经系统影响，严重的将表现为全血细胞减少症，再生障碍性贫血症、骨髓发育异常综合症和血球减少。此外，苯对人的皮肤、眼睛和上呼吸道都有刺激作用，导致喉头水肿、支气管炎以及血小板下降。经常接触苯，皮肤可因脱脂变干燥，严重的出现过敏性湿疹。

甲苯和二甲苯因其挥发性，主要分布在空气中，对眼、鼻、喉等黏膜组织和皮肤等有强烈刺激和损伤，可引起呼吸系统炎症。长期接触，二甲苯可危害人体中枢神经系统中的感觉运动和信息加工过程。对神经系统产生影响，具有兴奋和麻醉作用，导致烦躁、健忘、注意力分散、反应迟钝、身体协调性下降以及头晕、恶心、呼吸困难和四肢麻木等症状，严重的会导致黏膜出血、抽搐和昏迷。女性对苯以及其同系物更为敏感的，甲苯和二甲苯对生殖功能也有一定影响。孕期接触苯系物混合物时，将会引发妊娠高血压综合症、呕吐及贫血等，甚至导致胎儿的畸形、神经系统功能障碍以及生长发育迟缓等多种先天性缺陷。

(2) VOC

VOC 是挥发性有机化合物 (Volatile Organic Compounds) 的英文缩写，包括碳氢化合物、有机卤化物、有机硫化物等，在阳光作用下与大气中氯氧化物、硫化物发生光化学反应，生成毒性更大的二次污染物，形成光化学烟雾。

据统计，全世界每年排放的大气中的溶剂约 1000 万吨，其中涂料和胶粘剂释放的挥发性有机化合物是 VOC 的重要来源。VOC 对人体影响主要有三种类型。

① 气味和感官效应，即器官刺激、感觉干燥等。

② 黏膜刺激和其他系统毒性导致病态。

③ 基因毒性和致癌性。

VOC存在于涂料、胶粘剂、水性处理等室内装饰装修材料当中，另外地毯、PVC卷材地板材料中也含有一定量的VOC。

（3）甲醛

无色，具有强烈气味的刺激性气体。气体密度1.06kg/m³，略重于空气，易溶于水，其35％～40％的水溶液通称福尔马林。甲醛（HCHO）是一种挥发性有机化合物，污染源很多，污染度也很高，是室内主要污染物。

自然界中的甲醛是甲烷循环中一个中间产物，背景值很低。室内空气中的甲醛主要有两个来源，一是来自室外的工业废气、汽车尾气，光化学烟雾；二是来自建筑材料、装饰物品以及生活用品等化工产品。

甲醛是一种有毒物质，其毒作用一般有刺激、过敏和致癌作用，通常人的甲醛嗅觉阈为0.06mg/m³。刺激作用主要对鼻和上呼吸道产生刺激症状，引发哮喘、呼吸道或支气管炎。另外，甲醛对眼睛也有强烈刺激作用，引起水肿、眼刺痛、眼红、眼痒、流泪。皮肤直接接触甲醛，可引起皮炎、色斑、坏死。而经常吸入甲醛，能引起慢性中毒，出现黏膜出血、皮肤刺激症、过敏性皮炎、指甲角化和脆弱。全身症状有头痛、乏力、胃纳差、心悸、失眠以及植物神经紊乱等。另外，通过动物试验表明，甲醛对大鼠鼻腔有致癌性。

近年来，还有多项报道表明：甲醛会对人体内免疫水平产生影响，且能引起哺乳动物细胞株的基因突变、DNA单链断裂、DNA链内交联和DNA与蛋白质交联，抑制DNA损伤的修复，影响DNA合成转录，还能损伤染色体。

5.材料环保应对措施

（1）严格源头把关

各级质量技术监督部门应把各种建筑和装饰装修材料的环保性能作为一项重要内容落实到产品质量管理中去，促使材料生产厂家树立起生产“绿色建材”。争创“绿色企业”的环保意识。对生产假冒伪劣、有害物质严重超标的企业应追根溯源，加大惩处的力度，直至予以关停，并应加强联合执法的力度。

（2）设计先行，建立和完善工程监管体系，推进行业达标

首先，要建立规范的市场秩序，出台权威性的装饰装修管理规范。其次，推行设计师负责制，提高设计人员的整体素质。第三，提高设计图纸审查质量，将环境指标控制列入图纸审查内容。最后，是建立和完善无机建材放射性和装饰装修材料有害物质限量的检测手段和方法。

（3）加强全过程控制

工程各方应承担起各自在工程建设过程中应尽的责任：

1）工程设计前，勘察单位必须进行土壤氡浓度的测定，以确定相应的防氡措施。

2）工程及装饰设计单位必须根据建筑物类型和装修程度，选择环保性能符合规范（标准）规定的材料，并注意控制空间承载量、搭配材料使用比例。通风设计应符合现行标准、规范的规定；材料进场验收。

3）监理单位必须严格查验其环保性能检测（验）报告，对规范（标准）规定必须进行工程复验的材料及检测项目不全或对结果有怀疑的材料，必须送有资质的检测（验）机构检测（验），合格后方可使用。

4）施工单位在施工中，应严格按要求规范各种施工行为，只有这样才能保证工程验收时室内环境污染物浓度检测结果符合规范规定。

2.1.6 常用建筑钢材的选用

为保证承重结构的承载能力和防止在一定条件下出现脆性破坏，应根据结构的重要性、荷载特征、结构形式、应力状态、连接方法、钢材厚度和工作环境等因素综合考虑，选用合适的钢材牌号和材性。

承重结构的钢材宜采用Q235钢、Q345钢、Q390钢和Q420钢，其质量应符合现行国家标准《碳素结构钢》（GB/T 700）和《低合金高强度结构钢》（GB/T 1591）的规定，当采用其他牌号的钢材时，应符合相应标准的规定和要求。不同建筑结构对材质的要求如下：

① 重要结构构件（如梁、柱、屋架等）高于一般构件（如墙架、平台等）；

② 受拉、受弯构件高于受压构件；

③ 焊接结构高于栓接或铆接结构；

④ 低温工作环境的结构高于常温工作环境的结构；

⑤ 直接承受动力荷载的结构高于间接承受动力荷载的结构；

⑥ 重级工作制构件（如重型吊车梁）高于中、轻级工作制构件。

（1）钢材选用的原则

建筑结构钢材选用的基本原则是要满足保证结构安全可靠，经济合理，节约钢材。钢材的强度和质量等级可由机械性能中的 f_u（抗拉强度）、δ_5（伸长率）、f_y（屈服点）、180°冷弯和 A_{kv}（常温及负温冲击韧性）等指标和化学成分中的碳、锰、硅、硫、磷和合金元素的含量是否符合规定，以及脱氧方法（沸腾钢、镇静钢，特镇钢）等作为标准来衡量。显然，不论何种构件，一律采用强度和质量等级高的钢材是不合理的，而且钢材强度等级高（如Q345、Q390、Q420钢）或质量等级高（C、D、E级），其价格亦增高。因此，钢材的选用应结合工程需要全面考虑，合理地选择。必须考虑以下因素：

1）结构的重要性

根据《建筑结构可靠度设计统一标准》（GB 50068—2001）的规定，建筑物及其构件按其破坏后果的严重性，分为重要的、一般的和次要的三类，相应的安全等级为一级、二级和三级。因此，对安全等级为一级的重要的房屋及其构件，如重型厂房钢结构、大跨钢结构、高层钢结构等，应选用质量好的钢材。对一般或次要的房屋及其构件可按其使用性质，选用普通质量的钢材。

2）荷载特征

结构所受荷载分为静力荷载和动力荷载两种，对直接承受动力荷载的构件（如吊车梁），应选用综合质量和韧性较好的钢材。对承受静力荷载的结构，可选用普通质量的钢材。

3）连接方法

钢结构的连接方法有焊接和非焊接（采用紧固件）连接之分。焊接结构由于焊接过程的不均匀加热和冷却，会对钢材产生许多不利影响，因此，其钢材质量应高于非焊接结构，须选择碳、硫、磷含量较低，塑性和韧性指标较高，可焊性较好的钢材。

4）工作条件

结构的工作环境对钢材有很大影响，如钢材处于低温工作环境时易产生低温冷脆，此时应选用抗低温脆断性能较好的镇静钢。另外，对周围环境有腐蚀性介质或处于露天的结构，易引起锈蚀，所以应选择具有相应抗腐蚀性能的耐候钢材。

5）钢材厚度

厚度大的钢材不仅强度、塑性、冲击韧性较差，而且其焊接性能和沿厚度方向的受力性能也较差。故在需要采用大厚度钢板时，应选择Z向钢板。

（2）钢材选用的方法

根据钢材选用的基本原则，钢结构设计规范结合我国多年来的工程实践和钢材生产情况，对承重结构的钢材推荐采用Q235、Q345、Q390、Q420钢。

沸腾钢质量较差，但在常温、静力荷载下的机械性能和焊接性能与镇静钢无显著差异，故可满足一般承重结构的要求。虽然随着我国炼钢工艺的改进（由模铸改为连铸），沸腾钢的产量已很少，其价格也和镇静钢持平，但考虑到目前还有少量模铸生产，故设计规范仍对焊接的承重结构和构件不应采用Q235沸腾钢有如下规定。

1）焊接结构：

① 直接承受动力荷载或振动荷载且需要验算疲劳的结构。

② 工作温度低于－20℃时的直接承受动力荷载或振动荷载但可不验算疲劳的结构，以及承受静力荷载的受弯及受拉的重要承重结构。

③ 工作温度等于或低于－30℃的所有承重结构。

2）非焊接结构。工作温度等于或低于－20℃的直接承受动力荷载且需要验算疲劳的结构。

3）承重结构。采用的钢材应具有抗拉强度、伸长率、屈服强度和硫、磷含量的合格保证，对焊接结构尚应具有碳含量的合格保证。焊接承重结构以及重要的非焊接承重结构采用的钢材还应具有冷弯试验的合格保证。

4）对于需要验算疲劳的焊接结构的钢材，应具有常温冲击韧性的合格保证。当结构工作温度不高于0℃但高于－20℃时，Q235钢和Q345钢应具有0℃冲击韧性的合格保证；对Q390钢和Q420钢应具有－20℃冲击韧性的合格保证；当结构工作温度不高于－20℃时，对Q235钢和Q345钢应具有－20℃冲击韧性的合格保证；对Q390钢和Q420钢应具有－40℃冲击韧性的合格保证。（注：吊车起重量小小于50t的中级工作制吊车梁，对钢材冲击韧性的要求与需要演算疲劳的构件相同）

5）当焊接承重结构为防止钢材的层状撕裂而采用Z向钢时，其材质应符合现行国家标准《厚度方向性能钢板》（GB/T 5313）的规定。

6）对处于外露环境，且对耐腐蚀有特殊要求的或在腐蚀性气态和固态介质作用下的承重结构，宜采用耐候钢，其质量要求应符合现行国家标准《焊接结构用耐候钢》（GB/T 4172）的规定。

7）钢结构的连接材料应符合下列要求：

① 手工焊接采用的焊条，应符合现行国家标准《碳钢焊条》（GB/T 5117）或《低合金钢焊条》（GB/T 5118）的规定。选择的焊条型号应与主体金属力学性能相适应。对承受动力荷载或振动荷载且需要验算疲劳的结构，宜采用低氢型焊条。

② 自动焊接或半自动焊接采用的焊丝和相应的焊剂应与主体金属力学性能相适应，并应符合现行国家标准的规定。

③ 普通螺栓应符合现行国家标准《六角头螺栓 C 级》（GB/T 5780）和《六角头螺栓》（GB/T 5782）的规定。

④ 高强度螺栓应符合现行国家标准《钢结构用高强度大六角头螺栓》（GB/T 1228）、《钢结构用高强度大六角螺母》（GB/T 1229）、《钢结构用高强度垫圈》（GB/T 1230）、《钢结构用高强度大六角头螺栓、大六角螺母、垫圈技术条件》（GB/T 1231）《钢结构用扭剪型高强度螺栓连接副》（GB/T 3632）、《钢结构用扭剪型高强度螺栓连接副　技术条件》（GB/T 3633）的规定。

⑤ 圆柱头焊钉（栓钉）连接件的材料应符合现行国家标准电弧焊用《圆柱头焊钉》（GB/T 10433）的规定。

2.2 常用钢材及其技术指标

钢材的种类或称钢种，按用途可分为结构钢、工具钢和特殊用途钢等；按化学成分可分为碳素钢和合金钢，碳素钢按含碳量又分为低碳钢（w_c≤0.25%）、中碳钢（0.25%<w_c≤0.6%）、高碳钢（w_c>0.6%），以及熟铁（w_c≤0.06%）、生铁或铸铁（w_c≥2%）。合金钢可分为低合金钢（合金元素锰、硅等的质量分数<5%）、中合金钢和高合金钢（合金元素质量分数>10%）；按冶炼方法分为平炉钢、氧气转炉钢、碱性转炉钢和电炉钢等；按浇注方法分为沸腾钢、镇静钢和特殊镇静钢；按硫、磷含量和质量控制分，可分为高级优质钢（w_s≤0.035%，w_p<0.03%，并有良好的力学性能），优质钢（w_s≤0.045%，w_p≤0.04%，并有较好的力学性能）和普通钢（w_s≤0.05%，w_p≤0.045%）等。

钢结构中常用的钢是碳素结构钢和低合金结构钢以及特殊结构钢。

2.2.1 碳素结构钢

碳素结构钢是最普遍的工程用钢，按其含碳量的多少可粗略地分成低碳钢、中碳钢和高碳钢，通常把含碳量在0.03%～0.25%范围内称为低碳钢，含碳量在0.26%～0.6%之间的称中碳钢，含碳量在0.6%～2.0%的称为高碳钢，建筑钢结构主要使用低碳钢。

我国国家颁布的《碳素结构钢》（GB 700—2006）规定，将专用于结构的普通碳素钢共分为Q195、Q215、Q235、Q275四种。Q是屈服点的汉语拼音首位字母，数字代表钢材厚度（直径）≤16mm时的屈服点下限值（MPa）。数字较低的钢材，碳的质量分数和强度较低而塑性、韧性、焊接性较好。钢结构主要用Q235钢，其碳的质量分数为0.12%～0.22%，强度、塑性和焊接性等均适中。

Q235钢共分A、B、C、D四个质量等级。依次由差至好，A、B级钢按脱氧方法可分为沸腾钢（F）和镇静钢（Z）；C级钢为镇静钢（Z）；D级为特殊镇静钢（TZ）；Z和TZ在牌号中省略不写。碳素结构钢牌号的全部表示方法为Q×××后附加质量等级和脱氧方法符号，如Q235-AF、Q235-C等。

不同牌号、不同等级的钢材对化学成分和力学性能指标要求不同，具体要求见表2-4～表2-6。

碳素结构钢的牌号和化学成分（熔炼分析） **表 2-4**

牌号	统一数字代号①	等级	厚度（或直径）/mm	脱氧方法	化学成分（质量分数，%） ≤				
					C	Si	Mn	P	S
Q195	U11952	—	—	F、Z	0.12	0.30	0.50	0.035	0.040
Q215	U12152	A	—	F、Z	0.15	0.35	1.20	0.045	0.050
	U12155	B							0.045
Q235	U12352	A	—	F、Z	0.22	0.35	1.40	0.045	0.050
	U12355	B			0.20②				0.045
	U12358	C		Z	0.17			0.040	0.040
	U12359	D		TZ				0.035	0.035
Q275	ZU12752	A	—	F、Z	0.24	0.35	1.50	0.045	0.050
	U12755	B	≤40	Z	0.21			0.045	0.045
			>40		0.22				
	U12758	C	—	Z	0.20			0.040	0.040
	U12759	D		TZ				0.035	0.035

① 表中为镇静钢、特殊镇静钢牌号的统一数字，沸腾钢牌号的统一数字代号如下：

Q195F—U11950；

Q215AF—U12150，Q215BF—U12153；

Q235AF—U12350，Q235BF—U12353；

Q275AF—U12750。

② 经需方同意，Q235B 碳含量（质量）可不大于 0.22%。

碳素结构钢的拉伸、冲击性能 **表 2-5**

牌号	等级	屈服强度① R_{eH} (N/mm²) ≥						抗拉强度② R_m (N/mm²)	断后伸长率 A(%) ≥					冲击试验（V 形缺口）	
		厚度（或直径）/（mm）							厚度（或直径）(mm)						
		≤16	16～40	40～60	60～100	100～150	150～200		≤40	40～60	60～100	100～150	150～200	温度（℃）	冲击吸收功（纵向）(J) ≥
Q195	—	195	185	—	—	—	—	315～430	33	—	—	—	—	—	—
Q215	A	215	205	195	185	175	165	335～450	31	30	29	27	26	—	—
	B													+20	27
Q235	A	235	225	215	215	195	185	370～500	26	25	24	22	21	—	—
	B													+20	27③
	C													0	
	D													−20	
Q275	A	275	265	255	245	225	215	410～540	22	21	20	18	17	—	—
	B													+20	27
	C													0	
	D													−20	

① Q195 的屈服强度值仅供参考，不作为交货条件。

② 厚度大于 100mm 的钢材，抗拉强度下限允许降低 20N/mm²。宽带钢（包括剪切钢板）抗拉强度上限不作交货条件。

③ 厚度小于 25mm 的 Q235B 级钢材，如供方能保证冲击吸收功值合格，经需方同意，可不做检验。

碳素结构钢的冷弯实验 **表 2-6**

牌号	试样方向	冷弯实验，180°，$B=2a$①	
		钢材厚度(直径)②(mm)	
		≤60	>60～100
		弯心直径 d	
Q195	纵向	0	—
	横向	0.5a	
Q215	纵向	0.5a	1.5a
	横向	a	2a
Q235	纵向	a	2a
	横向	1.5a	2.5a
Q275	纵向	1.5a	2.5a
	横向	2a	3a

① B 为试样宽度，a 为试样厚度（或直径）(mm)。
② 钢材厚度（或直径）大于100mm时，弯曲试验由双方协商确定。

有关说明：

(1) 钢的牌号表示方法；由代表屈服点的字母（Q）、屈服点数值、质量等级符号脱氧方法四个部分顺序组成：例如Q235—AF。

(2) 脱氧方法符号：

F——沸腾钢；

Z——镇静钢；

TZ——特殊镇静钢。

(3) 钢的冶炼方法有氧气转炉或电炉冶炼，除非有特殊要求，一般由生产厂自行决定。

(4) 钢材一般是热轧、控轧或正火状态交货（包括控轧）。

(5) 钢中残余元素铬、镍、铜含量应各不大于0.30%，氮含量应不大于0.008%，如供方能保证均可不做分析。

(6) 在保证钢材力学性能符合标准规定的情况下，各牌号A级钢的碳、锰、硅含量可以不作为交货条件，但其含量应在质量证明书中标明。

(7) 成品钢材、连铸坯、钢坯的化学成分允许偏差应符合《钢的成品化学成分允许偏差》(GB 222—2006) 中表1的规定。

(8) 进行拉伸和弯曲试验时，型钢和钢棒取纵向试样；钢板和钢带应取横向试件，断后伸长率允许比碳素结构钢的拉伸、冲击性能降低2%（绝对值）。窄钢带取横向试样如果受宽度限制时，可以取纵向试样。

如供方能保证冷弯试验符合碳素结构钢的冷弯试验的规定，可不做检验。A级钢冷弯试验合格时，抗拉强度上限可以不作为交货条件。

拉伸和冷弯试验，钢板、钢带试样的纵向轴线应垂直轧制方向；型钢、钢棒和受宽度限制的窄钢带试样的纵向轴线应平行于轧制方向。

冲击试样的纵向轴线应平行于轧制方向。冲击试样可以保留一个轧制面。

钢材应成批验收，每批由同一牌号、同一炉号、同一质量等级、同一品种、同一尺寸、同一交货状态的钢材组成，每批重量应不大于60t。

2.2.2 低合金高强度结构钢

《低合金高强度结构钢》（GB/T 1591—2008）将低合金高强度结构钢按屈服点数值分为八个牌号：Q345、Q390、Q420、Q460、Q500、Q550、Q620、Q690。各牌号低合金高强度结构钢的化学成分（熔炼分析）应符合表2-7的规定。

低合金高强度结构钢的化学成分　　表2-7

牌号	质量等级	化学成分[a,b]（质量分数）（%）														
		C	Si	Mn	P	S	Nb	V	Ti	Cr	Ni	Cu	N	Mo	B	Als
					不大于											
Q345	A	≤0.20	≤0.50	≤1.70	0.035	0.035	0.07	0.15	0.20	0.30	0.50	0.30	0.012	0.10	—	—
	B				0.035	0.035										
	C				0.030	0.030										0.015
	D	≤0.18			0.030	0.025										
	E				0.025	0.020										
Q390	A	≤0.20	≤0.50	≤1.70	0.035	0.035	0.07	0.20	0.20	0.30	0.50	0.30	0.015	0.10	—	—
	B				0.035	0.035										
	C				0.030	0.030										0.015
	D				0.030	0.025										
	E				0.025	0.020										
Q420	A	≤0.20	≤0.50	≤1.70	0.035	0.035	0.07	0.20	0.20	0.30	0.80	0.30	0.015	0.20	—	—
	B				0.035	0.035										
	C				0.030	0.030										0.015
	D				0.030	0.025										
	E				0.025	0.020										
Q460	C	≤0.20	≤0.60	≤1.80	0.030	0.030	0.11	0.20	0.20	0.30	0.80	0.55	0.015	0.20	0.004	0.015
	D				0.030	0.025										
	E				0.025	0.020										
Q500	C	≤0.18	≤0.60	≤1.80	0.030	0.030	0.11	0.12	0.20	0.60	0.80	0.55	0.015	0.20	0.004	0.015
	D				0.030	0.025										
	E				0.025	0.020										
Q550	C	≤0.18	≤0.60	≤2.00	0.030	0.030	0.11	0.12	0.20	0.80	0.80	0.80	0.015	0.30	0.004	0.015
	D				0.030	0.025										
	E				0.025	0.020										
Q620	C	≤0.18	≤0.60	≤2.00	0.030	0.030	0.11	0.12	0.20	1.00	0.80	0.80	0.015	0.30	0.004	0.015
	D				0.030	0.025										
	E				0.025	0.020										
Q690	C	≤0.18	≤0.60	≤2.00	0.030	0.030	0.11	0.12	0.20	1.00	0.80	0.80	0.015	0.30	0.004	0.015
	D				0.030	0.025										
	E				0.025	0.020										

a 型材及棒材P、S含量可提高0.005%，其中A级钢上限可为0.045%。

b 当细化晶粒元素组合加入时，20(Nb+V+Ti)≤0.22%，20(Mo+Cr)≤0.30%。

有关说明：

(1) 低合金高强度结构钢的机械性能（强度、冲击韧性、冷弯等）应符合 GB/T 1591—2008 中的规定。

(2) 钢的牌号由代表屈服强度的汉语拼音字母、屈服强度数值、质量等级符号三个部分组成。

(3) 钢的牌号表示方法，自左向右依次列出：平均碳含量的万分数和各合金元素的名称（或符号）及其含量的百分整数。

(4) 各牌号的 A 级钢或 B 级钢允许同一牌号、同一质量等级、同一冶炼和浇注方法、不同炉罐号组成混合批。但每批不得多于 6 个炉罐号，且各炉罐号碳（C）含量之差不得大于 0.02%，锰（Mn）含量之差不得大于 0.15%。

(5) 在保证钢材力学性能符合标准规定的情况下，各牌号 A 级钢的 C、Si、Mn 化学成分可不作为交货条件。

(6) 钢材、钢坯的化学成分允许偏差应符合 GB/T 222—2006 的规定。

(7) 钢由转炉或电炉冶炼，必要时加炉外精炼。

(8) 钢材以热轧、控轧、正火、正火轧制或正火加回火、热机械轧制或热机械轧制加回火状态交货。

(9) 钢材应成批验收，每批应由同一牌号、同一质量等级、同一炉罐号、同一规格、同一轧制制度或同一热处理制度的钢材组成，每批重量不大于 60t。钢带的组批重量应按符合相应产品标准规定。

2.2.3 专用结构钢

特殊用途的专用结构钢是在碳素结构钢或低合金结构钢的基础上冶炼而成，其有害元素含量低、晶粒细、组织致密、机械性能的附加保证项目较多，因而质量更高、检验更严密。一般用于桥梁、船舶、压力容器和锅炉等特殊用途的钢结构中。专用钢的牌号表示方法是在相应钢号后加上专业用途的汉语拼音字母或汉字，如 q（桥）、c（船）、r（容）、g（锅）等。例如 Q235c、16Mnq、15MnVq 等。16 Mnq 和 15MnVq 钢也常用于重型桥式起重机梁结构中。

钢结构连接中铆钉、高强度螺栓、焊条用钢等，也是属于专用结构钢。

2.2.4 Z 向钢和耐候钢

Z 向钢是在某一级结构钢（母级钢）的基础上，经过特殊冶炼、处理的钢材。Z 向钢在厚度方向有较好的延展性，有良好的抗层状撕裂能力，适用高层建筑和大跨度钢结构的厚钢板结构中。我国生产的 Z 向钢板的标记为在母级钢牌号前面加上 Z 向钢板等级标记，如 Z15、Z25、Z35 等。

耐候钢是在低碳钢或低合金钢中加入铜、铬、镍等合金元素冶炼制成的一种耐大气腐蚀的钢材。在大气作用下，表面自动生成一种致密的防腐薄膜，起到抗腐蚀作用。这种钢材适用于露天的钢结构。该种钢材应降低成本，逐步推广到有抗腐要求的钢结构和焊接工艺，以及钢结构中去。

2.3 常用型钢

建筑中的主要承重结构，常使用各种规格的型钢来组成各种形式的钢结构。钢结构常用的型钢有圆钢、方钢、扁钢、工字钢、槽钢、角钢等。型钢由于截面形式合理，材料在截面上的分布对受力有利，且构件间的连接方便，所以型钢是钢结构中采用的主要钢材。钢结构用钢的钢种和牌号，主要根据结构的重要性、荷载特征、结构形式、应力状态、连接方法、钢材厚度和工作环境等因素选择。对于承受动力荷载或振动荷载的结构、处于低温环境的结构，应选择韧性好、脆性临界温度低的钢材。对于焊接结构应选择焊接性能好的钢材。钢结构用热轧型钢主要采用的是碳素结构和低合金强度结构钢。

常用型钢规格型号见《常用钢材与紧固件速查手册》(中国建筑工业出版社出版)。

2.4 常用夹芯板的板型和规格

目前常用的保温夹芯板的板型和规格见表 2-8。

常用保温夹芯板板型、规格 **表 2-8**

序号	型号	截面简图	有效宽度(mm)	适用部位
1	YJYB1 (自密封)	1000 彩色钢板 芯材 彩色钢板 厚度	1000	墙面
2	JB42-333-1000	1000 333.3 333.3 333.3 彩色钢板 42 芯材 彩色钢板 厚度	1000	屋面
3	YJYB2(承插式)	1000 彩色钢板 芯材 彩色钢板	1000	墙面
4	JB45-500-1000	1000 45 S	1000	屋面
5	JB40-320-960	960 320 320 320 40 S	960	
6	JB40-305-960	960 15 305 320 305 15 40 S	960	

续表

序号	型号	截面简图	有效宽度(mm)	适用部位
7	JB35-125-750	750 45 S	750	墙面

2.5 彩板建筑自钻自攻螺钉规格及用途

2.5.1 概述

自攻螺钉分为自攻自钻螺钉和打孔螺钉。自攻自钻螺钉前面有钻头，后面有丝扣，在专用电钻卡紧固定下操作，孔洞与螺杆匹配，紧固质量好。打孔后再攻丝扣的自攻螺钉，施工程序多，紧固质量不如前一种。目前广泛使用自钻自攻螺钉。

由于自钻自攻螺钉多是国外引进，例如瑞士 SFS 工业集团研究和生产的施百达（SPEDEC）系列自钻螺钉和特别锋（TOPFORM）系列自攻螺钉成为欧美钢结构建筑业首选的紧固件，故其规格尺寸大部分沿用英制，其常用规格直径需换算成公称直径，参见表 2-9。

自攻螺钉公称直径参照表 **表 2-9**

规格(直径级数)	6	8	10	12	14
公称直径(mm)	3.45	4.20	4.8	5.5	6.5

2.5.2 表示方法，长度及强度计算

（1）表示方法

牌号表示方法（举例说明）

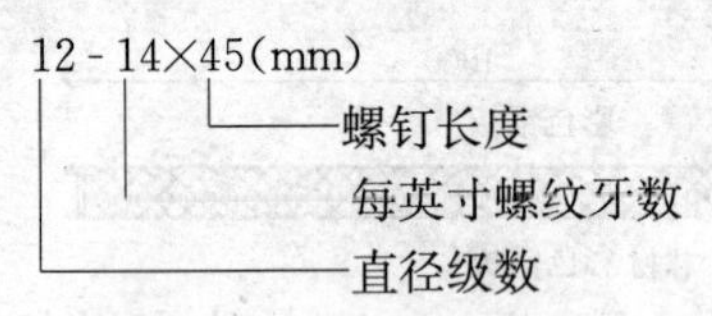

（2）强度计算

自攻螺钉在建筑围护结构中，主要承受拔力、剪力、拉力和扭矩等外荷载，可按下面经验公式进行计算：

$$F=0.58\times\sigma\times\pi\times D\times t$$

式中 F——可承受最大吸风力；

D——六角头下端直径；

t——彩色钢板厚度；

σ——钢板抗拉强度；

0.58——经验系数。

（3）螺纹长度计算

$$L=H+T+X+10$$

式中 H——压型板波峰高度（mm）；

T——钢构件厚度（mm）；

X——隔热保温层压实厚度（mm）。

（4）推荐螺钉

1）普通型自攻螺钉：用于固定压型钢板。可以直接攻入 2.5～6.4mm 厚的钢板，并在其上攻丝，钻孔攻丝一次完成。

2）5 型高强度自攻螺钉：用于压型钢板与厚度不超过 12.5mm 钢构件连接，钻孔攻丝一次完成。

3）17 型自攻螺钉：用于压型板与木质檩条固定。

4）缝合螺钉：专用于压型钢板与薄板连接，适用于总厚度不超过 1.2mm 的薄钢板连接。

2.6 钢材的储存

2.6.1 钢材储存的场地条件

钢材储存可露天堆放，也可堆放在有顶棚的仓库里。露天堆放时，堆放场地要平整，并应高于周围地面，四周留有排水沟，雪后要易于清扫。堆放时要尽量使钢材截面的背面向上或向外，以免积雪、积水（图 2-6），两端应有高差，以利于排水。

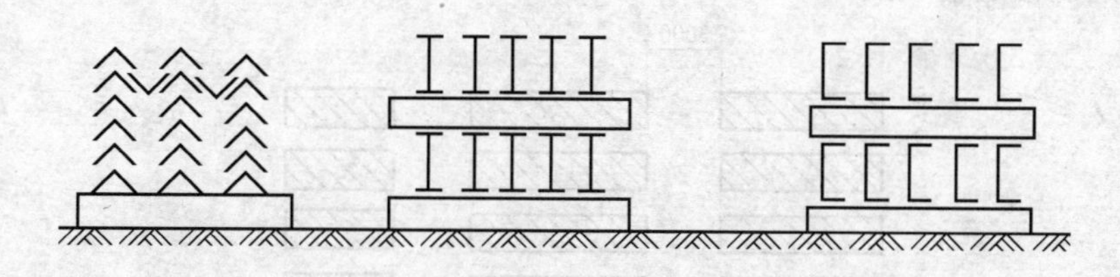

图 2-6 钢材露天堆放

堆放在有顶棚的仓库内，可直接堆放在地坪上，下垫楞木。对于小钢材也可堆放在架子上，堆与堆之间应留出走道（图 2-7）。在仓库里不得与酸、碱、盐、水泥等对钢材有侵蚀性的材料堆放在一起。不同品种的钢材应分别堆放，防止混淆，防止接触腐蚀。仓库应根据地理条件选定，一般采用普通封闭式仓库，即有房顶有围墙、门窗严密，设有通风装置的仓库。仓库要求晴天注意通风，雨天注意关闭防潮，经常保持适宜的储存环境。

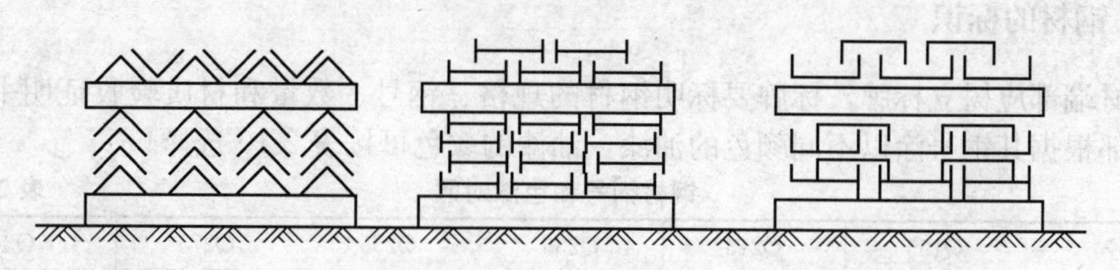

图 2-7 钢材在仓库内堆放

2.6.2 钢材堆放要求

钢材的堆放要尽量减少钢材的变形和锈蚀，钢材堆放的方式既要节约用地，也要注意提取方便。

钢材堆放时每隔 5～6 层放置楞木，其间距以不引起钢材明显的弯曲变形为宜。楞木要上下对齐，在同一垂直平面内。

为增加堆放钢材的稳定性，可使钢材互相勾连，或采取其他措施。这样，钢材的堆放高度可达到所堆宽度的两倍，否则，钢材堆放的高度不应大于其宽度。一般应一端对齐，在前面立标牌，写清工程名称、钢号、规格、长度、数量。

角钢、槽钢和工字钢等型材的堆放可按图 2-6、图 2-7 给出的方式。钢板和扁钢的堆放方式见图 2-8 所示。

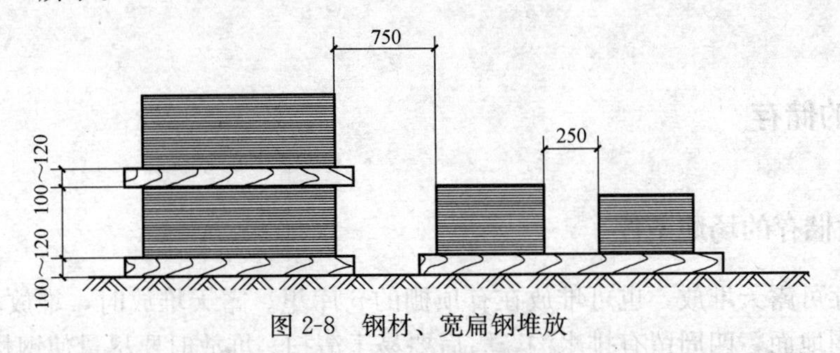

图 2-8　钢材、宽扁钢堆放

选用钢材时要顺序寻找，不能乱翻。考虑材料堆放时便于搬运，要在料堆之间留有一定宽度的通道以便运输（图 2-9）。

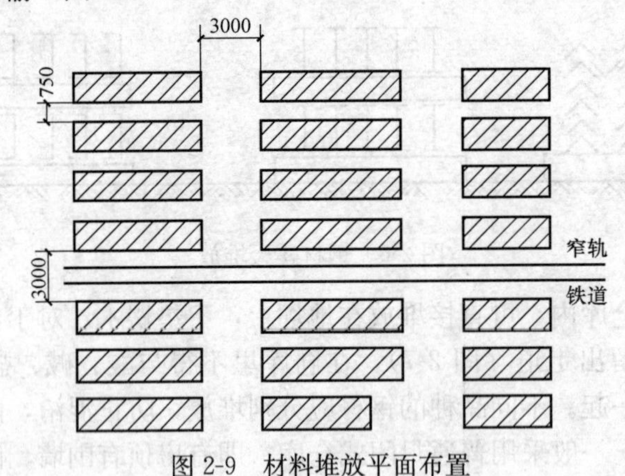

图 2-9　材料堆放平面布置

2.6.3 钢材的标识

钢材端部应树立标牌，标牌要标明钢材的规格、钢号、数量和材质验收证明书编号。钢材端部根据其钢号涂以不同颜色的油漆，油漆的颜色可按表 2-10 选择。

钢材钢号和色漆对照　　表 2-10

钢号	Q195	Q215	Q235	Q255	Q275	Q345
油漆颜色	白+黑	黄色	红色	黑色	绿色	白色

钢材的标牌应定期检查。余料退库时要检查有无标识，当退料无标识时，要及时核查清楚，重新标识后再入库。

2.6.4 钢材的检验

钢材检验制度是保证钢结构工程质量的重要环节，因此，钢材在正式入库前必须严格执行检验制度，经检验合格的钢材方可办理入库手续，钢材检验的主要内容是：

（1）钢材的数量和品种应与订货合同相符。

（2）钢材的质量保证书应与钢材上打印的记号符合。每批钢材必须具备生产厂提供的材质证明书，写明钢材的炉号、钢号、化学成分和机械性能。对钢材的各项指标可根据国标的规定进行核验。

（3）核对钢材的规格尺寸。各类钢材尺寸的容许偏差，可参考相关国标或“冶标”中的规定进行核对。

（4）钢材表面质量检验。不论扁钢、钢板和型钢，其表面均不允许有结疤、裂纹、折叠和分层等缺陷。有上述缺陷的应另行堆放，以便研究处理。钢材表面的锈蚀深度，不得超过其厚度负偏差值的1/2，锈蚀等级的划分和除锈等级见《涂装前钢材表面锈蚀等级和除锈等级》(GB 8923)的要求。

经检验发现“钢材质量保证书”上数据不清、不全，材质标记模糊，表面质量、外观尺寸不符合有关标准要求时，应视具体情况重新进行复核和复验鉴定，经复核复验鉴定合格的钢材方准予正式入库，不合格钢材应另作处理。

2.6.5 钢材的出入库管理

（1）钢材经验收或复验必须有质检员验收合格签字后材料员才能入库，入库时应进行登记，填写记录卡，注明入库时间、型号、规格、炉批号，专项专用的钢材还应注明工程项目名称。钢材表面涂上色标、规格和型号，按品种牌号、规格分类堆放。

（2）库存钢材应保持账、卡、物三相符，并定期进行清点检查。对保存期过一年期限的钢材应及时处理，避免积压和锈蚀。

（3）库存钢材还应备有实际长度的检尺记录，使用前提供给技术部门作为下料、配料的依据。

（4）钢材要依据“领料单”发放，发料时要仔细核对钢材的牌号、规格、型号、数量等。未经检验合格的钢材不能入库，更不能发放投入生产。

（5）材料员必须按管理规定执行。

2.7 钢结构的材质检验

2.7.1 原材料及成品进场一般规定

（1）本节适用于进入钢结构各分项工程实施现场的主要材料、零（部）件、成品件、标准件等产品的进场验收。

（2）进场验收的检验批原则上应与各分项工程检验批一致，也可以根据工程规模及进料实际情况划分检验批。

2.7.2 钢材

1. 主控项目

(1) 钢材、钢铸件的品种、规格、性能等应符合现行国家产品标准和设计要求。进口钢材产品的质量应符合设计和合同规定标准的要求。

检查数量：全数检查。

检验方法：检查质量合格证明文件、中文标志及检验报告等。

(2) 对属于下列情况之一的钢材，应进行抽样复验，其复验结果应符合现行国家产品标准和设计要求。

1) 国外进口钢材。

2) 钢材混批。

3) 板厚等于或大于 40mm，且设计有 Z 向性能要求的厚板。

4) 建筑结构安全等级为一级，大跨度钢结构中主要受力构件所采用的钢材。

5) 设计有复验要求的钢材。

6) 对质量有疑义的钢材。

检查数量：全数检查。

检验方法检查复验报告。

2. 一般项目

(1) 钢板厚度及允许偏差应符合其产品标准的要求。

检查数量：每一品种、规格的钢板抽查 5 处。

检验方法：用游标卡尺量测。

(2) 型钢的规格尺寸及允许偏差符合其产品标准的要求。

检查数量：每一品种、规格的型钢抽查 5 处。

检验方法：用钢尺和游标卡尺量测。

(3) 钢材的表面外观质量除应符合国家现行有关标准的规定外，尚应符合下列规定：

1) 当钢材的表面有锈蚀、麻点或划痕等缺陷时，其深度不得大于该钢材厚度负允许偏差值的 1/2。

2) 钢材表面的锈蚀等级应符合现行国家标准《涂装前钢材表面锈蚀等级和除锈等级》GB 8923 规定的 C 级及 C 级以上。

3) 钢材端边或断口处不应有分层、夹渣等缺陷。

检查数量：全数检查。

检验方法：观察检查。

2.7.3 焊接材料

1. 主控项目

(1) 焊接材料的品种、规格、性能等应符合现行国家产品标准和设计要求。

检查数量：全数检查。

检验方法：检查焊接材料的质量合格证明文件、中文标志及检验报告等。

（2）重要钢结构采用的焊接材料应进行抽样复验，复验结果应符合现行国家产品标准和设计要求。

检查数量：全数检查。

检验方法：检查复验报告。

2. 一般项目

（1）焊钉及焊接瓷环的规格、尺寸及偏差应符合现行国家标准《圆柱头焊钉》（GB 10433）中的规定。

检查数量：按量抽查1%，且不应少于10套。

检验方法：用钢尺和游标卡尺量测。

（2）焊条外观不应有药皮脱落、焊芯生锈等缺陷；焊剂不应受潮结块。

检查数量：按量抽查1%，且不应少于10包。

检验方法：观察检查。

2.7.4 连接用紧固标准件

1. 主控项目

（1）钢结构连接用高强度大六角头螺栓连接副、扭剪型高强度螺栓连接副、钢网架用高强度螺栓、普通螺栓、铆钉、自攻钉、拉铆钉、射钉、锚栓（机械型和化学试剂型）、地脚锚栓等紧固标准件及螺母、垫圈等标准配件，其品种、规格、性能等应符合现行国家产品标准和设计要求。高强度大六角头螺栓连接副和扭剪型高强度螺栓连接副出厂时应分别随箱带有扭矩系数和紧固轴力（预拉力）的检验报告。

检查数量：全数检查。

检验方法：检查产品的质量合格证明文件、中文标志及检验报告等。

（2）高强度大六角头螺栓连接副应按《钢结构工程施工质量验收规范》附录B的规定检验其扭矩系数，其检验结果应符合《钢结构工程施工质量验收规范》附录B的规定。

检查数量：见《钢结构工程施工质量验收规范》附录B。

检验方法：检查复验报告。

（3）扭剪型高强度螺栓连接副应按《钢结构工程施工质量验收规范》附录B的规定检验预拉力，其检验结果应符合《钢结构工程施工质量验收规范》附录B的规定。

检查数量：见《钢结构工程施工质量验收规范》附录B。

检验方法：检查复验报告。

2. 一般项目

（1）高强度螺栓连接副，应按包装箱配套供货，包装箱上应标明批号、规格、数量及生产日期。螺栓、螺母、垫圈外观表面应涂油保护，不应出现生锈和沾染赃物，螺纹不应损伤。

检查数量：按包装箱数抽查5%，且不应少于3箱。

检验方法：观察检查。

（2）对建筑结构安全等级为一级，跨度40m及以上的螺栓球节点钢网架结构，其连接高强度螺栓应进行表面硬度试验，对8.8级的高强度螺栓其硬度应为HRC21～29；10.9级高强度螺栓其硬度应为HRC32～36，且不得有裂纹或损伤。

检查数量：按规格抽查8只。

检验方法：硬度计、10 倍放大镜或磁粉探伤。

2.7.5 焊接球

1. 主控项目

（1）焊接球及制造焊接球所采用的原材料，其品种、规格、性能等应符合现行国家产品标准和设计要求。

检查数量：全数检查。

检验方法：检查产品的质量合格证明文件、中文标志及检验报告等。

（2）焊接球焊缝应进行无损检验，其质量应符合设计要求，当设计无要求时应符合本规范中规定的二级质量标准。

检查数量：每一规格按数量抽查 5%，且不应少于 3 个。

检验方法：超声波探伤或检查检验报告。

2. 一般项目

（1）焊接球直径、圆度、壁厚减薄量等尺寸及允许偏差应符合本规范的规定。

检查数量：每一规格按数量抽查 5%，且不应少于 3 个。

检验方法：用卡尺和测厚仪检查。

（2）焊接球表面应无明显波纹及局部凹凸不平不大于 1.5mm。

检查数量：每一规格按数量抽查 5%，且不应少于 3 个。

检验方法：用弧形套模、卡尺和观察检查。

2.7.6 螺栓球

1. 主控项目

（1）螺栓球及制造螺栓球节点所采用的原材料，其品种、规格、性能等应符合现行国家产品标准和设计要求。

检查数量：全数检查。

检验方法：检查产品的质量合格证明文件、中文标志及检验报告等。

（2）螺栓球不得有过烧、裂纹及褶皱。

检查数量：每种规格抽查 5%，且不应少于 5 只。

检验方法：用 10 倍放大镜观察和表面探伤。

2. 一般项目

（1）螺栓球螺纹尺寸应符合现行国家标准《普通螺纹基本尺寸》GB 196 中粗牙螺纹的规定，螺纹公差必须符合现行国家标准《普通螺纹公差与配合》GB 197 中精度的规定。

检查数量：每种规格抽查 5%，且不应少于 5 只。

检验方法：用标准螺纹规。

（2）螺栓球直径、圆度、相邻两螺栓孔中心线夹角等尺寸及允许偏差应符本规范的规定。

检查数量：每一规格按数量抽查 5%，且不应少于 3 个。

检验方法：用卡尺和分度头仪检查。

2.7.7 封板、锥头和套筒

主控项目

（1）封板、锥头和套筒及制造封板、锥头和套筒所采用的原材料，其品种、规格、性能等应符合现行国家产品标准和设计要求。

检查数量：全数检查。

检验方法：检查产品的质量合格证明文件、中文标志及检验报告等。

（2）封板、锥头、套筒外观不得有裂纹、过烧及氧化皮。

检查数量：每种抽查5%，且不应少于10只。

检验方法：用放大镜观察检查和表面探伤。

2.7.8 金属压型板

1. 主控项目

（1）金属压型板及制造金属压型板所采用的原材料，其品种、规格、性能等应符合现行国家产品标准和设计要求。

检查数量：全数检查。

检验方法：检查产品的质量合格证明文件、中文标志及检验报告等。

（2）压型金属泛水板、包角板和零配件的品种、规格以及防水密封材料的性能应符合现行国家产品标准和设计要求。

检查数量：全数检查。

检验方法：检查产品的质量合格证明文件、中文标志及检验报告等。

2. 一般项目

压型金属板的规格尺寸及允许偏差、表面质量、涂层质量等应符合设计要求和本规范的规定。

检查数量：每种规格抽查5%，且不应少于3件。

检验方法：观察和用10倍放大镜检查及尺量。

2.7.9 涂装材料

1. 主控项目

（1）钢结构防腐涂料、稀释剂和固化剂等材料的品种、规格、性能等应符合现行国家产品标准和设计要求。

检查数量：全数检查。

检验方法：检查产品的质量合格证明文件、中文标志及检验报告等。

（2）钢结构防火涂料的品种和技术性能应符合设计要求，并应经过具有资质的检测机构检测符合国家现行有关标准的规定。

检查数量：全数检查。

检验方法：检查产品的质量合格证明文件、中文标志及检验报告等。

2. 一般项目

防腐涂料和防火涂料的型号、名称、颜色及有效期应与其质量证明文件相符。开启后，不应存在结皮、结块、凝胶等现象。

检查数量：按桶数抽查 5%，且不应少于 3 桶。

检验方法：观察检查。

2.7.10 其他

主控项目

（1）钢结构用橡胶垫的品种、规格、性能等应符合现行国家产品标准和设计要求。

检查数量：全数检查。

检验方法：检查产品的质量合格证明文件、中文标志及检验报告等。

（2）钢结构工程所涉及的其他特殊材料，其品种、规格、性能等应符合现行国家产品标准和设计要求。

检查数量：全数检查。

检验方法：检查产品的质量合格证明文件、中文标志及检验报告等。

2.8 钢结构施工详图识图

在建筑钢结构工程设计中，通常将结构施工图的设计分为设计图设计和施工详图设计两个阶段。设计图设计是由设计单位编制完成，施工详图设计是以设计图为依据，由钢结构加工厂深化编制完成，并将其作为钢结构加工与安装的依据。

设计图与施工详图的区别见表 2-11。

设计图与施工详图的区别 **表 2-11**

设 计 图	施 工 详 图
1. 根据工艺、建筑要求及初步设计等，并经施工设计方案与计算等工作而编制的较高阶段施工设计图； 2. 目的、深度及内容均仅为编制详图提供依据； 3. 由设计单位编制； 4. 图纸表示较简明，图纸量较少；其内容一般包括：设计总说明与布置图、构件图、节点图、钢材订货表	1. 直接根据设计图编制的工厂施工及安装详图（可含有少量连接、构造等计算），只对深化设计负责； 2. 目的为供制造、加工及安装的施工用图； 3. 一般应由制造厂或施工单位编制； 4. 图纸表示详细，数量多，内容包括：构件安装布置图及构件详图

2.8.1 钢结构施工详图的内容

（1）图纸目录。

（2）钢结构设计总说明。根据设计图总说明编写，内容一般有设计依据、设计荷载、工程概况和对材料、焊接、焊接质量等级、高强螺栓摩擦面抗滑移系数、预拉力、构件加工、预装、防锈与涂装等施工要求及注意事项等。

（3）布置图。主要供现场安装用。依据钢结构设计图，以同一类构件系统（如屋盖、刚架、吊车梁、平台等）为绘制对象，绘制本系统构件的平面布置和剖面布置，并对所有的构件编号；布置图尺寸应标明各构件的定位尺寸、轴线关系、标高以及构件表、设计总说明等。

（4）构件详图。按设计图及布置图中的构件编制，主要供构件加工厂加工并组装构件用，也是构件出厂运输的构件单元图，绘制时应按主要表示面绘制每一构件的图形零配件及组装关系，并对每一构件中的零件编号，编制各构件的材料表和本图构件的加工说明等。绘制桁架式构件时，应放大样确定杆件端部尺寸和节点板尺寸。

（5）安装节点图。详图中一般不再绘制节点详图，仅当构件详图无法清除表示构件相互连接处的构造关系时，可绘制相关的节点图。

2.8.2 钢结构施工详图的基本规定

详图图面图、形所用的图线、字体、比例、符号、定位轴线图样画法，尺寸标注及常用建筑材料图例等均按照现行国家标准《房屋建筑制图统一标准》（GB 50001—2010）及《建筑钢结构制图标准》（GB 50105—2010）的有关规定采用。

（1）图幅。钢结构详图常用的图幅一般为国际统一规定的 A_1、A_2 或 A_2 延长图幅（见表 2-12），在同一套图纸中，不宜使用过多种类图幅。

常用图幅尺寸（mm） **表 2-12**

图幅 幅面代号	A_1	A_2	A_2 延长	图形
$b \times L$	594×841	420×594	420×841	
C	10	10	10	
A	25	25	25	

（2）图线及画法。图纸上的线型根据用途不同，按表 2-13 选用。

线型分类表 **表 2-13**

种类	线型	线宽(mm)	一般用途
粗实线		b	螺栓、结构平面布置图中单线构件线、钢支撑线
中实线		$0.5b$	钢构件轮廓线
粗虚线		b	不可见的螺栓线、布置图中不可见的单线构件线
中虚线		$0.5b$	不可见的钢构件轮廓线
粗点画线		b	垂直支撑、柱间支撑线
细点画线		$0.35b$	中心线、对称线、定位轴线
折断线		$0.35b$	断开界线
波浪线		$0.35b$	断开界线

（3）字体及计量单位。钢结构详图中所使用的文字均采用仿宋体书写，字母均用手写体的大写书写，图纸上字体应书写端正，笔画清晰，标点符号清楚，汉字应采用国家公布实施的简化汉字，计量单位应采用国家法定计量单位；所有字体高度，一般不小于4mm，数字均用工程数字书写，一般的数字高度为3～4mm。

（4）比例。所有图形均应尽可能按比例绘制，平面、立面图一般采用1：100，1：200，也可用1：150，结构构件图一般为1：50，也可用1：30、1：40；节点详图一般为1：10、1：20。必要时可在一个图形中采用两种比例（如桁架图中的桁架尺寸与截面尺寸）。

（5）尺寸线的标注（图2-10）。详图的尺寸由尺寸线、尺寸界线、尺寸起止点（45°斜短线）组成；尺寸单位除标高以米（m）为单位外，其余尺寸均以毫米（mm）为单位，且尺寸标注时不再书写单位。一个构件的尺寸线一般为三道，由内向外依次为：加工尺寸线、装配尺寸线、安装尺寸线。

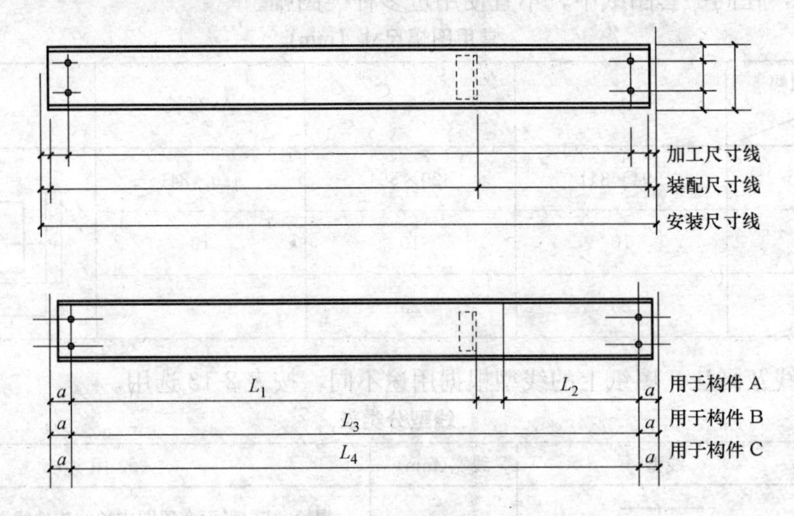

图2-10　构件详图的尺寸线

当构件图形相同，仅零件布置或构件长度不同时，可以一个构件图形及多道尺寸线表示A、B、C等多个构件，但最多不超过5个。

（6）符号及投影。如图2-11所示，详图中常用的符号有剖面符号、剖切符号、对称符号，此外还有折断省略符号及连接符号、索引符号等，同时还可利用自然投影表示上下及侧面的图形。

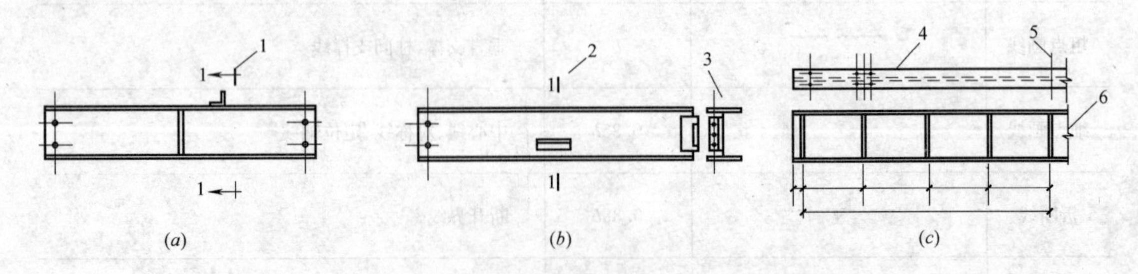

图2-11　详图符号及投影之一

1—剖面符号；2—剖切符号；3—右侧自然投影；4—上侧自然投影；5—对称符号；6—断开符号

1）剖面符号。用以表示构件主视图中无法看到或表达不清楚的截面形状及投影层次关系，剖面线用粗实线绘制，编号字体应比图中数字粗大一号。

2）剖切符号。剖切符号图形只表示剖切处的截面形状，并以粗线绘制，不作投影。

3）对称符号。若构件图形是中心对称的，可只画出该图形的一半，并在对称轴线上标注对称符号即可。

4）折断省略符号及连接符号（图 2-12）。均为可以简化图形的符号，即当构件较长，且沿长度方向形状相同时，可用折断省略线断开，省略绘制［图 2-12（*a*）］。若构件 B 与构件 A 只有某一端不相同，则可在构件 A 图形［图 2-12（*b*）］上一确定位置加连接符号（旗号），再将构件 B 中与构件 A 不同的部位以连接符号为基线绘制出来，即为构件 B［图 2-12（*c*）］。

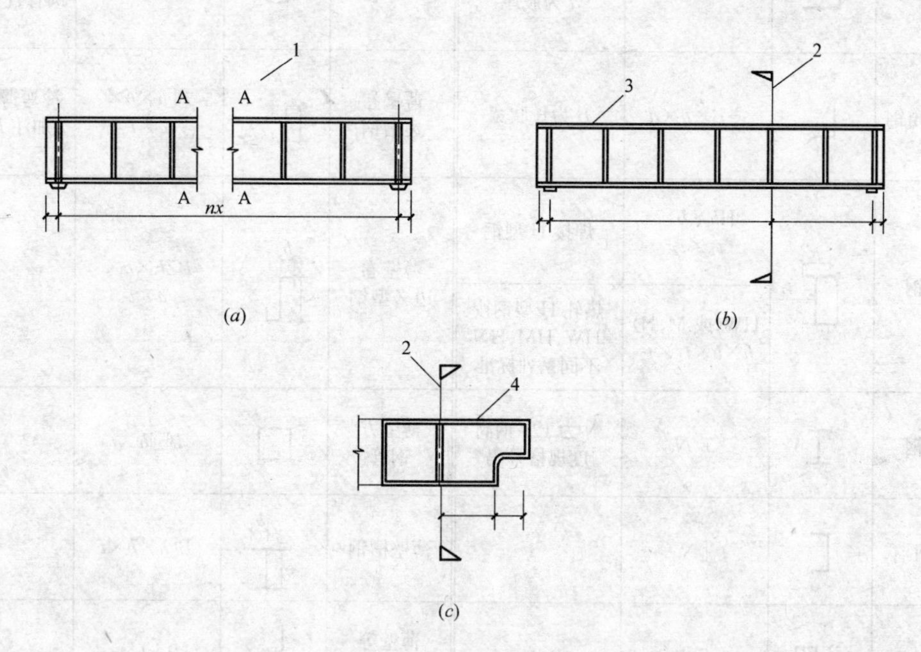

图 2-12　详图符号之二

1—折断省略符号；2—连接符号（旗号）；3—构件 A；4—构件 B

5）索引符号。为了表示详图中某一局部部位的节点大样或连接详图，可用索引符号索引，并将节点放大表示。索引符号的圆及直径均以细实线绘制，圆的直径一般为 10mm，被索引的节点可在同一张图纸绘制，也可在另外的图纸绘制，并分别以图 2-13 表示。同时索引符号也可用于索引剖面详图，在被剖切的部位绘制剖切位置线，并以引出线引出索引符号（图 2-14），引出线所在的一侧应为剖视方向。

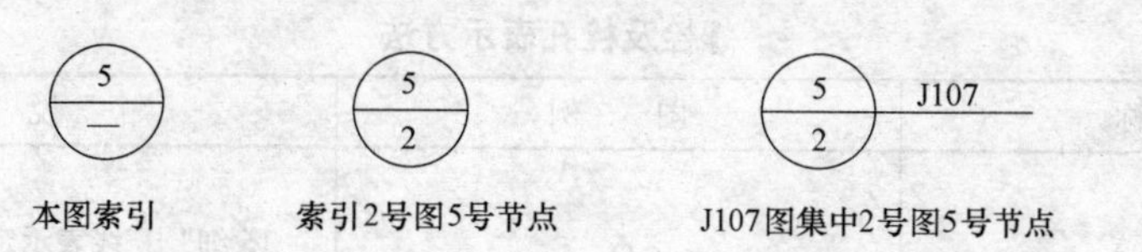

图 2-13　详图中索引符号

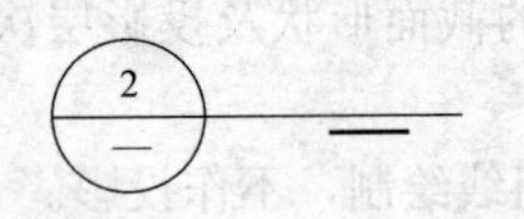

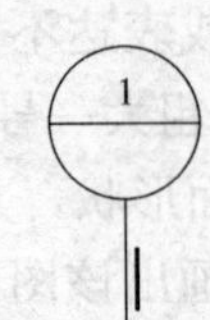

图 2-14　索引剖面详图的索引符号

6）定位轴线。绘制平、立面布置图以及构件定位轴线时，应标注轴线，详图轴线应以设计图为依据，轴线编号应以圆圈中字母表示柱列线，圆圈中数字表示柱行线。

（7）型钢标注方法。详图中型钢的标注方法见表 2-14。

型钢标注方法　　**表 2-14**

名称	截面	标注	说明	名称	截面	标注	说明
等边角钢		∟$b\times d$	b 为肢宽 d 为肢厚	钢管		$\phi d\times t$	d、t 分别为圆管直径、壁厚
不等边角钢		∟$B\times b\times d$	B 为长肢宽	薄壁卷边槽钢		B[$h\times b\times a\times t$	冷弯薄壁型钢加注 B 字首
H 型钢		H$h\times b\times t_1\times t_2$	焊接 H 型钢	薄壁卷边 Z 型钢		B$Zh\times b\times a\times t$	
		HW(或 M、N) $h\times b\times t_1\times t_2$	热轧 H 型钢按 HW、HM、HN 不同系列标准				
工字钢		IN	N 为工字钢高度规格号码	薄壁方钢管		B□$h\times t$	
槽钢		[N		薄壁槽钢		B[$h\times b\times t$	
方钢		□b		薄壁等肢角钢		B ∟$b\times t$	
钢板	—	$-L\times B\times t$	L、B、t 分别为钢板长、宽、厚度	起重机钢轨		QU××	××为起重机轨道型号
圆钢		ϕd	d 为圆钢直径	铁路钢轨		××kg/m 钢轨	××为轻轨或钢轨型号

（8）螺栓及螺栓孔的表示方法。详图中螺栓及栓孔表示方法见表 2-15 所示。

螺栓及栓孔表示方法　　**表 2-15**

名　称	图　例	说　明
永久螺栓		1. 细"+"线表示定位线 2. 必须标注螺栓孔、电焊铆钉的直径

续表

名　称	图　例	说　明
高强度螺栓		1. 细“＋”线表示定位线 2. 必须标注螺栓孔、电焊铆钉的直径
安装螺栓		
圆形螺栓孔		
长圆形螺栓孔		
电焊铆钉		

（9）焊缝符号表示方法。详图中焊缝符号表示方法应按《建筑结构制图标准》（GB 50105—2010）及《焊缝符号表示法》（GB 324—2008）的规定执行，其主要规定及标示示例如下：

1）指引线由箭头和两条基准线（一条实线、一条虚线）组成，线型均为细线（图 2-15）。

2）基准线的虚线可以画出基准线实线的上侧或下侧，基准线一般应与图样的标题栏平行，仅在特殊条件下可与标题栏相垂直。

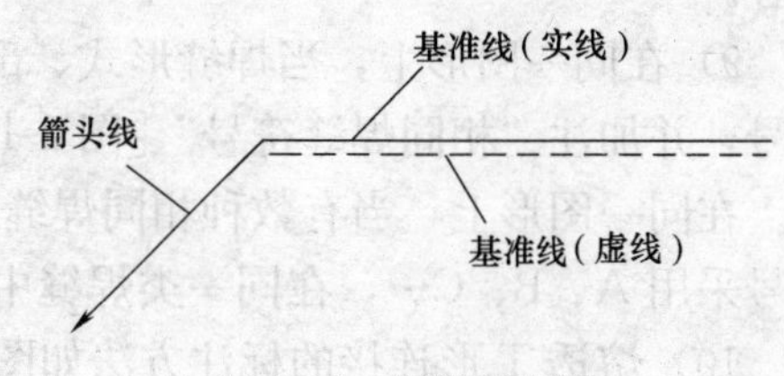

图 2-15　焊缝指引线

3）若焊缝在接头的箭头侧，则将基本符号标注在基准线的实线侧（与符号标注位置的上、下无关）；若焊缝在接头的非箭头侧，则将基本符号标注在基注线的虚线侧（与符号标准位置的上、下无关），如图 2-16 所示。

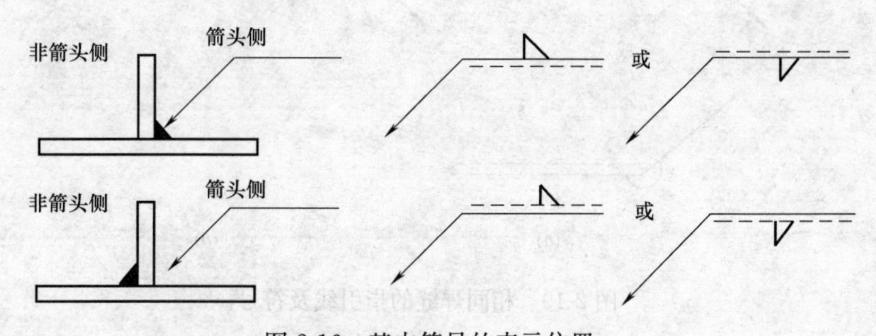

图 2-16　基本符号的表示位置

4）当为双面对称焊缝时，基准线可不加虚线，如图 2-17 所示。

5）箭头线相对焊缝的位置一般无特殊要求，但在标注单边形焊缝时，箭头线应指向带有坡口的一侧工件（图 2-18）。

6）焊缝符号的绘制方法不是以焊缝形式按相似原理进行放大或缩小，而是以简便易行，能形象化地、清晰地表达出焊缝形式的特征为准则，根据这个准则，焊缝基本符号的

图 2-17　双面对称焊缝的指引线及符号

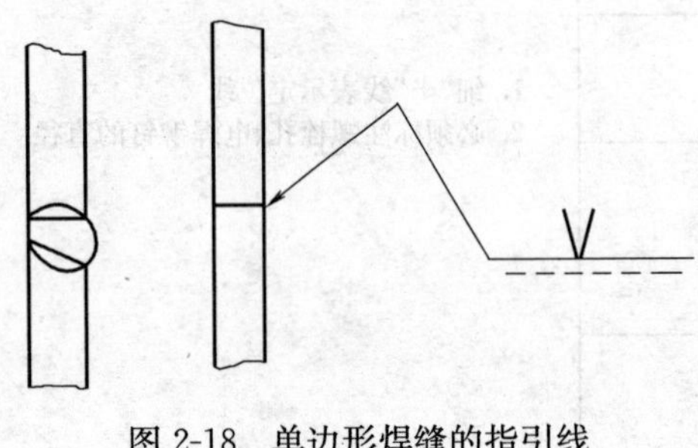

图 2-18　单边形焊缝的指引线

画法主要是：V 形坡口 V 形符号的夹角一律为 90°，与坡口的实际角度及根部间隙 b 值大小无关；单边形坡口焊缝符号的垂线一律在左侧，斜线（或曲线）在右侧，不随实际焊缝的位置状态而改变；角焊缝符号的垂线亦一律在左侧，斜线在右侧，与斜缝的实际状态无关。

7）基本符号、补充符号应与基准线相交或相切，与基准线重合的线段，应画成粗实线。

8）焊缝的基本符号、辅助符号和补充符号（尾部符号除外）一律为粗实线，尺寸数字原则上也为粗实线，尾部符号为细实线，尾部符号主要用以标注焊接工艺、方法等内容。

9）在同一图形上，当焊缝形式、剖面尺寸和辅助要求均相同时，可只选择一处标注代号，并加注“相同焊缝符号”［图 2-19（*a*）］，必须画在钝角侧。

在同一图形上，当有数种相同焊缝时，可将焊缝分类编号，标注在尾部符号内，分类编号采用 A、B、C…，在同一类焊缝中可选择一处标注代号［图 2-19（*b*）］。

10）熔透 T 形连接的标注方法如图 2-20 所示。

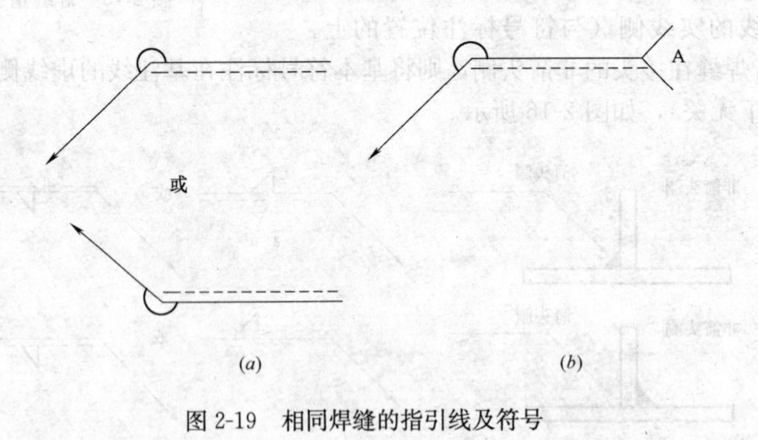

图 2-19　相同焊缝的指引线及符号

11）图形中较长的贴角焊缝（如焊接梁的翼缘焊缝），可不用引出线标注，而直接在角焊缝旁标出焊角尺寸 K 值，如图 2-21 所示。

12）在连接长度内仅局部区段有焊缝时，应按图 2-22 标注。K 为角焊缝焊脚尺寸。

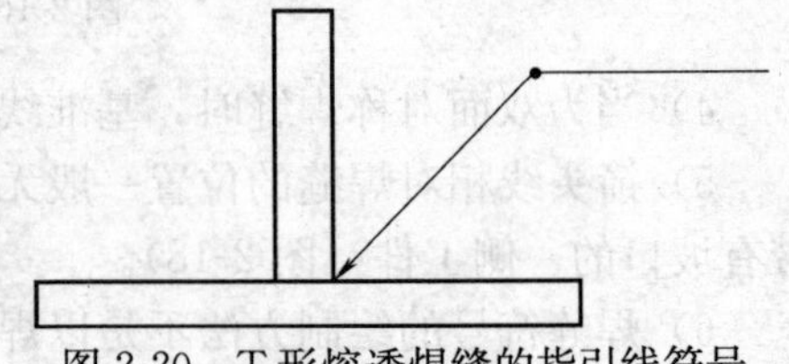

图 2-20　T 形熔透焊缝的指引线符号

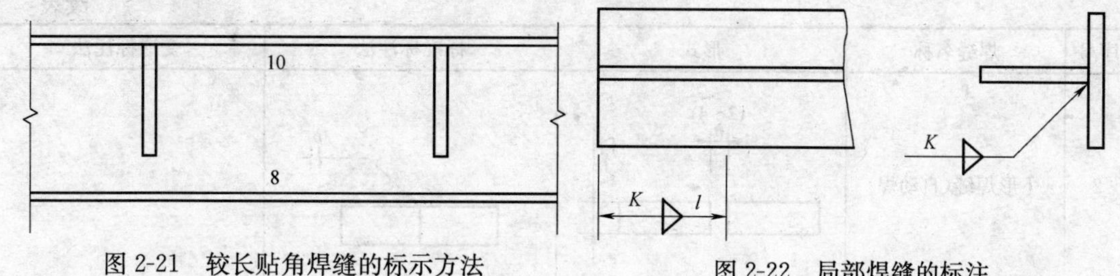

图 2-21　较长贴角焊缝的标示方法　　图 2-22　局部焊缝的标注

13）当焊缝分布不规则时，在标注焊缝符号的同时，宜在焊缝处加粗线（表示可见焊缝）或栅线（表示不可见焊缝），标注方法如图 2-23 所示。

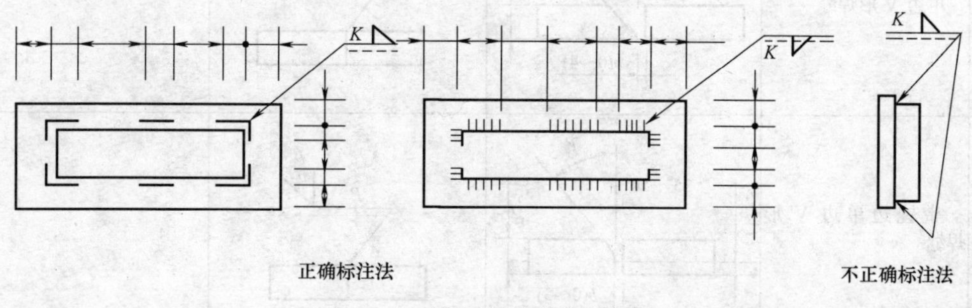

图 2-23　不规则焊缝的指引与标示

14）相互焊接的两个焊件，当为单面带双边不对称坡口焊缝时，箭头必须指向较大坡口的焊件，如图 2-24 所示。

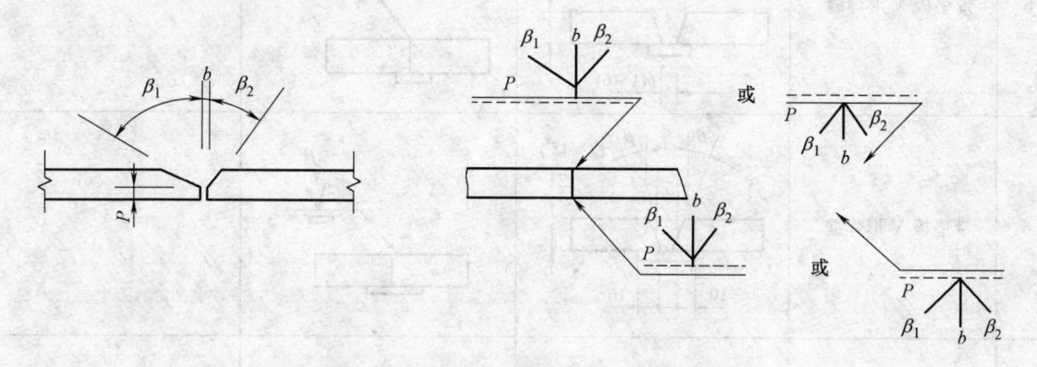

图 2-24　单面不对称坡口焊缝的标示

（10）钢结构常用焊缝代号标注示例，见表 2-16。

建筑钢结构常用焊接连接焊缝代号标注示例　　表 2-16

序号	焊缝名称	形式	标准标注法	变通标注法
1	Ⅰ形焊缝（手工焊、半自动焊）	(0～2.5) b　≤b	b	

续表

序号	焊缝名称	形式	标准标注法	变通标注法
2	I 形焊缝（自动焊）	(2～4) b $T-22$	b	
3	单边 V 形焊缝	β 35°～50° ≤40 b(0～4)	β b	
4	带钝边单边 V 形焊缝	β 35°～50° b～30 P(1～3) b(0～3)	β b P	
5	带垫板 V 形焊缝	α 45°～35° 7～26 b(1～6)	α b	
6	带垫板 V 形焊缝	β β (5°～15°) b (6～15) >16 10 10	2β b	
7	Y 形焊缝	α (40°～60°) ≤26 P(1～4) b(0～3)	α b P	
8	带垫板 Y 形焊缝	α (45°～55°) ≤26 P≤2 b(3～6)	α b P	

续表

序号	焊缝名称	形式	标准标注法	变通标注法
9	双单边 V 形焊缝	β (35°～50°) >10 b(0～3)	β b	
10	双 V 形焊缝	α (40°～60°) >10 b(0～3)	a b	
11	T 形接头双面角焊缝	K	K K	K
12	T 形接头带钝边双单边 V 形焊缝（不焊透）	β S	S β S β β	
13	T 形接头带钝边双单边 V 形焊缝（焊透）	20～40 β(40°～50°) b(0～3) P (1～3)	Px b Px β b	
14	双面角焊缝	K K		K
15	双面角焊缝	K	K K	K

续表

序号	焊缝名称	形式	标准标注法	变通标注法
16	T形接头角焊缝			
17	双面角焊缝			
18	周围焊角焊缝			
19	三面围焊角焊缝			
20	L形围焊角焊缝			
21	双面L形围焊角焊缝			
22	双面焊角焊缝			

续表

序号	焊缝名称	形式	标准标注法	变通标注法
23	双面角焊缝	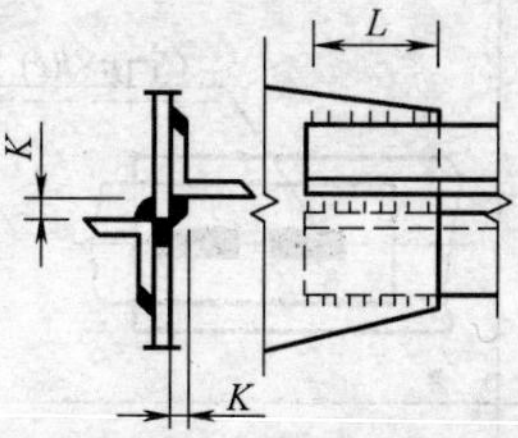 K, L, K		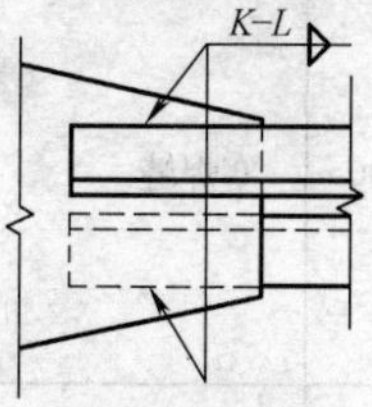 K-L
24	槽焊缝	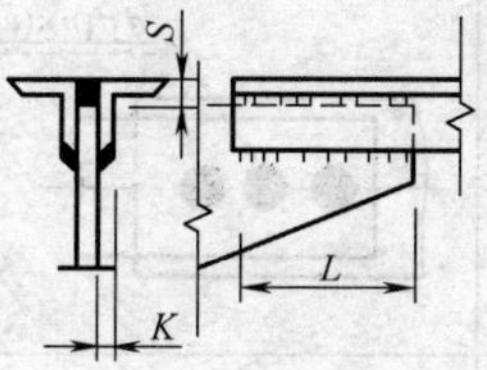 S, L, K	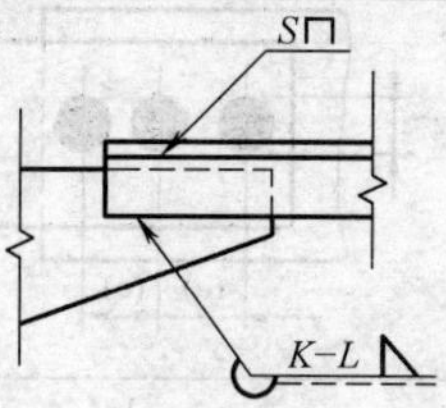 S, K-L	
25	喇叭形焊缝	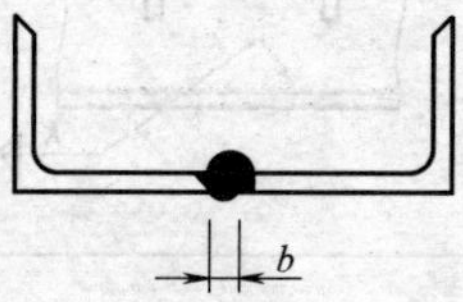 b	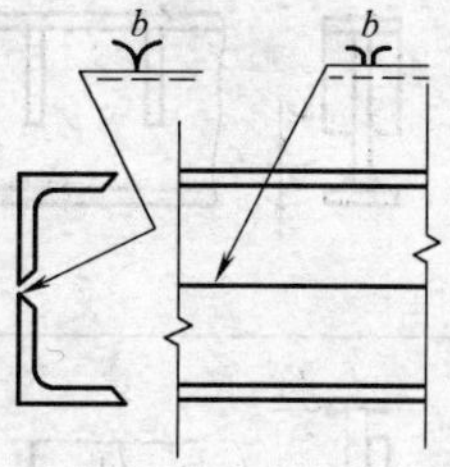 b, b	
26	双面喇叭形焊缝	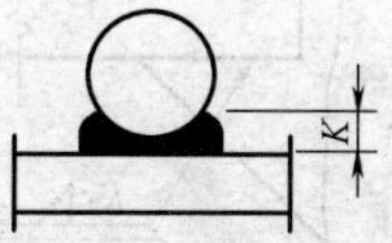 K	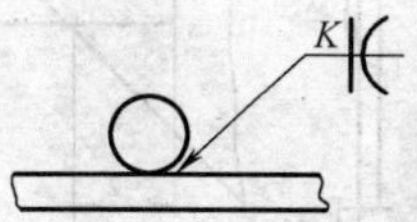 K	
27	不对称Y形焊缝	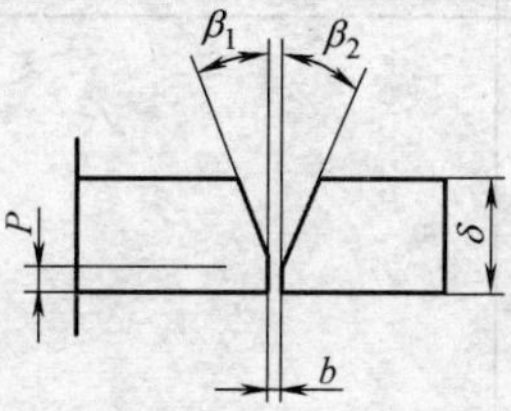 β_1, β_2, P, δ, b	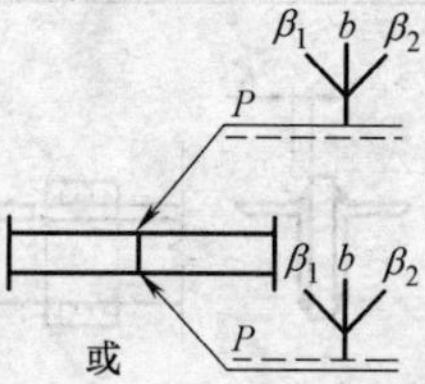 β_1 b β_2, P, β_1 b β_2, P, 或	
28	断续角焊缝	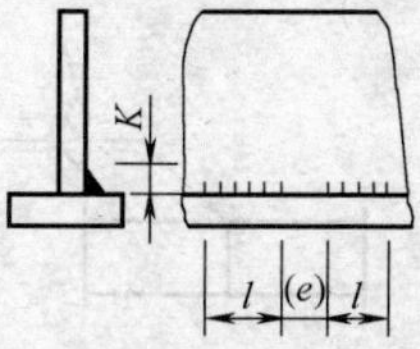 K, l (e) l	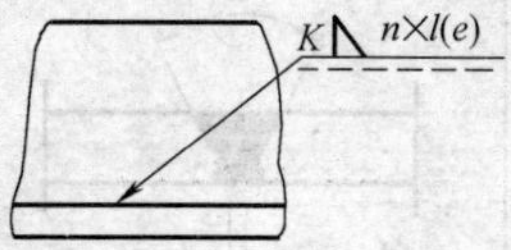 K n×l(e)	
29	交错断续角焊缝	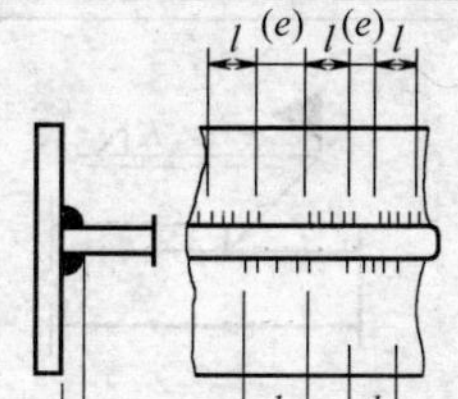 l (e) l (e) l, K, l l (e)	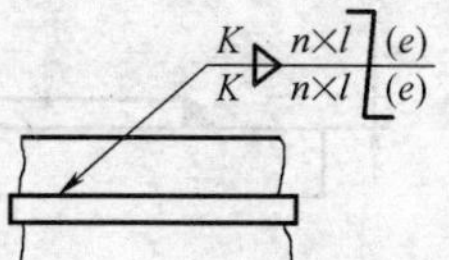 K n×l (e), K n×l (e)	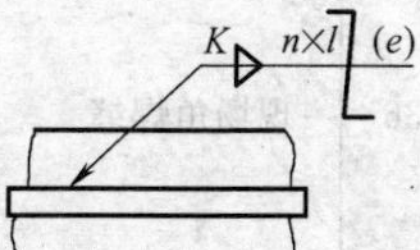 K n×l (e)

续表

序号	焊缝名称	形式	标准标注法	变通标注法
30	塞焊缝	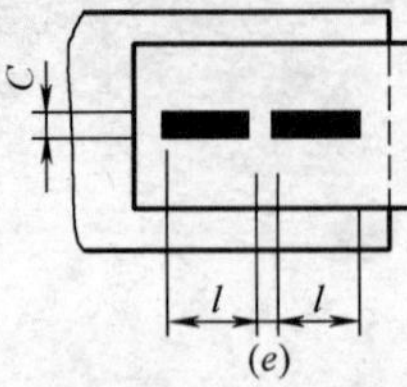 C l l (e)	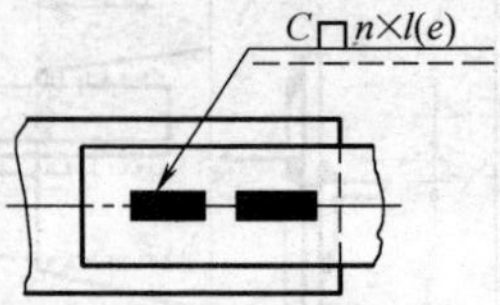 C $n \times l(e)$	
31	塞焊缝	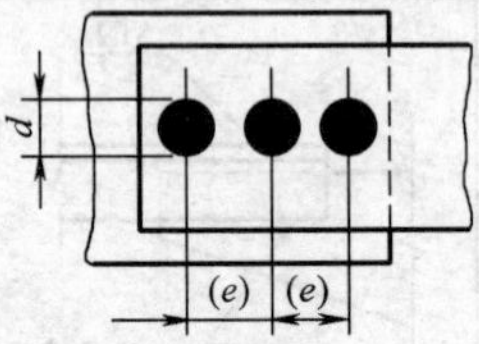 d (e) (e)	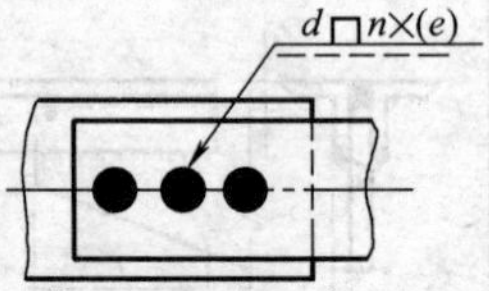 d $n \times (e)$	
32	较长双面角焊缝	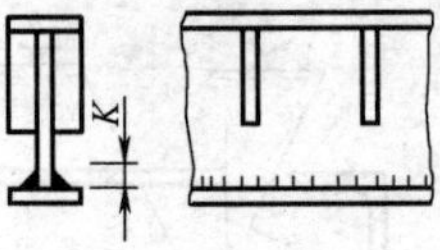 K	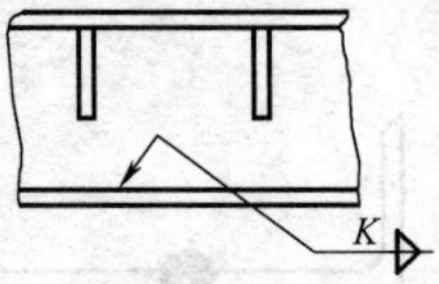 K	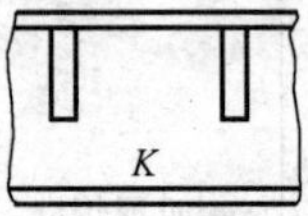 K
33	单面角焊缝	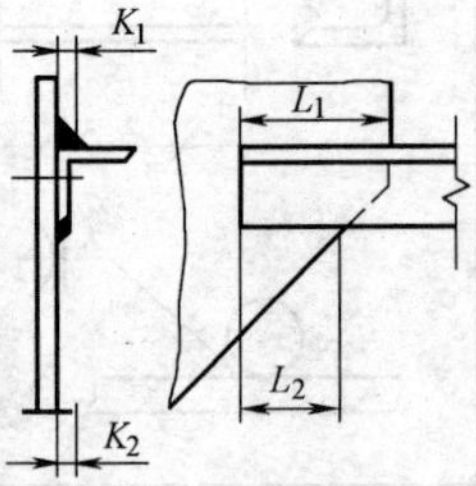 K_1 L_1 L_2 K_2	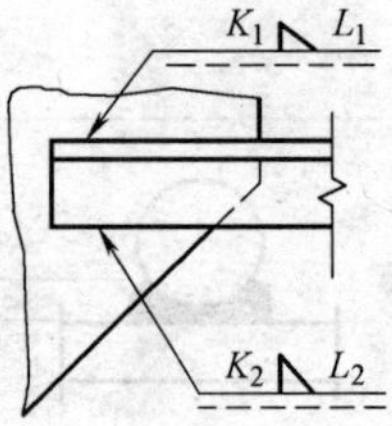 K_1 L_1 K_2 L_2	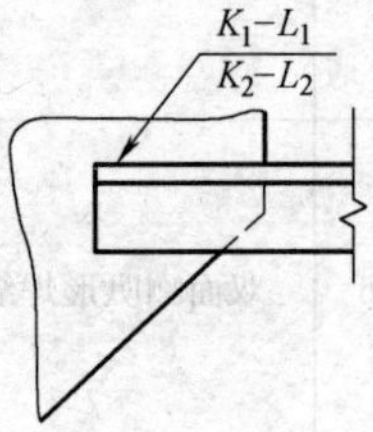 K_1–L_1 K_2–L_2
34	双面角焊缝	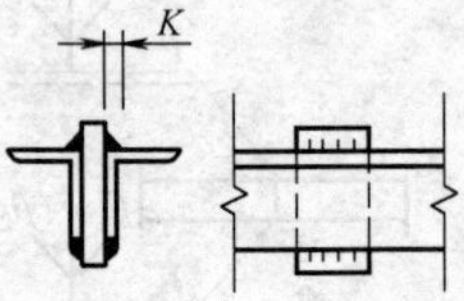 K		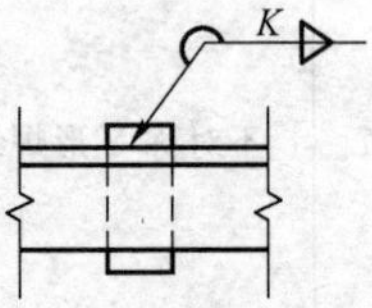 K
35	平面封底 V 形焊缝	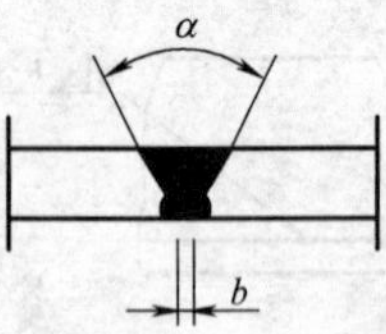 α b	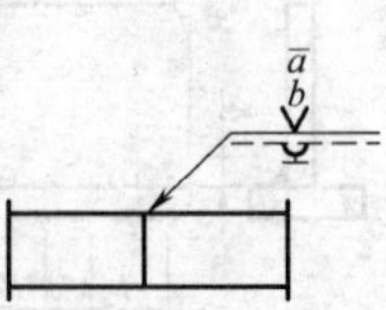 $\overline{a}$ b	
36	现场角焊缝	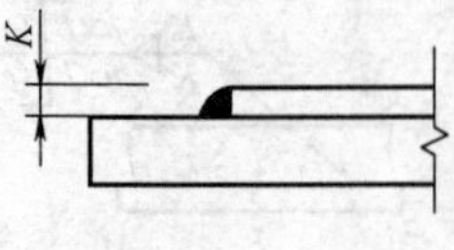 K	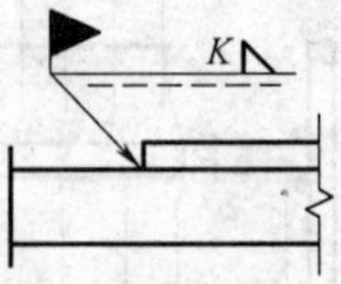 K	

3　钢结构构件加工制作的准备工作

3.1　详图设计和审查图纸

3.1.1　详图设计

在国际上，钢结构工程的详图设计一般由加工单位负责进行。目前，国内一些大型工程也逐步采用这种做法。为适应这种新的要求，一项钢结构工程的加工制作，一般应遵循下述的工作顺序：

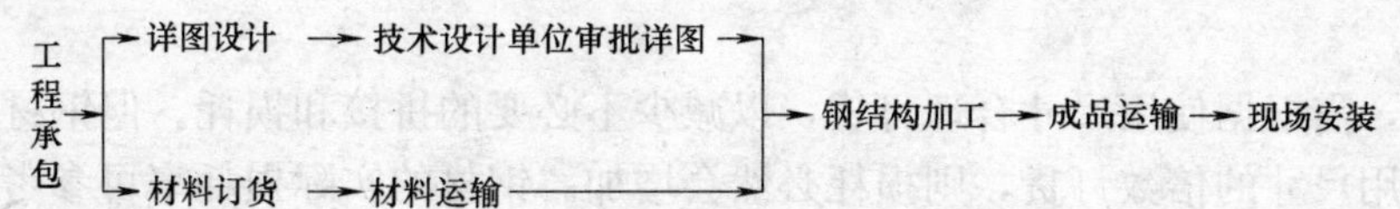

在加工厂进行详图设计，其优点是能够结合工厂条件和施工习惯，便于采用先进的技术，经济效益较高。

详图的设计应根据建设单位的技术设计图纸以及发包文件中所规定采用的规范、标准和要求进行。这就要求施工单位自己具有足够的详图设计能力。

为了尽快采购（定购）钢材，一般应在详图设计的同时定购钢材。这样，在详图审批完成时钢材即可到达，立即开工生产。

3.1.2　审查图纸

审查图纸的目的，一方面，是检查图纸设计的深度能否满足施工的要求，核对图纸上构件的数量和安装尺寸，检查构件之间有无矛盾；另一方面，也对图纸进行工艺审核，即审查在技术上是否合理，构造是否便于施工，图纸上的技术要求按加工单位的施工水平能否实现等。

如果是由加工单位自己设计施工详图，在制图期间又已经过审查，则审图的程序可相应简化。

图纸审核的主要内容包括以下项目：

（1）设计文件是否齐全，设计文件包括设计图、施工图、图纸说明和设计变更通知单等。

（2）构件的几何尺寸是否标注齐全。

（3）相关构件的尺寸是否正确。

（4）节点是否清楚，是否符合国家标准。

（5）标题栏内构件的数量是否符合工程总数量。

（6）构件之间的连接形式是否合理。

（7）加工符号、焊接符号是否齐全。

（8）结合本单位的设备和技术条件考虑，能否满足图纸上的技术要求。

（9）图纸的标准化是否符合国家规定等。

图纸审查后要做技术交底准备，其内容主要有：

(1) 根据构件尺寸考虑原材料对接方案和接头在构件中的位置。

(2) 考虑总体的加工工艺方案及重要的工装方案。

(3) 对构件的结构不合理处或施工有困难的地方，要与需方或者设计单位做好变更签证的手续。

(4) 列出图纸中的关键部位或者有特殊要求的地方，加以重点说明。

3.2 备料和核对

3.2.1 提料

根据图纸材料表算出各种材质、规格的材料净用量，再加一定数量的损耗，提出材料预算计划。

提料时，需根据使用尺寸合理订货，以减少不必要的拼接和损耗。但钢材如不能按使用尺寸或使用尺寸的倍数订货，则损耗必然会增加。钢材的实际损耗率可参考表 3-1 所给出的数值。工程预算一般可按实际用量所需的数值再增加 10%进行提料和备料。如果技术要求不允许拼接，其实际损耗还要增加。

钢板、角钢、工字钢、槽钢损耗率 表 3-1

编号	材料名称	规格(mm)	损耗率(%)	编号	材料名称	规格(mm)	损耗率(%)
1	钢板	1～5	2.00	9	工字钢	14a 以下	3.20
2	钢板	6～12	4.50	10	工字钢	24a 以下	4.50
3	钢板	13～25	6.50	11	工字钢	36a 以下	5.30
4	钢板	26～60	11.00	12	工字钢	60a 以下	6.00
			平均:6.00				平均:4.75
5	角钢	75×75 以下	2.20	13	槽钢	14a 以下	3.00
6	角钢	80×80～100×100	3.50	14	槽钢	24a 以下	4.20
7	角钢	120×120～150×150	4.30	15	槽钢	36a 以下	4.80
8	角钢	180×180～200×200	4.80	16	槽钢	40a 以下	5.20
			平均:3.70				平均:4.30

注：不等边角钢按长边计，其损耗率与等边角钢同。

3.2.2 核对

核对来料的规格、尺寸和重量，仔细核对材质。如进行材料代用，必须经设计部门同意，并将图纸上所有的相应规格和有关尺寸全部进行修改。

3.3 建筑钢材的选择原则

各种钢结构对钢材各有要求，选用时要根据要求对钢材的强度、塑性、韧性、耐疲劳性能、焊接性能、耐锈性能等全面考虑，对厚钢板结构、焊接结构、低温结构和采用含碳量高的钢材制作的结构，还应防止脆性破坏。

结构钢材的选择应符合图纸设计要求的规定，表 3-2 为一般选择原则。

结构钢材的选择 **表 3-2**

<table>
<tr><th>项次</th><th colspan="3">结构类型</th><th>计算温度</th><th>选用牌号</th></tr>
<tr><td>1</td><td rowspan="5">焊接结构</td><td rowspan="3">直接承受动力荷载的结构</td><td>重级工作制吊车梁或类似结构</td><td>—</td><td>Q235 镇静钢或 Q345 钢</td></tr>
<tr><td>2</td><td rowspan="2">轻、中级工作制吊车梁或类似结构</td><td>等于或低于－20℃</td><td>Q235 镇静钢或 Q345 钢</td></tr>
<tr><td>3</td><td>高于－20℃</td><td>Q234 沸腾钢</td></tr>
<tr><td>4</td><td colspan="2" rowspan="2">承受静力荷载或间接承受动力荷载的结构</td><td>等于或低于－30℃</td><td>Q235 镇静钢或 Q345 钢</td></tr>
<tr><td>5</td><td>高于－30℃</td><td>Q235 沸腾钢</td></tr>
<tr><td>6</td><td rowspan="4">非焊接结构</td><td rowspan="3">直接承受动力荷载的结构</td><td rowspan="2">重级工作制吊车梁或类似结构</td><td>等于或低于－20℃</td><td>Q235 镇静钢或 Q345 钢</td></tr>
<tr><td>7</td><td>高于－20℃</td><td>Q235 沸腾钢</td></tr>
<tr><td>8</td><td>轻、中级工作制吊车梁或类似结构</td><td>—</td><td>Q235 沸腾钢</td></tr>
<tr><td>9</td><td colspan="2">承受静力荷载或间接承受动力荷载的结构</td><td>—</td><td>Q235 沸腾钢</td></tr>
</table>

表 3-2 中的计算温度应按现行国家标准《采暖通风和空气调节设计规范》GB 50019 中的冬季室外计算温度确定。低温地区的露天或类似露天的焊接结构用沸腾钢时，钢材板厚不宜过大。

承重结构的钢材，应保证抗拉强度（σ_b）、伸长量（$\delta_5 \delta_{10}$）、屈服点（σ_s）和硫（S）、磷（P）的极限含量。焊接结构应保证碳（C）的极限含量。必要时还应有冷弯试验的合格证。

对重级工作制和吊车起重量等于或大于 50t 的中级工作制焊接吊车梁或类似结构的钢材，应有常温冲击韧性的保证。计算温度等于或低于－20℃时，Q235 钢应具有－20℃下冲击韧性的保证。Q345 钢应具有－40℃下冲击韧性的保证。

重级工作制的非焊接吊车梁，必要时其钢材也应具有冲击韧性的保证。

根据《高层建筑钢结构设计与施工规程》的规定，对于高层建筑钢结构的钢材，宜采用牌号 Q235 钢中 B、C、D 等级的碳素结构钢和牌号 Q345 中 B、C、D 等级的低合金结构钢。承重结构的钢材一般应保证抗拉强度、伸长率、屈服点、冷弯试验、冲击韧性合格和硫、磷含量的极限值，对焊接结构尚应保证碳含量的极限值。对构件节点约束较强，以及板厚等于或大于 50mm，并承受沿板厚方向拉力作用的焊接结构，应对板厚方向的断面收缩率加以控制。

3.4 钢材代用和变通办法

钢结构应按照规定，选用钢材的钢号和提出对钢材的性能要求，施工单位不宜随意更改或代用。钢结构工程所采用的钢材必须附有钢材的质量说明书，各项指标应符合设计文件的要求和国家现行有关标准的规定。钢材代用必须与设计单位共同研究确定，并办理书面代用手续后方可实施代用，同时应注意下述各点阐明的代用一般原则：

（1）钢号虽然满足设计要求，但生产厂提供的材质保证书中缺少设计部门提出的部分性能要求时，应做补充试验。如 Q235 钢缺少冲击、低温冲击试验的保证条件时，应做补充试验的试件数量，每炉钢材、每种型号规格一般不宜少于三个。

（2）钢材性能虽然能满足设计要求，但钢号的质量优于设计提出的要求时，应注意节约。如在普通碳素钢中以镇静钢代沸腾钢，优质碳素钢代普通碳钢（20 号钢代 Q235 钢）等都要注意节约，不要任意以优代劣，不要使质量差距过大。如采用其他专业用钢代替建筑结构钢时，应查阅这类钢材生产的技术条件，并与（GB/T 700）相对照，以保证钢材代用的安全性和经济合理性。

普通低合金钢的相互代用，如用 Q390 钢代用 Q345 钢等，要更加谨慎，除机械性能满足设计要求外，在化学成分方面还应注意可焊性，重要的结构要有可靠的试验依据。

（3）如钢材性能满足设计要求，而钢号质量低于设计要求时，一般不允许代用。如结构性质和使用条件允许，在材质相差不大的情况下，经设计单位同意也可代用。

（4）钢材的钢号和性能都与设计提出的要求不符时，如 Q235 钢代用 Q345 钢，首先应根据上述规定检查是否合理，然后按钢材的设计强度重新计算，根据计算结果改变结构的截面、焊缝尺寸和节点构造。

（5）对于成批混合的钢材，如用于主要承重结构时，必须逐根按现行标准对其化学成分和机械性能分别进行试验，如检验不符合要求时，可根据实际情况用于非承重结构构件。

（6）钢材的化学成分允许与标准数值有一定的偏差，见表 3-3。

钢材化学成分允许偏差 **表 3-3**

元素	规定化学成分范围(%)	允许偏差(%)	
		上偏差	下偏差
C		0.03① 0.02①	0.02
Mn	≤0.80 >0.80	0.05 0.10	0.03 0.08
Si	≤0.35 >0.35	0.03 0.05	0.03 0.05
S	≤0.050	0.005	
P	≤0.050 规定范围时：0.05～0.15	0.005 0.01	0.01
V	≤0.20	0.02	0.01
Ti	≤0.20	0.02	0.02
Nb	0.150～0.050	0.005	0.005
Cu	≤0.40	0.05	0.05
Pb	0.15～0.35	0.03	0.03

① 0.03 适用于普通碳素结构钢，0.02 适用于低合金钢。

（7）钢材机械性能所需的保证项目仅有一项不合格者，可按以下原则处理：

1）当冷弯合格时，抗拉强度的上限值可以不限；

2）伸长率比规定的数值低 1%时，允许使用，但不宜用于考虑塑性变形的构件；

3）冲击功值按一组三个试样单值的算术平均值计算，允许其中一个试样单值低于规定值，但不得低于规定值的 70%。

（8）采用进口钢材时，应验证其化学成分和机械性能是否满足相应钢号的标准。一些国家钢材的屈服点见表 3-4 所示。

（9）钢材的规格尺寸与设计要求不同时，不能随意以大代小，须经计算后才能代用。

（10）如钢材供应不全，可根据钢材选择的原则灵活调整。建筑结构对材质的要求是：

1）受拉构件高于受压构件；

2）焊接结构高于螺栓或铆钉连接的结构；

3）厚钢板结构高于薄钢板结构；

4）低温结构高于常温结构；

5）受动力荷载的结构高于受静力荷载的结构；

6）如桁架中上、下弦可用不同的钢材；

7）遇含碳量高或焊接困难的钢材，可改用螺栓连接，但须与设计单位商定。

一些国家钢材的屈服点 **表 3-4**

国名	普通碳素钢			低合金高强钢		
	规范名称	钢号	屈服点(N/mm²)	规范名称	钢号	屈服点(N/mm²)
国际标准	ISO 630	Fe360 Fe430	235 250～270	ISO 2604-4 ISO 4951 ISO 4951 ISO 4951	P16 E355DD E390CC E420DD	305 355 390 420
英国	BSEN 10025 BS 4360 BS 4360	Fe360 43C 50A	235 255 ≥340	BS 4360 BSEN 10025 BS 4360	50B Fe510 50F	340 355 390
美国	ASTM A573/A573M ASTM A709 ASTM A283/A283M	Gr. 65 Gr. 36 Gr. D	240 250 230	ASTM A572/A572M	Gr. 42 Gr. 50 Gr. 60	290 345 415
法国	NFEN 10025 NFA35-501	Fe360 E 26 A 42	235 255	NFEN 10025 NFA 36-203	Fe510 E390D	355 390
德国	DINEN 10025 DIN 17100	Fe360 St42-3	235 255	DINEN 10025	Fe510	355
日本	JISG 3101 JISG 3101 JISG 3101 JISG 3106	SS 400 SS 330 SS 490 SM400A、B	245 205 ≥275 245	JISG 3106 JISG 3124	SM490A、B、C SM570 SEV345	≥295 ≥460 ≥430
原苏联	ГОСТ 535	СТ3кп СТ3пс СТ3сп	235 245 255	ГОСТ 19281	345 390 295	345 390 295

3.5 编制工艺规程

根据钢结构工程加工制作的要求，加工制作单位应在钢结构工程施工前，按施工图的要求编制工艺和安装施工组织设计，制作单位应在施工前编制出完整、正确的施工工艺规程。钢构件的制作是一个严密的流水作业过程，指导这个过程的除生产计划外，主要是依据工艺规程。

制定工艺规程的原则，是在一定的生产条件下，操作时能以最快的速度、最少的劳动量和最低的费用，可靠地加工出符合图纸设计要求的产品。制定工艺规程时，应注意如下三个方面的问题：

（1）技术上的先进性。在制定工艺规程时，要了解国内外行业工艺技术的发展，通过必要的工艺试验，充分利用现有设备，结合具体生产条件，采用先进的工艺方案和工艺装备。

（2）经济上的合理性。在相同的生产条件下，可以有多种能保证达到技术要求的工艺方案，此时应全面考虑，通过核算对比，选择出经济上最合理的方案。

（3）有良好的劳动条件和安全性。为使制作过程具有良好而安全的劳动条件，编制的工艺规程应注意尽量采用机械化和自动化操作，以减轻繁重的体力劳动。

工艺规程的内容应包括：

（1）根据执行的标准编写成品技术要求。

（2）为保证成品达到规定的标准而制定的具体措施：

1）关键零件的加工方法、精度要求、检查方法和检查工具。

2）主要构件的工艺流程、工序质量标准、为保证构件达到工艺标准而采用的工艺措施（如组装次序、焊接方法等）。

3）采用的加工设备和工艺装备。

编制工艺规程的依据：

（1）工程设计图纸及根据设计图纸而绘制的施工详图。

（2）图纸设计总说明和相关技术文件。

（3）图纸和合同中规定的国家标准、技术规范和相关技术条件。

（4）制作厂的作业面积，动力、起重设备的加工制作能力，生产者的组成和技术等级状况，运输方法和能力情况等。

对于普通通用性的问题，可不必单独制定工艺规程，可以制定工艺守则，说明工艺要求和工艺过程，作为通用性的工艺文件用于指导生产过程。

工艺规程是钢结构制造中主要的和根本性的指导性技术文件，也是生产制作中最可靠的质量保证措施。因此，工艺规程必须经过一定的审批手续，一经制定就必须严格执行，不得随意更改。

3.6 其他工艺准备工作

3.6.1 工号划分

根据产品的特点、工程量的大小和安装施工进度，将整个工程划分成若干个生产工号（或生产单元），以便分批投料，配套加工，配套出成品。

生产工号（单元）的划分一般可遵循以下几点原则：

（1）条件允许的情况下，同一张图纸上的构件宜安排在同一生产工号中加工。

（2）相同构件或特点类似，加工方法相同的构件宜放在同一生产工号中加工。如按钢柱、钢梁、桁架、支撑分类划分工号进行加工。

（3）工程量较大的工程划分生产工号时要考虑安装施工的顺序，先安装的构件要优先安排工号进行加工，以保证顺利安装的需要。

（4）同一生产工号中的构件数量不要太多，可与工程量统筹考虑。

3.6.2 编制工艺流程表

从施工详图中摘出零件，编制出工艺流程表（或工艺过程卡）。加工工艺过程由若干个顺序排列的工序组成，工序内容是根据零件加工的性质而定的，工艺流程表就是反映这个过程的工艺文件。工艺流程表的具体格式虽各厂不同，但所包括的内容基本相同，其中有零件名称、件号、材料牌号、规格、件数、工序顺序号、工序名称和内容、所用设备和工艺装备名称及编号、工时定额等。除上述内容外，关键零件要标注加工尺寸和公差，重要工序要画出工序图等。

3.6.3 配料与材料拼接

根据来料尺寸和用料要求，可统筹安排合理配料。当钢材不是根据所需尺寸采购或零件尺寸过长、大，无法生产运输时，还应根据材料的实际需要安排拼接，确定拼接位置。当工程设计对拼接无具体要求时，材料拼接应遵循以下原则进行。

（1）板材拼接采取全熔透坡口形式和工艺措施，明确检验手段，以保证接口等强连接。

（2）拼接位置应避开安装孔和复杂部位。

（3）双角钢断面的构件，两角钢应在同一处进行拼接。

（4）一般接头属于等强度连接，其拼接位置一般无严格规定，但应尽量布置在受力较小的部位。

（5）焊接 H 型钢的翼缘板、腹板拼接缝应尽量避免在同一断面处，上下翼缘板拼接位置应与腹板拼接位置错开 200mm 以上。翼缘板拼接长度不应小于 2 倍板宽；腹板拼接宽度不应小于 300mm，长度不应小于 600mm。

（6）各种型钢的标准接头形式见表 3-5～表 3-8。

等肢角钢的标准接头　　表 3-5

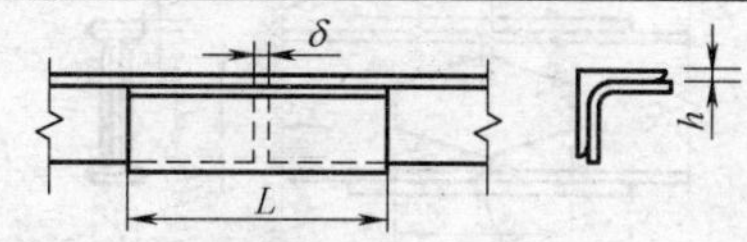

角钢型号	连接角钢长度 L(mm)	间隙 δ (mm)	焊缝高度 h_f (mm)	角钢型号	连接角钢长度 L(mm)	间隙 δ (mm)	焊缝高度 h_f (mm)
20×4	130	5	3.5	75×7	400	10	6
25×4	155	5	3.5	80×8	410	10	7
30×4	180	5	3.5	90×8	460	12	7
36×4	205	5	3.5	100×10	490	12	9
40×4	225	5	3.5	110×10	540	12	9
45×4	240	5	3.5	125×12	640	14	10
50×5	250	8	4.5	140×14	690	14	12
56×5	300	10	4.5	160×14	790	14	12
63×6	350	10	5	180×16	860	14	14
70×7	370	10	6	200×20	840	20	18

注：1. 当角钢肢宽大于 125mm 时，考虑角钢受力均匀，对受拉杆件要求其两肢按下图方式切斜，两角钢间加设垫板，以减少截面的削弱。受压构件可不切斜，在节点板处可不设垫板。

2. 连接角钢的背与被连接角钢相贴合应切削成弧形。

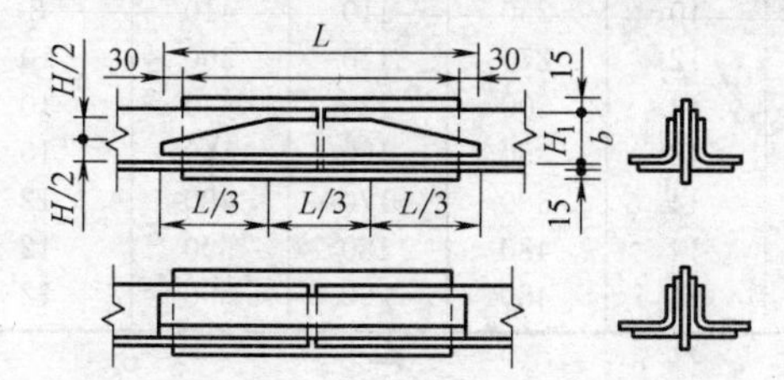

不等肢角钢的标准接头 **表 3-6**

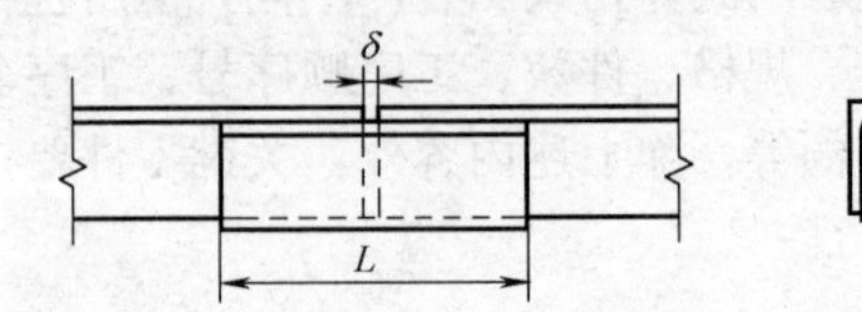

角钢型号	连接角钢长度 L(mm)	间隙 δ (mm)	焊缝高度 h_f (mm)	角钢型号	连接角钢长度 L(mm)	间隙 δ (mm)	焊缝高度 h_f (mm)
25×16×4	140	5	3.5	90×56×6	440	10	5
32×20×4	170	5	3.5	100×63×8	450	10	7
40×25×4	205	5	3.5	100×80×8	460	12	7
45×28×4	235	5	3.5	100×70×8	460	12	7
50×32×4	250	5	3.5	125×80×10	540	12	9
56×36×4	275	5	3.5	140×90×12	590	12	11
63×40×5	300	8	4.5	160×100×14	700	12	12
70×45×5	340	10	4.5	180×100×14	780	14	12
75×50×5	370	10	4.5	200×125×16	850	14	14
80×50×6	390	10	5				

注：肢宽大于 125mm 的角钢，受拉杆件应于肢部切斜，方法见等肢角钢。

工字钢标准接头 **表 3-7**

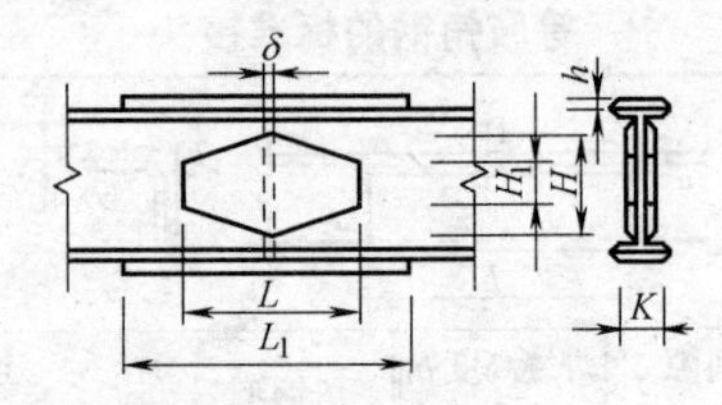

截面型号	水平盖板(mm)				垂直盖板(mm)				
	盖板厚 h	宽度 K	长度 L_1	焊缝高度 h_t	厚度	宽度 H	宽度 H_1	长度 L	焊缝高度 h_t
10	10	55	260	5	6	60	40	120	5
12,6(12)	12	60	310	5	6	80	40	150	5
14	14	60	320	6	8	90	50	160	6
16	14	65	350	6	8	100	50	190	6
18	14	75	400	6	8	120	60	220	6
20a	16	80	470	6	8	140	60	260	6
22a	16	90	520	6	8	160	70	290	6
25a(24a)	16	95	470	8	10	180	80	290	8
28a(27a)	18	100	480	8	10	200	90	300	8
32a	18	110	570	8	10	250	110	410	8
36a	20	110	500	10	12	270	120	360	10
40a	22	110	540	10	12	300	130	440	10
45a	24	120	600	10	12	350	150	540	10
50a	30	125	620	12	14	380	170	480	12
56a	30	125	630	12	14	480	180	590	12
63a	30	135	710	12	14	480	200	660	12

槽钢标准接头 **表 3-8**

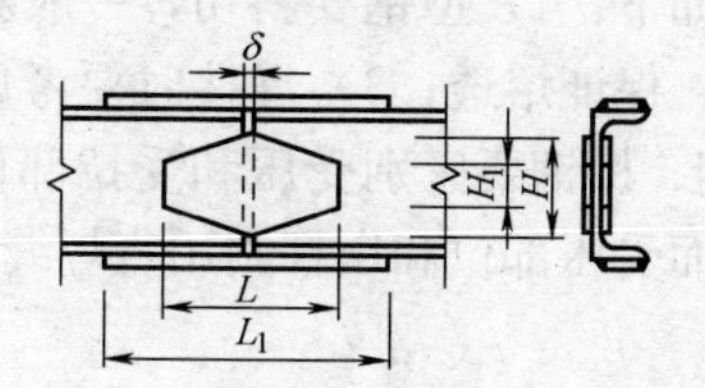

截面型号	水平盖板(mm)				垂直盖板(mm)				
	盖板厚	宽度	长度 L_1	焊缝高度 h_t	厚度	宽度 H	宽度 H_1	长度 L	焊缝高度 h_t
5									
6,3(6)									
8									
10	12	35	180	6	6	60	40	130	5
12,6(12)	12	40	210	6	6	80	40	160	5
14a	12	45	230	6	6	90	50	160	6
16a	14	50	270	6	8	100	50	200	6
18a	14	55	230	8	8	120	60	230	6
20a	14	60	250	8	8	140	60	250	6
22a	14	65	260	8	8	160	70	280	6
25a(24)	16	65	280	8	8	180	80	300	6
28a(27)	16	70	340	8	8	200	90	300	6
32a(30)	18	70	360	8	10	250	110	350	8
36a	20	75	360	10	10	270	120	410	8
40a	24	80	420	10	12	300	130	430	10

表 3-5～表 3-8 的标准接头是按照有关冶金标准及钢结构规范计算的，适用于 Q235 钢和 Q345 钢，表中未列出的接头，可按下述公式计算：

1）等肢角钢、工字钢、槽钢的翼缘和腹板的连接板长度：

$$L=\left(2.02\frac{A}{h_{\mathrm{f}}}+\delta+4\right)$$

2）不等肢角钢的连接板长度（考虑偏心影响）：

$$L=\left(2.22\frac{A}{h_{\mathrm{f}}}+\delta+4\right)$$

式中 L——连接板长度（cm）；

A——等肢角钢截面积（cm^2）；工字钢、槽钢一块翼缘板的截面积，cm^2；工字钢、槽钢腹杆截面积的一半，（cm^2）；

h_f——等肢角钢截面积，cm^2；工字钢、槽钢一块翼缘板的截面积，cm^2；工字钢、槽钢腹杆截面积的一半，cm^2；

δ——间隙（cm）。

上述计算和表中给出的标准接头，都是按轴向力等强考虑的。

型钢的工厂接头，一半多用上述连接方法。近年来随着焊接技术的提高，开始采用对接焊接连接（图 3-1）。这种连接方法，避免了贴角焊缝不平整的缺点，但下料时的浪费较大，对焊接质量要求较高，一般结构件多不采用此种接头方法，仅用在外观要求平整的接头中。

对接焊缝工厂接头的要求如下：1）型钢要斜切，一般斜度为45°；2）肢部较厚的要双面焊，或开成有坡口的接头，保证熔透；3）焊接时要考虑焊缝的变形，以减少焊后矫正变形的工作量；4）对工字钢、槽钢要区别受压和受拉部位，对角钢要区别拉杆和压杆受拉部位和拉杆要用斜焊缝，而受压部位和压杆则用直焊缝。

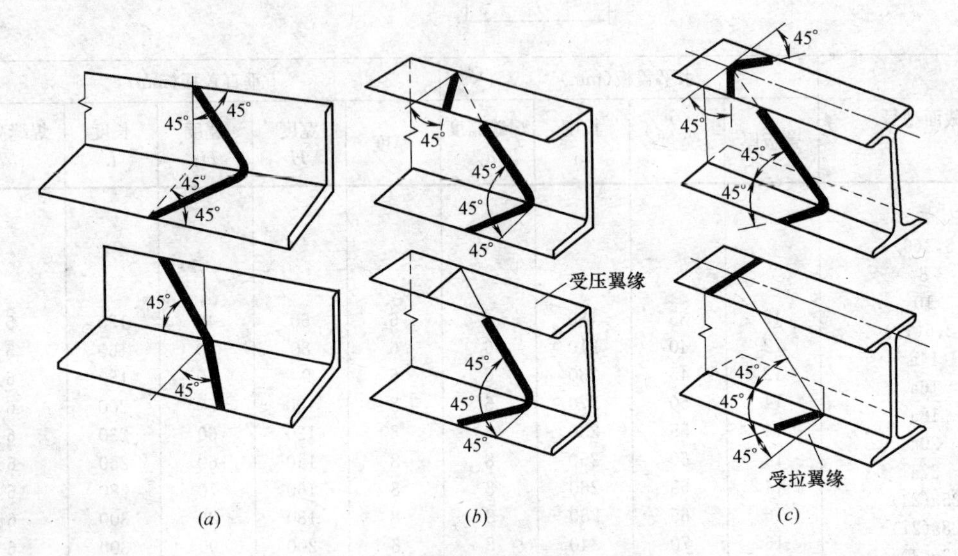

图3-1 型钢的对接焊缝工厂接头

(*a*) 角钢；(*b*) 槽钢；(*c*) 工字钢

型钢的工厂接头按接头强度分为两种：1）等强度接头，采用与构件截面承载力等强度所需的尺寸。如等肢和不等肢角钢的接头，即轴力等强度接头。2）按构件的计算内力确定的接头，当受力明确或用等强度接头焊缝尺寸太长时，可按构件的计算内力直接计算确定。

工厂接头的位置按下述情况考虑：1）在桁架中，接头宜设在受力不大的节间内，或设在节点处。如设在节点处，为焊好构件与节点板，要加用不等肢的连接角钢。2）工字钢和槽钢梁的接头宜设在跨度离端部1//3～1/4范围内。工字钢和槽钢柱的接头位置可不限。3）经过计算，并能保证焊接质量者，其接头位置不受上述限制。

3.6.4 工艺准备

钢结构制作过程中的工装一般分为两大类：1）原材料加工过程中所需的工艺装备：下料加工用的定位靠山，各种冲切模、压模、切割套模、钻孔钻模等均属此类。这一类工艺装备主要应能保证构件符合图纸的尺寸要求。2）拼装焊接所需的工艺装备：拼装用的定位器、夹紧器、拉紧器、推撑器，以及装配焊接用的各种拼装胎、焊接转胎等均属此类。这一类工艺装备主要是保证构件的整体几何尺寸和减少变形量。

工艺装备的制作是关系钢结构产品质量的重要环节，因此，工艺装备的制作要满足以下要求：1）工装夹具的使用要方便，操作容易，安全可靠。2）结构要简单，加工方便、经济合理。3）容易检查构件尺寸和取放构件。4）容易获得合理的装配顺序和精确的装配尺寸。5）方便焊接位置的调整，并能迅速地散热，以减少构件变形。6）减少劳动量，提高劳动生产率。

工艺装备的设计方案取决于生产规模的大小、产品结构形式和制作工艺的过程等。

由于工艺装备的生产周期较长，因此，要根据工艺要求提前做好准备，争取先行安排加工，以确保使用。

3.6.5 编制工艺卡和零件流水卡

根据工程设计图纸和技术文件提出的构件成品要求，确定各加工工序的精度要求和质量要求，结合单位的设备状态和实际加工能力、技术水平，确定各个零件下料、加工的流水顺序，即编制出零件流水卡。

零件流水卡是编制工艺卡和配料的依据，一个零件的加工制作工序是根据零件加工的性质而定的，工艺卡是具体反映这些工序的工艺文件，是直接指导生产的文件。工艺卡所包含的内容一般为：1）确定各工序所采用的设备；2）确定各工序所采用的工装模具；3）确定各工序的技术参数、技术要求、加工余量、加工公差和检验方法、标准，以及确定材料定额和工时定额等。

3.6.6 工艺试验

工艺试验一般可分为两类：

（1）焊接试验。钢材可焊性试验、焊接工艺试验、焊接工艺评定试验等均属焊接性试验，而焊接工艺评定试验是各个工程制作时最常遇到的试验。

焊接工艺评定是焊接工艺的验证，属生产前的技术准备工作，是衡量制造单位是否具备生产能力的一个重要的基础技术资料，焊接工艺评定对提高劳动生产率、降低制造成本、提高产品质量、搞好焊工技能培训是必不可少的，未经焊接工艺评定的焊接方法、技术参数，不能用于工程施工。

焊接工艺评定的一般程序：1）提出焊接工艺评定任务书；2）编制焊接工艺说明书；3）制订焊接工艺评定计划；4）焊接试件并填写焊接记录；5）加工试样及焊后检验（包括表面检验、无损探伤、理化试验、金相检验及任务书中所要求的各种检验）；6）填写焊接工艺评定报告；7）评定为不合格时，找出产生缺陷的原因，修改参数，重新编制焊接工艺说明书，再试验评定，直至合格。

焊接工艺评定的具体内容和要求详见本书第6章的相关部分。

（2）摩擦面的抗滑移系数试验。当钢结构件的连接采用高强度螺栓摩擦连接时，应对连接面进行技术处理，使其连接面的抗滑移系数达到设计规定的数值。

连接处摩擦面的技术处理方法一般采用四种：1）喷砂、喷丸处理；2）酸洗处理；3）砂轮打磨处理；4）经喷砂、酸洗或砂轮打磨处理后，生成赤锈，除去浮锈的处理方法。该方法在上海宝钢一期钢结构工程中普遍采用，效果良好。经过技术处理的摩擦面是否能达到设计规定的抗滑移系数 μ 值，需对摩擦面进行必要的检验性试验，以求得对摩擦面处理方法是否正确、可靠的验证。

摩擦面的处理方法及抗滑移系数 μ 的检验内容和要求详见本书第7章的相关部分。

（3）工艺性试验。对构造复杂的构件，必要时应在正式投产前进行工艺性试验。工艺性试验可以是单工序，也可以是几个工序或全部工序；可以是个别零部件，也可以是整个构件，甚至是一个安装单元或全部安装构件。

通过工艺性试验获得的技术资料和数据是编制技术文件的重要依据，试验结束后应将试验数据纳入工艺文件，用以指导工程施工。

3.6.7 确定焊接收缩量和加工余量

由于铣刨加工时常常成叠进行操作，尤其是长度较大时材料不易对齐，所以，在编制加工工艺时要对所有加工边预留加工余量，加工余量一般预留 5mm 为宜。

焊接收缩量由于受焊肉大小、气候条件、施焊工艺和结构断面等多种因素的影响，其变化较大，表 3-9 中的数值仅供参考。

高层钢结构的框架柱尚应预留弹性压缩量。高层钢框架柱的弹性压缩量应按结构自重（包括钢结构、楼板、幕墙等的重量）和实际作用的活荷载产生的柱轴力计算。相邻柱的弹性压缩量相差不超过 5mm 时，允许采用相同的增长。柱压缩量应由设计者提出，由制作厂和设计者协商确定其数值。

焊接结构中各种焊缝的预放收缩量 **表 3-9**

序号	结构种类	特点	焊缝收缩量
1	实腹结构	断面高度在 1000mm 以内 钢板厚度在 25mm 以内	纵长焊缝——每米焊缝为 0.1～0.5mm（每条焊缝）； 接口焊缝——每一个接口为 1.0mm； 加劲板焊缝——每对加劲板为 1.0mm
		断面高度在 1000mm 以上 钢板厚度在 25mm 以上，各种厚度的钢材其断面高度在 1000mm 以上者	纵长焊缝——每米焊缝为 0.05～0.20mm（每条焊缝）； 接口焊缝——每一个接口为 1.0mm； 加劲板焊缝——每对加劲板为 1.0mm
2	格构式结构	轻型（屋架、架线塔等）	接口焊缝——每一个接口为 1.0mm； 搭接接头——每一条焊缝为 0.50mm
		重型（如组合断面柱子等）	组合断面的托梁、柱的加工余量，按本表第 1 项采用； 焊接搭接头焊缝——每一个接头为 0.5mm
3	板筒结构 （以油池为例）	厚 16mm 以下的钢板（含 16mm）	横断接口（垂直缝）产生的圆周长度收缩量——每一个接口 1.0mm； 圆周焊缝（水平缝）产生的高度方向的收缩量——每一个接口 1.0mm
		厚 16mm 以上的钢板	横断接口（垂直缝）产生的圆周长度收缩量——每一个接口 2.0mm； 圆周焊缝（水平缝）产生的高度方向的收缩量——每一个接口 2.5～3.0mm

3.6.8 设备和工具的准备

根据产品的加工需要来确定加工设备和操作工具，由于工程的特殊需要，有时需要调拨或添置必要的机器设备和工具，此项工作也应提前做好准备。

随着计算机的发展和普及，计算机管理已应用于工艺技术领域和生产领域。计算机技术使一些繁琐的技术管理变得简单，如用计算机进行统筹配料，不仅能更合理地利用材料，而且大大提高了工作效率，利用计算机绘制工艺表格和工艺图卡，进行工艺性管理，都具有手工管理无法相比的优势。近年来，一些专业研究部门推出的工艺试验软件和工艺管理软件，将大大缩短生产单位的工艺试验周期，为工艺技术准备工作创造了更好地开展条件。

3.7 组织技术交底

钢结构构件的生产从投料开始，经过下料、加工、装配、焊接等一系列的工序过程，最后成为成品。在这样一个综合性的加工生产过程中，要执行设计部门提出的技术要求，要贯彻国家标准和技术规范，要确保工程质量，这就要求制作单位在投产前必须组织技术交底的专题讨论会。

技术交底会的目的是对某一项钢结构工程中的技术要求进行全面的交底，同时亦可对制作中的难题进行研究讨论和协商，以求达到意见统一，解决生产过程中的具体问题，确保工程质量。

技术交底按工程的实施阶段可分为两个层次。第一个层次是开工前的技术交底会，参加的人员主要有：工程图纸的设计单位，工程建设单位，工程监理单位及制作单位的有关部门和有关人员。技术交底主要内容有：

（1）工程概况；

（2）工程结构件的类型和数量；

（3）图纸中关键部位的说明和要求；

（4）设计图纸的节点情况介绍；

（5）对钢材、辅料的要求和原材料对接的质量要求；

（6）工程验收的技术标准说明；

（7）交货期限、交货方式的说明；

（8）构件包装和运输要求；

（9）涂层质量要求；

（10）其他需要说明的技术要求。

第二个层次是在投料加工前进行的本工厂施工人员交底会，参加的人员主要有：制作单位的技术、质量负责人，技术部门和质检部门的技术人员、质检人员，生产部门的负责人、施工员及相关工序的代表人员等。此类技术交底主要内容除上述10点外，还应增加工艺方案、工艺规程、施工要点、主要工序的控制方法、检查方法等与实际施工相关的内容。这种制作过程中的技术交底会在贯彻设计意图，落实工艺措施方面起着不可替代的作用，同时也为确保工程质量创造了良好的条件。

4 钢结构构件翻样与下料

4.1 钢结构构件生产组织方式和常用量具、工具

4.1.1 生产场地布置

1. 生产场地布置的根据

布置生产场地时，要考虑产品的品种、特点和批量、工艺流程、产品的进度要求、每班的工程量和要求的生产面积、现有的生产设备和起重运输能力。

2. 生产场地布置的原则

（1）按流水顺序安排生产场地，尽量减少运输量，避免倒流水。

（2）根据生产需要合理安排操作面积，以保证安全操作，并要保证材料和零件有必需的堆放场地。

（3）保证成品能顺利运出。

（4）便利供电、供气、照明线路的布置等。

3. 设备布置的间距规定

为了安全生产，加工设备之间要留有一定的间距作为工作平台和堆放材料、工件等用，如图 4-1 所示。

4.1.2 生产组织方式

根据专业化程度和生产规模，目前钢结构构件生产组织方式有下列三种：

（1）专业分工的大流水作业生产。这种生产组织方式的特点是各个工序分工明确，所做的工作相对稳定，定机、定人进行流水作业。这种生产组织方式的生产效率和产品质量都有显著提高，适合于大批量生产标准成品构件的专业工厂和车间。一般年产 4000～20000t 以上的大、中型企业均以此种大流水作业方式生产。

（2）一包到底的混合组织形式。这种生产组织方式的特点是成品构件统由大组包干，除焊工因有合格证制度需专人负责外，其他各工种多数为“一专多能”，如放样工兼做画线、拼配工作；剪冲工兼做平直、矫正工作等，机具也由大组统一调配使用。这种方式适合于小批量生产标准成品构件的工地生产和生产非标准产品的专业工厂。其优点是：劳动力和设备都容易调配，管理和调度也比较简单，但对工人的技术水平要求较高，工件也不能相对的稳定，一般年产 1200～4000t 的中小型企业多采用此种方式组织方式。

（3）多功能型的放样间工作形式。构件加工顺序和加工余量均由放样室确定，其劳动组织类似第（2）种的混合形式。一般机械厂和建筑公司的结构车间常采用这种生产组织方式。

4.1.3 钢结构制作的安全生产

钢结构生产效率很高，工件在空间大量、频繁地移动，各个工序中大量采用的机械电

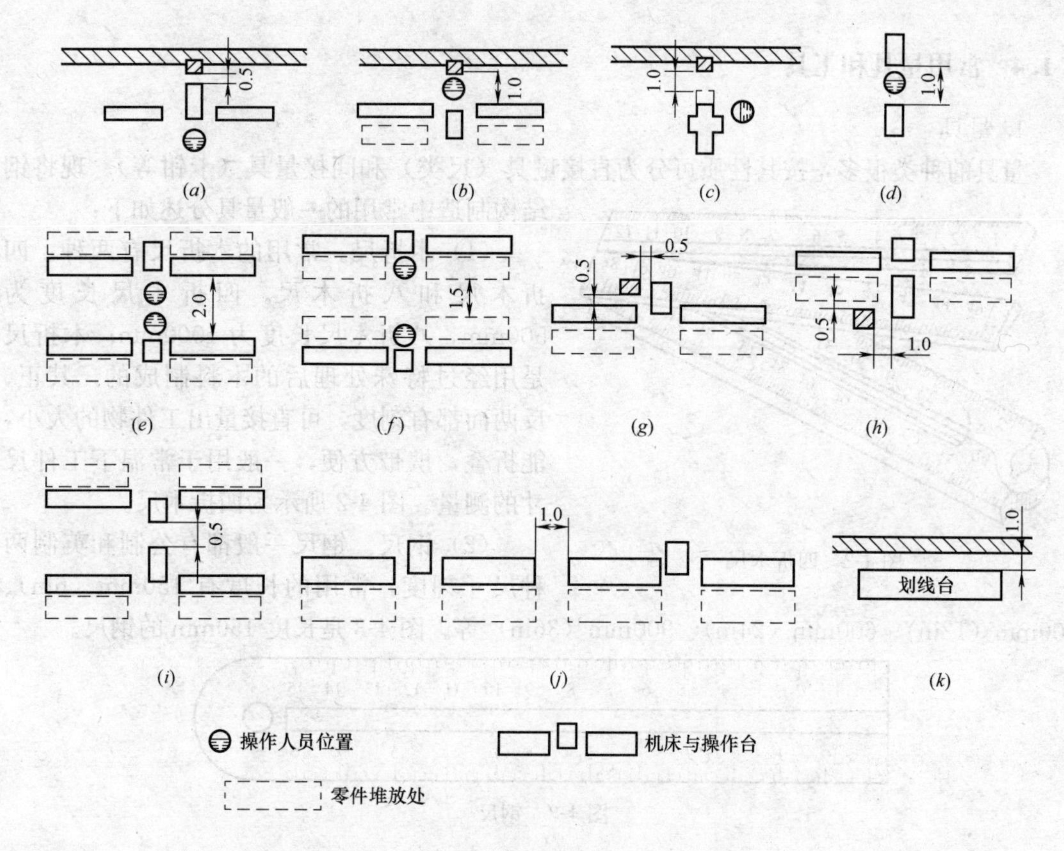

图 4-1　设备之间的最小间距（单位：m）

器设备都须作必要的防护和保护。因此，生产过程中的安全措施极为重要，特别是在制作大型、超大型钢结构时，更必须十分重视安全事故的防范。

（1）进入施工现场的操作者和生产管理人员均应穿戴好劳动防护用品，按规程要求操作。

（2）对操作人员进行安全制度学习和安全教育，特殊工种必须持证上岗。

（3）为了便于钢结构的制作和操作者的操作活动，构件宜在一定高度上搁置。装配组装胎架、焊接胎架、各种搁置架等，均应与地面离开 0.4～1.2m。

（4）构件的堆放、搁置应十分稳固，必要时应设置支撑或定位。构件堆垛不得超过二层。

（5）索具、吊具要定时检查，不得超过额定荷载。正常磨损的钢丝绳应按规定更换。

（6）所有钢结构制作中各种胎具的制造和安装，均应进行强度计算，不能仅凭经验估算。

（7）生产过程中所使用的氧气、乙炔、丙烷、电源等必须有安全防护措施，并定期检测泄漏和接地情况。

（8）对施工现场的危险源应有相应的标志、信号、警戒等，操作人员必须严格遵守各岗位的安全操作规程，以避免意外伤害。

（9）构件起吊应听从一个人的指挥。构件移动时，移动区域内不得有人滞留和通过。

（10）所有制作场地的安全通道必须畅通。

4.1.4 常用量具和工具

1. 量具

量具的种类很多，按其性质可分为直接量具（尺类）和间接量具（卡钳等）。现将钢结构制造中常用的一般量具分述如下：

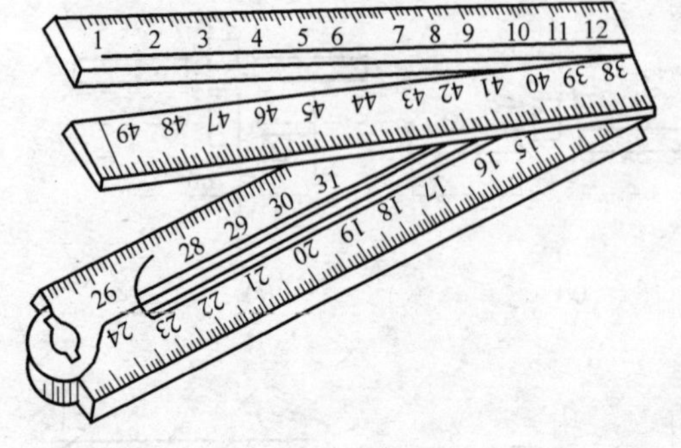

图 4-2 四折木尺

（1）木折尺。常用的木折尺有两种：四折木尺和八折木尺。四折木尺长度为500mm，八折木尺长度为 1000mm；木折尺是用经过特殊处理后的木料制成的，其正、反两面都有刻度，可直接量出工件物的大小，能折叠，携带方便，一般用于常温下工件尺寸的测量。图 4-2 所示为四折木尺。

（2）钢尺。钢尺一般都有公制和英制两种尺寸刻度，常用的长度有 150mm（6in）、300mm（12in）、600mm（24in）、900mm（36in）等。图 4-3 是长度 150mm 的钢尺。

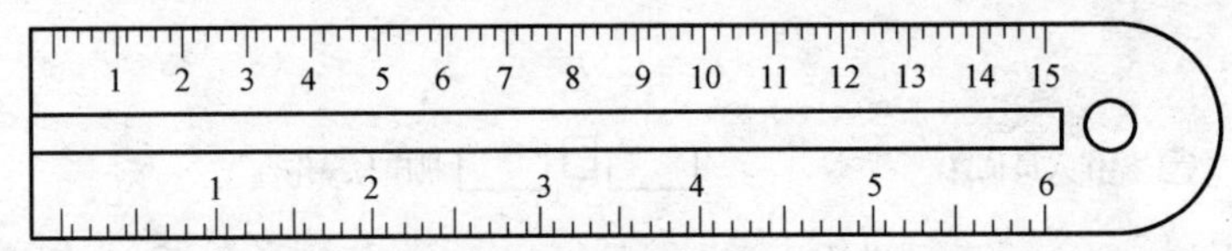

图 4-3 钢尺

（3）钢卷尺。钢卷尺常用的规格有：长度为 1m、2m 的小钢卷尺（图 4-4），长度为5m、10m、15m、20m、30m 的大钢卷尺（图 4-5）等多种规格。用钢卷尺能量到的正确度误差为 0.5mm。

（4）角尺。角尺由长、短两直尺互成直角制作成“⌐”形钢尺（图 4-6)。一般角尺没有刻度，它主要用来测量两个平面是否垂直和作画短垂线之用。

（5）画线规及地规。画线规主要是在钢板上或在样板上画圆弧之用，制造画线规时，它的两只脚需要淬火，这样才能保持经久耐用，图 4-7 所示为画线规。

地规（图 4-8）由两个地规体和一条规杆组成。地规体用钢制成，其尖端也要淬火，以保持尖锐。规杆须用坚韧的木材制作，杆的长方形断面应稍小于地规体的穿杆孔，以便穿入，又免于摆动。地规主要是画大圆弧及开 90°角尺线之用。

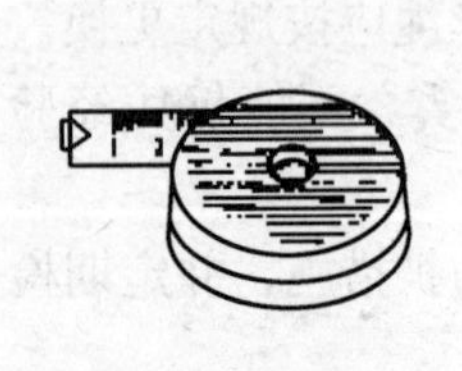

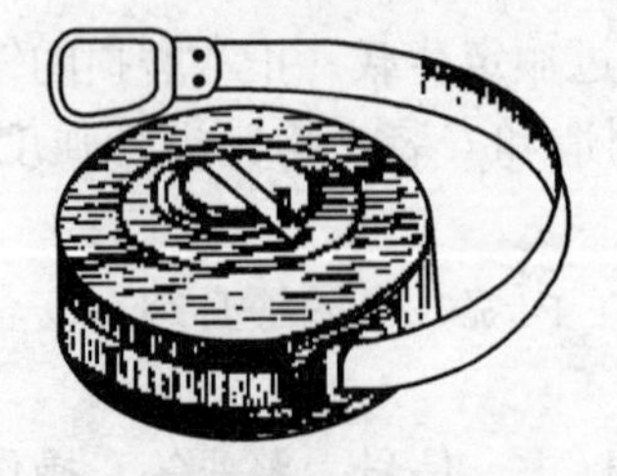

图 4-4 小钢卷尺

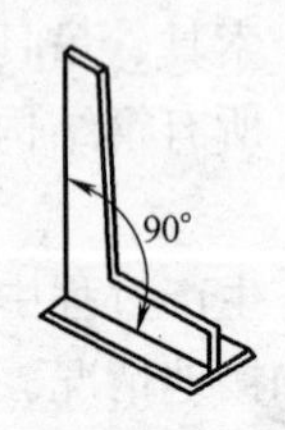

图 4-5 大钢卷尺

（6）游标卡尺。游标卡尺能精确地测量出工件的直径、厚度、孔径和孔的深度等，图 4-9 为游标卡尺，卡尺上带有刻度的称为主尺。

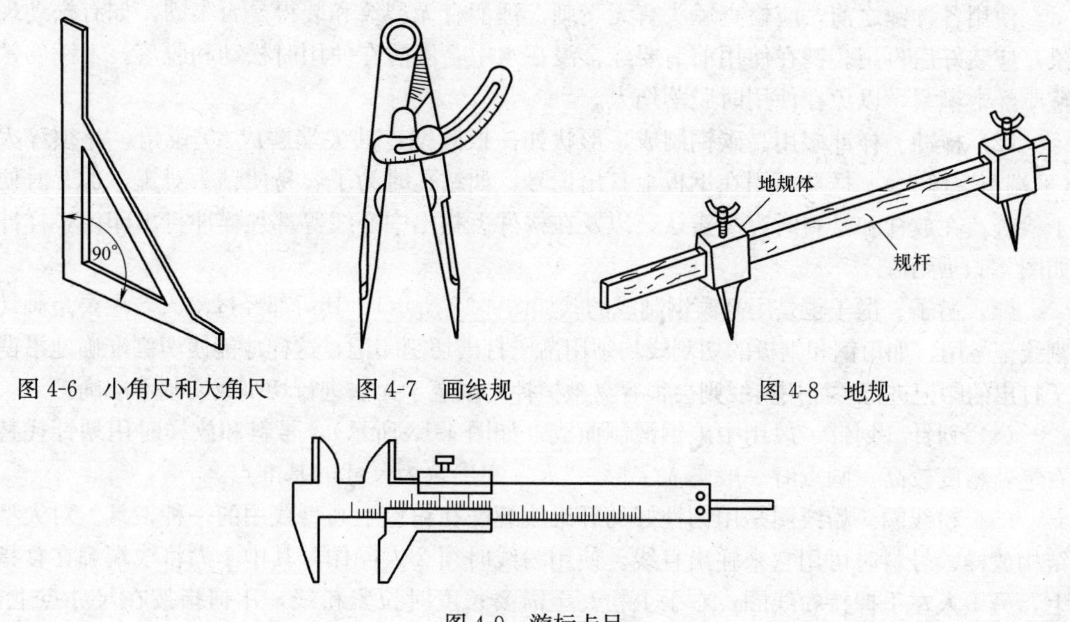

图 4-6 小角尺和大角尺　　图 4-7 画线规　　图 4-8 地规

图 4-9 游标卡尺

量具除了上述几种外，还有内、外卡钳，无刻度直尺（约 1m 长）及薄钢板三角尺等。

各种量具的使用寿命在很大程度上取决于保养和使用，如果保养不好，或使用时不小心，则容易发生撞、压、磨损等情况，致使量具的表面刻度模糊或本身变形，如果用损坏或刻度不清的量具去度量工件时，就不能得到准确的尺寸，甚至影响制作质量。所以，在工作完成后，必须将量具屑擦干净再整齐放好，对于暂时不用的量具，要在其表面涂一层机油，以防锈蚀。

2. 工具

钢结构制造在目前虽然已大多用机械设备进行，但在机械操作前的准备及矫正变形工作仍离不开手工工具。因此，熟练地掌握钢结构制造中常用工具的使用方法，仍然是很重要的。

钢结构制造用的工具种类很多，一般常用的有以下几种。

（1）锤击。它有下列数种：1）木锤。木锤除用于热加工外，还经常用于冷加工中矫平薄钢板。用木锤敲击薄钢板，能减少局部变形及锤印，在质量和美观上都比用钢锤要好。2）小锤。小锤的重量一般为 0.2～0.75kg，它用于矫正小块钢板，进行批铲毛刺，下料时打样冲印盒、打凿子印等。图 4-10 为 0.5kg 小锤。3）大锤。大锤常用的有 3、4、5、6、8kg 数种。它用于矫正较厚的钢板和型钢，在弯曲加工中都需要用大锤来进行。4）平衬锤。平衬锤不是直接敲击的工具，而是将大锤敲击在平衬锤上，并由它将击力传到工件表面的一种间接的加工工具。一般作为矫正、矫平或修饰工件形状之用。5）圆弧衬锤。圆弧衬锤也和平衬锤一样，同是一种间接的加工工具。但它的加工面呈圆弧形，一般作为折弯钢板和敲圆钢板等用。

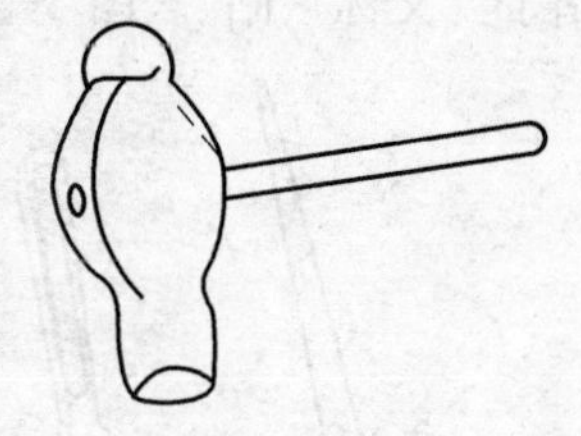

图 4-10 小锤

使用各种锤之前，应检查锤头有无飞刺，锤柄有无裂纹和装得是否牢固，如有松动现象，应装好后再用。锤在使用前后要经常浸在水中，以防在使用时松动和脱落。木锤的铁箍应经常箍紧，以免在使用时脱落伤人。

（2）样冲。样冲多用高碳钢制成，形状如一根圆钢，其尖端磨成60°锐角，并须淬火（平端不应淬火）。样冲可用在钢板上打出记号，如钻孔时为了容易使钻头对正，加工时便于检查，在放样和号料时容易辨认，以及在构件上找出中心线等都须样冲打出印记。样冲如图4-11所示。

（3）凿子。凿子也是用高碳钢制成的（如图4-12所示），其刃部经过淬火，主要是画切割线记号用，如角钢和钢板的切割线均须用凿子打出切割印记，这样才能使切割准确地沿凿子打出的印记进行，而用粉线则会很容易被擦掉，以至于无法进行切割或切割不准确。

（4）划针。划针一般用中碳钢锻制而成（如图4-13所示），号料和放样时用划针代替石笔，精度较高。画点时一般画人字形，“人”字尖端为尺寸的基准点。

（5）粉线圈。粉线圈是用韧性好的纤维线缠绕在粉包上画直线用的一种工具。对大型结构放样、号料时可用它来弹出直线。使用粉线时须2人操作，其中1人将线端缠在食指上，另1人左手握持粉线圈，右手上粉。至需要长度时拉紧粉线，用拇指按在尺寸点上，另一手垂直地提起粉线弹线，如图4-14所示。

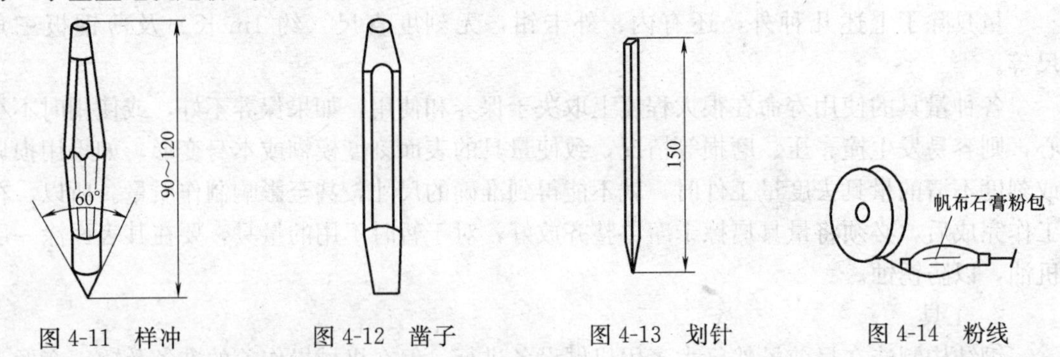

图4-11　样冲　　图4-12　凿子　　图4-13　划针　　图4-14　粉线

（6）钢结构制造中常用的工具除了上述几种外，还有下列几种：1）撬杠：撬动和移动工件用；2）螺栓扳：紧松螺栓时夹紧工件用；3）钳子：夹持工件用；4）弓形夹具：压紧工件用；5）铁马、铁桩：固定钢板或型钢于平铁砧上用；6）羊角铁砧；7）油压千斤顶；8）螺杆千斤顶；9）夹头（又称胡羊夹头）；10）调制器（又称三角螺栓）；11）花砧子（又称平砧）。图4-15所示的是上述几种常用工具。

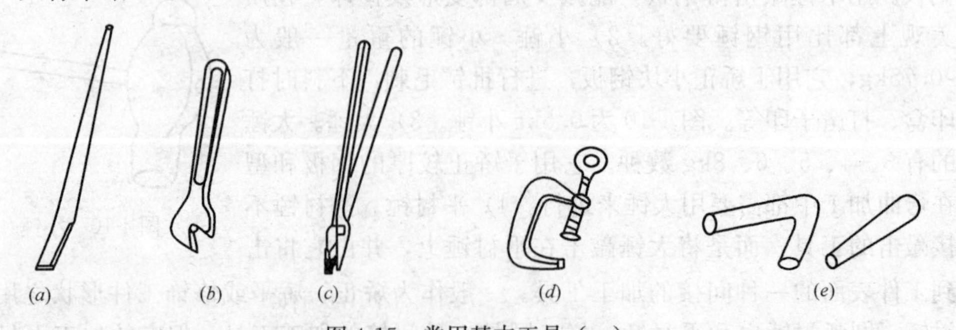

图4-15　常用基本工具（一）

（a）撬杠；（b）螺栓板；（c）钳子；（d）弓形夹具；（e）铁马；铁柱

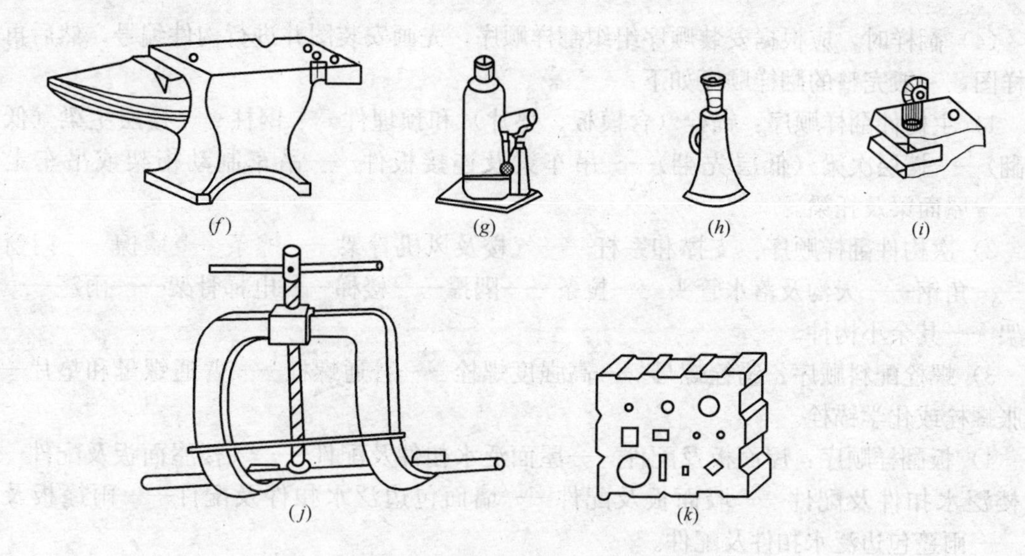

图 4-15　常用基本工具（二）
(f) 羊角铁砧；(g) 油压千斤顶；(h) 螺杆千斤顶；(i) 夹头（又称胡羊夹头）；
(j) 调直器（又称三脚螺栓）；(k) 花砧子（又称平砧）

4.2 翻样

4.2.1 工作要求

每位翻样和校对人员必须对自己所签发的图纸的完整性和正确性负全责。发现问题及时修改调整，修改联系单应尽量在构件下料加工前下发，而且需预先通知相关部门。并全程对工程的加工和安装进行技术跟踪，提供必要的技术指导和服务。对于图纸出错或欠合理的地方，要勇于承担责任，而且要吸取教训，总结经验不断提高自身素质。

4.2.2 翻样顺序

(1) 每个工程在计划部提供设计图纸和任务指令单后，由部门负责人安排相关人员进行翻样和校对，并召开工程碰头会议，对设计图纸中的难点和疑点进行探讨，落实好相关人员的工作要求。

(2) 任务下发后，翻样人员需整理好施工图、联系单、翻样任务单等资料，并仔细翻阅，熟悉设计要求和翻样内容，做到心中有底。对设计资料有不解或疑义之处进行记录，形成书面文字，并及时和设计联系、沟通、解决，若有变动应该要求设计单位提供设计变更单。然后再动手翻样，在翻样中发现新问题时也应及时解决，并形成书面文件。设计院或甲方的变更通知单，必须交由部门负责人批准同意后，方能进行图纸修改和下发。

(3) 翻样前，翻样人员需及时准确地进行工程备料，并提供详细的材料备料单，备料单需注明不同构件的材质、钢板规格、重量，维护彩板的颜色、规格和面积，螺栓规格及数量等。备料单必须准确，特殊规格材料不能多备。备料完成后需交给校对人员进行核对，并签字后移交资料员登记，由资料员复印发放给相关部门。

（4）翻样时，应根据安装顺序组织翻样顺序，先画安装图并进行构件编号，然后再画翻样图，一般完整的翻样顺序如下：

1）主构件翻样顺序：锚栓（含模板、垫片）和预埋件——钢柱——楼层主梁（低层先翻）——楼层次梁（低层先翻）——吊车梁及连接板件——吊车制动桁架或吊车走道板——屋面梁及托梁。

2）次构件翻样顺序：支撑和系杆——气楼及风机骨架——檩条——墙檩——门窗框架——角钢——天沟及落水管头——拉条——隅撑——楼梯——电梯骨架——雨篷——门骨架——其余小构件。

3）螺栓配料顺序：锚栓螺母——高强度螺栓——普通螺栓——普通螺母和垫片——膨胀螺栓或化学锚栓。

4）板翻样顺序：屋面板及配件——屋面泛水扣件及配件——气楼屋面板及配件——气楼泛水扣件及配件——墙面板及配件——墙面包边泛水扣件及配件——雨篷板及配件——雨篷包边泛水扣件及配件。

（5）翻样人员按翻样顺序在每种同类构件翻样完成后必须先自己认真检查校对一遍，确认无误后再交给校对人员，然后进行下一类构件的翻样，以此类推，直至全部完成翻样任务。

（6）校对人员必须预先全盘熟悉施工图和校对所依据资料，按照翻样顺序认真校对并在图纸上用红笔对错误和疑问处做好标记，待全部同类构件校对完后与对应翻样人员针对问题处进行交底沟通，翻样人员要虚心听取并认真核对和修改，修改完后再认真自校一次，确认无误后再连同原稿一并交给校对人员。校对人员必须认真核实每个问题处是否已经修改到位，若还有问题再次要求翻样人员进行修改，以此往复，最终在确认无误后方可签字。

（7）所有下发翻样图纸原件和设计资料必须用资料袋装好，并注明工程名称和图纸类别，统一由校对人员保管，待所有物件全部配完后由校对人员仔细核查资料内容有无缺少，确认无误后好好保管，待工程完工后交给资料员进行登记和存档。若存档后需要查询图纸，必须向资料员借阅和登记，并及时归还。

4.3 构件展开

钣金工用薄金属板制作每一个立体工件，都是一种几何截体，或数种几何截体的组合体，因此在学习展开图之前必须对各种几何体有充分的认识。钢结构施工中，经常会遇到各种形状的平面组合体（例如六面体、棱柱体、棱锥体）、曲面体（例如圆锥体、圆柱体、圆柱圆锥相贯体）以及上圆下方体、球面体、螺旋体等工件。

4.3.1 展开原理

一根圆弧线细分成很多短线段，可以把短线段近似地当成直线处理；一个曲面，细分成很多小曲面之后，可以把小曲面当成平面处理，这就是钢结构构件展开的原理。

4.3.2 展开的四种基本方法

（1）平行线展开法。

平行线法适用于棱柱体、圆柱体等工件展开，其特点是素线均为平行线构成，分得越多，形状越精确。素线形状与物体形状大小有关。

（2）放射线展开法。

此方法适用于锥形工件的表面展开，工件表面无数素线把工件表面分成无数个三角形，当这些三角形底边无限短的时候，即三角形无限多时，其表面积总和就相当于工件表面积。

（3）三角形展开法。

有些构件表面呈不规则曲面或者由平面和曲面组合而成，既不能用放射线法也不能用平行线法展开，可以把它看成由数个三角形所构成，当求得三角形三条边的实长后，就能用作图法将其表面形状展开。

（4）计算展开法。

圆柱螺旋面的展开，通常用计算法。

4.3.3 相关术语

（1）中径。金工展开是不计钢板厚度的，而实际工件是有厚度的，图纸上注明外径或内径，展开时则取中径。

（2）素线。又成母线，是展开时用的辅助线，也可作为加工线，辊圆时辊轴中心线与素线平行。

（3）相贯线。两个几何体相交，交线即是相贯线。

（4）实长。构成展开面的线条必须是实长，否则展开的面不是真实的面，通常求实长的方法是：作一个直角三角形的两条直角边，将线段 AB 的平面投影 $a'b'$ 量在直角边（水平线）上，将 AB 的垂直投影 $a''b''$ 量在直角边（垂直边）上，则斜边即为 AB 线条的实长，如图 4-16 所示。

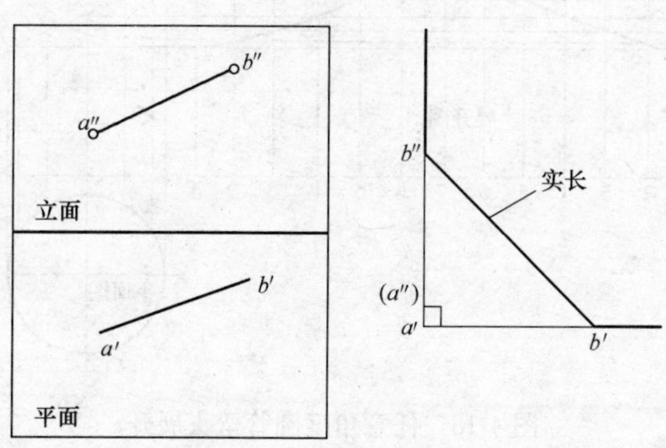

图 4-16 实长

4.3.4 展开实例

【例 4-1】 一端斜切 45°圆管截体 $ABCD$ 展开，见图 4-17。

画 1/2 断面半圆周，并将其 6 等分，等分点为 1、2、3.. 7。通过等分点引 CD 垂线并延长，交 AB 于 1′、2′、3′…7′。延长 DC，截取 MN 等于圆管周长并 12 等分，等分点为 1、2、3…7、6…1。通过各等分点引 MN 垂线，与由 AB 上的 1′、2′、3′…7′各点作水

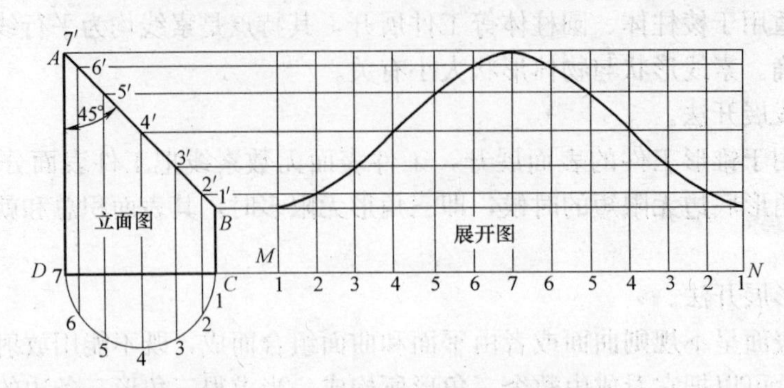

图 4-17　一端斜切 45°圆管截体展开

平线相交，把各对应交点连成光滑曲线，即为所求的展开图。

【例 4-2】 任意角度圆管弯头展开，见图 4-18。

（1）画立面图和圆管断面图。

（2）把断面图半圆周进行 6 等分。

（3）通过等分点向上引垂线，交 FC 于 1、2、3…7，过这些点作 AF 的平行线。

（4）延长 DE，截取 MN 等于圆管断面周长，并 12 等分，通过各等分点作其垂线。

（5）通过 FC 上各点，向左作 MN 的平行线与 MN 上的各垂线相交。

（6）找出对应线的交点，连成光滑曲线，即为 1/2 节的展开图。

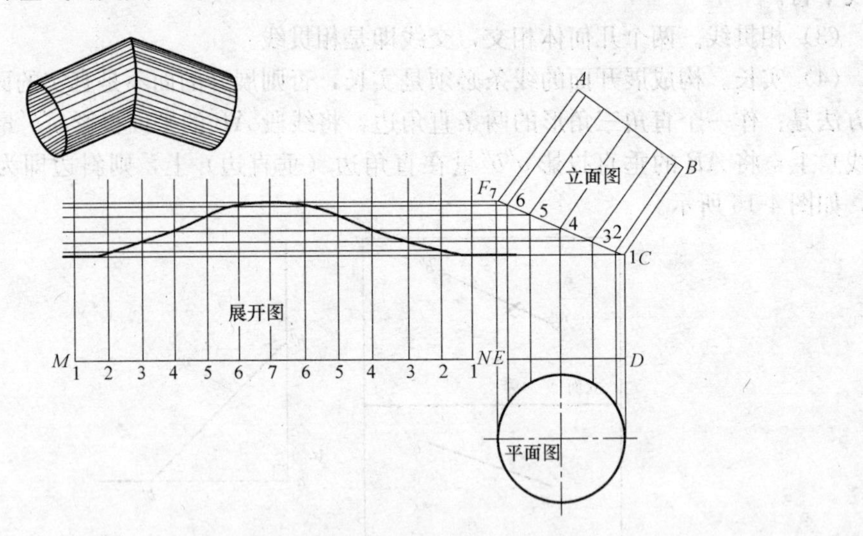

图 4-18　任意角度圆管弯头展开

【例 4-3】 等径圆管直交三通管展开，见图 4-19。

（1）画立面图及两端管子 1/2 断面，各 6 等分。

（2）作素线，过等分点作平行线。

（3）作相贯线，对应平行线相交点，即相贯线 cOd。

（4）分别将垂直管、卧管圆周长展开，并 12 等分。

（5）垂直管上的点 4 向下投影与 4 号素线相交得 $4''$，点 5 投影与 5 号素线相交得 $5''$，得点连成曲线，即卧管的开孔。

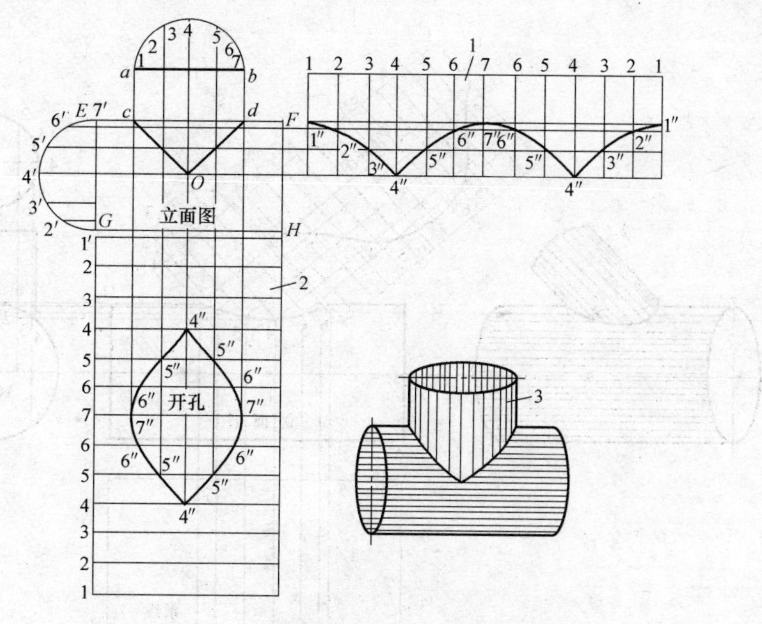

图 4-19　等径圆管直交三通管展开

1—立管展开图；2—卧管展开图；3—实物立体图

（6）过 4′点作平行线与件 1 中 4 号素线相交于 4″点；过 5′点位平行线与 3 号、5 号素线相交于 3″、5″，EF 线延长与 1 号、7 号素线相交于 1″、7″，把上述交点相连成曲线，与顶线 1、2、3、…、3、2、1 构成展开图。

【例 4-4】　异径圆管斜交三通管展开，见图 4-20。

（1）作立面图、侧面图、小圆管 1/2 断面半圆周，并各进行 6 等分，通过等分点作素线。

（2）画相贯线，通过侧面图 4′，作平行线与立面圆中心的 4 号素线相交于 4°点；侧面图 3′点作平行线与立面图中的 3 号、5 号素线相交于 3°、5°点，连 A6°5°4°3°2°C 即为相贯线。

（3）标出小管周长，并 12 等分绘出素线（件 1），将相贯线上的点与展开图上相关的素线相交得出交点，连成光滑曲线，与顶线构成展开图。

（4）管上开口。将侧面图大管顶部 4′、3′、2′、1′圆弧长度量到件 3 上、绘出素线，将立面图上相贯线上的点，分别投影至图 3 中与相关的素线相交，得出 C、2°、3°、4°、5°、6°、A，连成光顺曲线即为开孔。

【例 4-5】　圆管 90°×4 节弯头展开，见图 4-21。

（1）分节方法　设有 n 节角度为 90°的弯头，如图 4-21 所示，设首节、尾节各一，则此弯头由首节、尾节和（$n-2$）个中间节所组成。中间节中心线 O_1O_2 恰好等于首节、尾节中心线长的 2 部。设首节、尾节圆心角各为 α，则中心节圆心角为 2α，所以 $90°=2\alpha+2\times(n-1)=2(n-2)\alpha$，由此可得出首节、尾节的夹角 $\alpha=90°/[2(n-1)]$，也即把 90°分成 $2(n-1)$。

（2）展开步骤

① 圆管 90°×4 节弯头，把 4 代入公式即把 90°角 6 等分，中心角为 60°，首节、尾节

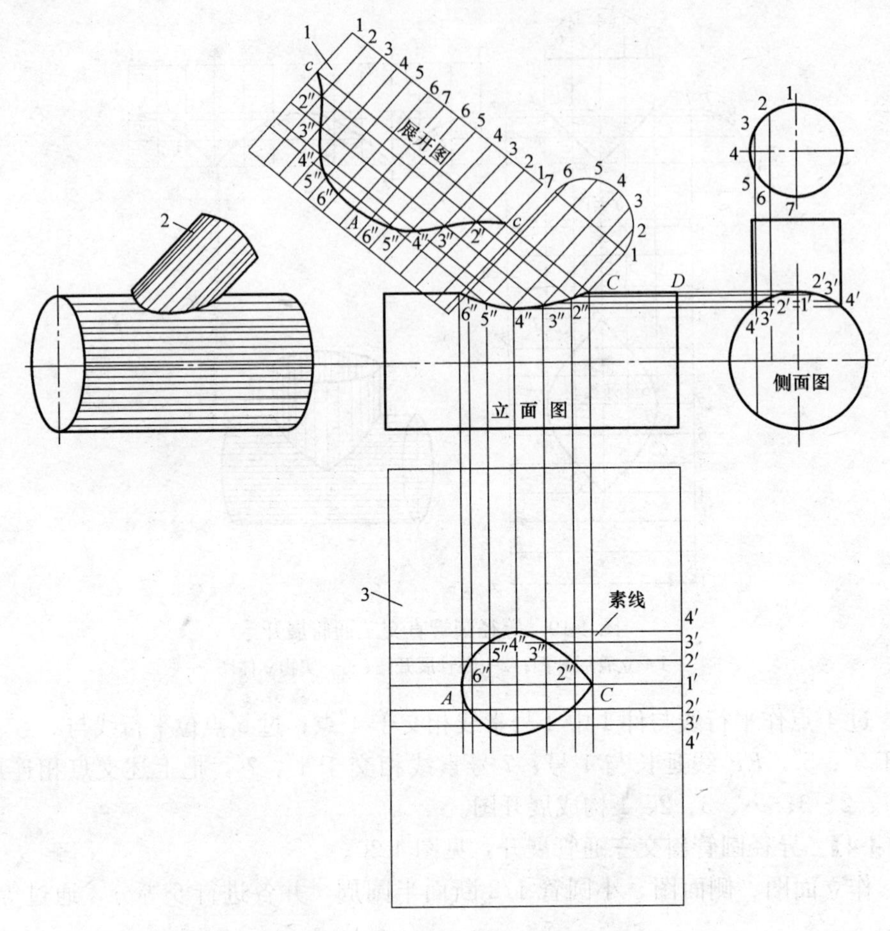

图 4-20 异径圆管斜交三通管展开

1—斜管展开图；2—实物立体图；3—卧管侧面展开图

各 15°（若圆管 90°×5 节弯头，把 5 代入公式即得 8，90°角进行 8 等分，中心角为 67.5°，首节、尾节各 11.25°）。

② 把弧$\overset{\frown}{MN}$进行 6 等分，等分点为 1′、2′、3′、4′、5′；过 N、2′、4′、M 点各作弧$\overset{\frown}{MN}$切线，各切线相交于 1″、3″、5″，则 $N1''$、$M5''$为首节、尾节中心线，1″、3″、5″为中间节中心线。

③ 连接 O_1''、O_3''、O_5''并延长，即为各节的接合线。

④ 各以 $N1''$、$1''3''$、$3''5''$、$5''M$ 为圆管中心线，作圆管的投影线，得 $ABCDEFGHIJ$ 圆管 90°×4 节弯头。

⑤ 中间节的展开。作中间节的断面圆周，进行 12 等分，等分点为 1、2、3、4、5、6、7、6、5、4、3、2、1。对应点连接延长，与 ID、JC 相交。延长 17；取 171 等于断面圆周的长度，并 12 等分，得等分点 1°、2°、3°、4°、5°、6°、7°、6°、5°、4°、3°、2°、1°。过这些等分点作 171 的垂线，与由过 ID、JC 上的交点作 171 的平行线相交，找出对应线段的交点，连成曲线，即为中间节的展开图。

⑥ 首尾节的展开图。因为首尾节等于 1/2 中间节，所以 1/2 中间节展开图即为首尾

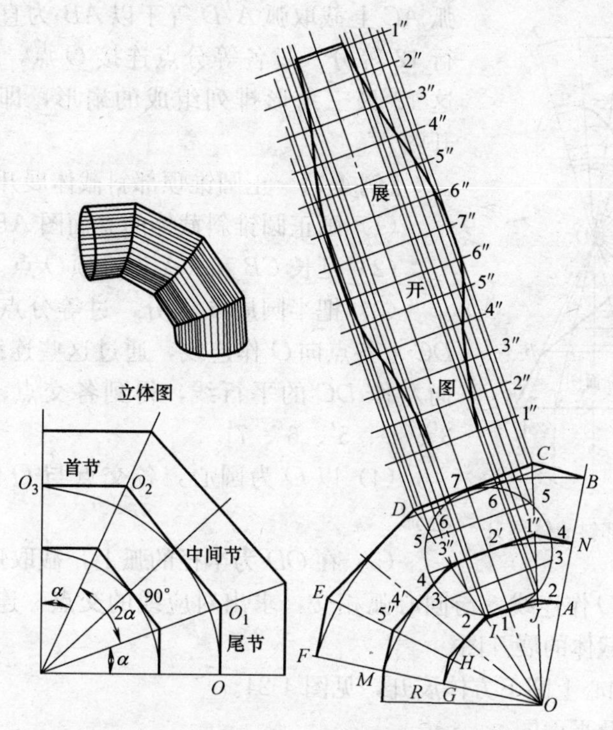

图 4-21　圆管 90°×4 节弯头展开

节的展开图。

【例 4-6】 圆锥的展开，见图 4-22。

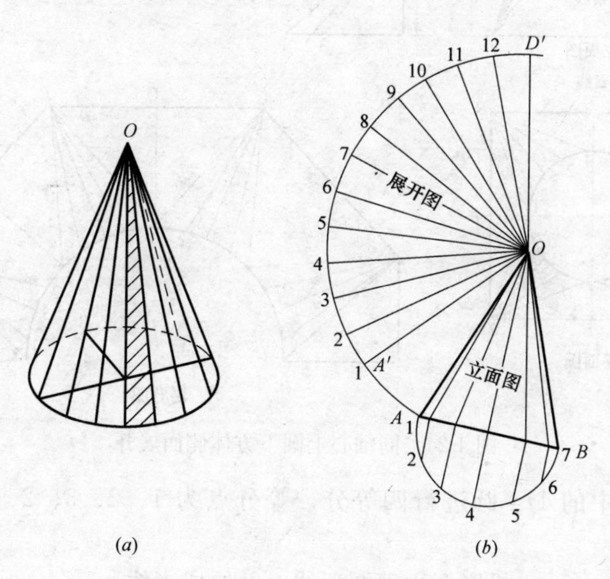

图 4-22　圆锥的展开

(a) 锥形工件；(b) 展开

画以 AB 为直径的半圆，并进行 6 等分，等分点为 1、2、3、4、5、6、7。过各等分点作 AB 垂线交 AB 直线各点。过各点连接 O 点，以 O 为圆心，OA 为半径作弧 AC，在

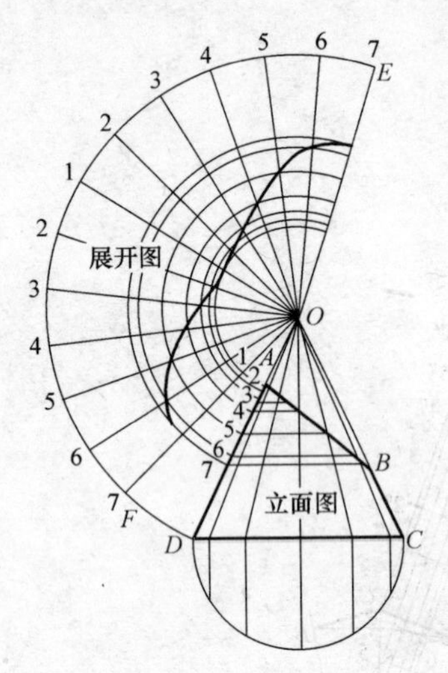

图 4-23　正圆锥顶部斜截体展开

弧 AC 上截取弧 $A'D$ 等于以 AB 为直径的圆周长，并进行 12 等分。过各等分点连接 O 点，组成 12 只三角形，这 12 只三角形排列组成的扇形，即为圆锥 OAB 的展开图。

【例 4-7】 正圆锥顶部斜截体展开，见图 4-23。

（1）画正圆锥斜截体的立面图 $ABCD$ 和底部半圆。

（2）延长 CB 和 DA 得锥顶 O 点。

（3）把半圆周 6 等分，过等分点作 DC 的垂线，由 DC 上各点向 O 作连线，通过这些连线在 AB 上的交点，向左作 DC 的平行线，得到各交点；交 AD 于 $1'$、$2'$、$3'$、$4'$、$5'$、$6'$、$7'$。

（4）以 O 为圆心，各交点与 O 的连线为半径作同心弧。

（5）在 OD 为半径的弧上，截取弧$\widehat{EF}$，并进行 12 等分、由各等分点向 O 作连线，与同心弧相交，求出对应线的交点，连成光顺曲线，即为所求正圆锥顶部斜截体的展开图。

【例 4-8】 同轴心上圆下方体展开，见图 4-24。

（1）画立面图及平面图。

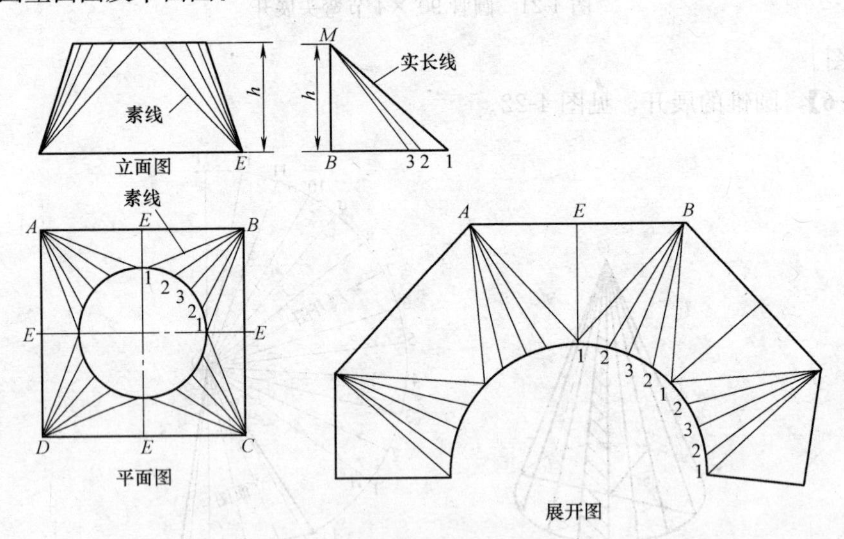

图 4-24　同轴心上圆下方体侧面展开

（2）将平面图中的 1/4 圆进行四等分，等分点为 1、2、3、2、1，并与 B 点连成素线。

（3）将 1、2、3、2、1 投影至立面图顶线，并绘成素线。

（4）圆弧 12、23 已是实长，立面图中 $1E$、EB 已是实长，求素线 $1B$、$2B$、$3B$ 实长，作直角三角形，在一根直角边上量取高度 h，得 M 点，将 $1B$、$2B$、$3B$ 长度给予在另一根直角边上，得 1、2、3 点，则 $1M$、$2M$、$3M$ 分别为 $B1$、$B2$、$B3$ 之实长。

（5）将三角之实长，作△$1EB$、△$12B$、△$23B$、△$32B$、△$21B$，按同样方法可以作

出同轴心上圆下方体展开图。

【例 4-9】 小锥度圆台展开，见图 4-25。

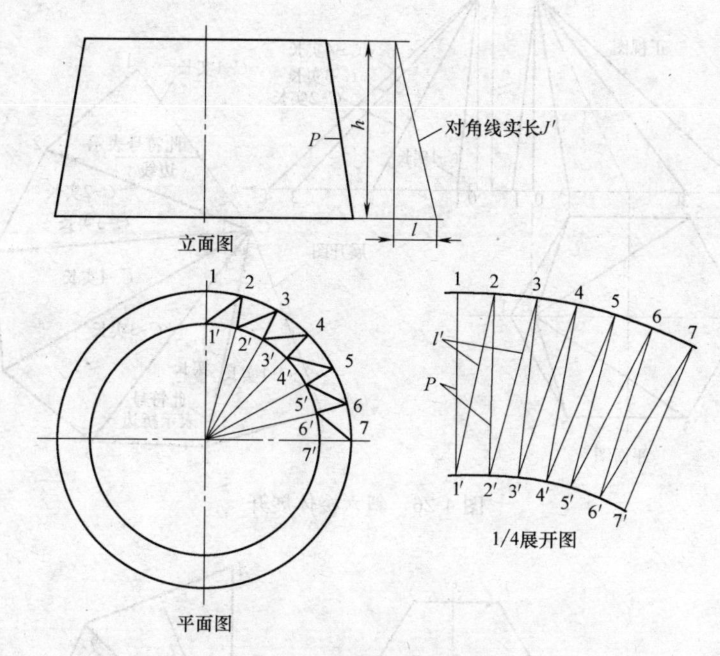

图 4-25　小锥度圆台展开

圆锥体展开常用的方法是将其 2 根边线延伸至相交于 O 点（俗称拉尾线展开），但是由于圆锥体锥度很小，在相当远的地方相交，无法操作。可以采用三角形法展开。展开步骤如下。

(1) 画出立面图及平面图，将圆台的 1/4 进行 6 等分，组成 12 只三角形。

(2) 求出三角形斜边 L 的实长，一直角边长 h（圆台高），另一直角边长 l，三角形斜边 l'即为 l 的实长。

(3) 求出实长后，逐一作三角形，绘 11 线以 1 点为圆心，弧 12 为半径作弧，再以 $1'$ 为圆心，弧 $1'2$ 为半径作弧，相交于 2 点作得$\triangle 11'2$。按此方法进行下去即可绘出圆台 1/4壳体展开图。

【例 4-10】 斜六棱体展开，见图 4-26。

本例采用三角形展开法，步骤如下：

(1) 求实长。

作直角三角形$\triangle aob$，将斜六棱柱六条棱投影长 01、02、03、04 驳于 ob 上，将高 H 量于 oa 上得 $1'$点，分别求得实长 C-1、C-2、C-3、C-4。

(2) 作展开图。作$\triangle C12$、$\triangle C23$、$\triangle C34$，依次类推，作出另一面的三个△形，也可以 C-4 线为中心线，将图形 $C1234$ 反中（翻身后、摆对 $C4$ 线画出 $C1234$）得出完整的展开图。

【例 4-11】 上方下方立方体展开，见图 4-27。

本立方体由四个等腰梯形组成，等腰梯形的上、下底已是实长，只要求出 EF（等腰梯形高）的实长 l，即可展开（作四只等腰梯形）。步骤如下：

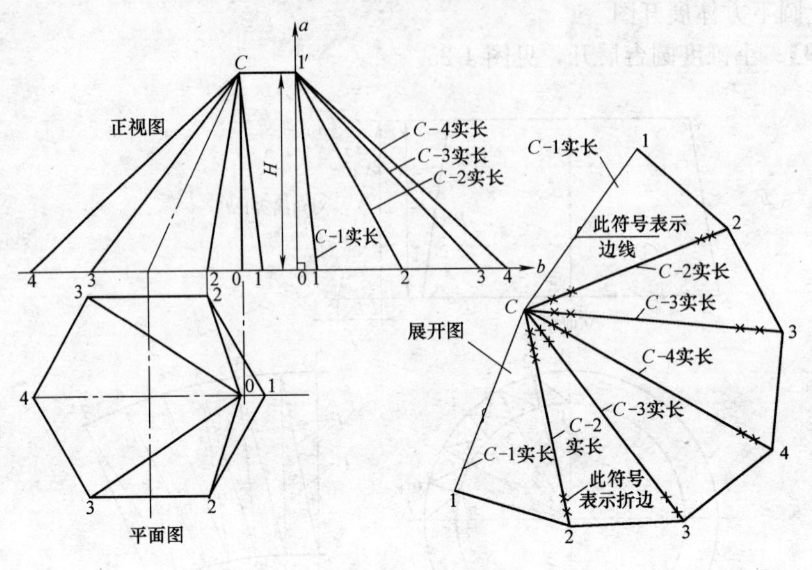

图 4-26　斜六棱体展开

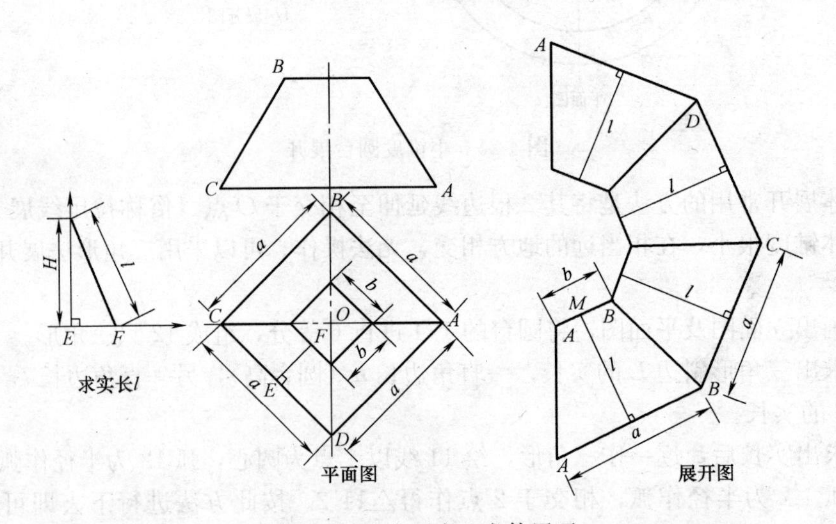

图 4-27　上方下方立方体展开

(1) 求 EF 实长。作直角三角形，在直角边上，分别量出 EF 和 H，斜边 l 即 EF 实长。

(2) 展开。绘出基准线 AB 并量取长度 a，分中作垂线并量取长度 l，得 M 点、作 AB 的平行线，量取长度 b，$A'B'AB$ 即为所展开的梯形，依次类推可求得立方体展开图。

【例 4-12】　圆柱螺旋面展开，见图 4-28。

钢结构工程中，常应用圆柱螺旋面作输送器（俗称绞龙），用于炉膛送煤，或输送其他物料；钢结构建筑中则常用螺旋面作为旋转楼梯。

圆柱螺旋面可分为右螺旋面和左螺旋面两种。右螺旋面上动点运动规律是：右手握拳，动点沿着弯曲的四指向指尖方向转动的同时，沿着拇指方向前进；左螺旋面上动点运动与此相反。

圆柱螺旋面的展开，通常用计算法，举例说明如下。

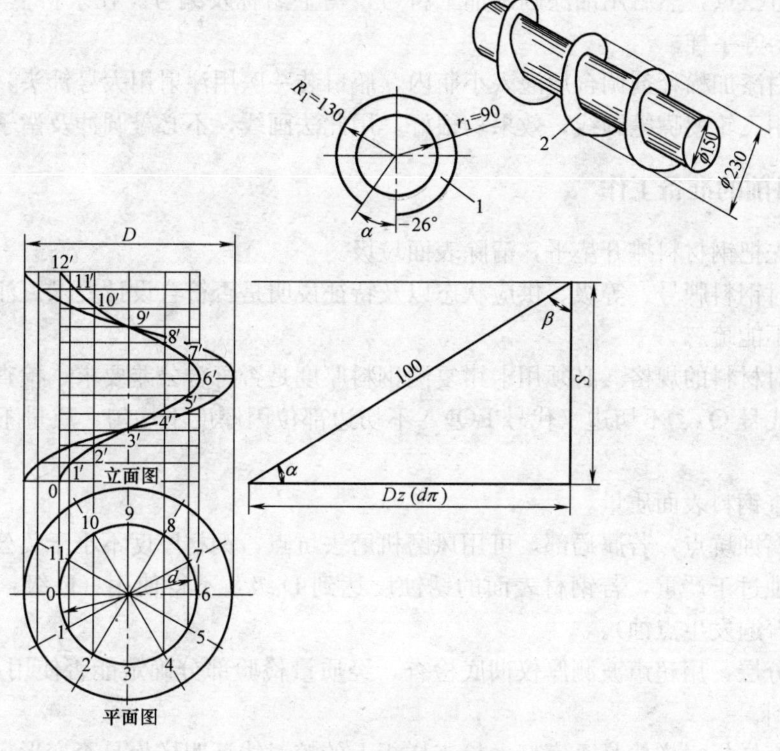

图 4-28　圆柱螺旋面展开

1—展开图；2—成品图

R_1—螺旋面展开后的外半径；r_1—螺旋面展开后的内半径；

L—一个导程螺旋线的长度；l—螺旋面的内螺旋线展开长度

某圆柱螺旋面，其导程高 $S=230$mm，螺旋面外径 $D=230$mm，螺旋面内径 $d=150$mm。螺旋面宽 $b=40$mm。求展开图中的参数：R_1、r_1、L、l、a。

【解】　计算如下

$$L=\sqrt{S^2+(D\cdot\pi)^2}\text{mm}=758.2\text{mm},\ l=\sqrt{S^2+(d\cdot\pi)^2}\text{mm}=524.4\text{mm}$$

$$r_1=\frac{bl}{L-l}\text{mm}=90\text{mm},\ R_1=(r_1+b)\text{mm}=130\text{mm}$$

$$\alpha=\frac{2\pi R_1-L}{2\pi R_1}\times360°=26°$$

将环形扁钢加工成螺旋面，使其导程 $S=230$mm，则螺旋面内径为 $\phi150$mm。

4.4　构件下料

下料是指根据草图或样板，在钢板、型钢上画出轮廓线、中心线、断线以及加工符号。

4.4.1　下料画线方法

(1) 用蜡线抹上粉笔灰在钢板上弹线，或用石笔磨薄后画线，然后用扁凿在断线上敲出凿子印，间距一般为 10～20mm，转角处应加密；用圆冲在中心线、折边线以及其他辅助线两端各打三点，然后用油漆画出加工符号，写上名称及编号。在余料上写明“余料、厚度、牌号”等字样。

（2）将白漆加稀释剂调合后灌入小瓶内，瓶口装一医用注射用大号针头，作为画线写字用，有的用飞轮鸭嘴笔画线，效果均很好。用此法画线，不必敲圆冲及凿子印。

4.4.2 下料前的准备工作

（1）首先把钢材料摊开垫平，清除表面垃圾。

（2）核对钢料牌号、等级、供应状态以及特征说明是否符合设计要求。注意钢号的每一个符号，不能疏忽。

（3）核对材料的规格。必须用卡钳复测钢料厚度是否符合公差要求；检查钢板边缘状态，切边（代号Q）、不切边（代号BQ），不切边部位因厚度不均匀，质量不稳定，下料时一般不用。

（4）检查钢料表面质量。

表面有腐蚀坑点，若属局部，可用风磨机磨去坑点，钢材厚度不小于负公差之半时可以使用；锈蚀过于严重，若钢材表面的锈蚀度达到D级，不得使用（D级：钢材表面已全部生锈并普遍发生点蚀）。

表面有分层：用超声波测厚仪彻底检查，经质量检验部分确定能否使用，未经认可，不能进行下料。

（5）检查样板、样棒是否完好。检查样板上的校对线证明样板是否变形，若有变形应及时矫正。

（6）准备好施工图纸以及下料需要的工具（如直尺、圆规、角尺、画线笔等）。

4.4.3 下料要点

（1）下料时要有计划，先算后用，提高钢材利用率。

（2）下料要考虑切割或气割方便，应将零件边线排在一条直线上，便于进行剪切或自动气割，并应留出气割间隙。

（3）下料数量较多的板条，因原材料长度不足需拼焊时，宜先拼焊接长，矫正变形后再下料开板。

（4）根据锯、割等不同切割要求和对刨、铣加工的零件，预防不同的切割及加工余量和焊接收缩余量。

（5）在龙门剪切板上剪切厚板，会存在冷作硬化现象，受动荷载的构件，技术条件中规定必须将剪切边缘冷作硬化清除时，应在下料时放余量。

（6）形状规则、数量较多的零件可用定位靠模下料或靠模切割，必须随时检查定位靠模和下料的正确性。

（7）下料与样板（样杆）允许偏差应符合表4-1的要求。

（8）高层民用建筑钢结构放样、下料应预留收缩量及切割、端铣等需要的加工余量，高层钢框架柱应预留弹性压缩量。主要受力构件和需要弯曲的构件，在下料时应按工艺规定的方向取料，弯曲件外侧不应有圆冲点和伤痕缺陷，下料应有利于切割和保证零件质量，宽翼缘型钢等下料时宜用锯切。

下料与样板（样杆）的允许偏差　　表 4-1

项　目	允许偏差(mm)	项　目	允许偏差(mm)
零件外形尺寸	±1.0	对角线差	1.0
孔距	±0.5	加工样板的角度	±20
基准线(装配或加工)	±0.5		

(9) 金属结构钣金工常用加工及工艺符号如图 4-29 所示。

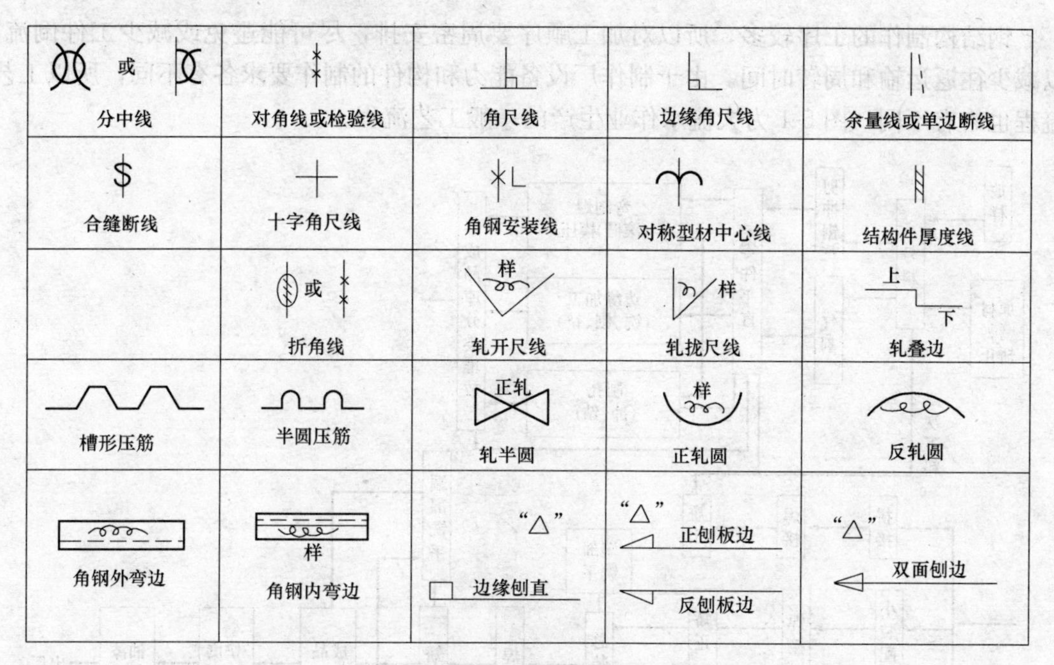

图 4-29　金属结构钣金工常用加工及工艺符号

5 钢材加工工艺

5.1 工艺流程

钢结构制作的工序较多，所以对加工顺序要周密安排，尽可能避免或减少工件倒流，以减少往返运输和周转时间。由于制作厂设备能力和构件的制作要求各有不同，所以工艺流程也略有不同，图 5-1 为大流水作业生产的一般工艺流程。

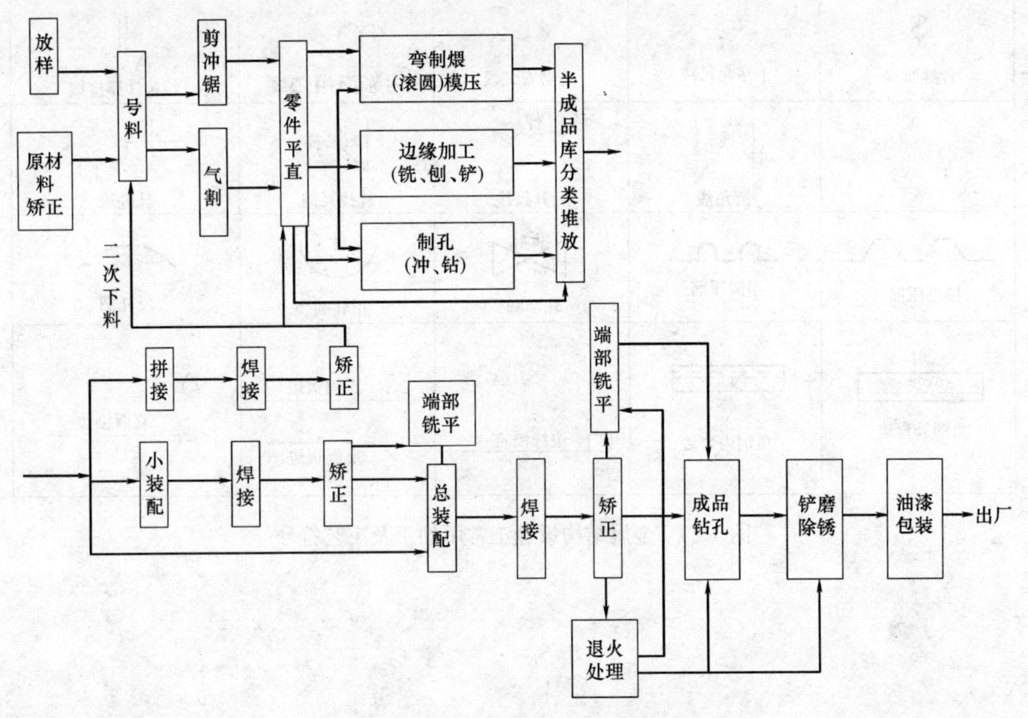

图 5-1 大流水作业生产的一般工艺流程

对于有特殊加工要求的构件，应在制作前制定专门的加工工序，编制专项工艺流程和工序工艺卡。

5.2 放样、样板和样杆

1. 试样

放样是整个钢结构制作工艺中的第一道工序，也是至关重要的一道工序。

（1）放样工作包括如下内容：核对图纸的安装尺寸和孔距；以 1∶1 的大样放出节点；核对各部分的尺寸；制作样板和样杆作为下料、弯制、铣、刨、制孔等加工的依据。

（2）放样号料用的工具及设备有：划针、冲子、手锤、粉线、弯尺、钢卷尺、大钢卷尺、剪子、小型剪板机、折弯机。钢卷尺必须经过计量部门的校验复核，合格的方能使用。

(3) 放样时以 1：1 的比例在样板台上弹出大样。当大样尺寸较大时，可分段弹出。对一些三角形的构件，如果只对其节点有要求，则可以缩小比例弹出样子，但应注意其精度。放样弹出的十字基准线，二线必须垂直。然后据此十字线逐一画出其他各个点及线，并在节点旁注上尺寸，以备复查及检验。

2. 样板和样杆

样板一般用 0.50～0.74mm 的薄钢板或塑料板制作。样杆一般用钢板或扁钢制作，当长度较短时可用木尺杆。

用作计量长度依据的钢盘尺，特别注意应经授权的计量单位计量，且附有偏差卡片，使用时按偏差卡片的记录数值校对其误差数。钢结构制作、安装、验收及土建施工用的量具，必须用同一标准进行鉴定，应具有相同的精度等级。

样板、样杆上应注明工号、图号、零件号、数量及加工边、坡口部位、弯折线和弯折方向、孔径和滚圆半径等。由于生产的需要，通常须制作适应于各种形状和尺寸的样板和样杆。

样板一般分为四种类型：

(1) 号孔样板。是专用于号孔的样板。

(2) 卡型样板。是用于煨曲或检查构件弯曲形状的样板，卡型样板分为内卡型样板和外卡型样板两种。

(3) 成型样板。是用于煨曲或检查弯曲件平面形状的样板，此种样板不仅用于检查各部分的弧度，同时又可以作为端部割豁口的号料样板。

(4) 号料样板。是供号料或号料同时号孔的样板。

对不需要展开的平面形零件的号料样板有如下两种制作方法：

(1) 画样法。即按零件图的尺寸直接在样板料上作出样板。

(2) 过样法。这种方法又叫做移出法，分为不覆盖过样和覆盖过样两种方法。

不覆盖过样法是通过作垂线或平行线，将实样图中的零件形状过到样板料上；而覆盖过样法，则是把样板料覆盖在实样图上，再根据事前作出的延长线，画出样板，为了保存实样图，一般采用覆盖过样法，而当不需要保存实样图时，则可采用画样法制作样板。

上述样板的制作方法，同样适用于号孔、卡型和成形等样板的制作，当构件较大时，样板的制作可采用板条拼接成花架，以减轻样板的重量，便于使用。

样板和样杆应妥为保存，直至工程结束以后方可销毁。

放样所画的石笔线条粗细不得超过 0.5mm，粉线在弹线时的粗细不得超过 1mm。

剪切后的样板不应有锐口，直线与圆弧剪切时应保持平直和圆顺光滑。

样板的精度要求见表 5-1。

放样和样板（样杆）的允许偏差 **表 5-1**

项　目	允许偏差	项　目	允许偏差
平行线距离和分段尺寸	±0.5mm	孔距	±0.5mm
对角线差	1.0mm	加工样板的角度	±20′
宽度、长度	±0.5mm		

放样时，铣、刨的工件要考虑加工余量，所有加工边一般要留加工余量5mm。焊接构件要按工艺要求放出焊接收缩量，除表3-9中给出的预放收缩量外，还可参考表5-2～表5-6所给出的预放收缩量数值。

各种钢材焊接头的预放收缩量（手工焊或半自动焊）(mm)　　表5-2

名称	接头式样	预放收缩量（一个接头处）		注释
		δ=8～16	δ=20～40	
钢板对接	V形单面坡口 X形双面坡口	1.5～2	2.5～3	无坡口对接预收缩比较小些
槽钢对接		1～1.5		大规格型钢的预放收缩量比较小些
工字钢对接		1～1.5		

自动焊工字形构件（梁柱为主或其他部件）的放样预放量　　表5-3

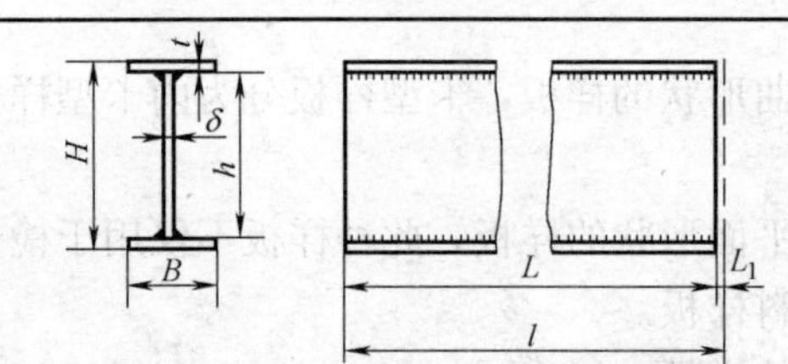

t—翼缘板厚度；H—工字形高度；
B—翼缘板宽度；l—件长；
δ—腹板厚度；L—收缩后的长度；
h—腹板高度；L_1—预放收缩量
◣—焊缝高度；
（注：10m长预放收缩量表）(mm)

H	δ	B	t	◣	预放量	H	δ	B	t	◣	预放量	H	δ	B	t	◣	预放量
400	8	160	15	6～7	5～6	600	14	600	20	10～11	3.5	1000	12	420	25	10～11	3.5
400	8	200	15	6～7	5～6	600	14	600	25	10～11	3	1000	16	500	25	10～11	3
400	8	300	15	6～7	4～4.5	600	16	600	30	10～11	2.5	1000	18	500	30	10～11	3
400	10	360	15	6～7	3	800	16	600	40	10～11	2	1000	20	600	300	10～11	3
400	12	420	15	8～9	6	800	10	240	15	8～9	3	1000	20	600	40	10～11	2
400	14	420	20	8～9	4	800	10	240	20	8～9	6	1200	14	600	25	10～11	3
400	14	420	20	8～9	3.5	800	10	300	20	8～9	5	1200	16	600	30	10～11	3
400	16	420	30	8～9	2.5	800	10	360	20	8～9	4	1500	14	600	25	10～11	3
400	16	420	40	10～11	3.5	800	12	360	25	8～9	3.5	1500	16	600	30	10～11	2.5
500	8	200	15	6～7	5～6	800	12	420	25	8～9	3	1600	16	600	25	10～11	2
500	8	240	15	6～7	4.5	800	14	500	25	10～11	3.5	1600	18	600	30	10～11	2
600	8	240	15	6～7	4	800	14	600	25	10～11	3	1800	18	600	30	10～11	2
600	8	300	15	6～7	3	1000	12	300	25	8～9	3.5	1800	20	600	40	10～11	1.5
600	12	420	15	8～9	4	1000	12	300	25	8～9	3.5	2000	20	600	30	10～11	1.5
600	12	420	20	8～9	3.5	1000	12	360	25	8～9	3	2000	20	600	40	10～11	1.5
600	12	420	25	8～9	2.5	1000	12	420	25	10～11	3.5	2200	20	600	40	10～11	1.5

工字形钢构件梁或柱身焊接加劲板时的预放收缩量　　表 5-4

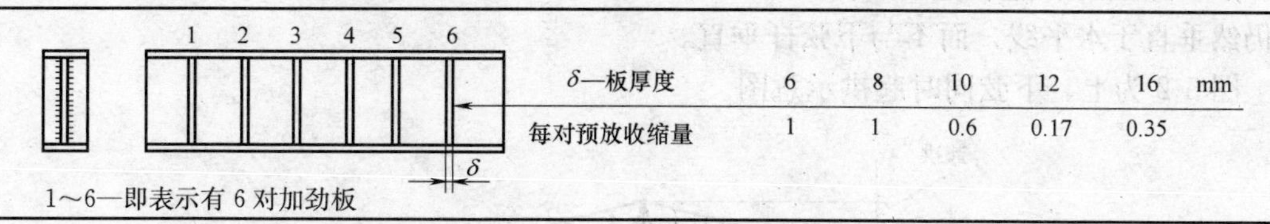

δ—板厚度	6	8	10	12	16	mm
每对预放收缩量	1	1	0.6	0.17	0.35	

1～6—即表示有 6 对加劲板

焊接屋架、桁架的预放收缩量　　表 5-5

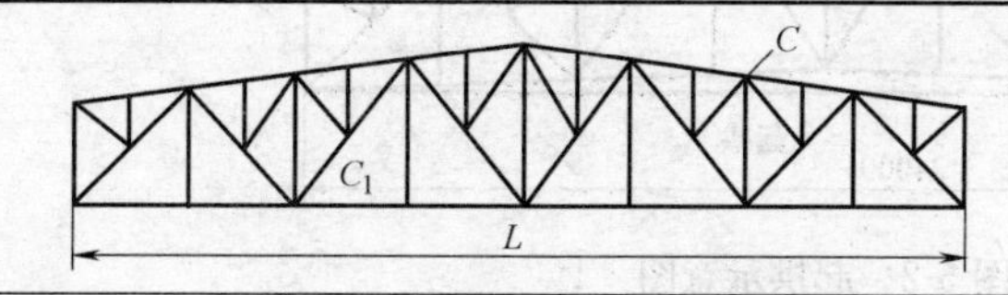

L—构件长；
C—上弦杆 } 主件
C_1—下弦杆 }

	平面桁架	立体桁架	弧形屋架	人字屋架	嵌入钢柱屋架
包括形式	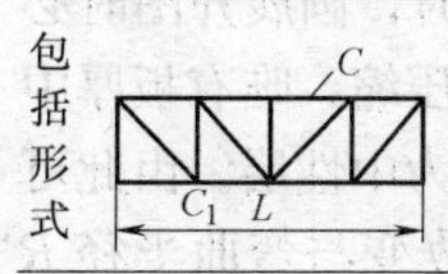	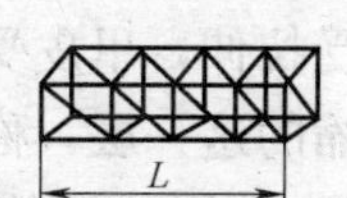	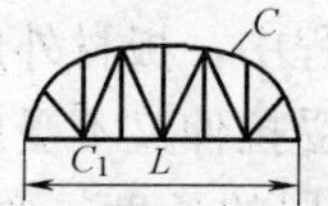	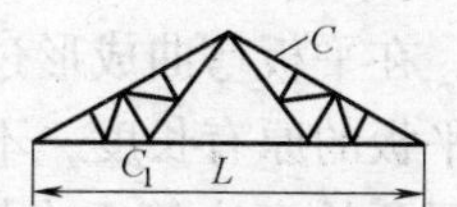	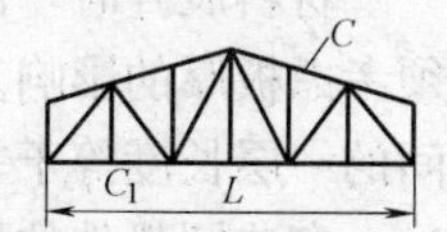

焊接预放收缩量

名称	C 及 C_1 主杆的角钢规格	主杆夹的节点板厚(mm)	焊缝高度(mm)	预放(在 L=1m 的预放收缩量数值)(mm)
等边角钢	∟36×36×4	5	4	1.2
	∟40×40×4	5	4	1.2
	∟50×50×5	6	5	1.1
	∟63×63×6	6	5	1.0
	∟70×70×7	8	6	0.9
	∟75×75×8	8	6	0.9
	∟90×90×8～10	8	6	0.6
	∟100×100×10	10	8	0.55
	∟120×120×12	12	10	0.5
	∟130×130×14	14	10	0.45
	∟150×150×16	16	10	0.4
	∟200×200×14～24	16	10	0.2
不等边角钢	∟75×100×8	8	6	0.65
	∟120×80×8～10	10	6	0.5
	∟150×100×12	12	8	0.4

焊接钢板结构（如贮液池等）预放收缩量（mm）　　表 5-6

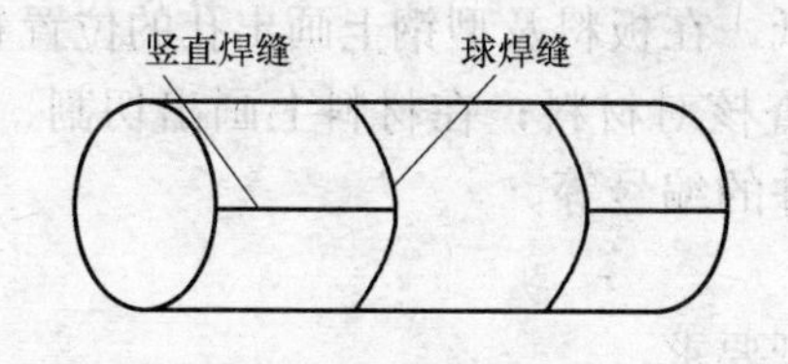

δ—板厚	8～16	20～40
竖直焊缝	1～1.5	2～2.5
球焊缝	1～1.5	2～2.5

如果图纸要求桁架起拱，放样时上、下弦应同时起拱，起拱时，一般规定垂直杆的方向仍然垂直于水平线，而不与下弦杆垂直。

图 5-2 为上、下弦同时起拱示意图。

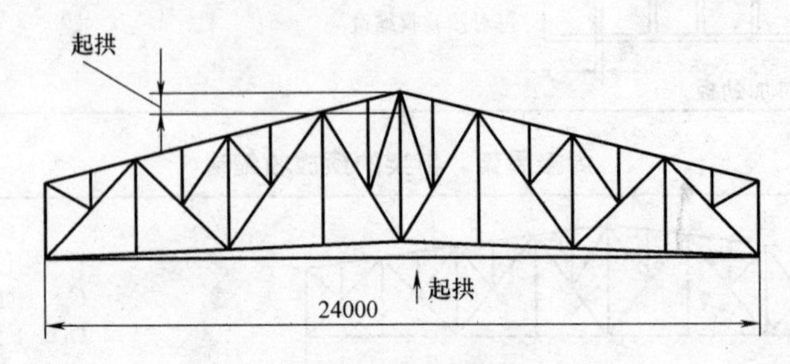

图 5-2 起拱示意图

材料展开时，薄板的板厚影响可以忽略不计；但当板厚 $t>1.5$mm 时，画展开图时必须考虑板厚的影响。在平板弯曲成形过程中，板材外皮受拉伸，里皮受压缩，唯有板厚中间的一层长度等于平板的原有长度。不受拉伸又不受压缩的这一层，称为中性层。由此可见，弯曲圆弧件的展开长度应等于中性层的长度。弯板中性层位置的改变与弯曲半径 R 和板料厚度 t 的比值大小有关。若$\frac{R}{t}>5$ 时，中性层近于板厚的 1/2 处，即与板料中心层相重合；若$\frac{R}{t}\leqslant 5$ 时，中性层位置即为板厚中心内侧一边移动。各种不同情况下的中性层位置移动系数 K 的数值列于表 5-7 中。中性层向板厚中心内侧一边移动，它与内弧的距离：

$$s=t\cdot K$$

中性层位移系数 **表 5-7**

R/t	0.5	0.6	0.8	1	1.5	2	3	4	5	>5
K	0.37	0.38	0.40	0.41	0.44	0.45	0.46	0.47	0.48	0.5

方筒里皮的四角均为直角，这种方筒在折曲过程中，里皮的长度没有变化，但里皮以外的板拉伸变形较大。因此，对于直角的弯曲件可按里皮直线长度展料。

截面为矩形或方形的展开料长度按里皮长度计算，这种方法也适用于其他呈任意角度的折线形截面的零件。折弯件的展开长度以里皮为准。

5.3 画线和切割

5.3.1 画线

切线也称作号料，即利用样板、样杆或根据图纸，在板料及型钢上画出孔的位置和零件形状的加工界线。号料的一般工作内容包括：检查核对材料；在材料上画出切割、铣、刨、弯曲、钻孔等加工位置；打样冲孔，标注出零件的编号等。

号料时应注意以下问题：

(1) 熟悉工作图，检查样板、样杆是否符合图纸要求。

（2）如材料上有裂缝、夹层及厚度不足等现象时，应及时研究处理。

（3）钢材如有较大弯曲、凹凸不平等问题时，应先进行矫正。

（4）号料时，对于较大型钢画线多的面应平放，以防止发生事故。

（5）根据配料表和样板进行套裁，尽可能节约材料。

（6）当工艺有规定时，应按规定的方向进行画线取料，以保证零件对材料轧制纹络所提出的要求。

（7）需要剪切的零件，号料时应考虑剪切线是否合理，避免发生不适于剪切操作的情况。

（8）不同规格、不同钢号的零件应分别号料，并根据先大后小的原则依次号料。

（9）尽量使用相等宽度或长度的零件放在一起号料。

（10）需要拼接的同一构件必须同时号料，以利于拼接。

（11）矩形样板号料，要检查原材料钢板两边是否垂直，如果不垂直则要画好垂直线后再进行号料。

（12）带圆弧形的零件，不论是剪切还是气割，都不应紧靠在一起号料，必须留有间隙，以利于剪切或气割。

（13）钢板长度不够需要焊接接长时，在接缝处必须注明坡口形状及大小，在焊接和矫正后再画线。

（14）钢板或型钢采用气割切割时，要放出气割的割缝宽度，其宽度可按表5-8所给出的数值考虑。

切割余量表 **表5-8**

切割方式	材料厚度(mm)	割缝宽度留量(mm)
气割下料	≤10	1～2
	10～20	2.5
	20～40	3.0
	40以上	4.0

（15）号料工作完成后，在零件的加工线和接缝线上，以及孔中心位置，应视具体情况打上錾印或样冲；同时应根据样板上的加工符号、孔位等，在零件上用白铅油标注清楚，为下道工序提供方便。

为了合理使用和节约原材料，必须最大限度地提高原材料的利用率。一般常用的号料方法有如下几种：

（1）集中号料法。由于钢材的规格多种多样，为减少原材料的浪费，提高生产效率，应把同厚度的钢板零件和相同规格的型钢零件，集中在一起进行号料，此种方法称为集中号料法。

（2）套料法。在号料时，要精心安排板料零件的形状位置，把同厚度的各种不同形状的零件和同一形状的零件，进行套料，这种方法称为套料法。

（3）统计计算法。统计计算法是在型钢下料时采用的一种方法。号料时应将所有同规格型钢零件的长度归纳在一起，先把较长的排出来，再算出余料的长度，然后把和余料长度相同或略短的零件排上，直至整根料被充分利用为止。这种先进行统计安排再号料的方法，称为统计计算法。

（4）余料统一号料法。将号料后剩下的余料按厚度、规格与形状基本相同的集中在一起，把较小的零件放在余料上进行号料，此法称为余料统一号料法。号料应有利于切割和保证零件质量。号料所画的石笔线条粗细以及粉线在弹线时的粗细均不得超过 1mm，号料敲凿子印间距，直线为 40～60mm，圆弧为 20～30mm。表 5-9 为号料的允许偏差。

号料的允许偏差（mm） **表 5-9**

项　目	允许偏差
零件外形尺寸	±1.0
孔距	±0.5

5.3.2 切割

1. 切割技术的发展

1950～1980 年，主要使用剪切切割机、氧-乙炔气割，1980 年以后使用等离子切割、1993 年以后采用激光切割，切割技术的发展使得材料基本不受热影响并可以无人工操作。

不同切割手段其切割速度与适用的板厚范围见图 5-3。

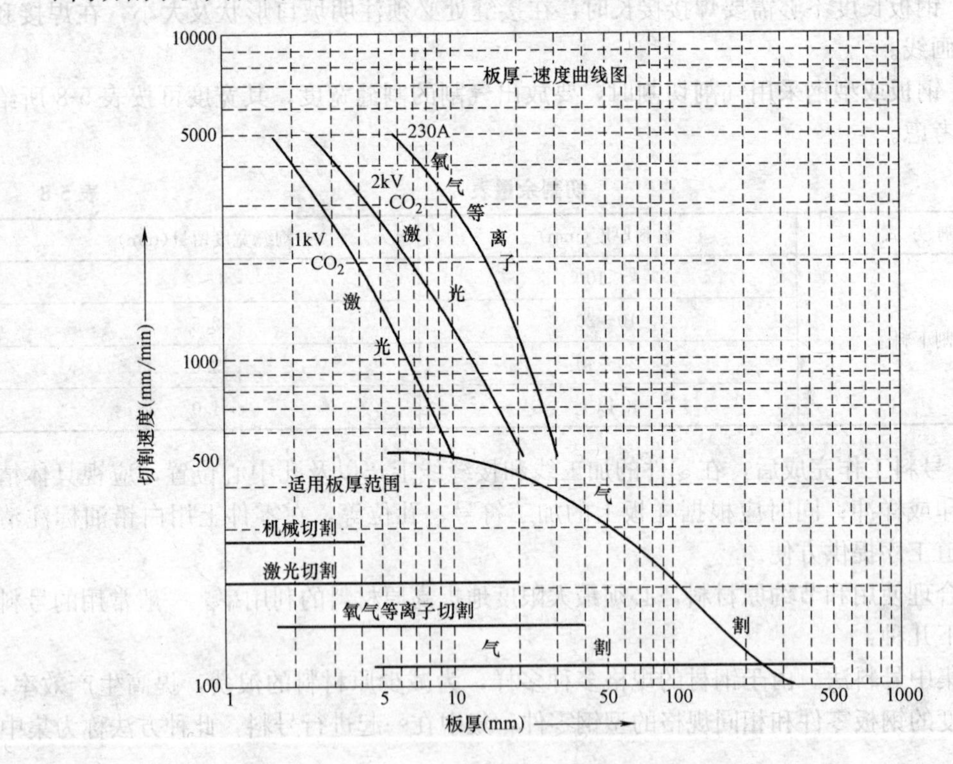

图 5-3　板厚速度曲线/适用板厚范围

2. 气割

（1）气割原理

利用气体火焰的热能将钢件切割处预热到一定温度，然后以高速切割氧流，使钢燃烧并放出热量实现切割。常用氧-乙炔焰作为气体火焰切割，也称氧-乙炔气割。

1）氧气和乙炔的性质

氧气是一种无色、无味、无嗅的气体，和乙炔气混合燃烧时的温度可达3150℃以上，最适用于焊接和气割。

纯氧在高温下很活泼。当温度不变而压力增加时，氧气可以和油类发生剧烈的化学反应而引起发热自燃，产生强烈的爆炸，所以，要严防氧气瓶同油脂接触。

乙炔（C_2H_2）又称电石气。乙炔是不饱和的碳氢化合物，在常温和大气压力下，它是无色的气体。工业乙炔中，因为混有许多杂质（如磷化氢及硫化氢等），具有刺鼻的特别气味。

乙炔是一种可燃气体。乙炔温度高于600℃或压力超过0.15MPa时，遇到明火会立即爆炸（乙炔空气混合气的自燃温度为305℃），所以焊接和气割现场要注意通风。

2）气割的过程和条件

气割由金属的预热、燃烧和氧化物被吹走三个过程所组成。开始气割时，必须用预热火焰将气割处的金属预热到燃点，然后把气割氧喷射到温度达燃点的金属并开始剧烈地燃烧，产生大量的氧化物（熔渣）。由于燃烧时放出大量的热，使熔渣被吹走，这样上层金属氧化时产生的热传至下层金属，使下层金属预热到燃点，气割过程由表面深入到整个厚度，直至将金属割穿。

各种金属的气割性能不同，只有符合下列条件的金属才能顺利进行气割：

① 金属在氧气中的燃点低于金属的熔点。

② 氧化物熔点低于金属本身的熔点。常用金属及其氧化物的熔点见表5-10。

③ 金属在燃烧时能放出较多的热。

④ 金属的导热性不能过高。

常用金属及其氧化物的熔点（℃） **表5-10**

金属	金属熔点	氧化物熔点	金属燃点	气割性能
纯铁	1535	1300～1500	—	气割顺利
低碳钢	1500	1300～1500	1100	气割顺利
高碳钢	1300～1400	1300～1500	＞1100	气割困难
灰口铸铁	1200	1300～1500	—	不能气割
紫铜	1083	1230～1236	—	不能气割
铝	657	2020	—	不能气割

（2）气割常用设备与工具

气割常用设备与工具见表5-11。

气割常用设备与工具 **表5-11**

名称	功用
乙炔发生器	利用水与电石进行化学反应产生具有一定压力的乙炔气体的装置。分低压和中压乙炔发生器两种。低压乙炔发生器产生的乙炔气表压力低于0.7MPa，中压发生器产生的乙炔气表压力为0.7～13MPa
回火保险器	装在乙炔发生器上的保险装置，用于当割炬（焊炬）回火时，防止火焰倒流进入乙炔发生器而引起爆炸。 常用的有水封式与干式两种

续表

名称	功　用
减压器	将高压气体降为低压气体的调节装置
割炬	气割时用于控制气体混合比、流量及火焰，并进行气割的工具，常用的割炬有射吸式（G01-100）和等压式（G02-500）两种

注：割炬型号的含义：G—割炬；0—手工；1—射吸式；2—等压式；100、500 能切割低碳钢的最大厚度（mm）。

（3）气割用气技术参数

表 5-12 为气割用气技术参数。

气割用气技术参数　　表 5-12

<table>
<tr><th>名称</th><th>纯度</th><th>主要性质</th><th>主要用途</th><th colspan="8">气瓶特征及常用钢质无缝气瓶</th></tr>
<tr><td>氧气
（O_2）</td><td>1 级 99.2%
2 级 98.5%
水分≤10mL/瓶</td><td>无色无味、助燃，高温下很活泼，能与多种元素化合</td><td>与可燃气体燃烧可获得极高的温度，用于焊接或切割</td><td colspan="4">公称容积 40L，公称压力 15MPa，主要尺寸：直径 219m，长 1360mm，壁厚 5.8mm
公称质量：58kg
材质：锰钢</td><td colspan="4">外表漆色为深蓝色，标注有“氧”和“严禁烟火”的字样</td></tr>
<tr><td>溶解
乙炔气
（C_2H_2）</td><td>98%，含 H_2S 不大于 0.08%，用硝酸银试纸不变色，或呈蓝黄色</td><td>俗称电石气，能溶解于丙酮。无色、有特殊刺激气味，当压力 1.5 个大气压（151987.5Pa）、温度 580～600℃ 时，可能爆炸</td><td>与氧气混合可发出 3600℃ 的高温。用于焊接或切割</td><td colspan="4">公称容积：41L
内径：250mm
总长：1030mm
质量：58.2kg
储气量：7kg
最小壁厚：4.0mm
设计压力：3MPa
充气压力：1.52MPa</td><td colspan="4">瓶体白色（保护色有“乙炔，火不可近”字样，以红色定样）。瓶内填充硅酸钙及丙酮，乙炔溶于其中，搬运时严禁抛掷</td></tr>
<tr><td rowspan="6">液化
石油气</td><td rowspan="6"></td><td rowspan="6">比空气密度大，主要成分为丙烷、丁烷、丙烷烯、丁烷烯，比乙炔火焰温度低，在 0.8～1.5MPa 压力下即可变成液态，便于瓶装运输</td><td rowspan="6">与氧气混合后用于气割，由于温度较乙炔低，故切割时预热时间较长，氧气消耗较多，切割时不易回火，切口光洁</td><td rowspan="2">型号</td><td rowspan="2">公称容积（L）</td><td rowspan="2">内径×长度（mm）</td><td rowspan="2">公称工作压力（MPa）</td><td rowspan="2">瓶重（kg）</td><td rowspan="2">充气质量（kg）</td><td colspan="2">试验压力</td></tr>
<tr><td>耐压（MPa）</td><td>气密（MPa）</td></tr>
<tr><td>YSH-10</td><td>23.5</td><td>314×535</td><td>1.6</td><td>11.5</td><td>≤10</td><td rowspan="3">3.2</td><td rowspan="3">2.1</td></tr>
<tr><td>YSH-15</td><td>36.5</td><td>314×680</td><td>1.6</td><td>16</td><td>≤15</td></tr>
<tr><td>YSH-50</td><td>118</td><td>400×1200</td><td>1.6</td><td>78</td><td>≤50</td></tr>
<tr><td colspan="8">气瓶外表颜色为银灰色，标注红色“液化石油气”字样</td></tr>
</table>

（4）气割方法

气割时预热火焰用中性焰。这是氧、乙炔混合比为 1∶1～1∶2 时燃烧所形成的火焰，在中性焰中既无过量的氧又无游离碳。常见的气割方法见表 5-13。

（5）气割件的变形和控制

气割时，由于局部的加热作用，使钢板和割件发生变形，影响割件的尺寸精度。例如在钢板上气割条料时（图 5-4），在气割过程中由于板料受热而发生如图 5-4（*b*）所示的变形，在气割冷却后发生如图 5-4（*c*）所示的曲线变形。

1）减少气割件的变形：可以从减少割件受热、使割件均匀（对称）受热和采用适当的气割顺序等几方面着手。

常用气割方法 **表 5-13**

类型	简图	说明
气割薄钢板（<4mm）		采用较小火焰，割嘴向气割反方向倾斜，以增加气割厚度，气割速度要快
气割中厚钢板		预热火焰要大，气割气流长度要超过工件厚度 1/3，预热时割嘴与工件表面约成 10°～20°倾角，使割件边缘均匀受热，气割时割嘴与工作表面保持垂直，待整个断面割穿后移动割嘴，转入正常气割，气割将要到达终点时，应略放慢速度，使切口下部完全割断
气割钢管	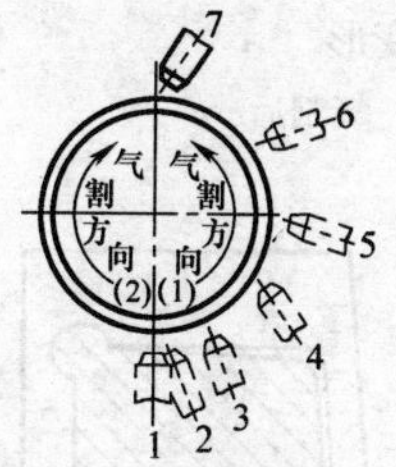	固定钢管一般从管子下部开始气割，分两次割完。预热时火焰应垂直于管子表面，待割穿后将割嘴逐渐改变方向，按图中(1)方向割至顶面，再按(2)方向气割
	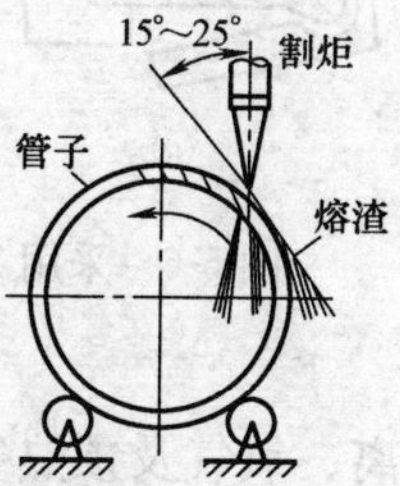	气割时如逆时针转动管子，则将割嘴偏离顶面一段位置，使气割点的气线与割嘴轴线成 15°～25°，则熔渣沿内、外管壁同时落下
气割圆钢	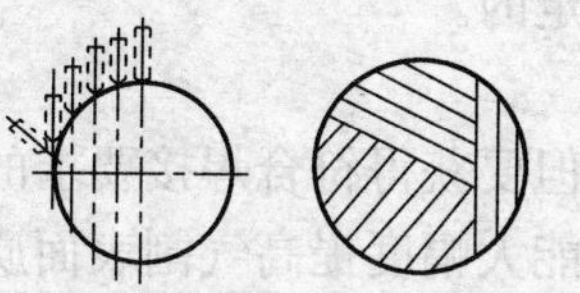	割嘴先对准圆钢预热，在慢慢打开气割氧阀的同时，将割嘴转为垂直位置气割。小直径圆钢可一次割完，大直径圆钢分部气割
气割法兰	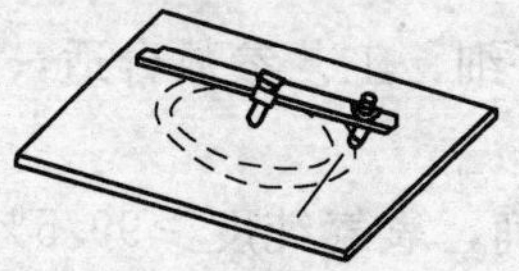	气割法兰的圆圈时，可借助转杆定心和气割，也可在 CG2-600 型割圆机上气割
气割坡口	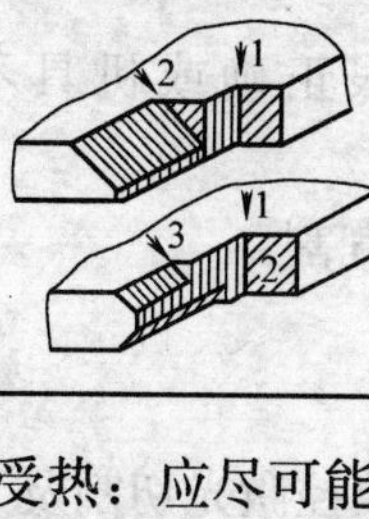	用双割炬或三割炬气割坡口，割炬 1 在前用于气割直边，割炬 2、3 在后用于气割上、下部的斜边

2）减少割件的受热：应尽可能减少预热火焰，尽可能加大切割速度，在气割较大的割件时可边气割边喷水冷却。

3）使割件均匀受热：在气割条料时，可使用两个或多个割嘴同时对称气割或采用如

图 5-5 中的顺序气割。

4）气割顺序：应先割形状复杂、精度要求高的零件。当必须从板边开始气割零件时，如果直线割入，零件易变形［图 5-6（*a*）］，可采用 Z 形曲线气割［图 5-6（*b*）］，边料不易张开变形，零件的尺寸精度高。

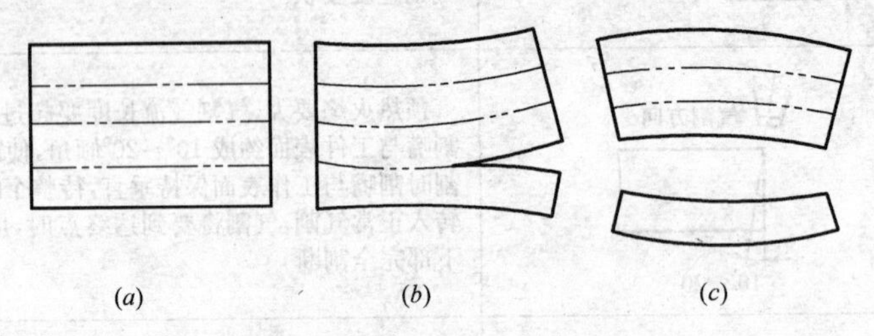

图 5-4　气割时构件的变形

（*a*）气割前；（*b*）气割中；（*c*）气割后

图 5-5　气割条料时气割顺序

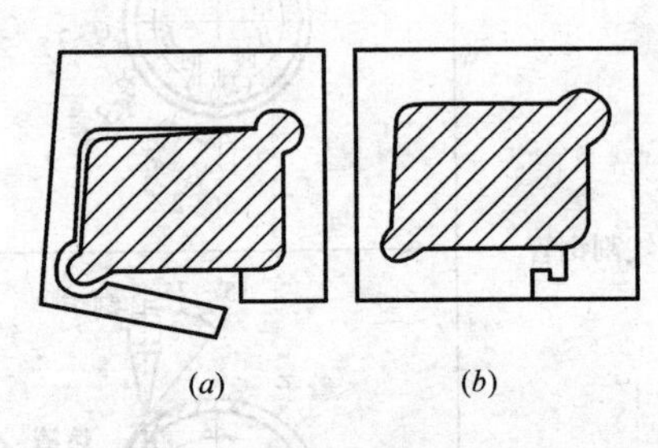

图 5-6　采用 Z 形曲线气割

（6）气割质量的鉴定

气割质量取决于割嘴的大小及类型、割嘴与割件的距离、氧气及预热气体的流速及切割速度。而所有这些因素又都是按钢板种类和厚度选定的。

（7）气割技能

通常的手工操作气割只需要几小时的培训，但要获得符合焊接要求的优质切割就需要有相当高的技能。而用半自动气割及自动气割则能大幅度提高气割表面质量。获得各级气割表面质量的相应气割工艺如下：

1 级（佳）：用丙烷或乙炔作燃气，操作十分仔细，工艺参数合适，机具及轨道完好，氧气纯度≥99.5%，为半自动气割及自动气割。

2 级（好）：用乙炔作燃气，气割工艺参数正确，氧气纯度≥99.5%，有导轮或导轨的半自动气割及自动气割。

3 级（一般）：用乙炔作燃气，但工艺参数不很正确或机具不很正常的半自动气割。

4 级（低）：机具工作状态正常，操作仔细的手工气割。

（8）常用的自动气割工艺参数

常用的自动气割工艺参数见表 5-14。

除了自动气割之外，数控气割、等离子弧切割、数控激光切割及无人化下料生产线均在工业生产中广泛应用。这些现代化设备的应用能极大地提高劳动生产率，提高下料精度，降低操作者劳动强度。

常用的自动气割工艺参数 **表 5-14**

板厚（mm）	割嘴孔径（mm）	氧气压力（MPa）	切割速度（mm/min）	氧气消耗量（m^3/h）	乙炔消耗量（m^3/h）
3.2	0.508～1.016	0.11～0.21	560～810	0.48～1.55	0.14～0.26
6.5	0.787～1.511	0.08～0.24	510～710	1.02～2.63	0.17～0.31
9	0.787～1.511	0.12～0.28	488～600	1.30～3.25	0.17～0.34
12	0.787～1.511	0.14～0.38	430～610	1.78～3.54	0.23～0.37
19	0.965～1.511	0.17～0.35	380～560	3.31～4.50	0.34～0.43
25	1.181～1.511	0.19～0.38	350～480	3.68～4.93	0.37～0.45
36	1.701～2.057	0.16～0.38	300～380	5.24～6.80	0.39～0.51
50	1.702～2.057	0.16～0.42	250～350	5.24～7.36	0.45～0.57
75	2.057～2.184	0.21～0.35	200～280	5.86～9.40	0.45～0.65
100	2.057～2.184	0.28～0.42	160～230	8.30～10.86	0.59～0.74
125	2.057～2.184	0.35～0.45	140～190	9.82～11.62	0.65～0.82
150	2.489～2.527	0.31～0.45	110～170	11.32～13.86	0.74～0.91
200	2.487～2.527	0.42～0.68	90～120	14.42～17.68	0.88～1.10
250	2.527～2.794	0.49～0.63	70～100	17.25～21.20	1.05～1.27
300	2.794～3.048	0.48～0.78	60～90	20.40～24.90	1.19～1.47

（9）气割断面缺陷、产生原因及预防措施

气割断面缺陷、产生原因及预防措施见表 5-15。

气割断面缺陷、产生原因及预防措施 **表 5-15**

缺陷名称	简图	产生原因	预防措施
粗糙		切割氧气压力过高； 割嘴选用不当； 切割速度太快； 预热火焰能率过大	采用合理切割工艺参数，按板厚选用合理适割嘴，预热火焰及氧气压力，操作时切割速度不宜过快
缺口		因切割中断，重新起割衔接不良，割件表面有厚的氧化皮、铁锈等； 切割坡口时预热火焰能率不足； 半自动气割机导轨上有脏物	加强培训，提高操作技能，切割前做好割件表面清洁工作，操作时，调节与控制好预热火焰能率、清除半自动气割机导轨上脏物
内凹		切割氧压力过高； 切割速度过快	按割件厚度选取适当的切割速度和切割氧压力，随氧气纯度增高而降低氧气压力
倾斜		割炬与板面不垂直； 风线歪斜； 切割氧压力低或割嘴号码偏小	切割前先检查氧气流风线及氧气压力，操作时保持割炬与板面垂直，选用合适的割嘴号码
上缘熔化		预热火焰太强； 切割速度太慢； 割嘴离割件太近	控制好预热火焰，选用适当的切割速度，割嘴与割件控制在 3～4mm 之间（薄板快一点，厚板慢一点）
上缘呈珠链状		割件表面有氧化皮、铁锈； 割嘴与割件太近； 火焰太强	切割前做割件表面清洁工作
下缘粘渣		切割速度太快或太慢； 割嘴号码太小； 切割氧气压力太低	调节好切割氧气压力，选择合理的切割和割嘴号码
后拖量大	割炬	切割速度太快； 切割氧气压力不足	按割件板厚选用合理的切割速度，操作整好切割氧气压力约 1MPa

(10) 气割质量要求

1) 型钢端部倾斜值不大于 2.0mm。

2) 构件断口截面出现裂纹夹渣和分层等缺陷，应报请质量部门处理。

3) 气割原则上采用自动切割机，也可使用半自动切割机和手工切割机，使用气体可为氧-乙炔、丙烷、碳三气及其混合气等。气割工在操作时，必须检查工作场地和设备，严格遵守安全操作规程。

4) 零件自由端火焰切割面无特殊要求的情况加工精度如下：

粗糙度 200s 以下；缺口度 1.0mm 以下。

5) 气割断面的质量标准，可参见表 5-16。对焊接坡口加工切割面的质量应符合《气焊、手工电弧焊及气体保护焊坡口基本形式和尺寸》和《埋弧焊坡口基本形式和尺寸》的要求。

气割断面质量标准 **表 5-16**

名称 项目	表面割纹深度(*G* 值)	平面度(*B* 值)	上边缘熔化(*S* 值)	检验方法和工具
坡口(不包括 U 形坡口)	3 级	2 级	2 级	按上海气焊机厂制造的气割精度标准样板等级
柱、梁、支撑、屋架、檩条等结构外露自由面	3 级	2 级	2 级	
吊车梁翼板	2 级	2 级	1 级	
型材	3 级	3 级	2 级	
板材	2 级	2 级	2 级	

6) 气割面的表面割纹深度、平面度、上边缘熔化程度应符合表 5-17～表 5-19 的规定。

表面割纹深度（用 *G* 表示）：指切割面波纹峰与谷之间的距离（取任意五点的平均值）。

表面割纹深度（μm） **表 5-17**

等级	波纹高度(*G* 值)	图　例
1	≤30	
2	30＜*G*≤50	
3	50＜*G*≤100	
4	100＜*G*≤200	

上边缘熔化程度 **表 5-18**

等　级	上边缘熔化程度(S)值及状态说明
1	基本清角塌边宽度≤0.5mm
2	上缘有圆角塌边宽度≤1.0mm
3	上缘有明显圆角塌边宽度≤1.5mm,边缘有熔融金属

上边缘熔化程度（用 *S* 表示）：指气割过程中烧塌状况，表明是否产生塌角及开成间断后连续性的熔滴及熔化条状物。

平面度的公差 　　　　**表 5-19**

板厚 t(mm)	平面度(B)值			图　例
	1级	2级	3级	
＞25	≤0.5%t	≤1.0%t	≤1.5%t	
≤25	≤1%t	≤2.0%t	≤3%t	

3. 剪切

剪切时通过两剪刃的相对运动，切断材料的加工方法。剪切通常在剪床（剪切机）上进行。

(1) 剪床切料过程

材料被剪切的过程和剪切断面见表 5-20。

剪床的切料过程 　　　　**表 5-20**

简　图	说　明	
$a=(1.5\sim2)Z$ 式中　Z——两刃间隙； a——合力作用点之间的力臂	弹性变形阶段	板料在剪力作用下，产生弹性的压缩或弯曲
	塑性变形阶段	剪力继续增加，板料内应力超过了屈服极限时开始产生塑件变形，两刃口部分产生应力集中，并出现细微裂纹，形成光亮的剪切断面
	剪裂阶段	剪力进一步增加，刃口处裂纹继续发展，当上、下裂纹重合时，板料被分离
	板料的剪切断面	(1)圆角带——开始塑性变形时，由金属纤维的弯曲和拉伸而形成 (2)光亮带——由金属产生塑性剪切变形成形成 (3)剪裂带——由于拉应力作用，使金属纤维撕裂而形成粗糙不平的剪裂带

(2) 板料剪切方法

板料的各种剪切方法见表 5-21。

板料的各种剪切方法 　　　　**表 5-21**

剪切形式	简　图	剪刀的工作部分	主要用途
斜口剪及杠杆剪		交角 φ： 对于斜口剪 $\varphi=2°\sim6°$ 对于杠杆剪 $\varphi=7°\sim12°$ 切削角 $\delta=75°\sim85°$ 后角 $\gamma=2°\sim3°$ 为了刃磨简便起见，可用 $\delta=90°$和 $\gamma=0$ 的数值	将板料裁成条料或单个毛料。能裁的材料厚度在 20mm 以下（视剪床型号而定）

续表

剪切形式	简　图	剪刀的工作部分	主要用途
圆盘剪（两轴平行）	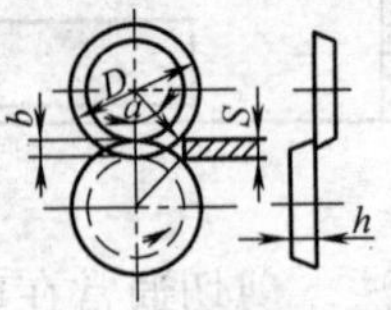	咬角 $a<14°$ 重叠高度 $b=(0.2\sim0.3)S$ 剪盘尺寸： 对于厚料（$S>10$mm） $D=(25\sim30)S$ $h=50\sim90$mm 对于薄料（$S<3$mm） $D=(35\sim50)S$ $h=20\sim25$mm	将板料裁成条料，或由板边向内裁圆形毛料； 能裁的材料厚度在10mm以下（用不同型号的圆盘剪）
圆盘剪（下剪盘是斜的）	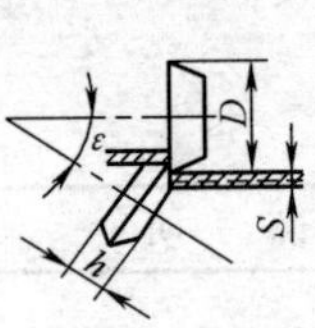	斜角 $\gamma=30°\sim40°$ 剪盘尺寸： 对于厚料（$S>10$mm） $D=20S$ $h=50\sim80$mm 对于薄料（$S<3$mm） $D=28S$ $h=15\sim20$mm	裁条料和圆形及环状毛料； 能裁的材料厚度在10mm以下（用不同型号的圆盘剪）
圆盘剪（斜刃）	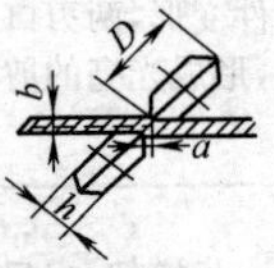	间隙 $a\leqslant0.2S$ 间隙 $b\leqslant0.3S$ 剪盘尺寸： 对于厚料（$S>10$mm） $D=12S$ $h=40\sim60$mm 对于薄料（$S<5$mm） $D=20S$ $h=10\sim15$mm	裁半径不大的圆形、环状及曲线毛料； 后刃面[①]呈曲线状，故材料可以很容易地转动。所裁的材料厚度在20mm以下
多盘圆盘剪（各轴平行）又称开板机	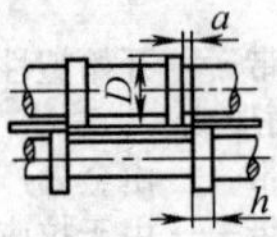	切削角90° 剪盘尺寸： $D=(40\sim125)S$ $h=15\sim30$mm 重叠高度 $b=-0.5S\sim+0.5S$ 间隙 $a=(0.1\sim0.2)S$	同时裁几个条料，效率高； 所裁的材料厚度在10mm以下（用不同型号的圆盘剪）
震动剪	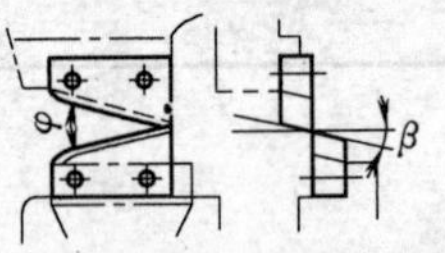	每分钟行程数2000～2500次 剪刃行程2～3mm 前角 $\alpha=6°\sim7°$ 交角 $\varphi=24°\sim30°$	根据划线或样板裁半径小的（$r=15$mm以下）曲线状外形的毛料
切断模	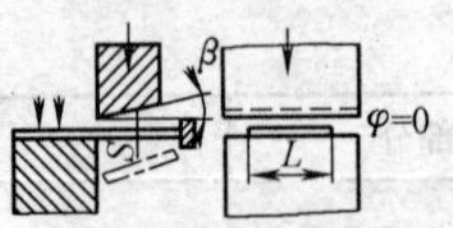	前角 $\alpha=2°\sim3°$ 交角 $\varphi=0$	将条料切断成单个毛料

注：①这里所指的后刃面即上剪盘的刃面。由于操作人员位置是在靠近上剪盘这一边的，所以对操作人员来说，上剪盘的刃面是后刃面，下剪盘的刃面是前刃面。

(3) 两剪刃间隙与剪切质量关系

剪板机上、下刀片的间隙大小，对板料的剪切断面和表面质量有很大影响。间隙过小时，将使板料的断裂部位易挤坏，并增加剪切力，有时会使机床损坏；过大的间隙，则又会使板料在剪切处产生变形，形成较大毛刺，故必须根据材料的种类及厚度，对间隙进行适当调整。间隙在刀片的整个长度上各不一致，一般中间间隙较小、两端间隙较大。其间隙大小可参见表 5-22。

刀片间隙（mm） **表 5-22**

材料厚度	低碳钢、低合金钢			硬铝、不锈钢、黄铜			铝		
	一	二	三	一	二	三	一	二	三
0.25	0.050	0.025	0.050	0.050	0.025	0.050	0.050	0.025	0.050
0.5	0.075	0.050	0.075	0.050	0.025	0.050	0.050	0.025	0.050
1.0	0.075	0.050	0.075	0.050	0.025	0.050	0.050	0.025	0.050
1.5	0.125	0.075	0.125	0.050	0.025	0.050	0.125	0.075	0.125
2.5	0.050	0.100	0.150	0.050	0.025	0.050	0.200	0.150	0.200
3.0	0.200	0.150	0.200	—	—	—	0.200	0.150	0.200
5.0	0.350	0.300	0.350	—	—	—	0.200	0.150	0.200
8.0	0.525	0.475	0.525	—	—	—	0.200	0.150	0.200

注：表中第一、第三项数值为刀片两端间隙值，第二项数值则为刀片中部间隙值。

一般场合下，间隙的大小主要取决于被剪材料的厚度，剪切低碳钢板时，该间隙约为材料厚度的 2%～7%。合理的间隙随板厚和材料种类而定，可按图 5-7 中曲线选取。

（4）剪板设备能力换算

剪板机的铭牌上规定该剪板机能剪切的最大板厚，是指在剪切一般碳钢材料时的最大可剪板厚。为了合理利用设备，充分发挥剪板机的能力而又不使其过载，当被剪材料的强度大于上述数值时，剪板机所能剪切的板厚应小于铭牌上规定的最大板厚值；当被剪材料强度小于上述数值时，可换算可剪板厚。

（5）剪板机

剪板机的结构形式很多，按传动方式分为机械和液压传动两种；按工作性质又可分为剪直线和剪曲线两大类。剪板机的生产效率高、切口光洁，是应用广泛的一种切割方法。其型号及技术参数见表 5-23。

1）龙门剪板机（图 5-8）

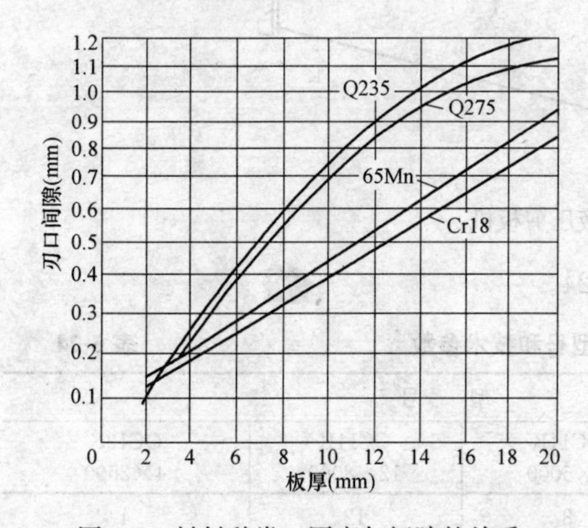

图 5-7 材料种类、厚度与间隙的关系

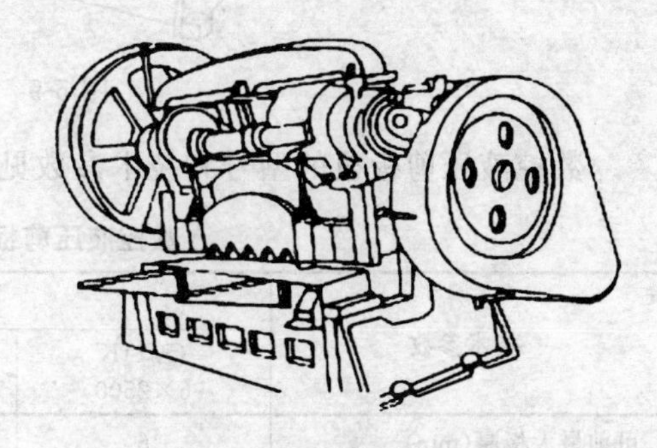

图 5-8 龙门剪板机

龙门剪板机优点是能够剪切较厚的钢板，切口比较平直，板料在龙门剪板机上剪切前首先必须压紧，以防在剪切过程中移动或翘起。若利用液压作为动力，带动上切架运动的

龙门剪板机的型号及技术性能参数 **表 5-23**

型号	技术参数						电动机功率(kW)	产量(t)	外形尺寸(长×宽×高)(mm)
	剪板尺寸(mm)	剪切角度	空行程次数(次·min^{-1})	切口深度(mm)	后挡料架调节范围(mm)	材料强度(MPa)			
Q11-6×2500	6×2500	2°30′	33		460	≤500	7.5	6.5	3600×2250×2110
Q11-8×2000	8×2000	2°	40		20~500	500	10	5.5	3270×1765×1530
Q11-10×2500	10×2500	2°30′	16		0~400	500	15	8	3420×1720×2030
Q11-12×2000	12×2000	2°	40	230	5~800	≤500	17	8.5	2100×3140×2358
Q11-13×2500	13×2500	3°	28	250	700	450	13	13.3	3720×2565×2450
Q11-20×2000	20×2000	4°15′	18		80~750	470	30	20	4180×2930×3240
Q11-25×3800	25×3800	4°7′	6	16	50		70	85	6700×4920×5110

注：Q11-20×2000、Q11-25×3800 为液压剪板机。

龙门剪板机，称为液压剪板机。有一种引进的数控液压龙门剪板机，主要特点是剪板机上用来控制剪切尺寸的挡板位置由数控自动调节控制，操作简单而且方便。

剪切时操作要点：上下刀刃间隙必须调节适当。

2）数控液压剪板机

数控液压剪板机（图 5-9）是传统的机械式剪板机更新换代产品。其机架、刀架采用整体焊接结构，经振动消除应力，确保机架的刚性和加工精度。该剪板机采用先进的集成式液压控制系统，提高了整体的稳定性与可靠性。同时采用先进数控系统，剪切角和刀片间隙能无级调节，能获得工件的切口平整、均匀且无毛刺，能取得最佳的剪切效果。

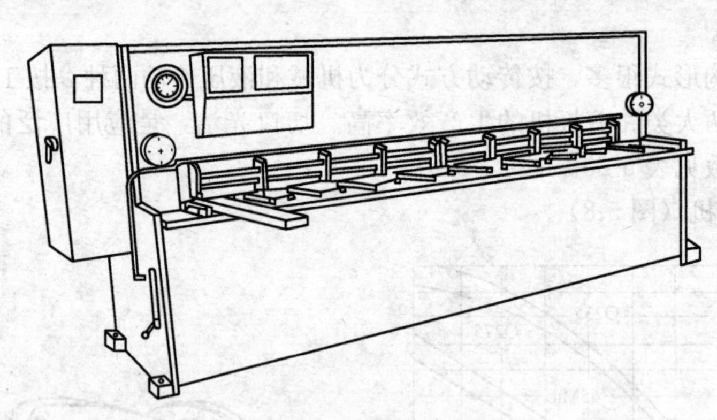

图 5-9 数控液压剪板机

数控液压剪板机的型号和技术参数见表 5-24。

数控液压剪板机的型号和技术参数 **表 5-24**

技术参数	型号			
	QC11K 6×2500	QC11K 8×5000	QC11K 12×8000	QC12K 4×2500
可剪最大板厚(mm)	6	8	12	4
被剪板料强度(MPa)	≤450	≤450	≤450	≤450
可剪最大板宽(mm)	2500	5000	8000	2500
剪切角	0.5°~2.5°	50′~1°50′	1°~2°	1.5°
后挡料最大行程(mm)	600	800	800	600

续表

技术参数	型号			
	QC11K 6×2500	QC11K 8×5000	QC11K 12×8000	QC12K 4×2500
主电动机功率(kW)	7.5	18.5	45	5.5
外形尺寸(长×宽×高)(mm)	3700×1850×1850	5790×2420×2450	8800×3200×3200	3100×1450×1550
机器质量(10^3kg)	5.5	17	70	4

4. 其他切割、加工方法

钢材的切割除剪切、冲裁和气割外，还常用砂轮切割、等离子弧切割、碳弧切割和带锯切割、刨边、铣边等加工方法，砂轮切割、碳弧切割、带锯切割方法见表 5-25。

其他切割方法 **表 5-25**

方法	简图	原理与适用场合
砂轮切割	砂轮片	利用砂轮片高速旋转时与工件摩擦产生热量，使之熔化而形成割缝。用于切割各种型材，尤其适宜于切割不锈钢、轴承钢、各种合金钢和淬火钢
碳弧切割	碳棒；碳棒进给方向；刨削方向；刨钳；压缩空气流；工件	利用炭精棒通电后与工件间产生的电弧将金属熔化，并用压缩空气将其吹掉，使金属表面形成沟槽。用于清理焊根、开坡口和切割金属（如铸铁、铜、铝）
带锯切割	卧式金属带锯条	带锯切割是采用高强度的卧式金属环状带锯条，进行连续切割，其锯带的速度可达 18～120m/min，切割率可达 80cm²/min，是一种高效率的型钢锯割方法。具有自动送料功能，可实现一次定尺寸后，自动连续送料，坯料长度尺寸重复精度可控制在 0.5mm 以内。 切口断面质量远高于气割，特别适用锯割各种型材

(1) 等离子弧切割

1) 等离子弧切割设备的组成及切割原理。

等离子弧切割是利用能产生 15000～30000℃高温的等离子弧为热源，使工件熔化，同时由电弧周围的气流作用形成高压射流将熔渣吹除，成为狭窄的孔隙。等离子弧切割设备组成见图 5-10，空气等离子弧切割割嘴结构见图 5-11。

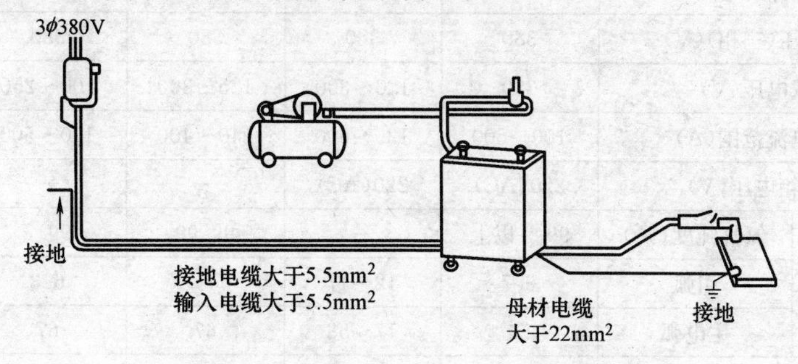

图 5-10 等离子弧切割设备组成示意图

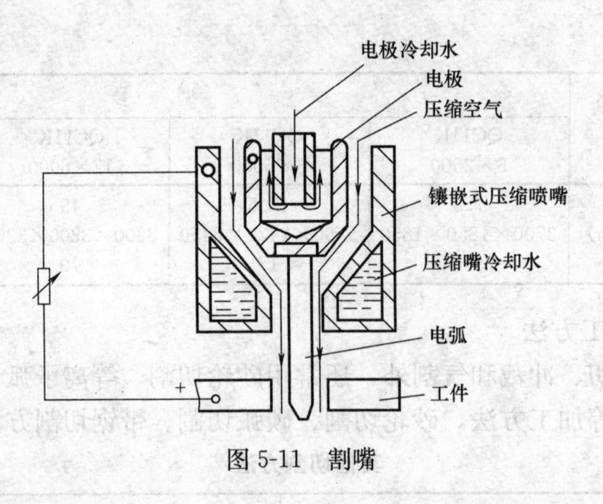

图 5-11 割嘴

2）等离子弧特点。

能量密度大，弧柱温度高，弧流流速大，穿透能力强，热影响区小，切割速度快，成本低、安全，稳定可靠。

3）用途。

用于切割不锈钢、铜、铝、合金与非金属材料（如陶瓷）。空气等离子弧切割已大量用于碳钢板，切割速度比气割高，综合成本低。

4）部分国产非氧化性等离子弧切割机的主要技术参数见表 5-26。

国产非氧化性等离子弧切割机的主要技术参数 **表 5-26**

型号		LG-400-1	LG3-400	LG3-400-1	LG-500	LG-250
额定切割电流(A)		400	400	400	500	250
引弧电流(A)		30～50	40	—	50～70	—
工作电压(V)		100～150	60～150	75～150	—	150
额定负载持续率(%)		60	60	60	60	60
钨极直径(mm)		5.5	5.5	5.5	6	5
切割厚度(mm)	碳素钢	80	—	—	150	10～40
	不锈钢	80～100	40	60	150	10～40
	铝	80～100	60	—	150	—
	纯铜	50	40	—	100	—
电源	型号	ZXG2-400	AX8-500	—	—	—
	台数	1	2～4	—	—	—
	输入电压(三相)(V)	380	380	380	380	380
	空载电压(V)	330	120～300	125～300	100～250	250
	工作电流范围(A)	100～500	125～600	140～400	100～500	80～320
	控制箱电压(V)	220(AC)	220(AC)	—	—	—
工作气体及流量(L/min)	氮气纯度(%)	99.9 以上	—	99.99	99.7	—
	引弧	6.7	12～17	—	6.3	—
	主电弧	50	17～58	67	67	—
冷却水流量(L/min)		3 以上	1.5	4	3	—

5）美国“海宝”HD3070 精细等离子弧切割机。

等离子弧能量密度约 9300A/cm^3，是普通型等离子切割系统能量密度的 3 倍，切割速度随电流密度增加而提高。可切割低碳钢、铝、铜和不锈钢。

(2) 锯割及带锯孔

小直径钢管，使用最广的剪切机械式锯割，常用的弓锯型号有 G＋67025A、G71250，末两位数表示最大锯料直径(cm)。

其工作原理见表 5-25。

卧式带锯床（图 5-12）是弓锯床的更新换代产品。锯带具有耐磨、抗疲劳等优点。在锯削中，锯带不断齿、不断带，使用寿命长。主要用于锯切各种棒材和型材，锯缝小，锯切精度高，是一种高效节能的落料设备。表 5-27 为半自动卧式带锯床的型号和技术参数。

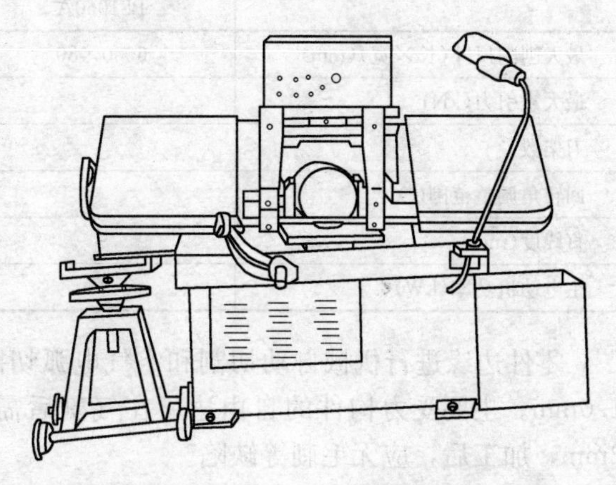

图 5-12　卧式带锯床

半自动卧式带锯床的型号和技术参数　　**表 5-27**

技术参数	型号			
	GB 4025	GB 4035	GB 4240	GB 4250
加工圆钢最大直径	ϕ250	ϕ350	ϕ400	ϕ500
加工方钢最大边长(mm)	230×250	300×350	400×400	500×500
锯带规格(mm)	0.9×27×3505	1.1×34×4115	1.1×34×4570	1.3×41×5700
锯削速度(mm/min)	三级　25：45：65			
进级速度(mm/min)	液压无级调速			
电动机功率(kW)	1.72	3.59	3.67	7.09
外形尺寸(长×宽×高)mm	1800×1000×1140	2150×1150×1250	2350×1250×1600	2850×1450×1880
机床质量(10^3kg)	0.75	1.4	1.8	3

(3) 刨边机

刨边机（图 5-13）用于板料边缘的加工，如加工焊接坡口，刨掉钢板边缘毛刺、飞边和硬化层等。

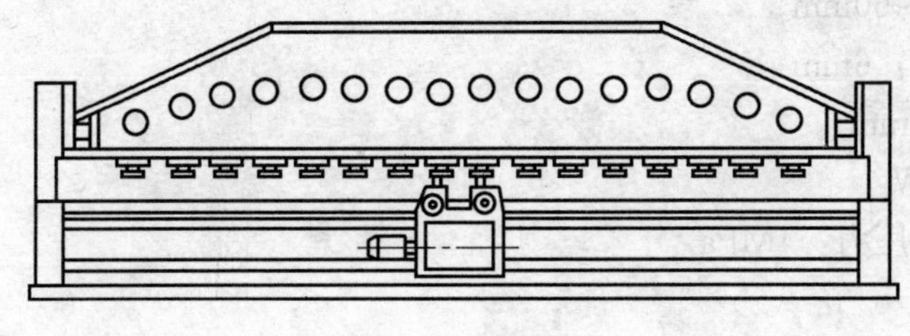

图 5-13　刨边机

刨边机的型号和技术参数见表 5-28。

刨边机的型号和技术参数 **表 5-28**

技术参数	型号		
	B81060A	B81090A	B81120A
最大刨削尺寸(长×宽)(mm)	6000×80	9000×80	12000×80
最大索引力(kN)	60		
刀架数	2		
回转角调整范围(°)	±25		
直线度(mm)	0.04/1000 全长<0.2		
主电动机功率(kW)	17		

零件边缘进行机械自动切割和空气电弧切割之后，其切割表面的平面度都不能超过 1.0mm。主要受力构件的自由边，在气割后需要刨边或铣边的，加工余量为每侧至少 2mm，加工后，应无毛刺等缺陷。

刨边时的加工工艺参数和允许偏差见表 5-29 和表 5-30。

刨边时的最小加工余量 **表 5-29**

钢材性质	边缘加工形式	钢板厚度(mm)	最小余量(mm)
低碳结构钢	剪断机剪切或切割	≤16	2
低碳结构钢	气割	>16	3
各种钢材	气割	各种厚度	>3
优质高强度低合金钢	气割	各种厚度	>3

刨削加工的允许偏差 **表 5-30**

项目	允许偏差
零件宽度,长度	±1.0mm
加工边直线度	L/3000 且不大于 2.0mm
相邻两边夹角角度	小于或等于±6′
加工面垂直度	不大于 0.025t 且不大于 0.5mm
加工面粗糙度	R_a<50μm

(4) XBJ 系列铣边机（图 5-14）

型号：XBJ-15

铣板厚度：6～60mm

一次铣削厚度：6mm

铣削长度：15mm

功率：18.7kW

液压系统工作压力：4MPa

铣刀：2 把

(5) 边缘加工（包括端部铣平）

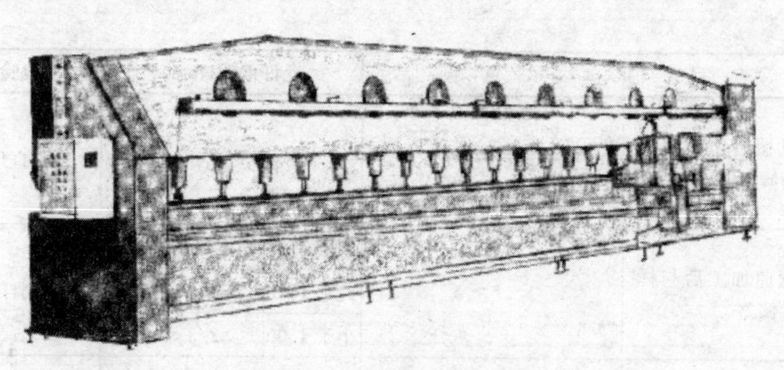

图 5-14　XBJ 系列铣边机

1）气割的零件，当需要消除影响区进行边缘加工时，最少加工余量为 2.0mm。

2）机械加工边缘的深度，应能保证把表面的缺陷清除掉，但不能小于 2.0mm，加工后表面不应有损伤和裂缝，在进行砂轮加工时，磨削的痕迹应当顺着边缘。

3）碳素结构钢的零件边缘，在手工切割后，其表面应做清理，不能有超过 1.0mm 的不平度。

4）构件的端部支承边要求刨平顶紧和构件端部截面精度要求较高的，无论是用什么方法切割和用何种钢材制成的，都要刨边或铣边。

5）施工图有特殊要求或规定为焊接的边缘需进行刨边，一般钢材或型钢的剪切边不需刨光。

6）焊接坡口加工尺寸的允许偏差应符合国家标准《气焊、焊条电弧焊、气体保护焊和高能束焊的推荐坡口》GB/T 985.1—2008 和《埋弧焊的推荐坡口》GB/T 985.2—2008 中的有关规定或按工艺要求。

7）零件的剪切、刨（铣）削、气割的边缘加工的允许偏差及检验方法见表 5-31。

各类边缘加工的允许偏差及检验方法　　表 5-31

序号	项　目	示 意 图	允许偏差(mm)		检验方法和器具
1	切割与号料线的偏差 e		切割类型	e	用钢尺检查
			手工切割	±1.5	
			自动半自动切割	±1.0	
			精密切割	±0.5	
			机械剪切	≤±1.0	
			断口截面上不得有裂纹和大于 1mm 的缺棱		观察和用钢尺检查，必要渗透和超声波探伤检查
2	切割截面与钢材表面的不垂直度		e/t≤1/20 且不大于 1.5		用直角尺和钢尺检查
3	精密切割的表面粗糙度		≤0.03		用样板对比检查

续表

<table>
<tr><th>序号</th><th>项　目</th><th>示　意　图</th><th colspan="3">允许偏差(mm)</th><th>检验方法和器具</th></tr>
<tr><td>4</td><td>机械剪切型钢的端面倾斜度</td><td>e</td><td colspan="3">e≤2.0</td><td>用直角尺和钢尺检查</td></tr>
<tr><td rowspan="3">5</td><td rowspan="3">弯曲加工后与样板线偏差</td><td rowspan="3"></td><td>弯曲弦长</td><td>样板弦长</td><td>间隙</td><td rowspan="3">用样板和塞尺检查</td></tr>
<tr><td>大于 1500</td><td>1500</td><td>≤2.0</td></tr>
<tr><td>小于 1500</td><td>≥2/3</td><td>≤2.0</td></tr>
<tr><td rowspan="4">6</td><td rowspan="4">刨边之边线与号料线偏差</td><td rowspan="4">刨边线
号料线</td><td colspan="2">类别</td><td>偏差</td><td rowspan="2">用拉线和钢尺检查</td></tr>
<tr><td colspan="2">刨边线与号料线</td><td>±1.0</td></tr>
<tr><td colspan="2">弯曲矢高</td><td>L/3000
且≤2.0</td><td rowspan="2">用样板对比检查</td></tr>
<tr><td colspan="2">刨削面粗糙度</td><td>≤0.05</td></tr>
</table>

5.4 边缘加工和端部加工

在钢结构加工中，当图纸要求或下述部位一般需要边缘加工：

（1）吊车梁翼缘板、支座支承面等具有工艺性要求的加工面。

（2）设计图纸中有技术要求的焊接坡口。

（3）尺寸精度要求严格的加劲板、隔板、腹板及有孔眼的节点板等。

边缘加工的质量标准见表 5-32。常用的边缘加工方法主要有铲边、刨边、铣边和碳弧气刨、气割和坡口机加工等。

边缘加工的允许偏差　　**表 5-32**

项　目	允许偏差
零件宽度、长度	±1.0mm
加工边直线度	l/3000，且不大于 2.0mm
相邻两边夹角	±6′
加工面垂直度	0.025t，且不大于 0.5mm
加工面表面粗糙度	$\overset{50}{\bigtriangledown}$

注：t—构件厚度；l—构件长度。

5.4.1 铲边

对加工质量要求不高，并且工作量不大的边缘加工，可以采用铲边。铲边有手工铲边和机械铲边两种。手工铲边的工具有手锤和手铲等，机械铲边的工具有风动铲锤和铲头等。

风动铲锤是用压缩空气作动力的一种风动工具，其技术性能见表 5-33。

一般手工铲边和机械铲边的构件，其铲线尺寸与施工图纸尺寸要求不得相差 1mm。铲边后的棱角垂直误差不得超过弦长的 1/3000，且不得大于 2mm。

风动铲锤的规格性能 **表 5-33**

产品型号	全长(mm)	缸体直径(mm)	锤体			风管内径(mm)	使用空气压力(N/mm²)	冲击次数(次/min)	冲击功(J)	耗气量(m³/min)	重量(kg)
			直径(mm)	行程(mm)	重量(kg)						
04-5	300	$\phi28$	$\phi28$	61	0.27	$\phi13$	0.5	2400	11	0.5～0.6	5
04-6	377	$\phi28$	$\phi28$	99	0.40	$\phi13$	0.5	1500	16	0.5～0.6	5.6
04-7	447	$\phi28$	$\phi28$	199	0.54	$\phi13$	0.5	1000	25	0.5～0.6	6.5

铲边时应注意以下事项：

（1）空气压缩机开动前，应放出贮风罐内的油、水等混合物。

（2）铲前应检查空气压缩机设备上的螺栓、阀门完整情况，风管是否破裂漏风等。

（3）铲边时，铲头要注机油或冷却液，以防止铲头退火。

（4）铲边结束时应卸掉铲锤妥善保管，冬期施工后应盘好铲锤风带放于室内，以防带内存水冻结。

（5）高空铲边时，操作者应系好安全带。

（6）铲边时，对面不得有人和障碍物。

5.4.2 刨边

刨边使用的设备是刨边机，需切削的板材固定在作业台上，由安装在移动刀架上的刨刀来切削板材的边缘。刀架上可以同时固定两把刨刀，以同方向进刀切削，也可在刀架往返行程时正反向切削。刨边加工有刨直边和刨斜边两种。刨边加工的加工余量随钢材的厚度、钢板的切割方法的不同而不同。一般的刨边加工余量为 2～4mm。表 5-34 为常用刨边机 B81120A 型的主要技术性能，表 5-35 和表 5-36 分别为刨边加工的余量表和一般刨削时的进刀量和走刀速度。刨边机的刨削长度一般为 3～4m，当构件长度大于刨削长度时，可用移动构件的方法进行刨边；构件较薄时，则可采用对块钢板同时刨边的方法加工。对于侧弯曲较大的条形构件，刨边前应先校直。气割加工的构件边缘必须将残渣清除干净后再刨边，以便减少切削量和提高刀具寿命。

刨边机技术性能 **表 5-34**

最大刨削尺寸长×厚(mm)	刀架最大回转角度(°)	刀架数(个)	最大牵引力(kN)	电动机功率(kW)	
				主电动机	总容量
12000×80	±25	2	60	17	23.18

刨边加工的余量 **表 5-35**

钢板性质	边缘加工形式	钢板厚度(mm)	最小余量(mm)
低碳钢	剪切机剪切	≤16	2
低碳钢	气割	>16	3
各种钢材	气割	各种厚度	4
优质低合金钢	气割	各种厚度	>3

刨削时的进刀量和走刀速度　　　　表 5-36

钢板厚度(mm)	进刀量(mm)	切削速度(m/min)
1～2	2.5	15～25
3～12	2.0	15～25
13～18	1.5	10～15
19～30	1.2	10～15

在刨削 Q345 钢气割边的淬硬表面时，可用硬质合金刀头（YG8），一般钢材用高速工具钢 W18Cr4V。进行强力切削时，吃刀量一般达 3mm 左右，图 5-15 为一种较优良的刃磨形式。

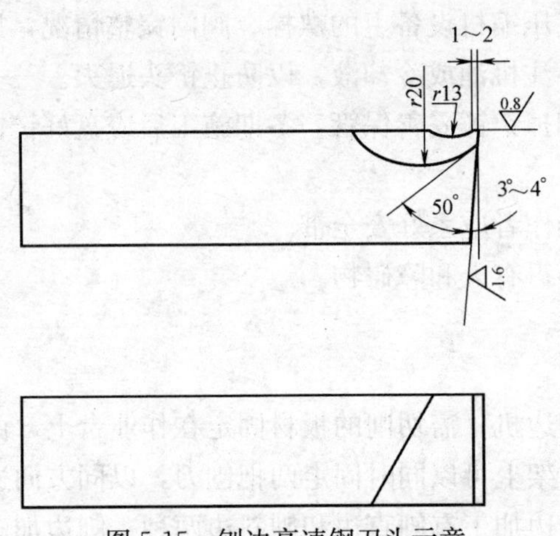

图 5-15　刨边高速钢刀头示意

5.4.3　铣边

铣边机利用滚铣切削原理，对钢板焊前的坡口、斜边、直边、U 形边能同时一次铣削成形，比刨边机提高工效 1.5 倍，且能耗少，操作维修方便。铣边的加工质量优于刨边的加工质量，表 5-37 给出两种加工方法的质量标准对比数值，表明铣边精度高于刨边，表 5-38 为 XBJ 系列铣边机技术参数。

边缘加工的质量标准（允许偏差）　　　　表 5-37

加工方法	宽度、长度	直线度	坡度	对角差(四边加工)
刨边	±1.0mm	l/3000，且不得大于 2.0mm	±2.5°	2mm
铣边	±1.0mm	0.30mm		1mm

XBJ 系列铣边机技术参数　　　　表 5-38

规 格 型 号	XBJ-6	XBJ-9	XBJ-12
铣削角度(°)		0～45	
加工钢板厚度(mm)		6～50	
一次最大铣削斜边宽度(mm)		15	
横向铣削行走速度(m/min)		0.3/0.5	

续表

规格型号	XBJ-6	XBJ-9	XBJ-12
铣削主轴转速(r/min)	630/960		
液压系统工作压力(N/mm²)	≤3.5		
压料缸数(只)	8	11	15
压料台距地面高度(mm)	900±3		
进给电动机功率(kW)	1.1/0.85		
铣削电动机功率(kW)	1.5/2.2		
油泵电动机功率(kW)	5.5	5.5	5.5
外形尺寸($a\times b\times h$)(mm)	7724×2600×2050	10724×2600×2200	13724×2600×2300
有效铣边长度(mm)	6000	9000	12000

XBJ系列铣边机端面铣床加工时用盘形铣刀，在高度旋转时，可以上下左右移动对构件进行铣削加工，对于大面积的部位也能高效率地进行铣削，其允许偏差见表5-39。

端部铣平的允许偏差 **表5-39**

项　目	允许偏差(mm)
两端铣平时构件长度	±2.0
两端铣平时零件长度	±0.5
铣平面的平面度	0.3
铣平面对轴线的垂直度	l/1500

常见的端面铣床，其技术性能见表5-40，端面铣削亦可在铣边机上进行加工，其生产效率较高。

端面铣床技术性能 **表5-40**

产品名称	型号	工作台面积宽×长(mm)	行程(mm)			主轴转速(r/min)		工作台进给量(mm/min)		推荐最大刀盘直径(mm)	电动机功率(kW)	
			纵向	横向	垂直向	级数	范围	级数	范围		主电机	总容量
端面铣床	XE755	500×2000	1400	500	600	18	25～1250	无级	14～1250	1250	11	14.55
双端面铣床	X364	400×1000	1300	100		6	160～500	18	32～1600	250	5.5	8.9
双端面铣床	C368	800×1600	2000	125		6	40～125	无级	20～1000	547	30	37.495
移动端面铣床	X3810A	3000×1000	3000	200	1000	12	50～630	18	23.8～1180	350	13	16.55

江苏阳通生产的H型钢端面铣床，用于焊接或轧制成型的H型钢、箱形梁柱的两端面铣削加工，可一次铣削成形的最大型钢端面尺寸为1200mm×700mm，同时还可以进行型钢的侧面铣削加工，其主要技术参数见表5-41，外露铣平面应涂上防锈油，以保护铣平面不生锈。

H型钢端面铣床技术参数 **表5-41**

名　称	参　数
适用型钢最大端面尺寸	1200mm×700mm
切削刀盘最大直径	750mm
工作台最高进给速度	3.8m/min

续表

名　称	参　数
工作台最低进给速度	0.02m/min
进给电动机功率	4kW
主电动机功率	15kW
铣削主轴转速	63～665r/min
主轴轴向调节量	70mm
机床外形尺寸	5700mm×1580mm×1750mm

5.4.4 碳弧气刨

碳弧气刨的切割原理是直流电焊机直流反接（工件接负极），通电后，碳棒与被刨削的金属间产生电弧，电弧具有600℃左右高温，足以将工件熔化，压缩空气随即将熔化的金属吹掉，达到刨削金属的目的。

碳弧气刨的优点是：效率高，清根可达45m/h，比风铲提高效率8～15倍；无噪声，减轻劳动强度；灵活方便，能在狭窄处操作；操作时可看清焊缝的缺陷消除与否；可以切割氧割难以切割的金属，如生铁、不锈钢、高锰钢、铜、铝、合金等；热影响区小，只有1mm左右（氧割为2～6mm），对减少构件变形很有意义；设备简单，气刨枪制作简单。

碳弧气刨的缺点是：目前只能用直流焊机；有强烈弧光；烟雾粉尘多，须有通风设备；吹出的金属液体溅落在表面上，需要用砂轮来消除。气刨枪的构造如图5-16所示。

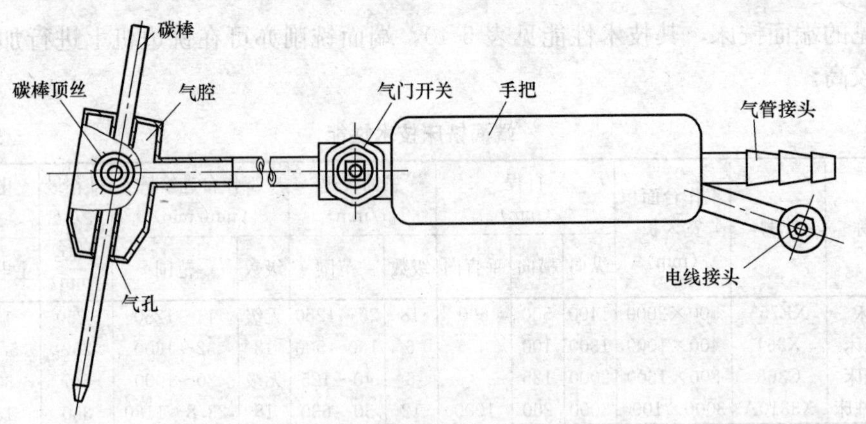

图5-16　气刨枪构造示意

碳弧气刨专用的碳棒是由石墨制造的，为提高导电能力，碳棒外镀紫铜皮，碳棒的规格主要有ϕ6、ϕ7、ϕ8、ϕ10及▭5×15等。表5-42和表5-43分别为碳弧气刨时的极性选择和气刨的工艺参数。

碳刨时各种金属的极性选择　　**表5-42**

材料	极性	备注	材料	极性	备注
碳钢	反接	正接表面不光	铸铁	正接	反接不加正接
低合金钢	反接	正接表面不光	铜及铜合金	正接	
不锈钢	反接	正接表面不光	铝及铝合金	正接或反接	

碳弧气刨的工艺参数（供参考） 表 5-43

碳棒直径（mm）	电流（A）	适合板厚（mm）	风压（N/mm²）	碳棒伸出长度（mm）	角度（°）	运行速度（m/h）	刨槽宽度（mm）	刨槽深度（mm）
6	180～200	4.5	0.2～0.3	80～120	18～20	55	10	3
7	240～260	10～14	0.4～0.5	80～120	25～30	32	13	5.5
8	300～320	14	0.4～0.5	80～160	25～30	39.5	14	6
10	340～380	16	0.4～0.5	80～160	25～30	25	15	7

5.4.5 气割机切割坡口

气割坡口包括手工气割和用半自动、自动气割机进行坡口切割。其操作方法和使用的工具与气割相同。所不同的是将割炬嘴偏斜成所需要的角度，对准要开坡口的地方，运行割炬即可。

此种方法简单易行，效率高，能满足开 V 形、X 形坡口的要求，已被广泛采用，但要注意切割后须清理干净氧化铁残渣。表 5-44 为气割坡口时割嘴的位置。

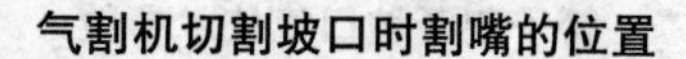

气割机切割坡口时割嘴的位置 表 5-44

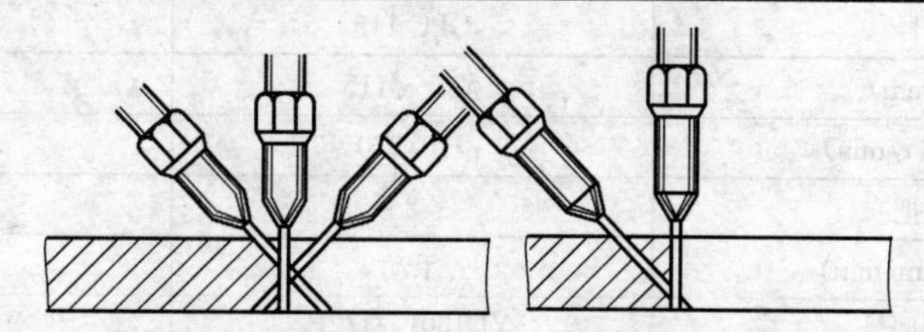

材料厚度	割嘴位置示意图	材料厚度	割嘴位置示意图
50mm 以内	3 1 2; 1 2 3; 3 1 2	50mm 以上	3 1 2; 2 1 3; 3 1 2 12°～15°
60mm 以上（上坡口）	2 1; 2 1	60mm 以上（下坡口）	1 2; 1 2

5.4.6 其他坡口切割机

（1）滚剪倒角机。滚剪倒角机利用滚剪原理，对钢板边缘按所需角度进行剪切，以得到焊接所需的坡口。加工尺寸准确、表面光洁、一次成形，不需要清理毛刺，具有操作方便，工效高（3m/min），能耗低等优点。表5-45为滚剪倒角机的技术参数。

（2）管子割断坡口机。管子割断坡口机利用车削原理，对管子进行割断和坡口加工。刀具进给有手动与电动两种，适用于 ϕ20～ϕ114mm、ϕ121～ϕ325mm 管子的加工，大批量管子的加工尤为适用。表5-46为管子割断坡口及技术参数。

滚剪倒角机技术参数 **表 5-45**

规格型号	GD-20		
钢板抗拉强度(N/mm²)	<400	>400～500	>500～600
钢板材质	Q235	Q345	1Cr18Ni9Ti
坡口最大宽度 W(mm)	20	16	12
进料速度 V(m/min)	～2.9	～3.1	～3.4
倒角度数 α(°)	25～55		
最小直边 e(mm)	2		
最大厚度 h(mm)	45		

管子割断坡口机技术参数 **表 5-46**

规格型号		GPC-115	GPC-325
切管直径(mm)		ϕ20～ϕ115	ϕ121～ϕ325
切断机头转速(r/min)		110/220	20/30/41/62
刀具数量(把)		2	2
刀具进给量(mm/min)		手动	3～9
电动机	型号	YD100L$_2$-4/2B	YD132S-6/4
	功率(kW)	2.4/3	3
	额定转速(r/min)	1420/2880	960/1400
夹紧形式		手动	手动
外形尺寸(长×宽×高)(mm)		900×800×1500	1600×1200×1800
重量(kg)		≈1300	≈6000

管子接口相贯线的加工，传统工艺方法一般采用人工放样、手工气割和砂轮打磨坡口。此种加工方法尺寸精度差，焊接坡口质量差，且加工周期长。采用国外引进的多坐标数控管子切割机加工管口相贯线，只需在该机上输入管径、管壁厚度和相交角度等原始数据后，即可对管子进行全自动等离子切割。此种加工方法精度和外观质量都较好，杆件的长度误差可以控制在1mm以内，坡口面光洁，无需打磨即可直接组焊。现在国内已有工厂生产。

5.5 冷作成形加工

5.5.1 弯曲矫正机

（1）卷板机

卷板机用于将板料弯卷成圆柱面、圆锥面或任意形状的柱面。卷板机按辊筒的数目及放置形式可分为三辊卷板机和四辊卷板机两类。三辊卷板机又分为对称式与不对称式两种。

图 5-17 为机械调节的对称三辊卷板机，其型号和技术参数见表 5-47。上辊数控万能式卷板机如图 5-18，图 5-19 所示。

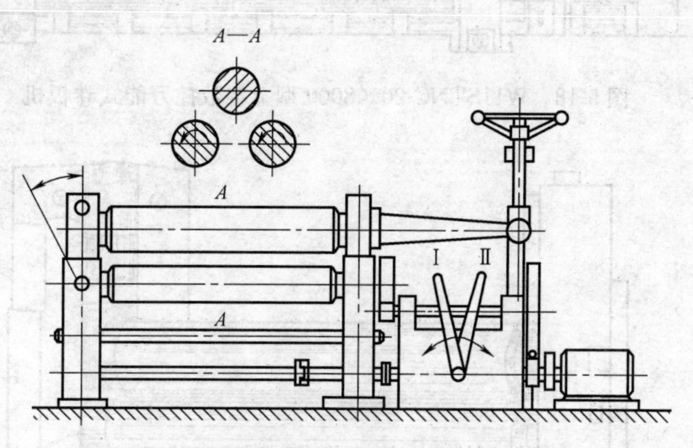

图 5-17　机械调节的对称三辊卷板机

常用卷板机的型号和技术参数　　　　**表 5-47**

技术参数	三辊 W11(机械式)			三辊 W11NC(液压)		四辊 W12NC		上辊数控万能卷板机 W11STNC	
	1.5×1250	6×1500	20×2000B	32×3200	100×4000	25×2000	90×4000	20×8000	75×3200
最大卷板宽度(mm)	1250	1500	2000	3200	4000	2000	4000	8000	3200
最大卷板厚度(mm)	1.5	6	20	32	100	25	90	16	65 (Φ1600)
最大预弯厚度(mm)						20	80		
板材屈服点(MPa)	245	245	245	245	245	245	245	245	
最大板宽(最大板厚)时最小卷筒直径(mm)	200	350	700	1100	2500	800	3000		
工作辊直径(上辊 mm)	75	170	280	440	950	380	900	650	960
工作辊直径(下辊 mm)	75	150	220	360	750	340	880	270	440
侧辊直径(mm)						280	700		
两下辊中心距(mm)		210	360	580	1200			460	820
卷板速度(m/min)	8.5	5.5	5.5	4.2	3	4.5	3	3.5	3.5
液压系统工作压力(MPa)				16	16	20	16	960	
电动机功率(kW)	0.75	5.5	30	45	120	30	180		110
外形尺寸(长×宽×高)(m)	1.68×0.51×0.98	3.55×1×1.4	4.5×1.56×1.8	8.23×1.7×1.79	15.3×4.1×4.3	5.56×2×2.2	15×3.8×4.2		

(2) 板料校平机

板料校平机（图 5-20）是金属板材、带材的冷态校平设备。当板料经多对呈交叉布

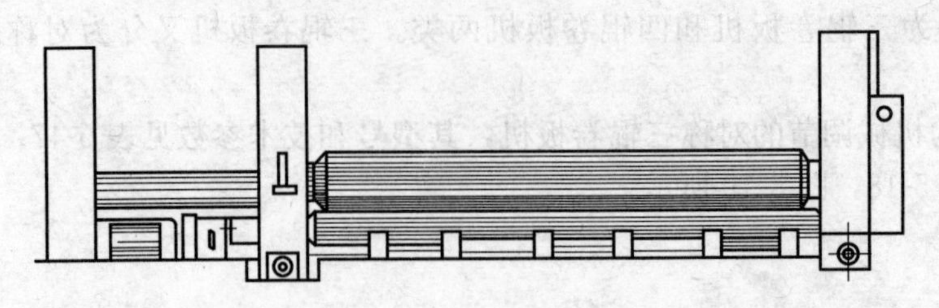

图 5-18　W11STNC-20×8000 型上辊数控万能式卷板机

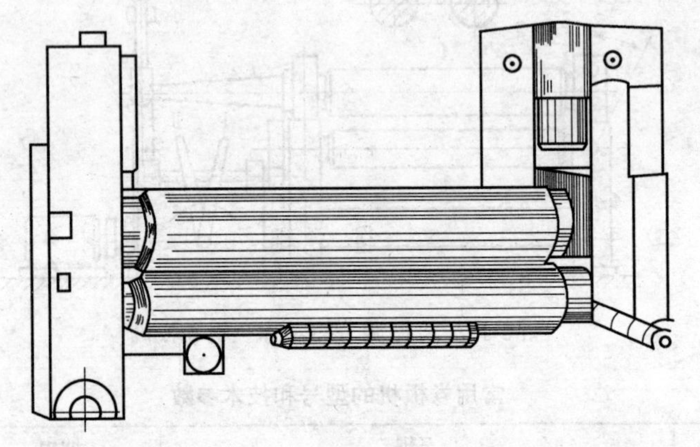

图 5-19　W11STNC-75×3200 型上辊数控万能式卷板机

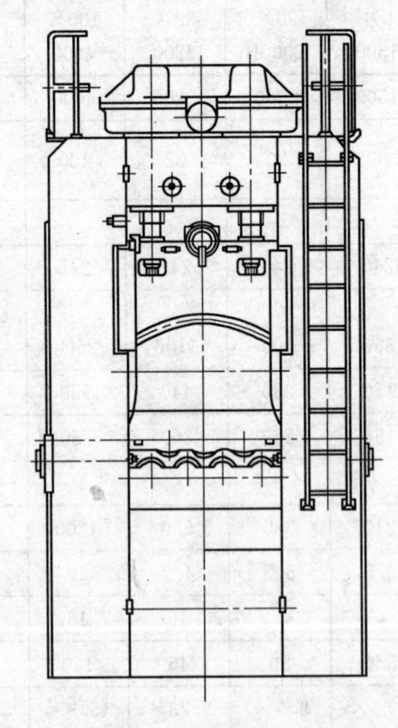

图 5-20　板料校平机

置的轴辊时，板料会发生多次反复弯曲，使短的纤维在弯曲过程中伸长，从而达到校平的目的。一般轴辊数目愈多，校平质量较好。通常 5～11 轴用于校平中、厚板；11～29 辊用于校平薄板。

板料校平机的型号和技术参数见表 5-48。

板料校平机的型号和技术参数　　表 5-48

技术参数	型号					
	3×1600	6×2000	12×2000	20×2500	30×3000	40×2500
最大校平厚度(mm)	3	6	12	30	30	40
最大校平宽度(mm)	1600	2000	2000	2500	3000	2500
最小校平厚度(mm)	0.8	1.5	3	5	10	10
板材屈服点(MPa)	240	360	360	360	360	360
工作辊辊距(mm)	80	100	160	250	400	400
工作辊直径(mm)	75	95	150	230	340	340
工作辊数 n	15	13	11	9	7	7
校平速度(m/min)	14.4	9	9	6	5	7
主电动机功率(kW)	18.3	37	55	75	85	132
外形尺寸(长×宽×高)(m)	4.74×1.53×2.2	5.95×1.48×3	7.2×2.6×3.8	10.07×2.43×4.69	10.85×2.9×5.89	12×3.2×6

(3) 型材弯曲加工机

1) 型材弯曲机。

型材弯曲机（图 5-21）是一种专用于卷弯角钢、槽钢、工字钢、扁钢、方钢和圆钢等各种异形钢材的高效加工设备，可一次上料完成卷圆、校圆工序加工，广泛用于石化、水电、造船及机械制造等行业。

型材弯曲机的型号和技术参数见表 5-49。

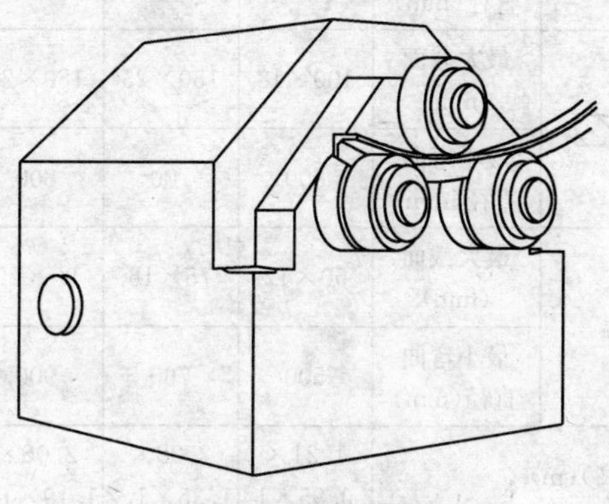

图 5-21　型材弯曲机

型材弯曲机的型号和技术参数　　表 5-49

技术参数			型号 W24/W24S/W24NC					
			6	16	30	45	100	180
型材最大抗弯截面模数(cm^3)			6	16	30	45	100	180
卷弯速度(m/min)			6	5	5	5	5	4
型材屈服点(N/mm^2)			≤245					
角钢内弯		最大截面(mm)	40×40×5	70×70×8	90×90×10	100×100×16	125×125×14	150×150×16
		最小弯曲直径(mm)	800	1000	1200	1500	2000	2600

续表

技术参数		型号 W24/W24S/W24NC					
		6	16	30	45	100	180
角钢内弯	最小截面(mm)	20×20×3	30×30×3	35×35×3	36×36×5	40×40×4	50×50×6
	最小弯曲直径(mm)	400	500	560	600	800	1200
角钢外弯	最大截面(mm)	50×50×5	75×75×10	90×90×10	100×100×16	125×125×14	150×150×16
	最小弯曲直径(mm)	800	1000	1000	1300	2000	2600
	最小截面(mm)	20×20×3	30×30×3	35×35×3	36×36×5	40×40×4	50×50×6
	最小弯曲直径(mm)	400	400	500	600	800	1000
槽钢外弯	槽钢型号(cm)	8	12	18	20	28	32
	最小弯曲直径(mm)	600	800	900	1000	1200	1500
槽钢内弯	槽钢型号(cm)	8	14	18	20	28	30
	最小弯曲直径(mm)	700	900	1000	1150	1700	1800
扁钢平弯	最大截面(mm)	100×18	150×25	180×25	200×30	250×40	320×50
	最小弯曲直径(mm)	600	700	800	900	1200	1400
扁钢立弯	最大截面(mm)	50×12	75×16	90×25	100×30	120×40	180×40
	最小弯曲直径(mm)	500	760	900	1000	1200	2000
外形尺寸(长×宽×高)(m)		1.21×0.95×1	2.08×1.35×1.2	2.06×1.19×1.3	1.6×1.26×1.53	2.94×1.9×1.77	2.3×2.55×2.42

2）数控肋骨冷弯机（型号 WLW2000）（图 5-22）

技术参数及用途：

① 功率：200t，（最大水平弯曲力：2000kN，最大弯曲力矩：500kN·m。）

② 占地面积；11m×11m。

③ 加工范围：

a. 自动冷弯：球扁钢 P12～P28，角钢 L120～280；面板宽度：100mm；T 型钢，120～280（腹板高度，单位 mm）。

b. 手动冷弯：球扁钢 P10～P28；角钢 L100×280；面板宽度：100mm。

④ 用途：用于肋骨冷弯及建筑钢结构拱形弧形角钢、T 型钢的冷弯。

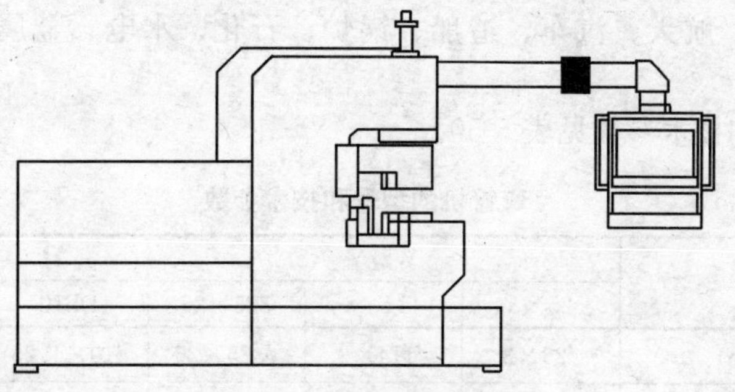

图 5-22　数控肋骨冷弯机

3）H 型钢翼缘矫正机（型号：YTJ-60A）（图 5-23）

用途：用于矫正焊接 H 型钢变形。

规格：翼板厚度（mm）：≤60

翼板宽度（mm）：180～800

翼板材质：Q235A

机械传动功率（kW）：18.5

外形尺寸（mm）：3120×4100×2000

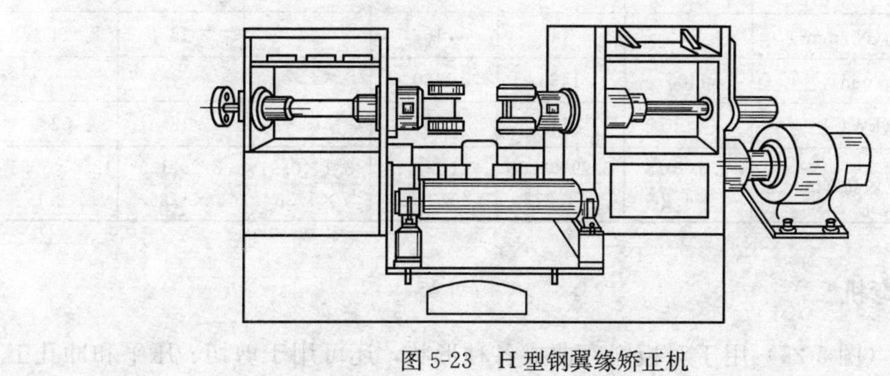

图 5-23　H 型钢翼缘矫正机

5.5.2　弯管机

弯管机（图 5-24）是在常温下对金属管材进行有芯或无芯弯曲的缠绕式弯管设备。

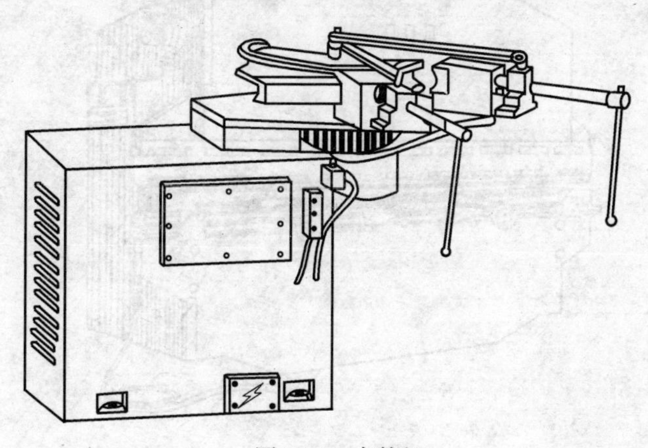

图 5-24　弯管机

广泛用于现代航空、航天、汽车、造船、锅炉、石化、水电、金属结构及机械制造等行业。

弯管机的型号和技术参数见表5-50。

弯管机的型号和技术参数　　表5-50

技术参数	W27Y			DBCNC		
	25×3	114×8	325×25	DB10	DB63	DB220
弯曲最大管材(mm)	φ25×3	φ114×8	φ325×25	φ10×1.25	φ63×2	φ220×12.7
管材屈服点(N/mm²)	240	240	240	240	240	240
最大弯曲角度(°)	195	190	190	190	190	190
最大规格管材最小弯曲半径(mm)	75	350	975			100
弯曲半径范围(mm)	R15～R100	R150～R600	R500～R1600			
加块滚轮行程(mm)	50	160	500			
弯曲速度(r/min)	3	1.1	0.15	0～40	0～20	0～0.5
标准芯棒长度(mm)	2000	3500	8000	2000	3000	6000
芯棒油缸行程(mm)	100	320	800	50	150	1400
液压系统工作压力(N/mm²)	14	14	16	15	15	14
电动机转速(r/min)	1400	1460	1480			
电动机功率(kW)	1.1	11	55	3	18	52
外形尺寸(长×宽×高)(m)	2.6×0.8×1.2	5.99×2.05×1.277	14×4×2.6	3.1×0.91×1.36	5.2×1.5×1.25	12.6×3.55×2.1

5.5.3 板料折弯机

板料折弯机（图5-25）用于对板料弯曲成各种形状，还可用于剪切、压平和冲孔工序加工。

板料折弯机的型号和技术参数见表5-51。

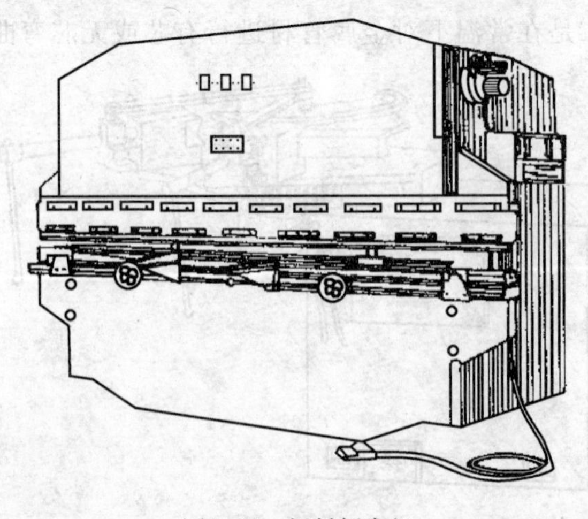

图5-25　板料折弯机

板料折弯机的型号和技术参数 **表 5-51**

技术参数	WS67K			$W_{X}^{E}67K$		
	63/3200	160/4000	250/5000	25/1600	40/2500	250/5000
公称压力(kN)	630	1600	2500	250	400	2500
工作台长度(mm)	3200	4000	5000	1600	2500	5000
立柱间距离(mm)	2780	3420	4000	1200	1950	4000
喉口深度(mm)	250	320	400	200	200	400
滑块行程(mm)	100	185	250	100	100	250
最大开启高度(mm)	320	450	560	350	300	560
主电动机功率(kW)	5.5	11	18.5	3	3	18.5
机器质量(10^3kg)	6.5	12.8	22	2.2	3.2	24
外形尺寸(长×宽×高)(m)	3.25×1.35×2.2	4.01×2.03×2.71	5.25×2.05×4.64	1.65×1.25×1.8	2.5×1.27×1.8	5.05×2.55×4.15

5.5.4 型材与管材的弯曲工艺

型材在自由弯曲时，由于截面重心线与力的作用线不在同一平面上（图 5-26），型材除受弯曲力矩外还受扭矩的作用，使型材断面产生畸变（图 5-27）。畸变程度决定于弯曲半径，弯曲半径愈小，畸变程度愈大。一般轧制型材的最小弯曲半径允许值见表 5-52、表 5-53。

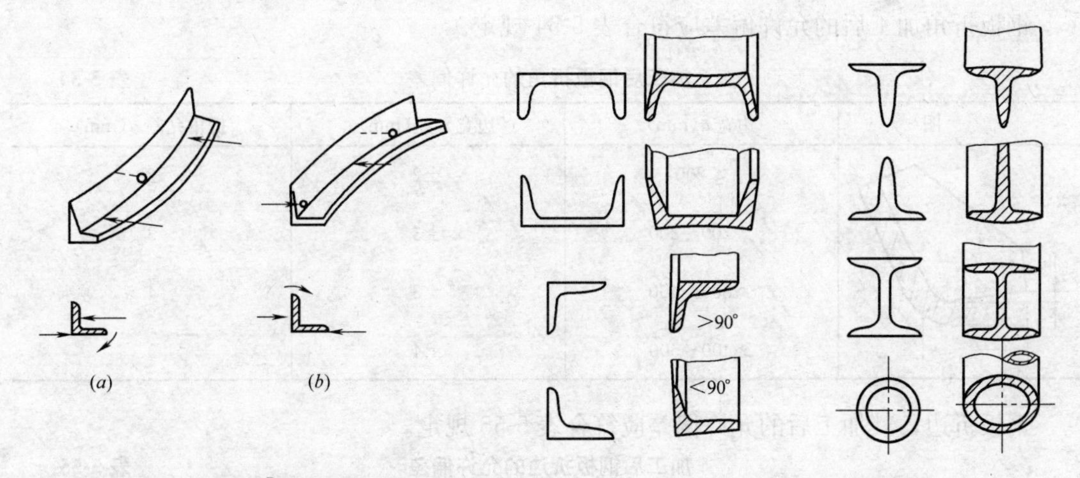

图 5-26 型材在自由弯曲时的受力与变形
（a）角钢外弯；（b）角钢内弯

图 5-27 型材弯曲时的截面变形

圆钢的最小弯曲半径（mm） **表 5-52**

圆钢直径 d	6	8	10	12	14	16	18	20	25	30	简图
最小弯曲半径 R	4		6		8		10		12	14	R d

角钢、槽钢、工字钢的最小弯曲半径　　表 5-53

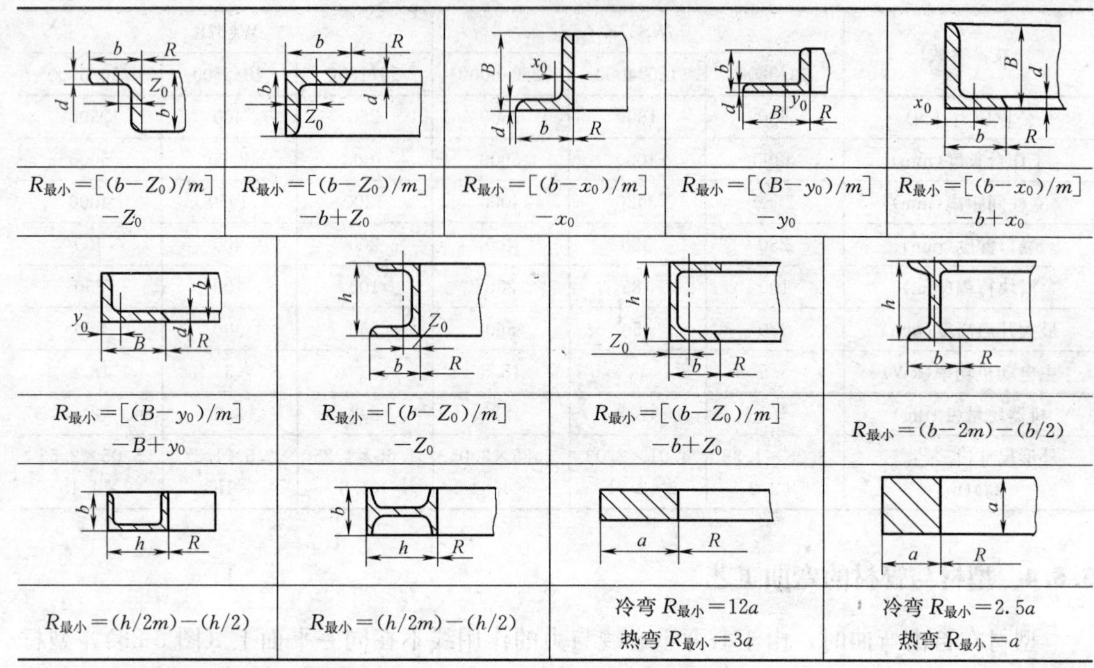

$R_{最小}=[(b-Z_0)/m]-Z_0$	$R_{最小}=[(b-Z_0)/m]-b+Z_0$	$R_{最小}=[(b-x_0)/m]-x_0$	$R_{最小}=[(B-y_0)/m]-y_0$	$R_{最小}=[(b-x_0)/m]-b+x_0$
$R_{最小}=[(B-y_0)/m]-B+y_0$	$R_{最小}=[(b-Z_0)/m]-Z_0$	$R_{最小}=[(b-Z_0)/m]-b+Z_0$	$R_{最小}=(b-2m)-(b/2)$	
$R_{最小}=(h/2m)-(h/2)$	$R_{最小}=(h/2m)-(h/2)$	冷弯 $R_{最小}=12a$ 热弯 $R_{最小}=3a$	冷弯 $R_{最小}=2.5a$ 热弯 $R_{最小}=a$	

注：热弯时取 $m=0.14$；冷弯时取 $m=0.12$；Z_0、x_0、y_0为重心距离。

5.5.5 钢板折角及折边

钢板折角加工后的允许偏差应符合表 5-54 规定。

加工后钢板折角的允许偏差　　表 5-54

草　图	边宽 a(mm)	边宽允差(mm)	折角允差 d(mm)
	≤200	±2	2
	>200～300	±3	3
	>300～400	±3	4
	>400～500	±4	5

钢板折边，其加工后的允许偏差应符合表 5-55 规定。

加工后钢板折边的允许偏差　　表 5-55

草图	折边边宽 b(mm)	宽度允差(mm)	折边不垂直度 a(mm)
	≤75	+6	$a≤1.5$
	>75	−3	$a≤b/100$ 且不大于 2.0

注：钢板折角及折边处的曲率半径应不小于板厚的两倍。纵向弯曲，每 1m 长度不大于 2mm，且总数不超过其长度的 0.2%。

对肘板、纵桁、首柱等折边或弯板加工时，有时会出现裂缝。裂缝的特征、原因及防治措施见表 5-56。

产生裂缝的原因和防止措施　　表 5-56

裂缝特征	产生裂缝原因	防治措施
通长裂缝	(1)原材料韧性不合格； (2)折边圆角太小； (3)折边时环境温度太低	(1)原材料机械性能应合格； (2)折边圆角 $R \geqslant 2.0\delta$； (3)−20℃以上折边
端部裂缝	由于端部有切口飞边造成应力集中而导致裂缝	在折边圆角四倍长范围内加工成圆角(见图 5-28)

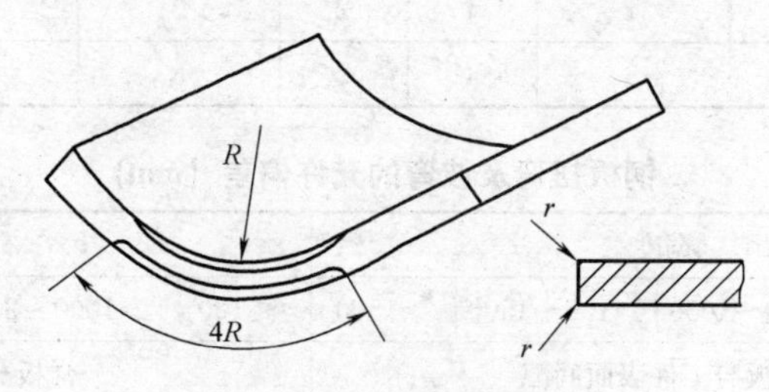

图 5-28　防止裂缝措施

5.5.6　钢板的弯曲

（1）钢板经单向弯曲后，用样板检验其横向允许偏差值 a 应符合表 5-57 的规定，纵向弯曲允许偏差值 b 应符合表 5-58。

钢板单向弯曲的横向允许偏差　　表 5-57

草图	板厚(mm)	钢板宽度(mm)			
		≤500	>500～1000	>1000～1500	>1500～2000
		横向偏差值 a			
	≤8	3	4	5	5
	9～12	2	3	4	4
	13～20	2	2	3	3
	21～30	2	2	2	2

钢板单向弯曲的纵向允许偏差　　表 5-58

工件长度(mm)	纵向允许偏差 b(mm)	
	圆筒形、圆锥形、槽形	其他形状
≤1000	2	3
>1000～2000	3	5
>2000～3000	4	7
>3000～5000	5	10
>5000	6	15

注：单向弯曲钢板用全宽样板检查；整个圆筒形或圆锥形筒体的尺寸偏差应符合下列规定：

1. 直径尺寸偏差不得超过直径的±5%；
2. 椭圆度不得超过直径的 7‰。

（2）双曲面外板加工的允许偏差不得超过表 5-59 的规定；具有扭曲形及波浪形外板加工的允许偏差，不得超过表 5-60 的规定。

钢板双向弯曲的允许偏差（mm） **表 5-59**

板厚	宽度				长度				
	≤500	＞500～1000	＞100～1500	＞1500	≤100	＞1000～2000	＞2000～3000	＞3000～5000	＞5000
	样板与工件表面间隙				样板与工件表面间隙				
≤8	3	4	5	7	3	6	9	14	20
9～12	2	3	4	5	2	4	6	10	15
13～20	2	3	4	4	2	3	5	7	10
21～30	2	2	3	4	2	3	4	6	8

钢板扭弯及波弯的允许偏差（mm） **表 5-60**

板厚	宽度				长度			
	≤500	＞500～1000	＞100～1500	＞1500	≤100	＞1000～2000	＞2000～3000	＞3000
	样板与工件表面间隙				样板与工件表面间隙			
≤8	3	4	5	7	3	6	10	16
9～12	2	3	4	5	2	4	7	12
13～20	2	3	4	4	2	3	5	10
21～30	2	2	3	4	2	3	5	8

注：双向弯曲钢板，其纵向或横向均应用全长或全宽样板检查。

（3）单个部件的平直要求：

单个部件制作，应尽可能地平直，如无其他规定时，超过下列弧长的矢高，均应经过平整。

桁架杆件及柱：弧矢高＝$L/1200$

受弯梁：弧矢高＝$L/800$

板样结构：弧矢高＝$L/200$

（注：L 为测量长度）。

（4）对原材料、零部件的矫正按规定的操作方法进行，包括消除钢材表面凸凹不平痕迹以及其他一些损伤，结构件在装配时的临时支撑完工后必须拆除并磨平其焊疤（工艺加撑除外），整形时不得出现焊缝开裂现象，矫正后表面划痕深度不得大于 0.5mm。

在设计上、工艺上无特殊要求时，矫正后的允许偏差应符合表 5-61 的规定。

钢板、扁钢零件矫正后允许偏差和检验方法，见表 5-61。

钢板、扁钢零件矫正后的允许偏差和检验方法 **表 5-61**

项目名称	示意图	允许偏差	检验方法和器具
钢板、扁钢的局部挠曲矢高 f	δ　f　1000　尺子	（1m 范围内）$\delta \leqslant 14$mm，$f \leqslant 1.5$mm；$\delta > 14$mm，$f \leqslant 1.0$mm	用 1m 直尺和塞尺检查

5.5.7 型钢矫正

（1）角钢矫正后允许偏差和检验方法，见表 5-62。

角钢的直线度、垂直度和挠曲矢高的允许偏差和检验方法　　表 5-62

项目名称	示意图	允许偏差	检验方法和器具
角钢挠曲矢高 f	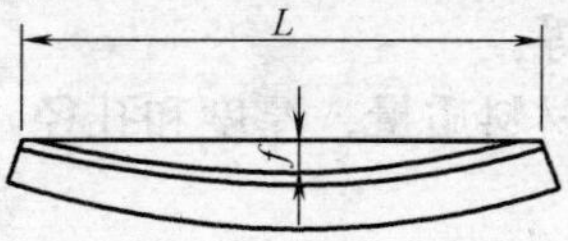	挠曲矢高 $f=L/1000$ 且不大于 5mm	用 1m 直尺和拉线测定
角钢肢不垂直度 Δ	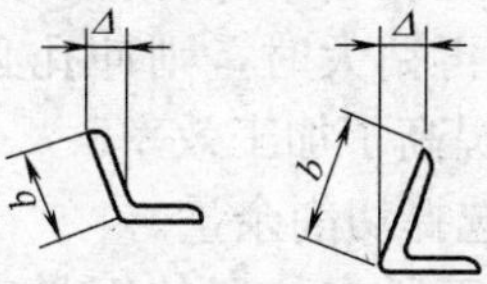	角钢肢不垂直度 $\Delta \leqslant b/100$（不等边角钢按长边宽度计算），且不大于 1.5mm，但双肢栓接角钢的角度不得大于 90°	用直角尺和钢尺检查

（2）槽钢、工字钢、H 型钢的直线度、垂直度、扭曲度的允许偏差和检验方法见表 5-63。

槽钢、工字钢、H 型钢的直线度、垂直度、扭曲度的允许偏差和检验方法　表 5-63

项目名称	示意图	允许偏差	检验方法和器具
槽钢、工字钢的挠曲矢高 f	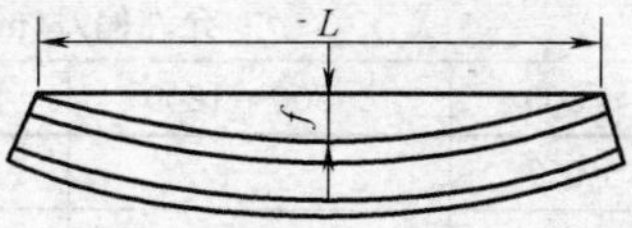	长度的 $L/1000$ 且不大于 5mm	用直尺和塞尺检查
槽钢翼缘对腹板的倾斜度 Δ	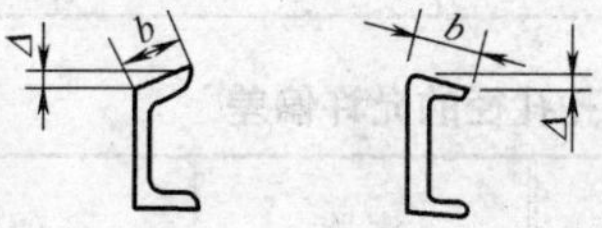	$\Delta \leqslant b/80$ 且不大于 1.5mm	用直尺和塞尺检查
工字钢、H 型钢翼缘对腹板的倾斜度 Δ	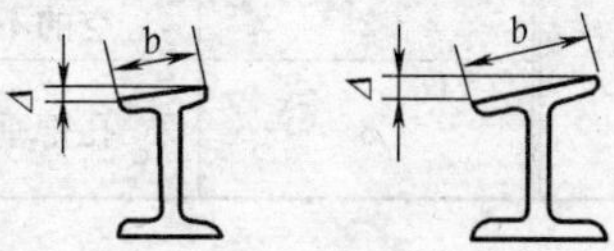	$b/100$ 且不大于 2mm	用直尺和塞尺检查
槽钢、工字钢的扭曲度 t	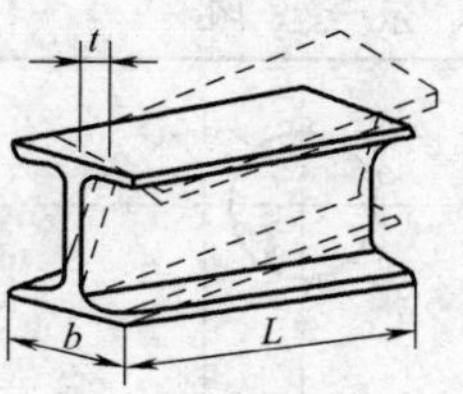	长度的 $L/1000$ 且不大于 5mm	用 1m 直尺和塞尺检查

5.6 制孔

5.6.1 制孔的技术要求

（1）构件使用的高强度螺栓（大六角头螺栓、扭剪型螺栓等）、半圆头铆钉自攻螺钉等用孔的制作方法有钻孔、铣孔、铰孔和锪孔等。

（2）构件制孔优先采用钻孔，当证明某些材料质量、厚度和孔径，冲孔后不会引起脆性时允许采用冲孔。

厚度在5mm以下的所有普通结构钢允许冲孔，次要结构厚度小于12mm允许采用冲孔。早冲切孔上，不得随意施焊（槽形），除非证明材料早冲切后，仍保留有相当的韧性，则可焊接施工。一般情况下，在需要所冲的孔上再钻大时，则冲孔必须在指定的直径小3mm。冲孔采用转塔式多工位数控冲床，可大大提高了加工效率。

（3）钻孔前，一要磨好钻头，二是要合理地选择切削余量。

（4）制孔成螺栓孔，应为正圆柱形，并垂直于所在位置的钢材表面，倾斜度应小于1/20，其孔周边应无毛刺、破裂、喇叭口或凹凸的痕迹，切削应清除干净。

（5）精度或铰制成的螺栓孔直径和螺栓杆直径相等，采用配钻或组装后铰孔，孔应具有H12的精度，孔壁表面粗糙度 $R_a \leqslant 12.5\mu m$。

（6）一般构件孔距、孔径、孔位的允许偏差应符合表5-64、表5-65、表5-66的规定。

精制螺栓孔径允许偏差和检验方法应符合表5-67的规定。

一般构件孔矩的允许偏差　　表5-64

序号	项　目	允许偏差(mm)			
		≤500	＞500～1200	＞1200～3000	＞3000
1	同一组内相邻两孔间距离	±0.7	—	—	—
2	同一组内任意两孔间距离	±1.0	±1.5	—	—
3	相邻两组的端孔间距离	±1.5	±2.0	±2.5	±3.0

一般构件钻孔孔径的允许偏差　　表5-65

序号	项目	允许偏差(mm)	序号	项目	允许偏差(mm)
1	孔的直径	+1.0 0	2	空的不圆度	2.0
			3	孔德垂直度	不大于0.05t，且不大于2.0

一般构件钻孔孔位的允许偏差　　表5-66

序号	项　目	示 意 图	允许偏差(mm)
1	孔中心偏移 ΔL	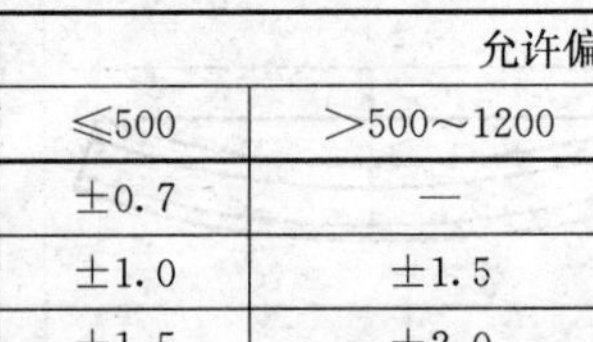	$-1 \leqslant \Delta L \leqslant +1$

续表

序号	项　目	示　意　图	允许偏差(mm)
2	孔间距偏移 ΔP	$P_1+\Delta P_1$ $P_2+\Delta P_2$	$-1\leqslant\Delta P_1\leqslant+1$ $-2\leqslant\Delta P_2\leqslant+2$
3	孔的错位	e	$e\leqslant1$
4	孔边缘矩 $L+\Delta$	d $L+\Delta$ $L+\Delta$	$\Delta\geqslant-3$ L 应不小于 $1.5d$ 或满足设计要求

精制螺栓孔径允许偏差和检验方法　　**表 5-67**

序号	螺栓杆公称直径、螺栓孔直径(mm)	螺栓杆公称直径允许偏差(mm)	螺栓孔直径允许偏差(mm)	检验方法和器具
1	10～18	0 −0.18	+0.18 0	用量规检查 (或游标卡尺)
2	18～30	0 −0.21	+0.21 0	用量规检查 (或游标卡尺)
3	30～50	0 −0.25	+1.25 0	用量规检查 (或游标卡尺)

(7) 高强度螺栓（大六角头螺栓、扭剪型螺栓等）和普通螺栓孔的直径比螺栓杆直径大 1.0～3.0mm，螺栓孔应具有 H14（H15）的精度，孔壁表面粗糙度 $R_a\leqslant12.5\mu m$。铆钉连接的制孔，半圆孔铆钉的直径比铆钉杆公称直径大 1.0mm。

(8) 孔的分组规定：

1) 在节点连接板与一根杆件连接的所有连接孔划为一组。

2) 接头处的孔：

通用接头——半个拼接板上的孔为一组；

阶梯接头——两个头之间的孔为一组。

3) 在两相邻节点或接头间的边接孔为一组，但不包括上述两项所指的孔。

受弯构件翼缘上，每 1m 长度内的孔为一组。

(9) 板迭上所有螺栓孔，铆钉孔均应用量规检查，其通过率为：

1) 用比孔的公称直径小 1.0mm 的量规检查，应通过每组孔数的 85%。

2）用比螺栓公称直径大 0.3mm 的量规检查应全部通过。

3）按上述检查，量规不能通过的孔，必须经施工图编制单位同意后，方可扩钻或补焊后重新钻孔。扩钻后的孔径不得大于原设计孔径 2.0mm。补孔应制定补焊工艺方案，并经过审查批准，处理后应做好记录。

（10）高强度螺栓孔用钻模钻孔时，其制作允许偏差为：

1）两相邻中心线的距离：±0.5mm。

2）矩形对角线两孔中心线距离及两板边孔中心距离：±1.0mm。

3）孔中心与孔群中心线的横向距离：0.5mm。

4）两孔间中心距离：±0.5mm。

（11）高强度螺栓和铆钉制孔允许偏差见表 5-68。

高强度螺栓和铆钉制孔允许偏差　　　　表 5-68

序号	名称		公称直径及允许偏差（mm）						
1	螺栓	公称直径	12	16	20	(22)	24	(27)	30
		允许偏差	±0.43		±0.52			±0.84	
	螺栓孔	直径	13.5	17.5	22	(24)	26	(30)	33
		允许偏差	+0.43 0		+0.52 0			+0.84 0	
2	铆钉	公称直径	16		20	(22)	24	30	
		允许偏差							
	铆钉孔	直径	±0.30		±0.35				
		允许偏差			+0.50 −0.20			+0.60 −0.20	
3	不圆度（最大和最小直径之差）		0.70		0.80				
4	中心线倾斜度		应不大于板厚的 3%，且单层板不得大于 1.0mm，多层板叠组合不得大于 2.0mm						

5.6.2　钻孔操作技能（钻头）

钻头的种类繁多，最常用的是麻花钻，见表 5-69。

钻头作用　　　　表 5-69

名称		作用	简图
组成	柄部	装夹钻头并传递扭矩；扁尾用于增加扭矩，把钻头从钻套中取出	工作部分　颈部　柄部　扁尾　切削部分　导向部分
	颈部	连接部分，刻有钻头规格和标号	
	工作部分	分导向部分和切削部分，两螺旋槽用来形成切削刃，并起排屑和输送切削液的作用；导向部分起引导和修光孔壁的作用	

续表

名称		作用	简图
主要几何角度	锋角 2φ	锋角较大、钻头强度高、切削时轴向力大； 钻硬质材料：锋角选大一些 钻软质材料：锋角选小一些 标准麻花钻：转角 $2\varphi=180^\circ\pm2^\circ$	
	后角 α	主切削刃上任一点的切削平面与后面之间的夹角。α 大，近面与工件切削面之间的摩擦力越小，切削刃强度降低；越靠近中心处 α 越大，近边缘处的后角为 $10^\circ\sim15^\circ$	一般材料 $2\varphi=116^\circ\sim118^\circ$ $\alpha=12^\circ\sim15^\circ$ $\varphi=35^\circ\sim45^\circ$ 一般硬材料 $2\varphi=116^\circ\sim118^\circ$ $\alpha=6^\circ\sim9^\circ$ $\varphi=25^\circ\sim35^\circ$
	横刃斜角 ψ	标准麻花钻 $\varphi=50^\circ\sim55^\circ$	铝合金 $2\varphi=90^\circ\sim120^\circ$ $\alpha=12^\circ$ $\varphi=35^\circ\sim45^\circ$ 高速钢 $2\varphi=135^\circ$ $\alpha=5^\circ\sim7^\circ$ $\varphi=25^\circ\sim35^\circ$
工件的固定方式		(1)小而薄的工件可用钳子钳紧 (2)小而厚的工件可用小型台虎钳钳紧 (3)中型或较大型的工件可用压板固定	
薄板钻孔		用标准麻花钻在薄板上钻孔时，钻出的孔不圆，毛刺大，应将麻花钻切削部分磨成三个顶尖，这种钻头称薄板钻	

5.6.3　新型钻头

高速钢钻头韧性好，可在机械制造中广泛使用。日本 1970 年代以来开始使用超硬钻头，最近开发应用的离子电镀技术的离子涂层钻头，采用专用研磨机械的特殊研磨方法等。

超硬钻头每分钟超过 1000 转的转速，具有很大的进刀效率，超过高速钢钻头 5 倍以上。由于超硬合金刀口的抗击能力较弱，所以必须选择高精度、高刚度的钻头。最初刀口和钻头是连成一体的，最近一次性刀口具有实用性，使人们从研磨钻头中解放出来，如图 5-29 所示。

一体形

一次性刀口形

图 5-29　超硬钻头

5.6.4　钻孔时的冷却与润滑

（1）钻削时，应注入充足的切削液。

（2）钻削钢、铜、铝合金时，使用3%～5%的乳化油水溶液。

（3）钻削高强度材料时，可在冷却润滑液中增加含硫、二硫化钼等成分，如硫化切削油。

（4）钻削韧性较好的材料时，可在冷却润滑液中加入适当的动物油、矿物油。

（5）当钻削孔的精度、表面粗糙度要求很高时，应选用主要起润滑作用的油类切削液，如菜油、猪油等。

5.6.5　攻螺纹底孔直径的确定

攻螺纹前必须先钻出底孔，底孔直径根据螺纹的大径、螺距和材料不同，可按下列经验公式确定：

钢和塑性材料　　$D=d-P$

铸铁和脆性材料　　$D=d-(1.05\sim1.1)P$

式中　D——底孔直径（mm）；

d——螺纹大径（mm）；

P——螺距（mm）。

例如：螺纹大径 d=12mm，螺距 1.5mm，则钻钢的底孔直径为 10.5mm。

5.6.6　磁磨钻在构架上钻孔

屋架、托架、牛腿等大型构件不可能在回转臂钻床上钻孔，则广泛应用磁力钻（又称吸铁钻）。钻正面孔时还可以掌握，但在钻屋架上、下弦杆侧面孔时，特别容易产生滑移，可以采用如下工艺措施：(1) 用套模板钻孔；(2) 先在孔理论中心线打一圆样冲印，用电钻或风钻钻 $\phi4\sim\phi5$ 小孔，然后再用磁座钻钻孔。

表 5-70 为构件制作的螺空允许偏差和检验方法。

构件制作的螺空允许偏差和检验方法　　表 5-70

序号	名　称	项　目		允许偏差（mm）	检验方法
1	单层钢柱	柱底面到柱端与桁架连接的最上一个安装孔的距离	$L\leqslant15$m	±10	用钢尺检查
2			$L>15$m	±15	
3		连接同一构件的任意两组安装孔距离		±2.0	
4		受力支托板表面到第一安装孔的距离		±1.0	
5		柱脚螺栓孔中心对柱中心线的偏移		±1.5	

续表

序号	名称	项目		允许偏差（mm）	检验方法
6	高层多节柱	柱脚螺栓孔对柱中心线偏移		±1.5	用钢尺检查
7	焊接实腹梁	两端最外侧安装孔距离		±3.0	用钢尺检查
8	屋架、屋架梁及其他桁架制作	屋桁架最外侧两个孔或两端支承面最外侧距离	$L \leqslant 24$m	+3.0 −7.0	用钢尺检查
9			$L > 24$m	+5.0 −10.0	
10		固定檩条或其他构件的孔中心距	孔组距	±3.0	
11			组内孔距	±1.5	
12		支点处、固定上下弦的安装孔距离		±2.0	
13		支承面到第一个安装孔的距离		±1.0	
14	墙架连接系统	构件两端最外侧安装孔距		±3.0	用钢尺检查
15		构件两组安装孔距		±3.0	
16		同组螺栓	相邻两孔距	±1.0	
17			任意两孔距	±1.5	
18	固定式钢直梯、斜梯、防护栏杆及平台	安装孔距		±3.0	用钢尺检查

5.7 端部铣平

构件端部支承面要求铣平顶紧和构件端部截面精度要求较高的，无论是采用什么方法切割和用何种钢材制成的，都要刨边或铣边。

零件的剪切、刨（铣）削、气割的边缘加工的允许偏差及检验方法，见表 5-71 端部铣平允许偏差。

端部铣平允许偏差　　表 5-71

序号	项目	允许偏差（mm）	检验方法和器具
1	两端铣平时构件长度	±2.0	用钢卷尺检查
2	两端铣平时零件长度	±0.5	用钢卷尺检查
3	铣平面垂直度	0.30	用直尺和塞尺检查
4	铣平面的倾斜度（正切值）	不大于 1/1500，且不大于 0.50	用角尺和塞尺检查
5	表面粗糙度	0.03	用样板检查

（1）柱端铣后顶紧接触面应有 75％以上的面积紧贴，用 0.30mm 塞尺检查，其塞入面积不得大于 25％，边缘间隙亦不应大于 0.5mm。

（2）刨削时直接在工作台上用螺栓和压板装夹工件时，通用工艺规则如下：

1）多件画线毛坯同时加工时，装夹中心必须按工件的加工线找正在同一平面上，以保证各工件加工尺寸的一致。

2）在龙门刨床上加工重而窄的工件，需偏于一侧加工时，应尽量使两件同时加工或在另一侧加配重，以使机床的两边导轨负荷平衡。

3）在刨床工作台上装夹较高的工件时，应加辅助支撑，以使装夹牢靠和防止加工中工件变形。

4）必须合理装夹工件，以工件迎着走刀方向和进给方向的两个侧边紧靠定位装置，而另两个侧边应留有适当间隙。

（3）关于铣刀和铣削量的选择，应根据工件材料和加工要求决定，合理的选择是加工质量的保证。

5.8 摩擦面加工

摩擦面加工方式有以下三种：

（1）喷砂、喷丸、抛丸

采用石英砂、棱角砂、金刚砂、切断钢丝、铁丸等磨料，或两种不同质的混合磨料，以一定配合比，用喷砂机、轮式抛丸机等将磨料射向物体，使表面达到规定清洁度和粗糙度。

喷丸、抛丸粒径选用1.2～3.0mm为宜，压缩空气压力为0.4～0.6MPa，喷距100～300mm；喷角90°±45°。喷砂、喷（抛）丸表面粗糙度达50～70μm，可不经生锈期即可拧紧高强度螺栓。喷砂处理必须严格遵守作业条件以及注意事项，不按照正确的施工管理进行作业，就不能得到预定的与表面种类和表面粗糙度有关的抗滑移系数。

（2）砂轮打磨

可采用风动、电动砂轮机对摩擦面进行打磨。打磨方向应与构件受力方向垂直。打磨范围不应小于四倍螺栓孔直径。磨后表面呈光亮色泽。此法特点是加工设备简单、费工费时、打磨后需经一定自然生锈周期，方可施工拧紧。

（3）其他摩擦面加工方法

采用氧-乙炔焊枪火焰法对处理表面加热，应全部去除氧化层为止。此法仅限于对抗滑移系数不高的连接面场合，一般 $f=0.35$。经上述方法处理好的摩擦面不能有毛刺，并且不允许再行打磨或捶击、碰撞，处理后的摩擦面应妥为保护；自然生锈，生锈期一般不能超过90天，摩擦面不得重复使用。

综上所述，不同工序、不同作业种类主要使用的机械加工特点汇总于表5-72。

不同工序、不同作业种类主要使用的机械一览　　表5-72

工序	作业		主要适用机械名称	附注
切割加工工序	机械切割	剪断	剪切	板材坡口角度10°～30°,可以安平换取线切割
			长剪切	板材坡口角度10°以下,直线切割效率高
			角钢切割	角钢切割专用
		切削	冷锯	精度高,切面质量优
			手工锯	型钢,圆钢柱的切割
			砂轮锯	小断面圆钢、角钢,小口径管使用
		热切	摩擦锯	高速,但切割面出现毛边

续表

工序	作业		主要适用机械名称	附　注
切割加工工序	热切割	气割	手工气割机 移动式自动气割机 形切割机 N/C型切割机	预热用燃料气体使用乙炔，管道煤气 切割使用高纯度氧气时，切割面精度及质量较高
			龙门切割机 多头平行切割机 钢管切割机	能同时使用多个切割火口，经济性好
		等离子	氩等离子切割机	能够进行金属以及非金属的切割
			空气等离子切割机 氧气等离子切割机 水等离子切割机	适用于碳素钢的高速切割（多采用氧气等离子）
		激光	二氧化碳气体切割机（碳素钢时辅助气体中使用高纯度氧气）	切割缝狭小，热影响极小，适用于精密切割，适合无人化控制
			YAG激光切割机	YAG激光输出功率小可以使用光纤维
坡口加工	气割		龙门刨（N/C，非N/C）	能够加工长尺寸构件的I、X、Y、K形坡口，N/C中曲线加工亦可
			等离子自动气体切割机	广泛使用，加工I、X、Y、K形坡口
	机械切割		刨边机	超硬切削道口的出现使效率提高 I、X、Y、K形坡口以外坡口也可加工
			坡口加工专用机（钢板）	使用超硬刀口的专用机械
			牛头刨床	板厚差坡度加工等处使用
开孔加工工序	剪切		冲击开孔机 梁式开孔机	根据冲切面的粗糙度有一定的使用限制 N/C的情况较多
	钻孔		移动式电动钻孔机 摇臂钻 多轴球盘	磁铁固定 最广泛使用的机械 N/C化发展中
			N/C镗床 N/C门式钻孔	采用超硬钻头提高效率，无人化发展中
	摩擦面处理		除去孔毛边兼作摩擦面处理专用机械 型钢用摩擦面处理专用机械 用通用工具的粗糙面作业	节点板等小型钢材使用 利用风机装置的自动处理机 高度打磨机的粗糙面打磨
拼装	小拼装		小构件拼装夹具	拼装台，可动紧固锁具、夹具
	大拼装		大构件拼装装置	构件定位装置，回转装置，节点固定夹具
	拼装		工形构件拼装装置	构件定位装置，加压固定装置
			箱形构件拼装装置	构件定位装置，加压固定夹具

5.9　卷板

5.9.1　卷板的分类

卷板是利用卷板机对板料进行连续三点弯曲的过程。按卷制温度不同分为冷卷、热卷和温卷；按板料卷制曲面形状不同的分类见表 5-73。

卷板分类　　　　表 5-73

名　称	图　示	说　明
圆柱体	R	最简便，常用
圆锥体	R	较简便，常用
任意柱面	R_1 R_2 R_4 R_3	用仿形或自动控制实现

5.9.2 卷板滚圆

卷板是在外力作用下，钢板内层纤维缩短而产生弯曲变形。在卷板机许可加工条件下，一般在卷板机上滚圆工作，均采用常温状态下加工（俗称冷弯）。当直径很小，板又很厚，一般做成二个半圆，俗称“两哈夫”，在压力机上冷压或加热后压制。

卷板机的下辊轴是被动的，只有当板料与上辊接触到的部分，才会达到所需要的弯曲半径。因此材料两端部边缘各有一段无法与上辊接触而不发生弯曲的剩余直边预弯，使其达到应有的曲率半径后再卷弯。

(1) 剩余直边与预弯

在卷板机上卷板时，板的两端卷不到的部分为剩余直边，其大小与卷板机的类型和卷曲形式有关，见图 5-30 与表 5-74。

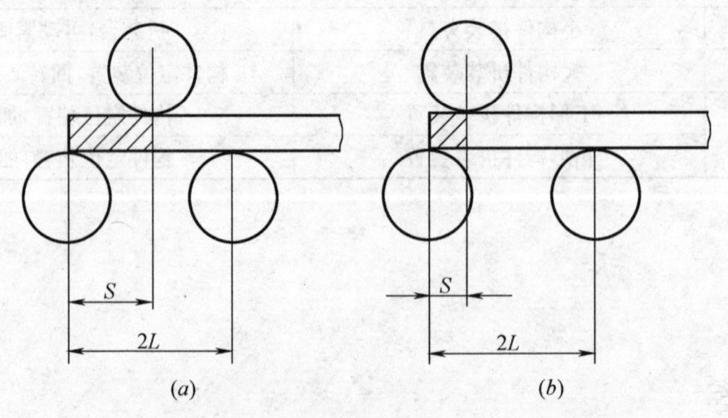

图 5-30　卷板机的不同卷曲形式与剩余直边

(a) 对称三辊卷板；(b) 不对称三辊卷板

平板弯曲时的理论剩余直边 **表 5-74**

设备类别		卷板机			压力机
卷曲形式		对称卷曲	不对称卷曲		模具压弯
			三辊	四辊	
剩余直边	冷弯时	$S=L$	$(1.5\sim2)\delta$	$(1\sim2)\delta$	1.0δ
	热弯时	$S=L$	$(1.3\sim1.5)\delta$	$(0.75\sim1)\delta$	0.5δ

注：L——侧辊中心距之半；δ——板厚。

预弯就是将板料两端的剩余直边部分先弯曲到所需的曲率半径，然后再卷弯。常用的预弯方法见表 5-75、图 5-31、图 5-32。

常用的预弯方法 **表 5-75**

序　号	简　图	说　明
1		在压力机上用模具预弯，适用于各种板厚

一般三辊卷板机无法预弯，若采取如下措施，可以预弯。

1）取一块厚板作为弯模，其内径（弧度）相当于工件外径弧度。将弯模放入轴辊中，板料置于弯模上，压下“上辊”使弯模来回滚动，直至剩余直边达到所需弯度，见图 5-31（a）。

在无弯模的情况下，可取一平板，其厚度大于工件板厚的 2 倍，在平板上放置一楔形垫块，见图 5-31（b）。此法只适用于板厚 $\delta \leqslant 24$mm，控制弯曲功率不超过设备能力的 60%。

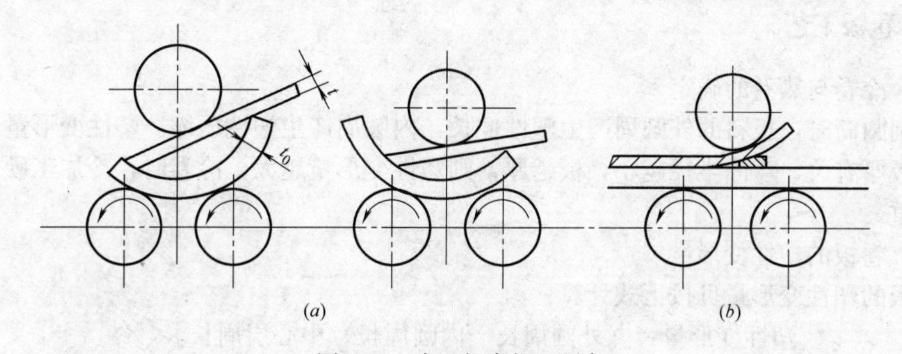

图 5-31　在三辊弯板上预弯

2）在四辊弯板机上预弯，将板料的边缘置于上、下辊间，并压紧缩压（见图 5-32）。

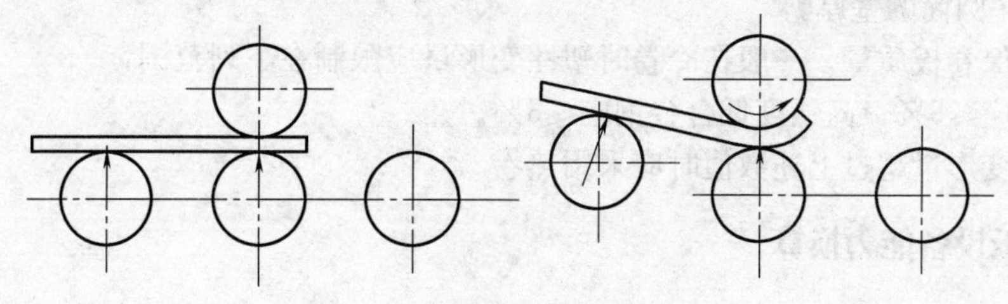

图 5-32　在四辊弯板机上预弯

对于圆度要求很高的圆筒，即使采用四辊卷板机卷制，也应事先进行模压预弯。

(2) 对中

对中的目的是使工件的母线与辊筒轴线平行，防止产生歪扭，常用对中的方法见图5-33所示的三种。

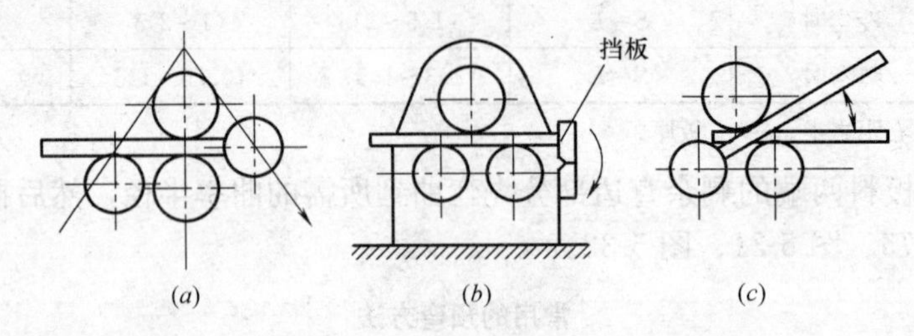

图 5-33　对中方法

(a) 利用侧辊对中；(b) 利用挡板对中；(c) 利用板边紧靠下侧辊对中

(3) 卷圆

板料位置对中，逐步调节上辊筒（三辊卷板机）或侧辊筒（四辊卷板机）的位置，使板料产生弯曲，并来回滚动，直至达到规定的要求。弯曲半径用样板检验。

(4) 矫圆

矫圆的目的是矫正筒体焊接后的变形，一般矫圆方法有三个步骤：

1) 加载。根据经验或计算将辊筒调到所需的最大的矫正曲率位置。

2) 滚圆。将辊筒在矫正曲率下滚卷 1～2 圈（着重滚卷近焊缝区），使整圈曲率均匀一致。

3) 卸载。逐渐退回辊筒，使工件在逐渐减少矫正荷载下多次滚卷。

5.9.3　卷板工艺

(1) 冷卷与热卷的确定

卷制圆筒时，板料的外圆周产生塑性伸长，内圆周产生塑性压缩。塑性变形量与弯曲半径和板厚有关，弯曲半径越小，板越厚，则塑性变形量越大。冷卷时，冷加工硬化现象也越严重。

(2) 卷板的塑性变形量

卷板的塑性变形量可按下式计算：

$$\text{塑性变形量}=[(\text{外圆周长}-\text{内圆周长})/\text{中心层周长}]\times\%$$
$$=[\pi(D+\delta)-\pi D]/\pi D\times\%=\delta/D(\%)$$

式中　D——圆筒的平均直径；

δ——圆筒的壁厚。

为了确保卷板质量，一般在冷卷时塑性变形量应限制在下列范围：

碳素钢应≤5%；高强度低合金钢应≤3%。

当塑性变形量超过上述数值时应采用热卷。

5.9.4　卷板设备能力换算

卷板机所能卷制的最大板料规格和最小直径，在设备的技术规范中都有明确的规定，超过这个规定就会引起设备过载而损坏。在实际生产中，卷制的板料规格不一定与设备的技术规定相一致，例如板料的宽度小于技术条件中的规定时，在材质相同的情况下，卷板机也不会过载，所能卷制的板厚显然大于所规定的最大板厚。

在同一卷板机上卷制不同直径、板厚、板宽与屈服点的材料时，卷板能力应进行换算。

卷制材料与板宽相同时（图5-34），外径与板厚的关系式为：

$$\delta_2=\delta_1\sqrt{[D_2(D_1+d)]/[D_1(D_2+d)]}$$

式中 δ_1——已知的板厚（mm）；

δ_2——所求的板厚（mm）；

D_1、D_2——与 δ_1、δ_2 相应的筒体的外径（mm）；

d——下辊筒直径（mm）。

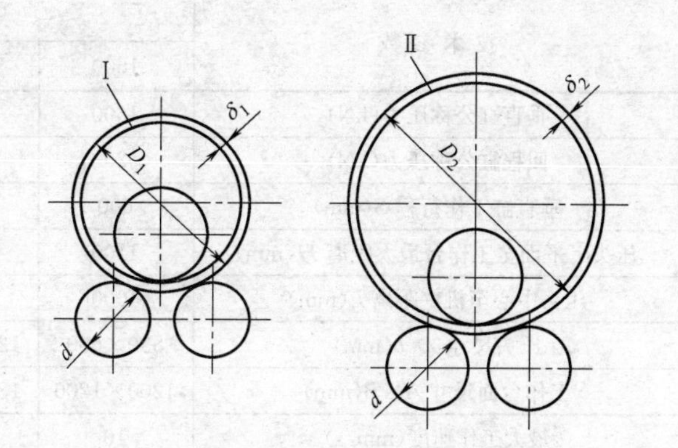

图 5-34　卷制不同的板厚与外径

5.10　压制

5.10.1　设备

冷作钣金工常用的锻压机械共分八类，各类名称及其字母代号见表 5-76。

锻压机械的分类及代号　　表 5-76

类别名称	汉语简称	拼音代号	类别名称	汉语简称	拼音代号
机械压力机	机	J	锤	锤	C
液压压力机	液	Y	锻机	锻	D
剪切机	切	Q	刨切机	刨	B
弯曲矫正机	弯	W	其他	他	T
自动锻压机	自	Z			

(1) 压力机。压力机用于将板料压弯成各种形状，也可用于压延、冲裁、落料、切边等工作。压力机有机械压力机和液压压力机等。钢结构制作常用的是液压压力机。

(2) 液压压力机主要用于中（厚）钢板的冷（热）弯曲、成形、压制封头、折边、拉延和板材与结构件矫正等工作。液压压力机分油压机和水压机两大类。

常用的单臂冲压液压机（图 5-35）主要技术参数见表 5-77。

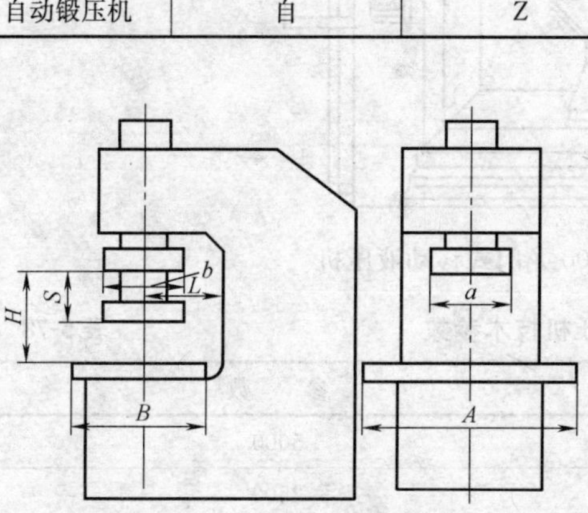

图 5-35　单臂冲压液压机

单臂冲压液压机的规格和技术参数　　表 5-77

技术参数	规格				
	1600	3150	5000	8000	12500
垂直缸公称压力(kN)	1600	3150	5000	8000	12500
回程缸公称压力(kN)	20	40	63	100	160
垂直缸工作行程 S(mm)	600	800	1000	1200	1400
压头下平面至工作台最大距离 H(mm)	1100	1500	1900	2300	2600
压头中心至机壁距离 L(mm)	1000	1300	1600	1800	2000
压头尺寸 $a \times b$(mm)	850×600	1200×1000	1500×1200	1600×1800	2000×2200
工作台面尺寸 $A \times B$(mm)	1200×1200	1800×1800	2300×2500	2600×3000	3200×3600
最大工作速度(mm/s)	10	10	10	10	10
空程下降速度(mm/s)	100	100	100	100	100
回程速度(mm/s)	80	80	80	80	80
工作液体压力(MPa)	20	20	20	25	25
水平缸公称力(kN)		630	1000	1600	2500
水平缸工作行程(mm)		700	800	900	1000
主电动机功率(kW)	18.5	45	75	2×55	2×90

Y45-500/2500×5000 龙门式移动液压机（图 5-36）公称压力为 500t。用于型钢、厚板、焊接构件的整形、校平、校正、校直和压制封头。

本机主压头装在一个可移动小车上，小车又装于一个可移动龙门框架上部，因此无须移动工件就可实现变点校平，提高功效。其技术参数见表 5-78。

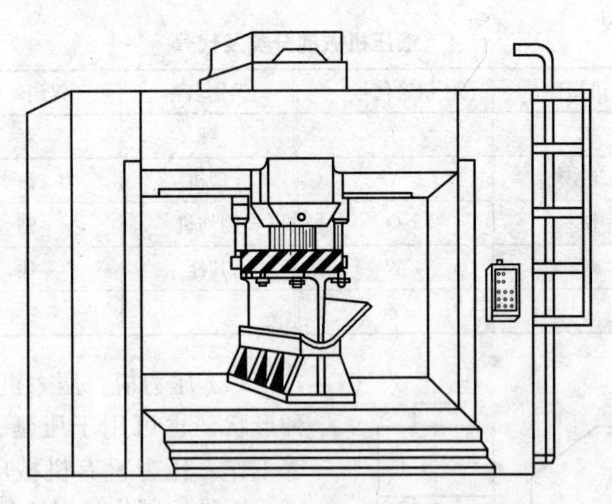

图 5-36　Y45-500/2500×5000 龙门式移动液压机

500t 龙门式移动液压机技术参数　　表 5-78

项　目	参　数
公称压力(kN)	5000
工作台有效宽度(mm)	2500
工作台有效长度(mm)	5000

续表

项　目	参　数
压头在工作台宽度方向移动距离(mm)	1800
压头在工作台长度方向移动距离(mm)	3500
上模座下平面到工作台面距离(mm)	1500
压头垂直方向向下移动最大距离(mm)	800
下行最大速度(mm/s)	60
压头慢速下行速度(mm/s)	3
压头返程速度(mm/s)	80
活动横梁移动速度(mm/s)	175
小车移动速度(mm/s)	120
主电动机功率(kW)	18.5
副液压系统电动机功率(kW)	5.5
活动横梁移动电动机功率(kW)	0.75×2
小车移动电动机功率(kW)	0.75
工作台顶出缸最大顶起高度(mm)	100
工作台顶出缸最大顶起公称压力(kN)	8×30
外形尺寸:长×宽×高(mm)	6450×7230×6580
机器总重(kg)	72800
电源电压(V)	380±10%
产地	天水锻压机有限公司

通用压模结构如图 5-37、图 5-38 所示。

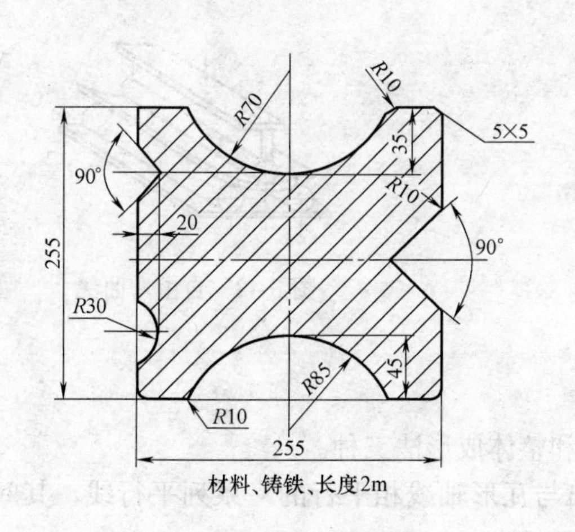

图 5-37　通用下模

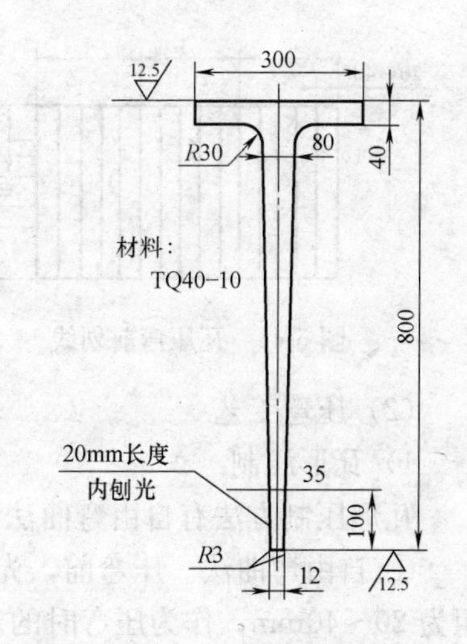

图 5-38　通用上模

5.10.2　压弯

压弯是利用模具或压弯设备将坯料弯成所需形状的加工方法。

（1）压弯时材料的变形

现以板料在V形模上的压弯为例，说明其变形过程。压弯开始时，板料在三点作用下自由弯曲［图5-39（*a*）］；随着凸模下降，板料与凹模表面逐渐靠紧，弯曲力臂由l_0变为l_1，弯曲半径由r_0变为r_1［图5-39（*b*）］；凸模继续下降，板料的弯曲区逐渐减小，直到与凸模三点接触，这时力臂由l_1变成l_2，弯曲半径由r_1变为r_2［图5-39（*c*）］；当凸模再继续下降，板料的直边部分向与开始时的相反方向弯曲，到下极点位置时板料与凸模完全贴紧（5-39*d*）。

板料弯曲后，其横断面发生变形（图5-40）。对于窄板（$B<2\delta$），沿内层宽度增加，沿外层宽度减小，断面略呈扇形。对于宽板（$B>2\delta$），板料横截面无明显变形，板料弯曲区域内的厚度δ_1均小于原来的板厚δ。

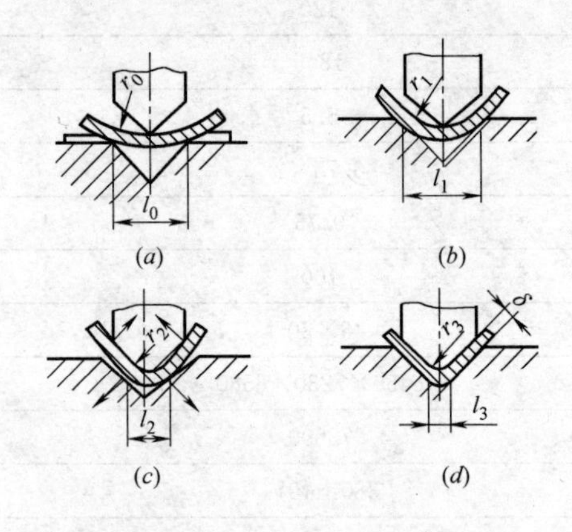

图5-39　板料在V形模上的弯曲过程

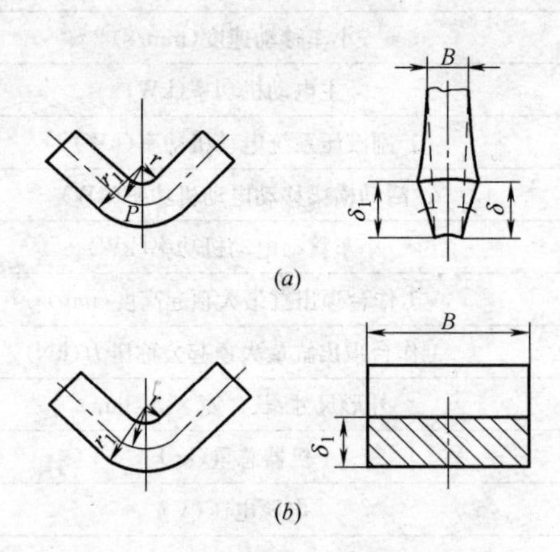

图5-40　板料弯曲时横断面的变形

（*a*）窄板料；（*b*）宽板

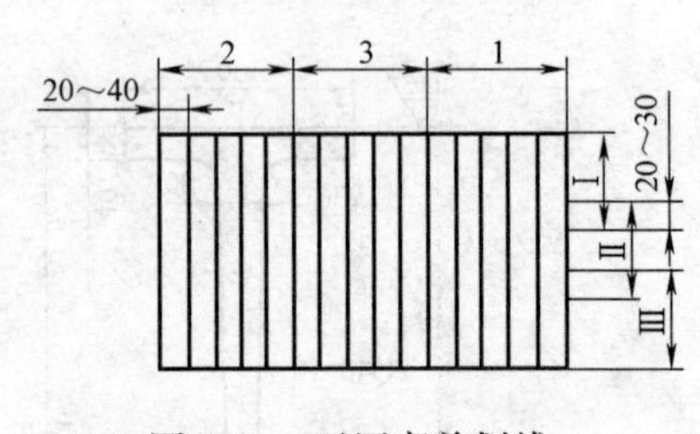

图5-41　瓦压弯前划线

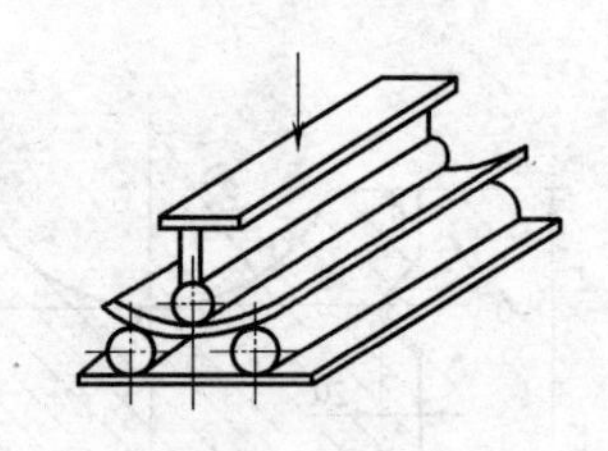

图5-42　自由弯曲法

（2）压弯工艺

1）瓦形压制

瓦形压制方法有自由弯曲法、扇形模压法和整体成形法三种。

① 自由弯曲法。压弯前，先在板料上画出与瓦形轴线相平行的一系列平行线，其间距为20～40mm，作为压弯时的定位标准（图5-41）。

由于压膜的长度往往小于瓦形长度（图5-42），所以沿瓦形长度方向不能一次压成，而要分段压制。每次压弯变形不能过大，以免在模子的两端产生缺陷，一般每次压弯的弯曲角在20°～25°之间。第Ⅰ段压制后压制第Ⅱ段，其相邻两段的瓦形压制位置应重叠20～30mm，并使瓦形弯曲量相等。

整个瓦形压制顺序应由边缘向内，先压两边，后压中间（按图中1、2、3的顺序见图5-41）。压制过程中要用样板检查，并及时校正。

自由弯曲法（图5-42）的模具结构简单，通用性强，应用范围广，但制件的尺寸不易控制。如调整下模具具有两圆钢的角度还能压制锥形瓦或锥体，一般用于冷压。

② 扇形模压法。扇形模压法（图5-43）常用于冷压。用这种模具只要模压此件即可成形，操作简单，用同一模具能压制几种厚度相近的制件。

③ 整体成形法。整体成形法（图5-44）是采用一次热压成形，一套模具仅能压制一种规格的瓦，适用于大批量生产。

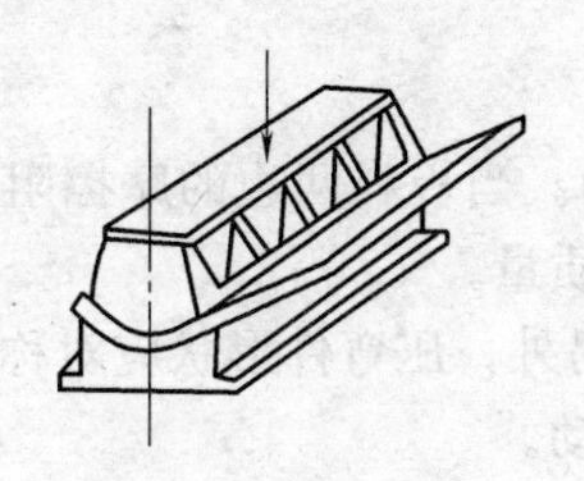

图5-43　扇形模压法

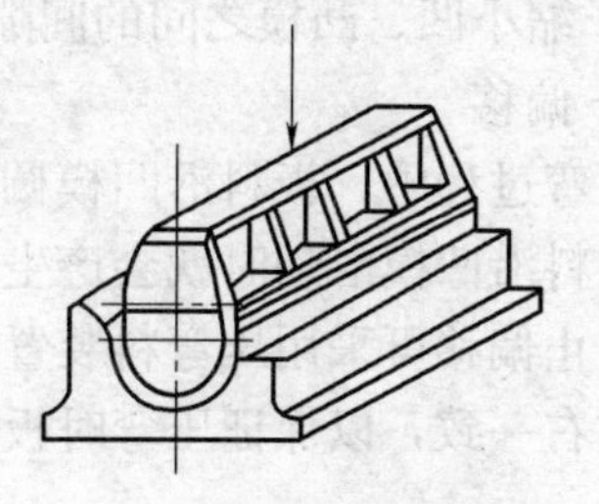

图5-44　整体成形法

瓦形热压时，如操作不当，会产生形状不准、直边不直和扭曲等缺陷。形状不准是由于模具收缩率选择不当，或工件冷却不均匀造成的。如制件脱模温度过高，冷却收缩不均匀，就会造成直边不直的缺陷。扭曲是由于坯料定位不准或下模圆角不光滑的缘故。

2）弯曲回弹

从压弯模中取出后，其弯角及弯曲半径与压弯模工作部分的尺寸不一致。这种成形卸载后，在坯料变形区内出现弹性恢复现象称为回弹。由于材料本身的弹性，回弹必然产生。例如，板料压弯时，在模具作用下的弯曲角为α，模具卸除后板料实际得到的弯曲角为α_0，α_0大于α，两者的差值称为回弹角。回弹角常用来衡量材料回弹的程度。影响回弹的因素见表5-79。

影响回弹的因素　　**表5-79**

项　目	说　明
材料的力学性能	材料的屈服点愈高，则回弹愈大；材料的弹性模数愈大，则回弹愈小
材料的相对弯曲半径（r/δ）	相对弯曲半径愈大，回弹愈大
压弯件的形状	U形压弯件比V形压弯件的回弹愈小
压弯模的间隙	U形压弯件的模具间隙愈大，回弹也愈大
压弯力	压弯终了时，如继续增加压弯力则回弹减少

减少回弹的措施：

① 修正模具形状（图5-45）。将凸模角度减少一个回弹角或将凸模做成弧形曲面，利用曲面部分回弹补偿两直边的回弹。

② 采用加压校正法。将凸模做成如图5-46所示的形状，减少接触面积，加大弯曲部位的压力，以减少回弹。

③ 用拉弯法减少回弹。

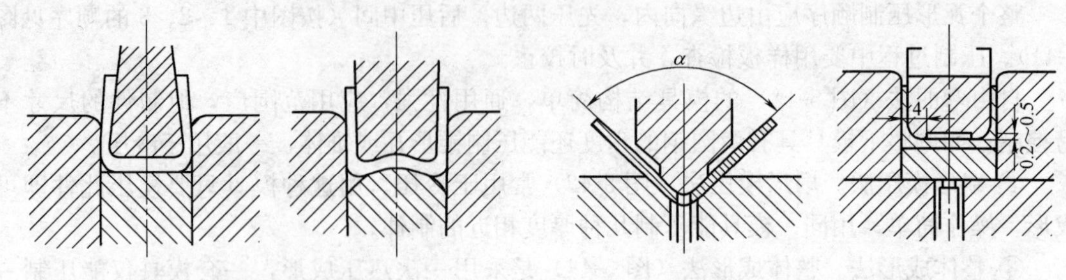

图 5-45　修正模具形状　　　　图 5-46　加压校正法

④ 缩小凹、凸模之间的间隙。

3）偏移

压弯过程中，板料沿凹模圆角滑动时会产生摩擦阻力。当板料两边的摩擦阻力不等时，板料沿凹模滑动时就会产生偏移，从而影响压弯件的质量。

防止偏移可采用压弯料装置或用孔定位（图 5-47）。另外，压弯件形状应对称，弯曲半径左右一致，以保证压弯时板料两边平衡，防止产生滑动。

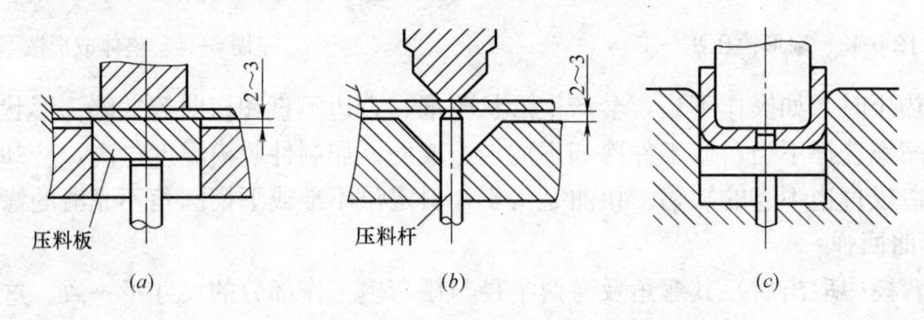

图 5-47　防止偏移措施

(a) 压料板；(b) 压料板（有齿纹）；(c) 孔定位

4）压弯力计算

单位校正压力 g 值见表 5-80，压弯力的经验计算公式见表 5-81。

单位校正压力 g 值（MPa）　　　　**表 5-80**

材料＼材料厚度 δ (mm)	<1	1～3	3～6	6～10
铝	15～20	20～30	30～40	40～50
黄铜	20～30	30～40	40～60	60～80
10～20 号钢	30～40	40～60	60～80	80～100
25～30 号钢	40～50	50～70	70～100	100～120

压弯力的经验公式　　　　**表 5-81**

压弯方法	简　图	计算公式
单角自由压弯		$F_{自}=0.6B\delta^2\sigma_b/(R+\delta)$

续表

压弯方法	简　图	计算公式
单角校正压弯	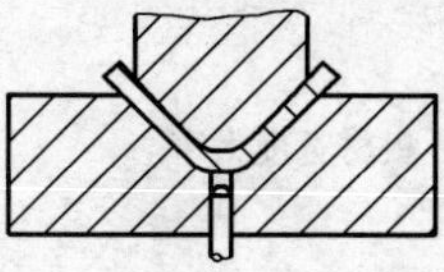	$F_{校}=gS$
双角自由压弯	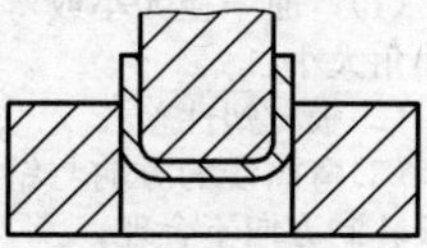	$F_{自}=0.7B\delta^2\sigma_b/(R+\delta)$
双角校正压弯	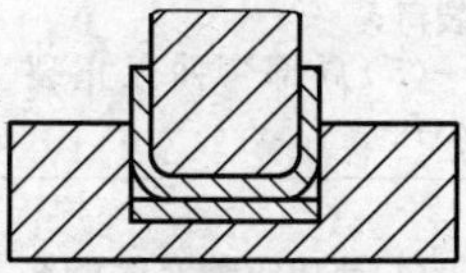	$F_{校}=gS$
曲面自由压弯	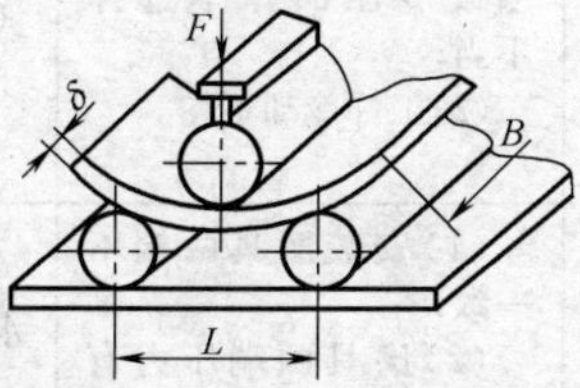	$F_{自}=\delta^2B\sigma_b/L$

注：1. B 为板料的宽度（mm）。
2. R 为压弯件的内弯曲半径（mm）。
3. σ_b 为材料的抗拉强度（mm）。
4. S 为压弯件被校正部分投影面（mm^2）。
5. g 为单位校正压力（MPa），见表 5-80。
6. δ 为材料厚度（mm）。
7. F 为压弯力（N）。

【例 5-1】 计算如图 5-48 材质为 10 号优质碳素钢，厚度为 8mm 的 U 形件的校正压弯力。

【解】 压弯力的计算

$$F_{校}=gS$$

其中：$S=100\times300=30000mm^2$

查表 5-80，取 $g=90MPa$

$F_{校}=90\times30000=2700000=2700kN$

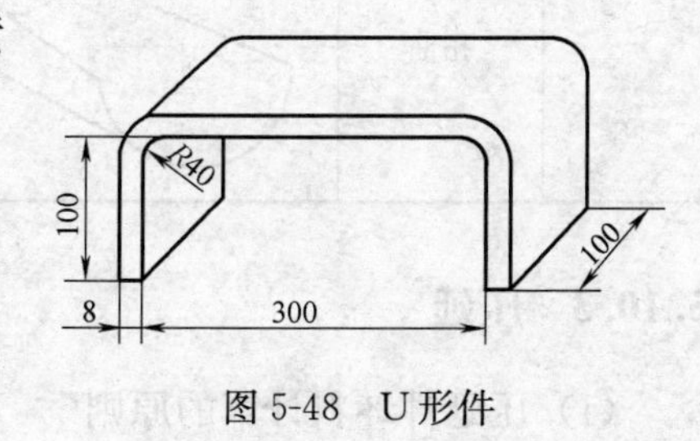

图 5-48　U 形件

【例 5-2】 用自由弯曲法弯制表 5-81 中最后图示的圆弧形工件，其材质为 Q235R 钢，板厚 20mm、工件长 1500mm，压弯下模中心距 600mm。求自由压弯力。

【解】

$$F_{自}=\delta^2B\sigma_b/L$$

其中：$\delta=20mm$；$B=1500mm$；取 $\sigma_b=380MPa$；$L=600mm$

$$F_{自}=20^2\times1500\times380/600=380kN$$

（3）压弯件缺陷产生原因与防止措施，见表 5-82。

压弯件缺陷产生原因与防止措施 **表 5-82**

零件名称	缺陷名称	简图	产生原因	防止措施
弯板材料	横断面呈扇形	δ B	板材宽度太窄	增加板材宽度，一般取 $B \geqslant 2\delta$
	弯裂		(1)弯曲半径太小或弯曲角太小； (2)板材塑性差； (3)弯曲线的方向与钢板轧制方向不合理； (4)坯料边缘有毛刺或裂口； (5)局部弯曲无止裂小孔	(1)采用合理的弯曲半径或相应放大弯曲半径； (2)坯料经退火处理或加热； (3)弯曲线方向与钢板的轧制方向成垂直或45°； (4)磨光坯料边缘毛刺和裂口； (5)近弯曲处钻小止裂孔
宽板料	形状不对	δ	(1)热压收缩率选择不当或冷压回弹率选择不当； (2)工件冷却不均	(1)合理选择热压收缩率或冷压回弹率； (2)采用冷校圆
	两端直径不一		(1)安装磨具两端不一致； (2)磨具两端压力有大小	(1)上、下模两端保持水平； (2)两端压力相等
	直边不直		(1)脱模温度太高或脱模方法不合理； (2)冷却收缩不均匀	(1)合理使用脱模方法； (2)采用冷校正
	扭曲		(1)坯料定位不准； (2)下模圆角不光滑	(1)保证坯料对中； (2)下模圆角打光

5.10.3 压延

(1) 压延件坯料计算的原则

① 当材料厚度不变（不变薄压延）时，可采用等面积法计算坯料（坯料的面积和压延件表面积相等）尺寸。

② 当材料厚度减薄（变薄压延）时，可采用等体积法计算坯料（坯料的体积和压延件体积相等）尺寸。计算时坯料厚度应等于压延件的最大厚度。

③ 当压延件需要切边时，计算坯料也应增加切边的工艺余量。

(2) 简单旋转体压延件（筒形件）的坯料尺寸计算

现以图 5-49 所示的筒形件为例，说明其坯料尺寸计算的方法。

筒形件为旋转体，它可分成三个简单的几何体，分别求其面积，再相加就是筒形件的面积（当板料很薄时，工件面积按外径计算，较厚时按平均直径计算）。

筒形件的面积：

$$F_1 = f_1 + f_2 + f_3 \ (\text{mm}^2)$$

筒体的面积：

$$f_1 = \pi d_2 h \ (\text{mm}^2)$$

四分之一球带表面积：

$$f_2 = \frac{\pi}{4}(2\pi d_1 R + 8R^2) \ (\text{mm}^2)$$

筒底面积：

$$f_3 = \frac{1}{4}\pi d_1^2 \ (\text{mm}^2)$$

坯料面积：

$$F = \frac{1}{4}\pi D^2 \ (\text{mm}^2)$$

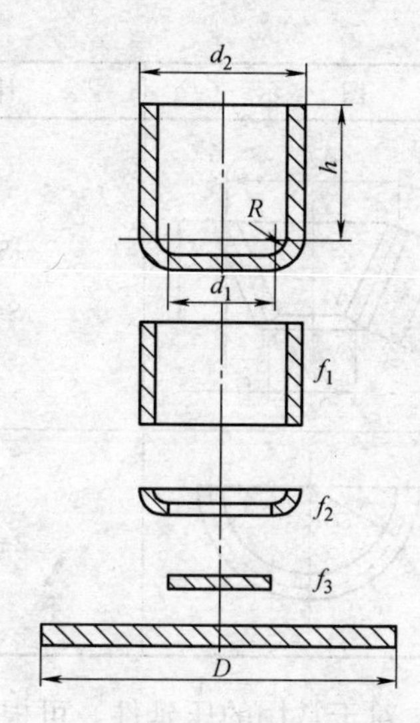

图 5-49　筒形件坯料尺寸的确定

式中　D——坯料直径（mm）。

根据面积相等原则：

$$F = F_1$$

即

$$\frac{1}{4}\pi D^2 = \pi d_2 h + \frac{\pi}{4}(2\pi d_1 R + 8R^2) + \frac{1}{4}\pi d_1^2$$

所以坯料直径为：

$$D = \sqrt{d_1^2 + 2\pi d_1 R + 8R^2 + 4d_2 h}$$

为了计算方便，简单几何体形状的表面积计算公式可从表 5-83 中查取。

简单几何体形状的表面积计算公式　　**表 5-83**

图　示	计算公式	图　示	计算公式
ϕD	$\frac{1}{4}\pi D^2 = 0.7854D^2$	r　h	$2\pi rh = 6.28rh$
ϕd_2　ϕd_1	$\frac{\pi}{4}(d_1^2 - d_2^2) = 0.7854(d_1^2 - d_2^2)$	ϕd　r　h	$\pi\left(\frac{d}{h} + h^2\right)$
h　ϕd	πdh		

续表

图　示	计算公式	图　示	计算公式
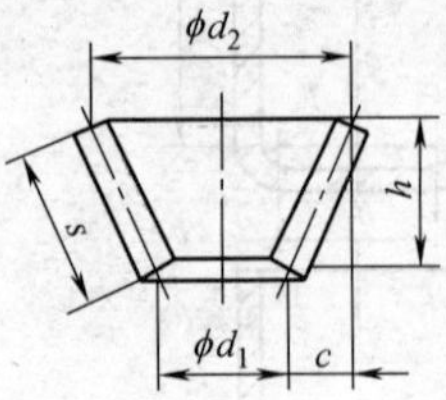	$\pi S\left(\frac{d_1+d_2}{2}\right)$ $S=\sqrt{h^2+c^2}$	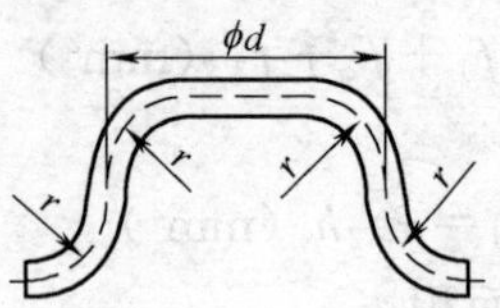	$\pi^2 rd=9.87rd$
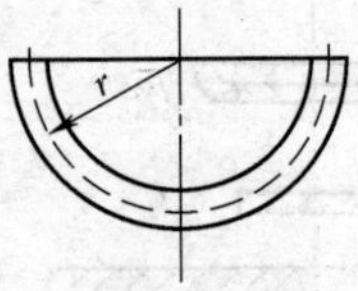	$2\pi r^2=6.28r^2$	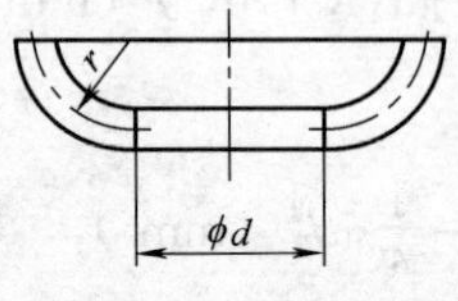	$\frac{\pi r}{2}(\pi d+4r)$

对于常用的压延件，可根据等面积的计算原则选用表 5-84 所列的公式，直接求得其坯料直径 D。

常用旋转体压延件坯料直径的计算公式　　表 5-84

零件形状	坯料直径 D	零件形状	坯料直径 D
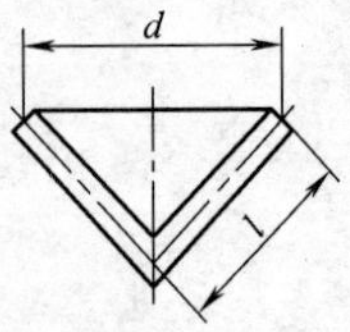	$\sqrt{2dl}$		$\sqrt{2d^2}=1.414d$
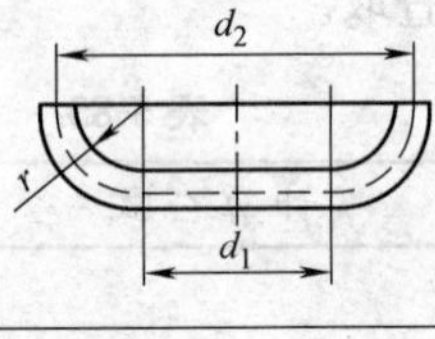	$\sqrt{d_1^2+2r(\pi d_2+4r)}$	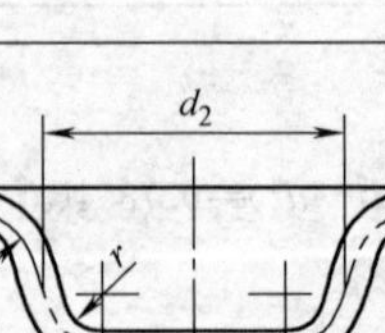	$\sqrt{d_1^2+d_2^2}$
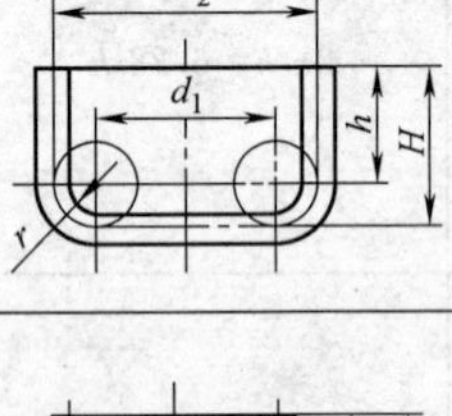	$\sqrt{d_1^2+4d_2h+6.28rd_2+8r^2}$ 或 $\sqrt{d_2^2+4d_2H-1.72rd_2-0.56r^2}$		
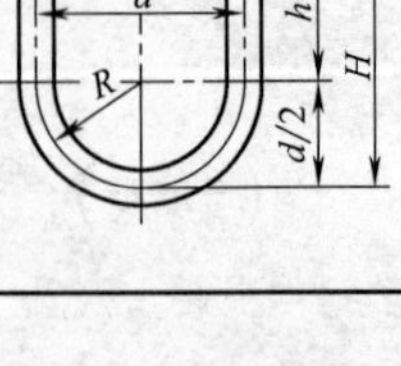	$1.414\sqrt{d_2^2+2dh}$ 或 $2\sqrt{dH}$	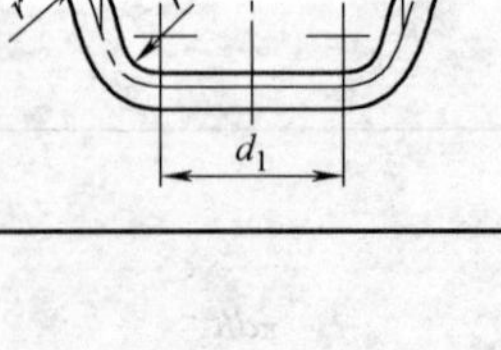	$\sqrt{d_1^2+2\pi r(d_1+d_2)+4\pi r^2}$

5.10.4　封头的压延

封头是汽包和受压容器的重要承压零件之一。

（1）封头坯料尺寸的计算

封头坯料尺寸的计算公式见表 5-85。常用规格的封头坯料尺寸可查表 5-85 及表 5-86 确定。

封头坯料尺寸（D）的计算（mm） **表 5-85**

名称	简图	适用范围	计算方法		
			周长法	等面积法	经验法或近似计算法
平底封头		低压锅炉、储液槽、机车水箱等	$D=d_2+\pi\left(r+\frac{\delta}{2}\right)+2h+2s$	$D=\sqrt{(d_1+\delta)^2+4(d_1+\delta)(H+S)}$	以周长法为基础的经验计算：$D=d_1+r+1.5\delta+2h$，若$h>5\%d_1$时，式中，$2h$值应以$(h+5\%d_1)$代入
椭圆形封头		中低压锅炉、化工设备及其他压力容器	条件：$a=2b(d_1=4d)$ $D=1.223d_1+2hK_0+2s$	$(d_1=4d)$ $D-\sqrt{1.38(d_1+\delta)^2+4(d_1+\delta)(H+s)}$ 式中，1.38——椭圆率	$D=K(d_1+\delta)+2h$ a/b K a/b K 1 1.42 2.5 1.15 1.5 1.27 3.0 1.12 2.0 1.19
球形封头		高压、超高压锅炉和高压化工容器		$D=\sqrt{2d^2+4d(h+s)}$	$D=1.43d+2h$ 若$h>5\%(d-\delta)$时，式中，$2h$值应以$h+5\%(d+\delta)$代入

注：a——椭圆长轴之半；b——椭圆短轴之半；K——封头冲压形成时的材料拉伸系数，通常取 0.75；s——封头边缘的加工余量。

以外径为基准的碳素钢椭圆形封头下料表（mm） **表 5-86**

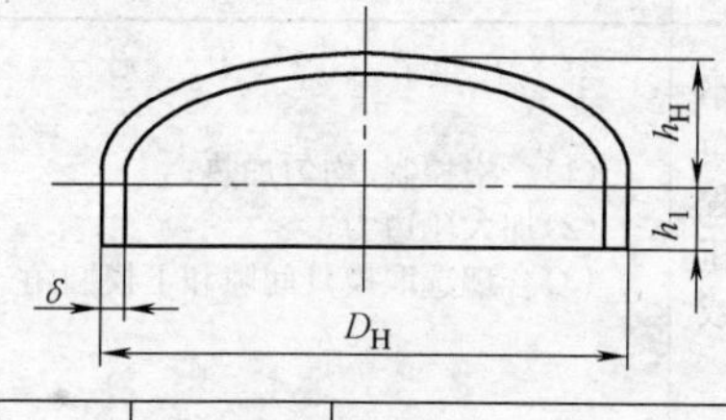

D_H——公称直径（外径）；
δ——封头壁厚；
h_1——直边高度；
h_H——封头凸出部分高（对于标准椭圆封头，其值约为 $D_H/4$）

外径 D_H	封头凸出部分高 h_H	壁厚 δ											
		2	3	4	5	6	8	10	12	14	16	18	20
		直边高度 h_1											
		25						40				50	
		展开直径 D											
299	75	394	391	388	386	385	383	405	400	398	396	416	414
325	81	425	423	421	419	417	414	434	431	429	427	447	445
351	88	455	452	449	448	447	444	465	462	458	456	476	475
377	94	485	483	481	479	477	475	496	493	491	489	509	507
426	106	545	543	541	539	537	534	554	552	550	548	568	566
478	119	603	601	599	597	595	592	615	613	611	609	629	631

续表

外径 D_H	封头凸出部分高 h_H	壁厚 δ											
		2	3	4	5	6	8	10	12	14	16	18	20
		直边高度 h_1											
		25						40				50	
		展开直径 D											
529	132	662	660	658	656	654	651	675	673	671	669	689	687
630	157	781	779	777	775	773	770	795	793	790	788	808	806
670	167.5	810	812	814	816	818	820	845	847	850	852	870	873
720	180	886	884	882	880	878	875	901	899	896	893	913	910
772	193	929	931	933	936	938	940	965	967	970	972	992	993
1030	257.5	1230	1232	1234	1236	1238	1240	1265	1267	1270	1272	1274	1276

(2) 封头的成形方法

大多数采用压延成形，压延成形产生的缺陷种类和产生原因及预防措施见表 5-87。

(3) 封头的质量检验

封头的质量检验主要包括封头的表面状况、几何形状与几何尺寸。

封头的表面状况。封头的表面状况的检查主要是检查其表面是否有裂纹、刻痕、凹坑及凸起等缺陷。通常封头表面不允许有裂纹存在，对于少量微细裂纹、入孔板边外缘柱部分的裂纹和距入孔圆弧起点大于 5mm 处的裂口，在不影响质量的前提下，可进行修磨或补焊，但修磨后的板厚仍应在允许偏差范围之内。

封头压制缺陷名称、产生原因及预防措施 **表 5-87**

缺陷名称	简图	产生原因	预防措施
皱折 鼓包		由于加热不均匀,压边力太小或不均匀、模具间隙及下模圆角太大等原因,使封头在压制过程中其变形区的坯料出现周向压应力,使板料失稳而产生皱折或鼓包	(1)严格控制、均匀加热; (2)加大压边力; (3)合理选取模具间隙和下模圆角
直边拉痕压坑		下模、压边圈工作表面粗糙或拉毛,润滑不好,坯料气割熔渣未清除	(1)合理选取模具表面粗糙度; (2)合理使用润滑剂; (3)清除坯料上的熔渣杂物和模具上的氧化皮
外表面微裂纹		坯料加热规范不合理,下模圆角太小,坯料尺寸过小,压制速度太快或太慢	(1)选择合理的下模圆角; (2)合理制定加热参数; (3)控制压延的温度与速度
纵向撕裂		坯料边缘不光滑或有缺口,加热规范不合理,封头脱模温度太低	(1)制定合理的加热参数; (2)清除坯料边缘毛刺或磨平缺口; (3)掌握脱模温度
偏斜		坯料受热不均匀,定位不准,压边力不均匀	(1)均匀加热; (2)坯料对中模具

续表

缺陷名称	简图	产生原因	预防措施
不圆		脱模方法不好，封头起吊、转运温度太高	(1)采用合理的脱模方法； (2)待封头冷却至500℃以下后，再吊运
直径大小不一		一批封头脱模温度不一致，模具受热膨胀	(1)掌握统一的脱模方法； (2)大批压延时，适当冷却压模
入孔边缘撕裂		翻孔系数过小，气割开孔不光滑，加热温度太低或不均匀，坯料入孔开孔方向与钢板轧制方向不合理	(1)适当的开孔直径； (2)磨光开孔边缘毛刺和裂口； (3)控制合理的加热温度； (4)注意坯料λ孔开孔中心线与钢板轧制方向为45°
入孔中心偏斜		两次压制时定位不准	(1)选择正确的定位工艺； (2)大口直径的缩口与小口直径的扩口，应改为依次成形
大小口呈喇叭		冷压时，模具未使材料处于屈服状态	(1)合理选择模具或采用间隙值下偏差； (2)采用加热翻孔

对于凸起、凹陷和刻痕等缺陷，当其深度不超过板厚的10%，且最大不超过3mm时，可将其磨光，但需保证平滑过渡。封头的几何形状及尺寸偏差（图5-50）应不超过表5-88及表5-89的规定。热压封头收缩率见表5-90，冷压封头回弹率见表5-91。

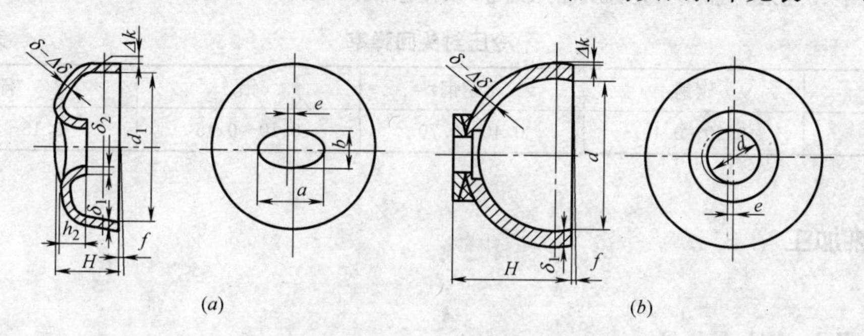

图5-50　封头的几何尺寸

(*a*) 椭圆形封头；(*b*) 球形封头

封头几何尺寸允许偏差 (mm)　　**表5-88**

名　称	封头的公称内径		
	≤1000	1000～1500	>1500
	允许偏差值		
内径偏差 Δd_1	+3 −2	+5 −3	+7 −4
圆度 $d_{最大}-d_{最小}$	4	6	8
断面倾斜度 f	1.5	1.5	2.0
圆柱部分厚度 δ_1	$\leqslant\delta+10\%\delta$		
入孔板边处厚度 δ_2	$\geqslant0.7\delta$		

注：δ——封头的公称壁厚，其他尺寸参见图5-50。

封头形状允许偏差（mm）　　表 5-89

名称		符号	偏差值
总高度		H	+10 −3
圆柱部分倾斜	$\delta \leqslant 30$	ΔK	≤2
	$\delta > 30$		≤3
过渡圆弧处减薄量	标准椭圆形	$\Delta\delta$	≤10%δ
	深椭圆或球形		≤15%δ
入孔板边高度		h_2	±3
入孔尺寸	椭圆形	a、b	+4 −2
	圆形	D	±2
入孔中心线偏移		e	≤5

注：表列符号参见图 5-50。

热压封头收缩率　　表 5-90

D_n(mm)	<ϕ600	ϕ700～ϕ1000	ϕ1100～ϕ1800	>ϕ2000
δ(%)	0.50～0.60	0.60～0.70	0.70～0.80	0.80～0.90

注：1. 薄壁封头取下限，厚壁封头取上限。
2. 不锈钢封头收缩率按表中增加 30%～40%。
3. 需调质处理的封头应另减调质后的胀大量，其值通常取 0.05%～0.10%。
4. 封头余量采用气割时，应增加气割收缩量，其值通常取 0.04%～0.06%。

冷压封头回弹率　　表 5-91

材料	碳钢	不锈钢	铝	铜
δ(%)	0.20～0.40	0.40～0.70	0.10～0.15	0.15～0.20

5.11 热加工

5.11.1 热加工技术条件

弯曲成形加工分常温和高温两种，热弯时所有需要加热的型钢宜加热到 880～1050℃，并采取必要措施使构件不致“过热”，过去测量加热温度用刨花木片，误差较大，现在采用先进的远红外测温仪，能正确测定温度，防止“过热”。

当普通碳素钢温度降低到 700℃，低合金高强度结构钢温度降低到 800℃时，构件不能再进行热弯，不得在蓝脆区段进行弯曲。

热弯的构件早期在地炉内加热，烟灰飞舞，劳动条件差。现在一般采用电炉加热，型钢加热可用氧-乙炔焰加热。

5.11.2 型钢的弯曲

（1）型钢冷弯。

型钢可用作横梁、平直部位舷侧肋骨以及拱度不大的构件。可在横撑机或肋骨冷弯机上冷弯，也可用油压机和专用模具来加工。

(2) 型钢热弯。

型钢热弯在带孔的铸铁平台上进行，施工步骤是：

1) 制作铁样。形状复杂的工件，制作整根铁样；形状简单的制作局部铁样。

2) 将铁样用铁马固定在平台上。

3) 将型钢的一段紧靠铁样并用铁桩或铁马固定牢。

4) 从型钢的的一端向另一端逐步加热并在适当的部位装置"羊角"，旋转"羊角"，迫使型钢紧靠铁样（图 5-51）。型钢在弯曲过程中期角边的夹角会变化，必须随时加以矫正。

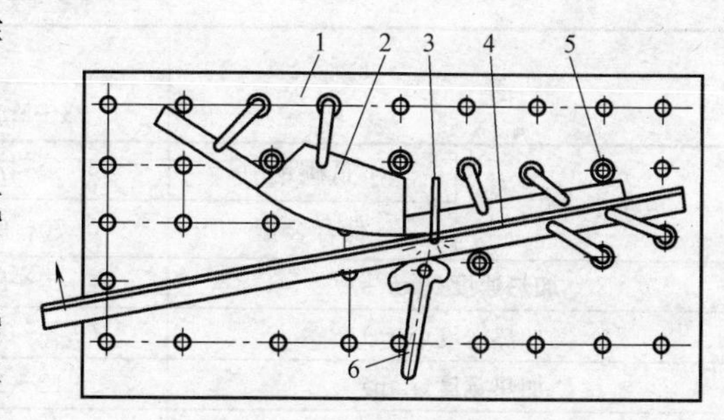

图 5-51 型钢热弯图

1—铁平台；2—铁样板；3—烧嘴；4—工件；5—铁桩；6—羊角

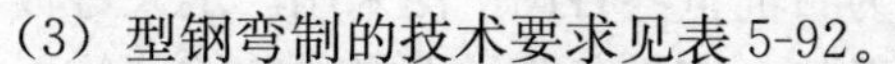

(3) 型钢弯制的技术要求见表 5-92。

型钢弯制后的允许偏差 表 5-92

项 目	工件外形与样板间的偏差(mm)	角边夹角偏差(°)	角边不平度
肋骨	3	±2	±2
横梁	3(不允许减少梁拱)	±2	±2
舷边角钢	5	—(2～3.5)	±1
其他连接角钢	3	—2	±1

5.11.3 钢板热弯

弯板机上只能加工外板的单曲面，压力机用短压模压制外板，可以略微加工出外板的纵向曲度。比较大的纵向曲度（即双曲面），只能用热加工工艺来加工，通常用水火弯板工艺，即先冷加工辊压成单曲面，然后用水火弯板加工成纵向曲度。轴包板、鞍形外板等复杂形状的外板采用模子压制，或是在地炉中烧红后用锤敲出。

(1) 加热设备及加热时各种参数的选择

一般采用手工切割的氧-乙炔设备，但割嘴要换成烘烤用的乙炔烧嘴。加热时用中性火焰，氧气工作压力为 0.5～0.6MPa，乙炔的工作压力为 0.05～0.1MPa。

1) 烧嘴大小的选择。烧嘴大，热量大，易成形；烧嘴小，热量小，加热速度就慢，热量容易向周围扩散而引起附加变形。所以选择较大的烧嘴比较好，成形效率高。但也不能过大，过大了热量反而不集中，加热面扩大，引起附加变形。加热温度和烧嘴的选择参见表 5-93。

加热温度和烧嘴的选择 表 5-93

板厚(mm)	加热温度(℃)	割炬型号	烧嘴口径(mm)
3～5	600～700	H01～6	0.9～1.3
6～8	700～800	H01～12	1.4～2.2
10～12	800～900	H01～20	2.2～3.2

2）烧嘴离工件高度 14～17mm，焰心距板面 2～3mm。

3）水火弯板参数见表 5-94，表中所列水火炬是正面跟踪水冷却方式。

水火弯板参数 **表 5-94**

参数		板厚 δ(mm)		
		3～5mm	6～12mm	>12mm
最小水火炬	低碳钢	50～70	70～100	100～120
	低合金钢	70～90	90～120	130～150
加热速度(mm/s)		10～20	7～12	5～10
加热深度(mm)		(0.6～0.8)δ	(0.6～0.8)δ	(0.6～0.8)δ
加热宽度(mm)		12～15	12～15	12～15
加热温度(℃)		650～700	750～800	750～800

（2）水火弯板工艺（也称水火成形工艺）

水火弯板工艺，突破了低合金钢加工关键，为目前世界各国广泛采用。水火弯板基本原理是利用金属的热塑性，使钢板在一定条件下受热，产生角收缩及横向收缩，使板产生变形，这种变形正好使钢板的形状合乎要求。

由于在钢板的一面加热，温度按板的厚度分布产生了温差，因而造成角收缩和横向收缩。要使角收缩大，必须使板厚上下温差大。要使横向收缩大，必须使焰道两边金属的温度低。水火弯板用水冷却的目的是产生大的温差，获得合理的温度分布，产生大的角收缩和横向收缩。水火弯板的工艺形式有以下两种：

1）正面跟踪水冷法（见图 5-52）。前面用手握氧-乙炔焰加热，后面用手握水管跟踪冷却，这是目前最常用的方法。其特点是：

① 对角收缩不太有利，如果水火炬（即氧-乙炔火焰与水流的距离）调整得不好，反而会影响角收缩；

② 横向收缩效果比空气冷却大得多，因为正面水冷，火焰周围钢板很快被冷却。

正面跟踪水冷有水火龙头即在烧嘴后面加一根喷水管和前面用氧-乙炔焰加热，后面用橡皮水管跟踪水冷等几种。

2）背面跟踪水冷法（见图 5-53）。

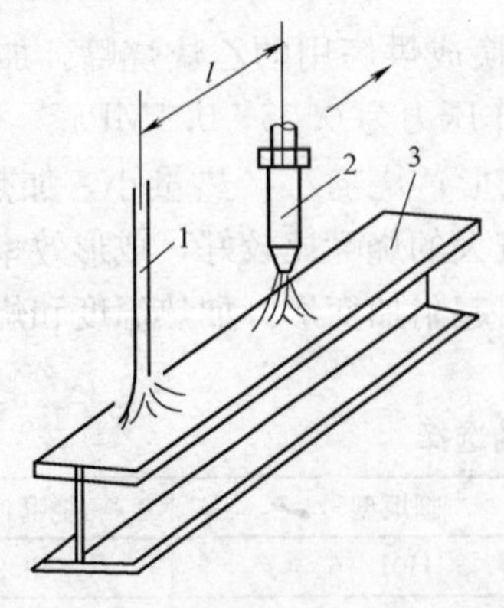

图 5-52 正面跟踪水冷法

1—水管；2—烧嘴；3—工件；l—水火炬（一般 80～100mm）

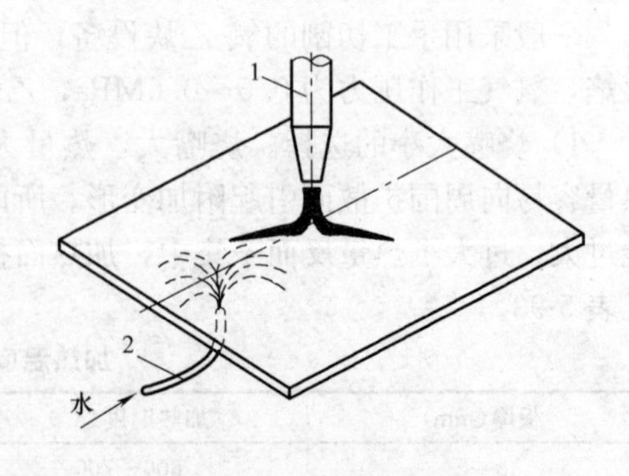

图 5-53 背面跟踪水冷法

1—烧嘴；2—水管

正面用氧-乙炔焰加热，背面用水跟踪冷却。其特点是：

① 横向收缩量很大；

② 因为在板的厚度上温差加大了，对角收缩也十分有利。

(3) 水火弯板的步骤

1) 根据成形要求，在工件上画出加热线的位置和长度，正确掌握加热面积；

2) 合理选择加热参数和加热温度；

3) 为提高成形效果，可以采取必要的夹具和压紧手段。

例如，加工帆形板或首柱时可以将其两端垫高，中部压生铁，以加速成形。

(4) 帆形板的加热线（见图 5-54）

帆形板是在横向弯曲之后，进行纵向弯曲（收边）。加热线分布在两边。图中 B 表示弯曲的宽度，C 表示拱度，加热长度 $l=\frac{B}{4}\sim\frac{B}{7}$。若$\frac{B}{C}$值较小，或纵向弯曲度较大，$l$ 可取大一点，t 则取小一点。一般 l 常取 100～200mm，加热线间距 t 取 100～300mm。

加热线的具体布置形式，要根据帆形板的形状而定，并符合如下要求：

1) 若工件两侧对称，则两侧加热线对称布置。

2) 若工件一端大另一端小，则小端加热线要短，大端加热线要长。

3) 不对称的帆形板，靠近基准线一边的加热线要短，远离基准线的加热线要长。

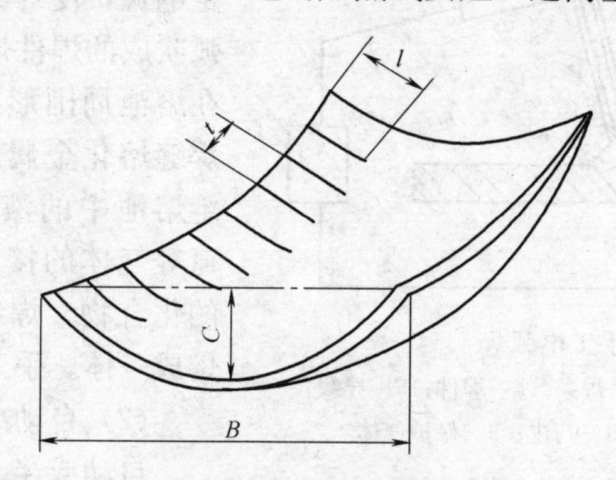

图 5-54　帆形板加热线

6 焊接连接

6.1 焊接方法

焊接方法较多，钢结构主要采用电弧焊，它设备简单，易于操作，且焊缝质量可靠。优点较多。根据操作的自动化程度和焊接时用以保护熔化金属的物质种类，电弧焊可分为手工电弧焊、自动或半自动埋弧焊和气体保护焊等。

（1）手工电弧焊

手工电弧焊是钢结构中最常用的焊接方法，其设备简单，操作灵活方便，实用性强，应用极为广泛。但生产效率比自动或半自动焊低，质量较低，且变异性大，焊缝质量在一定程度上取决于焊工的技术水平，劳动条件差。

手工电弧焊是由焊条、焊钳、焊件、电弧焊机和导线等组成电路。通电引弧后，在涂有焊药的焊条端和焊件间的间隙中产生电弧，使焊条熔化，熔滴滴入被电弧吹成的焊件熔池中，同时焊药燃烧，在熔池周围形成保护气体，稍冷后在焊缝熔化金属的表面又形成熔渣，隔绝熔池中的液体金属和空气中的氧、氮等气体的接触，避免形成脆性易裂的化合物。焊缝金属冷却后就与焊件熔成一体。手工电弧焊如图6-1所示。

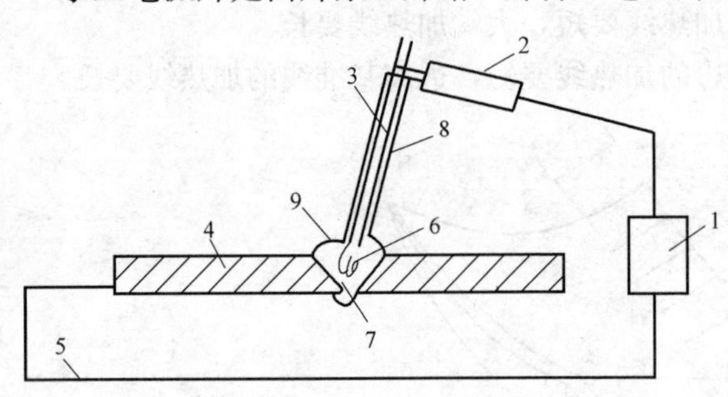

图6-1 手工电弧焊

1—电焊机；2—焊钳；3—焊条；4—焊件；5—导线；6—电弧；7—熔池；8—药皮；9—保护气体

（2）自动或半自动埋弧焊

自动或半自动埋弧焊的特点是焊丝成卷装置在焊丝转盘上，焊丝外表裸露不涂焊剂。焊剂成散状颗粒装置在焊剂漏斗中。通电引弧后，当电弧下的焊丝和附近焊件金属熔化时，焊剂不断地从漏斗流下，将熔融的焊缝金属覆盖，其中部分焊剂将熔成焊渣浮在熔融的焊缝金属表面，由于有覆盖层，焊接时看不见强烈的电弧光，故称为埋弧焊。

由于自动埋弧焊有焊剂和熔渣覆盖保护，电弧热量集中，熔深大，可以焊接较厚的钢板，同时由于采用了自动化操作，焊接工艺条件好，焊缝质量稳定，焊缝内部缺陷少，塑性和韧性好，因此其质量比手工电弧焊好。但它只适合于焊接较长的直线焊缝。半自动埋弧焊质量介于二者之间，因由人工操作，故适合于焊接曲线或任意形状的焊缝。另外，自动或半自动埋弧焊的焊接速度快，生产效率高，成本低，劳动条件好。

（3）气体保护焊

气体保护焊的原理是在焊接时用喷枪喷出的惰性气体把电弧、熔池与大气隔离，从而保持焊接过程的稳定。操作时可用自动或半自动焊方式。由于焊接时没有熔渣，故便于观察焊缝的成形过程，但操作时须在室内避风处，若在工地施焊则须设防风棚。

气体保护焊电弧加热集中，焊接速度较快，焊件熔深大，热影响区较窄，焊接变形较小，焊缝强度比手工焊高，且具有较高的抗锈能力。但设备较复杂，电弧光较强，金属飞溅多，焊缝表面成形不如埋弧焊平滑。

6.2 焊接材料

6.2.1 药皮焊条表示方法（图 6-2）

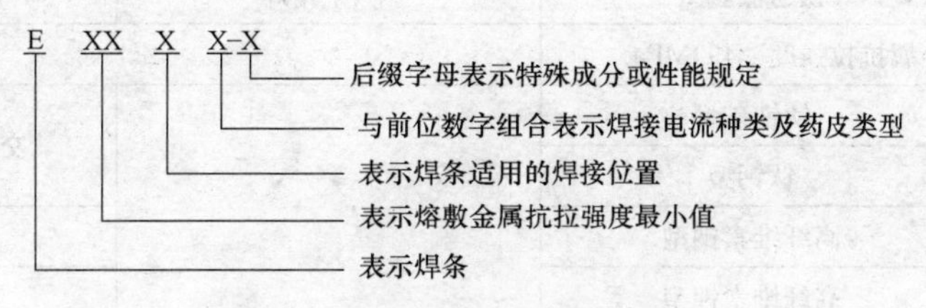

图 6-2 药皮焊条的表示方法

例如 E5016，E 表示焊条；50 表示熔敷金属的抗拉强度 $\sigma_b \geqslant 50N/mm^2$，即 $\sigma_b \geqslant 490MPa$；1 表示适用的焊接位置为平、立、横、仰（如为 2，则仅为平焊或平角焊）；6 表示适用的电流种类为交流或直流反接（如为 5，则表示仅适用直流反接）；无后缀，则表示无特殊的化学成分或力学性能要求。

6.2.2 标准型号

我国焊条标准型号的部分摘录（表 6-1）是摘自《碳素钢焊条》（GB/T 5117—1995），仅摘录 E43 系列和 E50 系列，其中常用的是 E4315、E4316、E5015 和 E5016；另有 E4328 和 E5018，是药皮中含有 30%的铁粉，焊接效率很高，用于重要结构。

我国焊条标准型号的部分摘录 **表 6-1**

焊条型号	药皮类型	焊接位置	电流种类
E43 系列，熔敷金属抗拉强度≥420MPa			
E4300	特殊型	平、立、仰、横	交流或直流正、反接
E4301	钛铁矿型		
·E4303	钛钙型		
E4310	高纤维素钠型	平、立、仰、横	直流反接
E4311	高纤维素钾型		交流或直流反接
E4312	高钛钠型		交流或直流正接
E4313	高钛钾型		交流或直流正、反接
·E4315	低氢钠型		直流反接
·E4316	低氢钾型		交流或直流反接
E4320	氧化铁型	平	交流或直流正、反接
		平角焊	交流或直流正接
E4322		平	交流或直流正接

续表

焊条型号	药皮类型	焊接位置	电流种类
E43系列，熔敷金属抗拉强度≥420MPa			
E4323	铁粉钛钙型	平、平角焊	交流或直流正、反接
E4324	铁粉钛型		
	铁粉氧化铁型	平	交流或直流正、反接
		平角焊	交流或直流正接
·E4328	铁粉低氢型	平、平角焊	交流或直流反接
E50系列，熔敷金属抗拉强度≥490MPa			
E5001	钛铁矿型	平、立、仰、横	交流或直流正、反接
·E5003	钛钙型		
E5010	高纤维素钠型		直流反接
E5011	高纤维素钾型		交流或直流反接
E5014	铁粉钛型		交流或直流正、反接
·E5015	低氢钠型		直流反接
·E5016	低氢钾型		交流或直流反接
·E5018	铁粉低氢钾型		
E5018M	铁粉低氢型		直流反接
E5023	铁粉钛钙型	平、平角焊	交流或直流正、反接
E5024	铁粉钛型		交流或直流正、反接
E5027	铁粉氧化铁型	平、平角焊	交流或直流正接
E5028	铁粉低氢型		交流或直流反接
E5048		平、仰、横、立向下	

6.2.3 常用碳素钢焊条与熔敷金属

常用碳素钢焊条的型号与熔敷金属的化学成分及力学性能见表6-2、表6-3。

常用碳素钢焊条的型号与熔敷金属的化学成分（%） **表6-2**

焊条型号	C	Si	Mn	P	S	Cr	Ni	Mo	V	Mn,Cr,Ni,Mo,V总和
E4303	≤0.12	—	—	≤0.040	≤0.035	—	—	—	—	—
E4315	≤0.12	≤0.90	≤1.25	≤0.040	≤0.035	≤0.20	≤0.30	≤0.30	≤0.08	≤1.50
E4316	≤0.12	≤0.90	≤1.25	≤0.040	≤0.035	≤0.20	≤0.30	≤0.30	≤0.08	≤1.50
E4328	≤0.12	≤0.90	≤1.25	≤0.040	≤0.035	≤0.20	≤0.30	≤0.30	≤0.08	≤1.50
E5003	≤0.12	—	—	≤0.040	≤0.035	—	—	—	—	—
E5015	≤0.12	≤0.75	≤1.60	≤0.040	≤0.035	≤0.20	≤0.30	≤0.30	≤0.08	≤1.75
E5016	≤0.12	≤0.75	≤1.60	≤0.040	≤0.035	≤0.20	≤0.30	≤0.30	≤0.08	≤1.75
E5018	≤0.12	≤0.75	≤1.60	≤0.040	≤0.035	≤0.20	≤0.30	≤0.30	≤0.08	≤1.75

常用碳素钢焊条熔敷金属的拉伸性能与焊缝金属的冲击性能　　表 6-3

<table>
<tr><th rowspan="3">焊条型号</th><th colspan="5">熔敷金属的拉伸性能(不小于)</th><th colspan="4">焊缝金属的冲击性能(不小于)</th></tr>
<tr><th rowspan="2">σ_b
(MPa)</th><th rowspan="2">σ_s
(MPa)</th><th colspan="3">δ(%)</th><th rowspan="2">实验温度
(℃)</th><th colspan="3">冲击吸收功 A_{KV}(J)</th></tr>
<tr><th>C</th><th>B</th><th>A</th><th>C</th><th>B</th><th>A</th></tr>
<tr><td colspan="10">E43 系列焊条</td></tr>
<tr><td>E4303</td><td>420</td><td>330</td><td>22</td><td>25</td><td>27</td><td>0</td><td>27</td><td>70</td><td>75</td></tr>
<tr><td>E4315</td><td>420</td><td>330</td><td>22</td><td>25</td><td>27</td><td>−30</td><td>27</td><td>80</td><td>90</td></tr>
<tr><td>E4316</td><td>420</td><td>330</td><td>22</td><td>25</td><td>27</td><td>−30</td><td>27</td><td>80</td><td>90</td></tr>
<tr><td>E4328</td><td>420</td><td>330</td><td>22</td><td>25</td><td>27</td><td>−20</td><td>27</td><td>60</td><td>70</td></tr>
<tr><td colspan="10">E50 系列焊条</td></tr>
<tr><td>E5003</td><td>490</td><td>400</td><td>20</td><td>23</td><td>25</td><td>0</td><td>27</td><td>70</td><td>75</td></tr>
<tr><td>E5015</td><td>490</td><td>400</td><td>22</td><td>25</td><td>27</td><td>−30</td><td>27</td><td>80</td><td>90</td></tr>
<tr><td>E5016</td><td>490</td><td>400</td><td>22</td><td>25</td><td>27</td><td>−30</td><td>27</td><td>80</td><td>90</td></tr>
<tr><td>E5018</td><td>490</td><td>400</td><td>22</td><td>25</td><td>27</td><td>−30</td><td>27</td><td>80</td><td>90</td></tr>
</table>

6.2.4 常用结构钢材与药皮焊条的匹配（见表 6-4）

常用结构钢材同药皮焊条的匹配　　表 6-4

<table>
<tr><th colspan="8">钢　材</th><th colspan="5">药 皮 焊 条</th></tr>
<tr><th rowspan="2">钢号</th><th rowspan="2">等级</th><th rowspan="2">抗拉强度
σ_b
(MPa)</th><th colspan="2">屈服强度
σ_s(MPa)</th><th colspan="2">冲击吸收功</th><th rowspan="2"></th><th rowspan="2">型号示例</th><th colspan="4">熔敷金属性能</th></tr>
<tr><th>$\delta\leqslant$
16mm</th><th>50mm
$<\delta$</th><th>T
(℃)</th><th>A_{KV}
(J)</th><th>抗拉强度
σ_b(MPa)</th><th>屈服强度
σ_s(MPa)</th><th>延伸率
δ_s(%)</th><th>冲击吸收功
$A_{KV}\geqslant$27J 时
实验温度(℃)</th></tr>
<tr><td rowspan="4">Q235</td><td>A</td><td rowspan="4">375～460</td><td rowspan="4">235</td><td rowspan="4">205</td><td></td><td></td><td rowspan="4"></td><td>E4303</td><td rowspan="4">420</td><td rowspan="4">330</td><td rowspan="4">22</td><td>0</td></tr>
<tr><td>B</td><td>20</td><td>27</td><td rowspan="3">E4303、E4328、
E4315、E4316</td><td>0</td></tr>
<tr><td>C</td><td>0</td><td>27</td><td>−20</td></tr>
<tr><td>D</td><td>−20</td><td>27</td><td>−30</td></tr>
<tr><td rowspan="5">Q345</td><td>A</td><td rowspan="5">470～630</td><td rowspan="5">345</td><td rowspan="5">275</td><td></td><td></td><td rowspan="5"></td><td>E5003</td><td rowspan="5">490</td><td rowspan="5">390</td><td>20</td><td>0</td></tr>
<tr><td>B</td><td>20</td><td>34</td><td>E5003
E5015
E5016
E5018</td><td rowspan="4">22</td><td rowspan="3">−30</td></tr>
<tr><td>C</td><td>0</td><td>34</td><td rowspan="2">E5015
E5016
E5018</td></tr>
<tr><td>D</td><td>−20</td><td>34</td></tr>
<tr><td>E</td><td>−40</td><td>27</td><td></td><td>由供需双方
协议确定</td></tr>
</table>

6.2.5 常用药皮焊条型号与药皮焊条牌号的对照（见表 6-5）

常用药皮焊条型号与药皮焊条牌号的对照　　表 6-5

<table>
<tr><th>系　列</th><th>型　号</th><th>牌　号</th><th>系　列</th><th>型　号</th><th>牌　号</th></tr>
<tr><td rowspan="4">E43</td><td>E4303</td><td>J422</td><td rowspan="4">E50</td><td>E5003</td><td>J502</td></tr>
<tr><td>E4315</td><td>J427</td><td>E5015</td><td>J507</td></tr>
<tr><td>E4316</td><td>J426</td><td>E5016</td><td>J506</td></tr>
<tr><td>E4328</td><td>J426Fe</td><td>E5018</td><td>J506Fe</td></tr>
</table>

6.2.6 部分常用国内外药皮焊条（见表6-6）

部分常用国内外药皮焊条的参考对照　　表6-6

上焊总厂产品牌号	中国GB	日本		美国AWS	瑞典ESAB	德国DIN	俄罗斯ГОСТ	国际标准化组织ISO
		神钢	JIS					
SH·J422	E4303	TB-32	D4303				Э42	
SH·J426	E4316	LB-26 LBM-26	D4316	E6016			Э42A	
SH·J427	E4315			E6015			Э42A	
SH·J502	E5003	LTB-50	D5003		OK50.40		Э50	E5142RR24
SH·J506	E5016	LB-50A	D5016	E7016			Э50A	
SH·J507	E5015			E7015			Э50A	
SH·E7018	E5018	LB-52	D5016	E7018	OK48.00	E5153B10	Э50A	E515B12020H

6.2.7 焊条选择的基本原则

为了保证钢结构焊接质量，选择电焊条时，应参照以下基本原则：

（1）考虑母材的可焊性，这是最基本的条件。母材可焊性差，除采取预热等工艺措施外，应选择抗裂性较好的碱性焊条；母材含硫、磷等杂质较高时，应优先选用E4316、E4320型焊条。

（2）应按钢材抗拉强度选择等强或稍高强度的焊条。通常焊缝金属强度不宜超过母材强度过多，当超过母材强度过多且塑性差时，可能造成冷弯角度低，甚至出现横向裂纹。在焊接厚度结构时，由于冷却速度快，焊接应力大，容易产生焊接裂纹。此时第一层打底焊缝应选用塑性好，强度稍低的低氢型焊条进行焊接，其余焊缝，包括盖面焊缝，应选用与母材强度相等的焊条进行焊接。

（3）低温钢的焊接，应根据设计要求，选用冲击韧性A_{kV}大于等于钢材的焊条，同时强度不应低于母材强度。

（4）形状复杂、结构刚性大及大厚度的焊件，在焊接中会产生较大的焊接应力，易出现裂纹，因此必须选择抗裂性较好的低氢焊条。

（5）考虑焊件的工作条件、荷载、介质和温度等。

（6）考虑劳动生产率、劳动条件、经济合理性和焊接质量，在满足使用性能和操作条件下，考虑焊件坡口形式，尽量选用效率高、成本低的焊条，为了提高工作效率，可选用高效率的铁粉焊条、立焊下行焊条、焊接位置适宜的焊条。为了改善操作条件，在狭小舱室内施焊，应选择低尘低毒焊条。

（7）考虑钢结构的塑性、韧性要求。对于钢结构来说强度固然重要，但塑性、韧性也相当重要。为了确保焊接接头质量，必须选用塑性佳、韧性好、硫磷杂质含量低、扩散氢含量低，型号、牌号中最后带有“G”的优质焊条。

6.2.8 焊接材料标准

采用不同焊接方法所使用的焊接材料应符合下列有关标准的规定：

《焊接用二氧化碳》(GB/T 2537)
《氩气》(GB/T 4282)
《碳钢焊条》(GB/T 5117)
《低合金钢焊条》(GB/T 5118)
《碳素钢埋弧焊用焊剂》(GB/T 5293)
《气体保护电弧焊用碳钢、低合金钢焊丝》(GB/T 8110)
《碳钢药芯焊丝》(GB/T 10045)
《低合金钢埋弧焊用焊剂》(GB/T 12470)
《熔化焊用钢丝》(GB/T 14975)
《气体保护焊用钢丝》(GB/T 14958)
《低合金钢药芯焊丝》(GB/T 17493)

6.3 焊接设备

6.3.1 电焊机型号代表字母及其含义

电焊机型号代表字母及含义见表 6-7。

电焊机型号代表字母及其含义 表 6-7

第一字位		第二字位		第三字位		第四字位		第五字位	
代表字母	大类名称	代表字母	小类名称	代表字母	附注特征	数字序号	系列序号	单位	基本规格
				省略	电动机驱动	省略	直流		
				D	单弧焊发电机				
A	弧焊发电机	X P D	下降特性 平特性 多特性	Q	汽油机驱动			A	额定焊接电流
				C	柴油机驱动	1	交流发电机整流		
				T	拖拉机驱载	2	交流		
				H	汽车驱载				

6.3.2 选用焊接设备的一般原则

(1) 适用性

1) 被焊接的母材为普通低碳钢结构时宜选用弧焊变压器 BX_1、BX_3、BX_6 系列；当工件要求较高，又必须采用低氢焊条时，则选用弧焊整流器较合适，如 ZXE_1、ZX_3、ZX_5、ZX_7 系列；若需一机多用，可选用一台焊机，既用于焊接碳钢、低合金钢，又能焊接不锈钢、铜、铝合金多特性氩弧焊机。

2) 按焊接结构形状和尺寸选用焊机，大厚度焊件拼接可选用埋弧焊机、电渣焊机和气体电焊机等。

(2) 经济性

1) 尽可能选用设备投资费用少，回收期短，平时维修费用省，即全寿命周期费用省的焊接设备。

2）在满足使用技术要求前提下，尽可能采用节能、低耗的设备。如低功率输入的弧焊变压器和可控硅弧焊整流器，例如 ZX5 系列可控硅弧焊整流器，它用于直流手工电弧焊，高效节能，可对低碳钢、低合金钢全位置焊接，该系列焊机是国家八部委联合下文推广的节能产品；“IGBT”式弧焊逆变器是近年来国内外发展极为迅速的一种高效、节能的新型弧焊设备，其特点是体积小、重量轻、高效节能、适应性强；CO_2 气体保护焊生产效率高，焊接变形小，成本低，是国家重点推广的焊接设备。常用的系列有：NBA、NBM、NBC、NBC1-300 型半自动 CO_2 弧焊机，适于焊接厚度 1～10mm 的低碳钢及低合金钢对接、搭接及角接。NBC-400 型可焊 16mm 以下低碳钢、低合金钢全位置焊接。

6.4 焊接工艺

6.4.1 焊接坡口

（1）焊接坡口的选用原则

1）尽量采用全焊透的焊接坡口，当无法从内部焊接时，尽量采用适于单面焊背面成形的手工弧焊操作工艺，或氩弧焊封底工艺的坡口形式。

2）尽量减少筒体、容器内部焊接工作量。容器内部宜选用小坡口或加衬环从外面焊接，应有足够的间隙，确保焊透。

3）尽量减少填充金属量。

4）根据板厚、焊接方法、焊接接头形式和对接焊质量的要求等，可分别采用各种形式的焊接坡口。对接接头常用直边、V、X、U 形与组合式坡口；角接接头常用填角、单 V、K、单 U 形坡口，如图 6-3 所示。

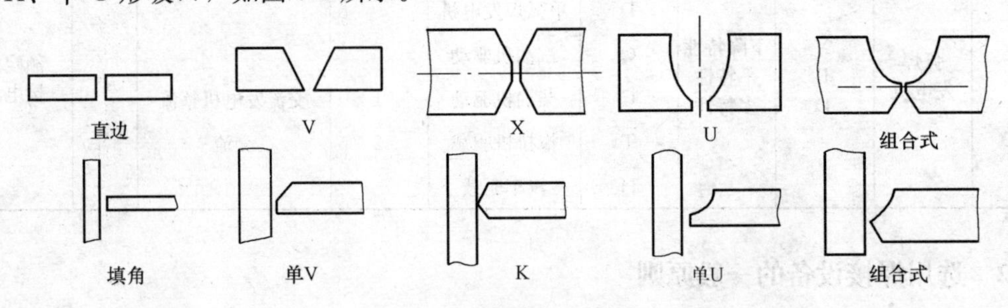

图 6-3 常见坡口形式

（2）手工电弧焊坡口

为了保证焊透，钝边及装配间隙一般为 2mm 左右。V、X 形坡口角度约 60°；U 形坡口单边角度约为 10°～20°。带垫板对接接头坡口的装配间隙 b：当板厚 $\delta=3\sim6$mm 时，$b=\delta$；当 $\delta=6\sim12$mm 时，$b=6\pm1$mm；$\delta>12\sim26$mm 时，$b=9\pm1$mm。U 形坡口圆角半径 R 约 5mm，单 U 形坡口的 R 约 8～10mm。

（3）埋弧自动焊坡口

双面埋弧焊时，钝边和间隙为 2～3mm；悬空焊时，钝边和间隙为 7～8mm，间隙小于 1mm。坡口角度一般为 60°～65°。

（4）焊接坡口的加工方法

1）在龙门剪板机上剪边：常用于不开坡口的薄板。

2）刨边或车削：可以加工出各种形式的坡口。壁厚筒体的U形坡口常用这种方法加工，有的在专用坡口机上加工。目前有一种铣坡口机可代替刨边机加工坡口。

3）风铲：用于加工坡口、清焊根。但劳动强度高，噪声严重，一般用于低碳钢薄板。

4）气割坡口：应用广泛，用于高强度等淬火倾向大的钢材开坡口，对热影响区应探伤，避免气割造成的裂纹隐藏下来。

5）碳弧气刨：常用于清焊根，效率比风铲高，劳动强度较小，操作时烟尘量大，必须注意排烟通风。

6.4.2 手工电弧焊焊接接头基本形式与尺寸

手工电弧焊接头形成与尺寸见表6-8。

手工电弧焊焊接接头基本形式与尺寸（mm） 表6-8

序号	适用厚度(mm)	基本形式	焊缝形式	基本尺寸(mm)	标注方法
1	≤6	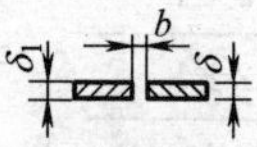		δ：≤6 b：$\frac{1}{2}\delta \pm l$	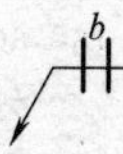
2	≤6	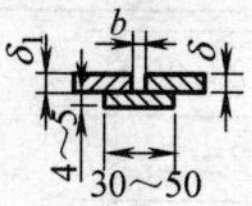		δ：≤6 b：$=\delta$	
3	6～16	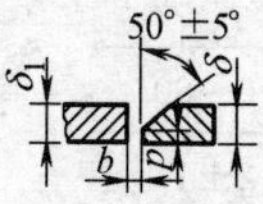	 $S \geqslant 0.7\delta$	δ：6～9 | >9～16 b：1±1 | 2±1 P：2±1 | 2±1	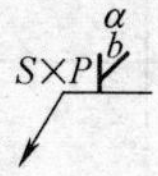
4	6～16				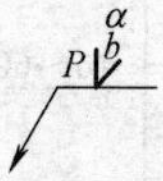
5	6～26	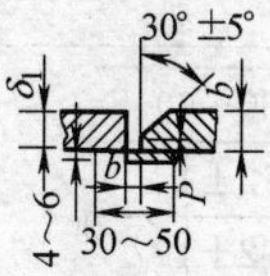		δ：6～9 | >9～15 | >15～26 b：6±1 | 8±1 | 9±1 P：2±1 | 2±1 | 2±1	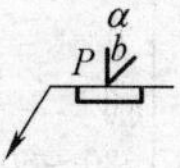
6	6～16	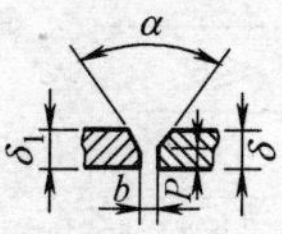	 $S \geqslant 0.7\delta$	δ：6～9 | >9～16 α：55°±5° | 55°±5° b：1±1 | 2±1 P：1^{+1}_{-0} | 2±1	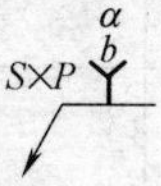
7	6～16				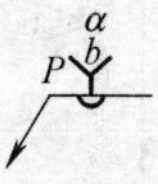
8	6～26	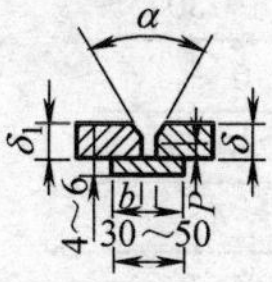		δ：6～12 | >12～26 b：6±1 | 9±1 P：2±1 | 2±1 d：45°±5° | 35°±5°	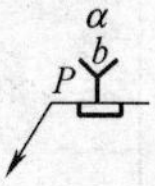

续表

序号	适用厚度(mm)	基本形式	焊缝形式	基本尺寸(mm)		标注方法
9 10	≥12	15°±2° δ_1 β δ b P H		δ	≥12	9: $P\times H$ α_1 b β 10: $P\times H$ α b β
				β	60°±5°	
				b	2^{+1}_{-2}	
				P	2±1	
				H	10±2	
11 12	≥10	15°±2° δ_1 R δ 1.0 b P		δ	≥10	11: $P\times R$ α_1 b 12: $P\times R$ α_1 b
				b	2±1	
				P	2±1	
				R	5～6	
13 14	16～60	30°±5° R δ δ 1.0 b P		δ	16～60	13: $P\times R$ α_1 b 14: $P\times R$ α b
				b	2±1	
				P	2±1	
				R	8～10	
15	12～30	55°±5° δ_1 P δ b 55°±5°		δ	12～30	P α b
				b	2±1	
				P	2±1	
16 17	16～60	60°±5° δ_1 P δ b 60°±5°		δ	16～60	16: P α b 17: P H α b
				b	2±1	
				P	2±1	
18	30～60	15°±2° R 10° δ_1 δ b		δ	30～60	$P\times R$ α_1 b
				b	2±1	
				P	2±1	
				R	6～8	
19 20	≤6	δ b δ_1	19: $S\geq0.7\delta$ 20: K	δ	≤6	19: b 20: K b
				b	0^{+2}	
				K_{min}	3	
21 22	6～30	l δ b δ_1	21: K K 22: K K K K	δ	6～30	21: K 22: K K_1
				b	0^{+2}	
				K	$>0.5\delta$	
				K_{min}	4	
				l由设计确定		

续表

序号	适用厚度（mm）	基本形式	焊缝形式	基本尺寸(mm)	标注方法
23	6～20	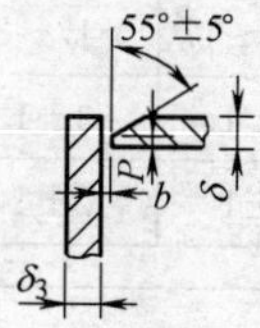 55°±5°；P；b；δ；δ_3	$S\geqslant0.7\delta$	δ: 6～10, >10～20 b: 1±1, 2±1 P: 1±1, 2±1 K_{min}: 4, 5	$S\times P$ α b
24			K		P K α b
25	⩾12	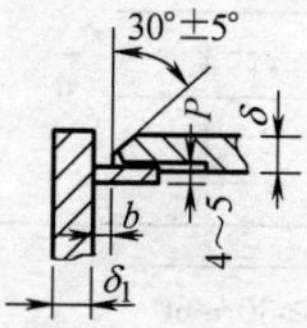 30°±5°；P；δ；b；4～5；δ_1		δ: ⩾12 b: 6～9 P: 2±1	P α b
26	16～60	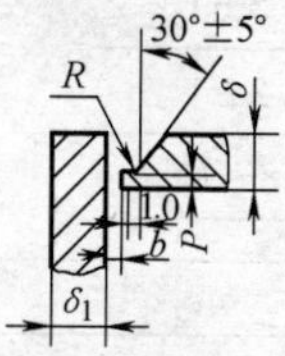 30°±5°；R；δ；1.0；b；P；δ_1		δ: 16～60 b: 2±1 P: 2±1 R: 8～10	$P\times R$ α_1 b
27			K		$P\times R$ K α_1 b
28	12～30	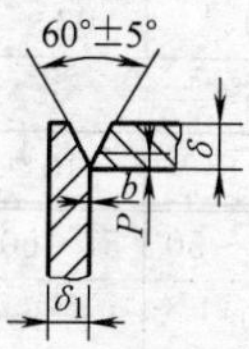 60°±5°；δ；P；b；δ_1	$S\geqslant0.7\delta$	δ: 12～17, ⩾17～30 b: 0^{+3} P: 2±1 K_{min}: 4, 6	$S\times R$ α b
29			K		P K α b
30	20～40	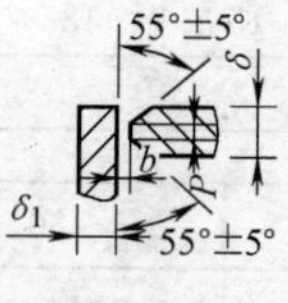 55°±5°；δ；b；P；δ_1；55°±5°		δ: 20～40 b: 2±1 P: 2±1	P α b
31	1～2	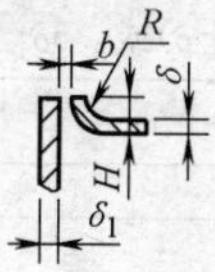 b；R；δ；H；δ_1		δ: 1～2 b: 0^{+1} R: 1～2 H: 3	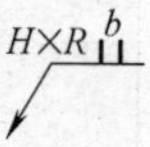 $H\times R$ b
32	2～60	δ；0+2；δ_1	K	δ: 2～3, >3～6, >6～9, >9～12 K_{min}: 2, 3, 4, 5 δ: >12～16, >16～23, >23～30, >30～60 K_{min}: 6, 8, 10, 12 K、l、e 由设计确定	 K
33			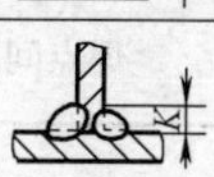 K		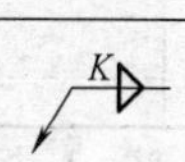 K
34			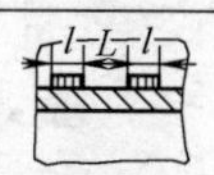 l L l		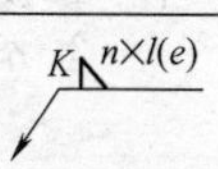 K $n\times l(e)$
35			 l e l		K $n\times P(c)$

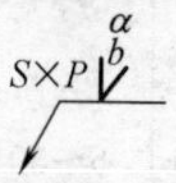

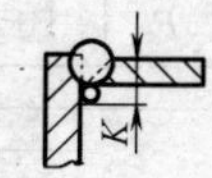

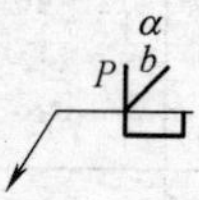

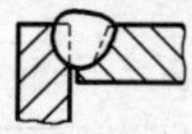

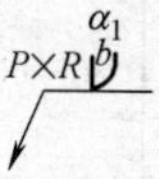

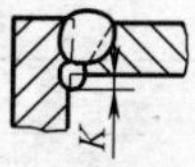

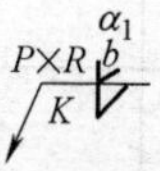

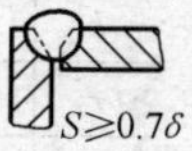

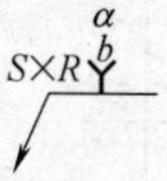

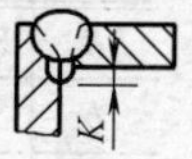

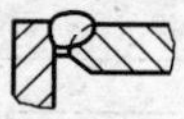

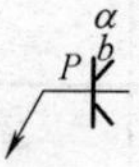

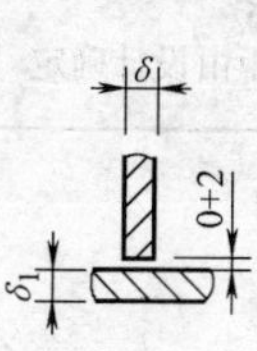

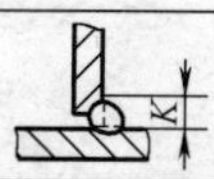

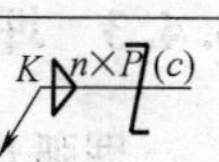

续表

序号	适用厚度(mm)	基本形式	焊缝形式	基本尺寸(mm)	标注方法
36	6～30	δ P b $55°\pm5°$ δ_1	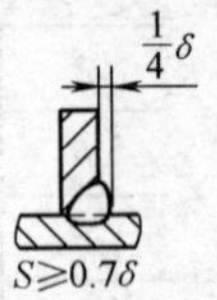 $\frac{1}{4}\delta$ $S\geqslant0.7\delta$	δ：6～10 / ＞10～17 / ＞17～30 b：1±1 / 2±1 / 3±1 P：1±1 / 2±1 / 2±1	$S\times P$ α b
37	12～40	δ P r $55°\pm5°$ $55°\pm5°$ b δ_1	$\frac{1}{4}\delta$	δ：≥12～40 b：2±1 P：2±1	P α b
38	30～60	δ $30°\pm5°$ P b K 10 δ_1	$\frac{1}{4}\delta$	δ：≥30～60 b：2±1 P：2±1 R：8～10	$P\times R$ α_1 b
39	20～60	δ $55°\pm5°$ $55°\pm5°$ b δ_1 P	S $K-K_1+2$ K_2 P K_2 r D	δ：20～25 / 26～32 / 33～36 b：0^{+1} / 0^{+1} / 0^{+1} r：$45°^{+0}_{-5}$ P：6 / 8 / 10 δ：37～40 / 41～50 / 51～60 b：0^{+1} / 0^{+1} / 0^{+1} r：$45°^{+0}_{-5}$ P：12 / 15 / 18	局部熔透焊缝 P α b
40	2～30	δ_1 b δ l	K K	δ：≥2～5 / ＞5～30 b：0^{+1} / 0^{+1} l：$\geqslant 2(\delta_1+\delta)$或$\geqslant 5\delta$ K_{min}：$\delta+b$	K
41	≥2	R c d l	δ δ_1	$\delta=2$ $2\delta\leqslant c\leqslant 40$ $R=0.5c$ $l\geqslant 2R$ 焊点间距 e 和边距由设计确定	$n\times l(e)$ c

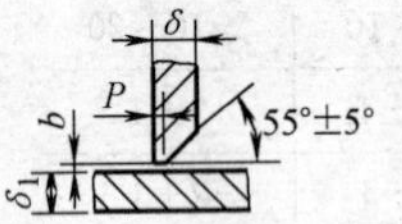

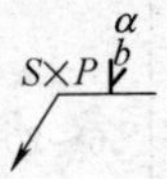

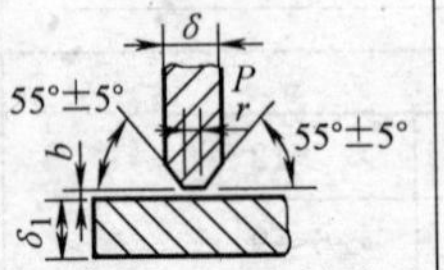

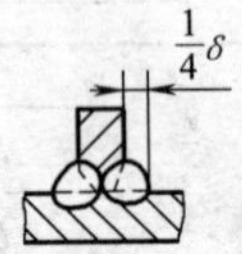

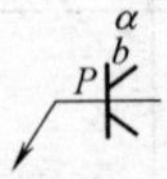

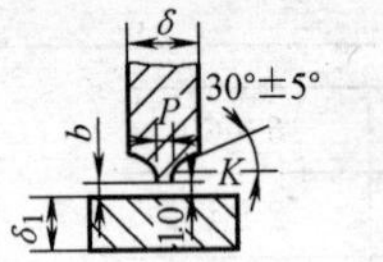

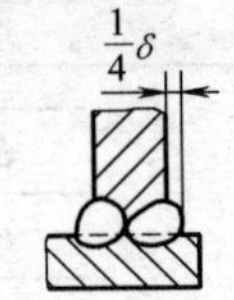

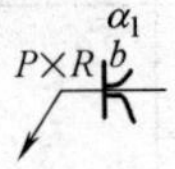

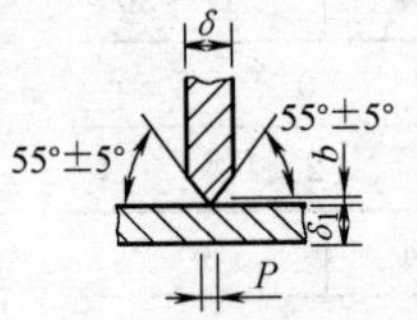

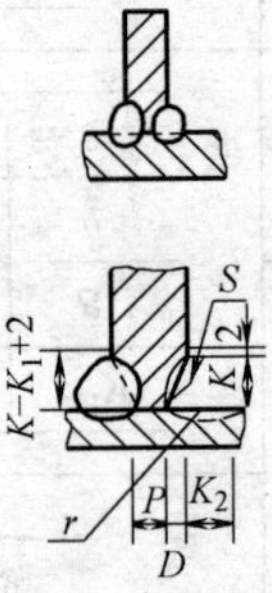

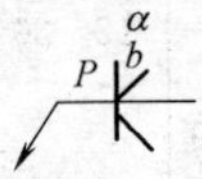

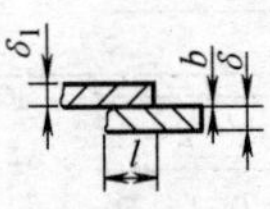

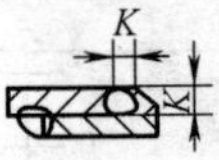

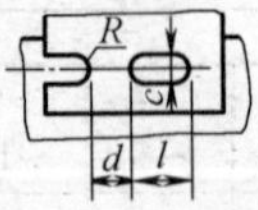

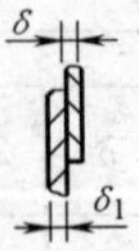

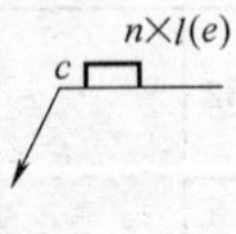

注：1. 板厚 $\delta\geqslant\delta_1$。

2. $\gamma\beta$ 表示双 V 形坡口形式，β 表示其角度。

6.4.3 埋弧焊焊接接头基本形式与尺寸

埋弧焊接头形式与尺寸见表 6-9。

埋弧焊焊接接头基本形式与尺寸（mm） **表 6-9**

序号	适用厚度（mm）	基本形式	焊缝形式	基本尺寸（mm）	标注方法
1	≤12	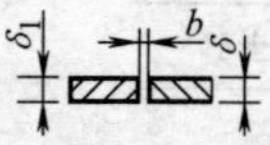 δ, b	 $S \geqslant 0.7\delta$	δ: ≤12 b: 0^{+1}	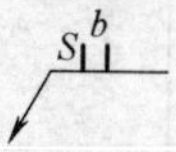 S b
2	≤12			δ: ≤12 b: 0^{+1}	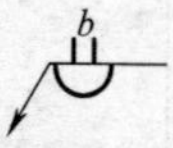 b
3	≤12			δ: ≤12 b: 0^{+1}	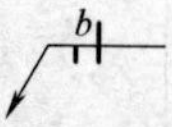 b
4	≤12	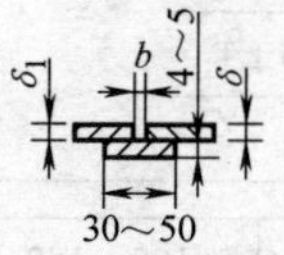 δ_1, b, 4~5, δ 30~50		δ: ≥3~5 / >5~9 / >9~12 b: 3±1 / 4±1 / 6±1	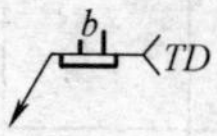 b TD
5	≤12	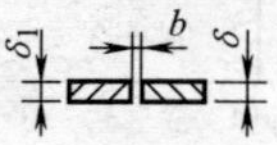 δ_1, b, δ		δ: ≥3~5 / >5~9 / >9~12 b: 2±1 / 3±1 / 4±1	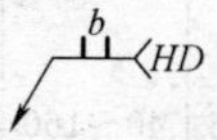 b HD
6	10~24	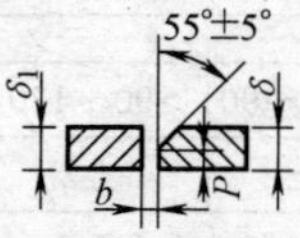 55°±5° δ_1, δ, b, P		δ: ≥10~20 b: 0^{+1} P: 4±1	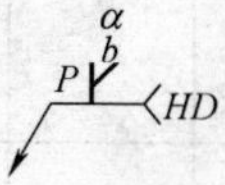 α b P HD
7	10~24			δ: ≥10~16 / >16~20 b: 0^{+1} P: 6±1 / 7±1	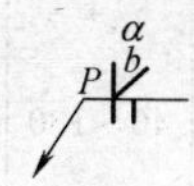 α b P
8	16~50	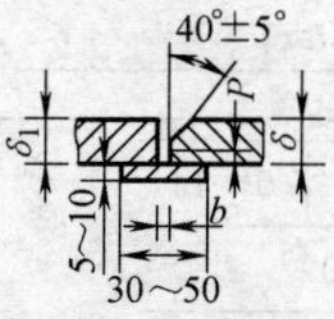 40°±5° δ_1, P, δ, b 5~10, 30~50		δ: ≥10~20 / >20~30 / >30~50 b: 6±1 / 8±1 / 10±1 P: 2±1	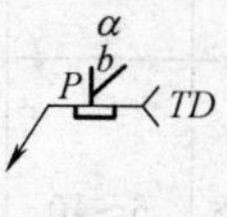 α b P TD
9	10~24	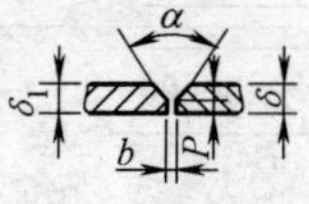 α δ_1, δ, b, P		δ: ≥10~16 / >16~24 b: 0^{+1} / 0^{+1} P: 6±1 / 8±1 α: 70°±5° / 90°±5°	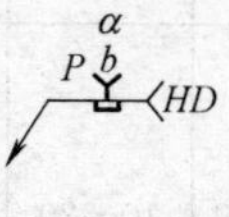 α b P HD
10	16~50	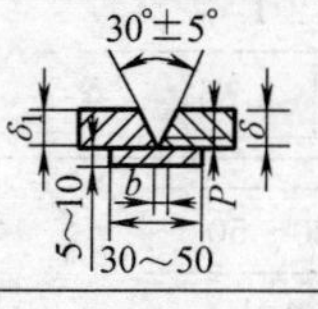 30°±5° δ_1, δ, b, P 5~10, 30~50		δ: ≥16~20 / >20~30 / >30~50 b: 6±1 / 8±1 / 10±1 P: 2±1	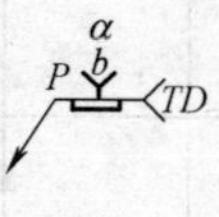 α b P TD
11	≥20	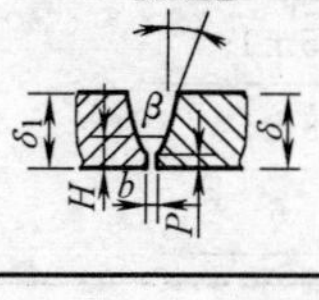 10°±2° δ_1, β, δ, H, b, P		δ: ≥20 H: 11±2 P: 2±1 b: 2±1 β: 70°±5°	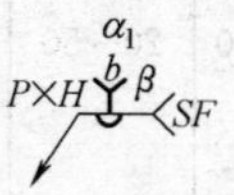 α_1 $P \times H$ b β SF

续表

序号	适用厚度(mm)	基本形式	焊缝形式	基本尺寸(mm)	标注方法
12 13	20～30	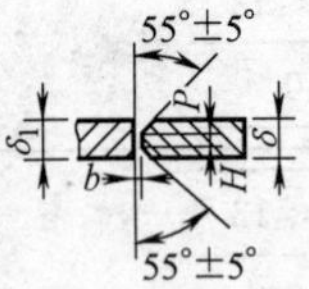 55°±5° δ_1, b, P, H, δ 55°±5°		δ：≥20～30 b：0^{+1} P：8±1	12：α, 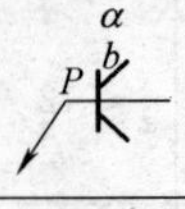 b, P 13：α, b, P, H 
14 15	20～40	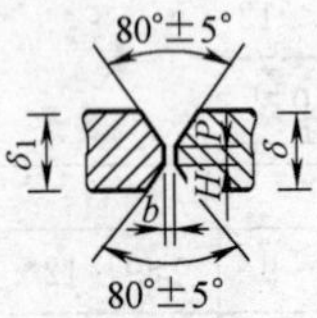 80°±5° δ_1, b, H, P, δ 80°±5°		δ：20～40 b：0^{+1} P：6±1	14：α,  b, P 15：α, b, P, H 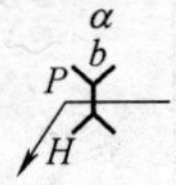
16	40～160	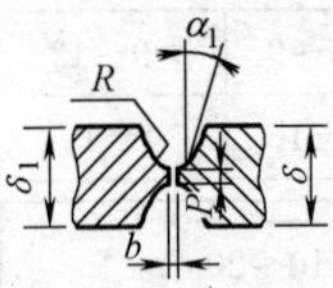 α_1, R, δ_1, P, δ, b		δ：≥40～100 | >100～160 α：10°±2° | 6°±2° b：0^{+1} P：8±1 R：6±1	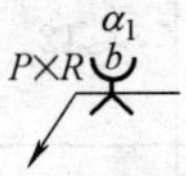 $P\times R$, α_1, b
17	40～130	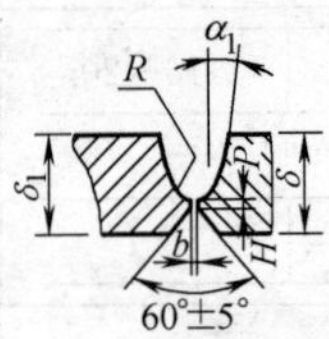 α_1, R, δ_1, P, H, δ, b 60°±5°		δ：≥40～60 | >60～90 | >90～130 α：10°±2° | 8°±2° | 4°±2° b：0^{+2} H：12±1 P：2±1 R：10±1	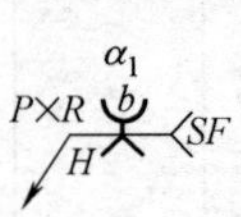 $P\times R$, α_1, b, H, SF
18	6～10	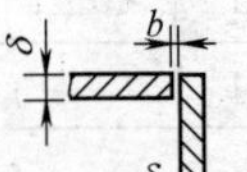 δ, b, δ_1	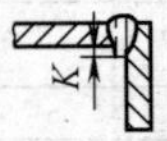 K	δ：6～8 | 9～14 b：0^{+1} K_{min}：4 | 5	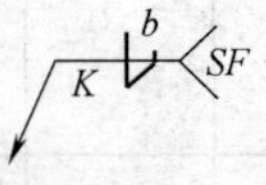 K, b, SF
19	10～20	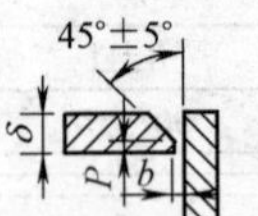 45°±5° δ, P, b, δ_1	 K	δ：10～15 | >5～20 b：0^{+1} P：5±1 K_{min}：4 | 6	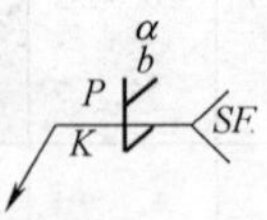 α, b, P, K, SF
20	20～50	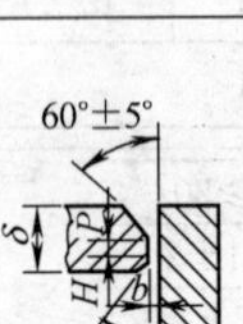 60°±5° δ, P, H, b 60°±5° δ_1	 K	δ：20～50 b：0^{+1} P：5±1 H：8±1 K_{min}：6	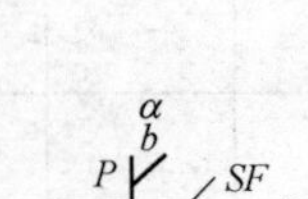 α, b, P, H, SF, $K=\delta$

续表

序号	适用厚度(mm)	基本形式	焊缝形式	基本尺寸(mm)	标注方法
21	2～20			δ：2～6；>6～10；>10～14；>14～20 b：0^{+1}；0^{+1}；0^{+1}；0^{+1} $K_{\min}$：3；4；5；6 K、l、e 由设计确定	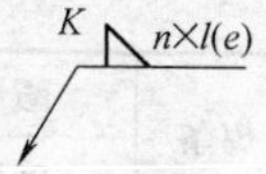 K $n\times l(e)$
22					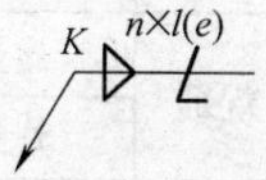 K $n\times l(e)$
23	2～60			δ：>2～5；>5～12；>12～18；>18～25；>25～40；>40～60 b：0^{+1}（>2～5、>5～12）；0^{+2}（>12～60） $K_{\min}$：3；4；6；8；10；12	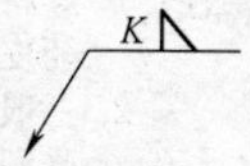 K
24					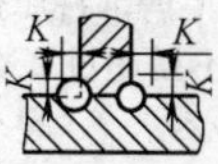 K
25	10～24	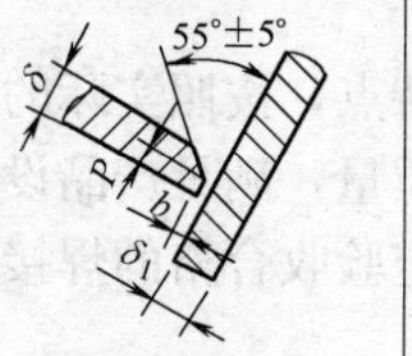 55°±5°		δ：10～15；>15～20；>20～24 b：0^{+1} P：4±1 $K_{\min}$：6；8；10	α b P K SF
26	16～40	60°±5°　60°±5°		δ：16～40 b：0^{+2} P：4±1	α b P
27	30～60	20±2°		δ：30～60 b：0^{+1} P：6±1 R：10±1	α b $P\times R$
28	2～10			δ：2～10 b：0^{+1} l：$\geqslant 2(\delta+\delta_1)$ 或 5δ K：$\geqslant 0.8d$	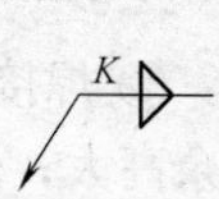 K

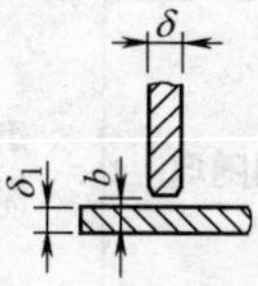

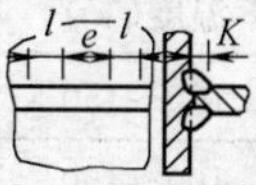

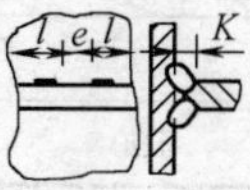

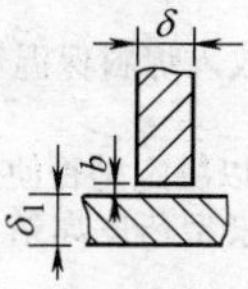

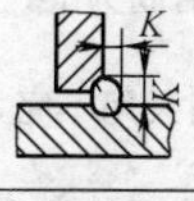

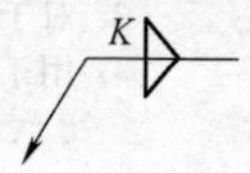

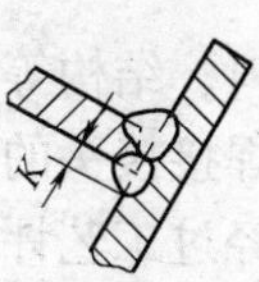

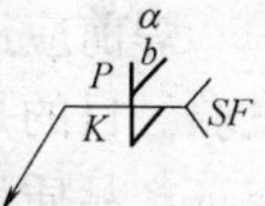

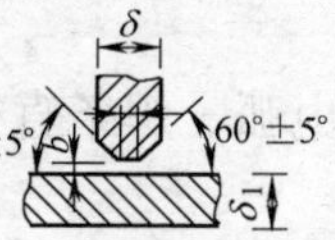

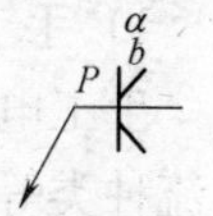

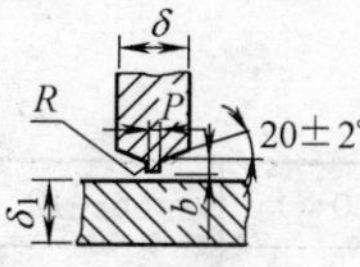

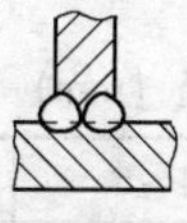

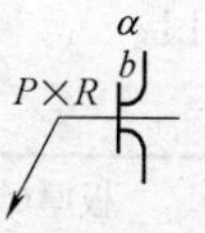

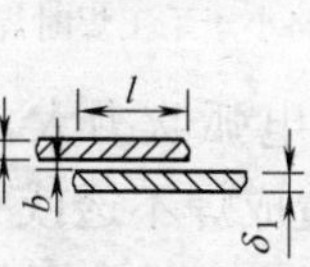

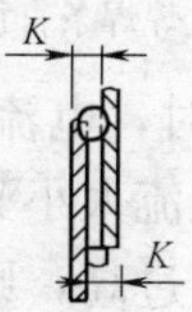

注：1. HD 表示采用焊剂垫，TD 表示采用钢垫板。

2. SF 表示手工封底。

3. $\gamma\beta$ 表示双 V 形坡口形式，β 表示角度。

6.4.4 焊前准备

（1）材料准备

工件表面的水汽、油、锈、氧化皮必须清理干净，坡口钝边及两侧 10～20mm 范围也应同样清理，装配好的工件应及时焊接。因为间隙中生锈和积聚水分很难清理，当焊接部位受潮或天气潮湿时，焊前应用火焰烘烤。

焊条和焊剂应按规定要求严格烘干（见表 6-10），随用随取。

焊料烘焙与保温 **表 6-10**

焊接材料名称		烘焙		保温		说明
		温度(℃)	时间(h)	温度(℃)	时间(h)	
焊条	酸性焊条	100～150	0.5～1	100～150	随用随取	烘焙完毕后，取出放入保温箱保温
	碱性焊条	350～400	1～2	100～150		
焊剂	熔炼焊剂	150～350	2	100		
	烧结焊剂	200～400	2	100		

注：1. 焊料烘焙，按焊接材料制造厂说明书规定的温度和时间为准，或参照本表。焊料烘焙严禁高温烘焙，防止药皮开裂、脱落。

2. 一般每次发放焊接材料的数量不超过 4h 用量，若当天用不完，焊料应放入焊料保温箱中保温，若焊条已受潮，应重新烘焙后再保温。

3. 对于受潮严重，焊芯上有明显锈迹的焊条，需经烘干后进行质量评定，以决定是否使用或降低使用。

4. 用于焊接 σ_b＞600MPa 的低合金钢焊条，重复烘焙不得超过 2 次，纤维素型药皮焊条，重复烘焙不得超过 3 次。

(2) 焊接工艺规范参数的确定

焊前应进行工艺评定试验，即针对产品材料、结构等特点，按照实际的焊接条件进行试验。目的是为了验证工艺规范参数能否保证焊接接头的质量，满足产品设计要求。为了保证产品质量，焊工在实际操作中应严格遵守经过工艺评定验收合格的焊接工艺，不得随便自行选择或更改工艺。

1) 手工电弧焊规范参数

手工电弧焊焊接参数的选择包括电流强度、电弧电压、电弧、焊条直径、焊缝层数和电流种类等。

① 焊条直径：主要取决于焊件厚度、焊接接头形式及焊缝位置。焊条直径选择见表 6-11。

板厚和焊条直径 (mm) **表 6-11**

板厚(δ)	2.0	2.5	3.0	4～5	5.0	6～12	≥13
焊条直径(d)	2.0	2.5	3.2	3.2～4	4.0	4～5	4～6

注：多层焊第一层用焊条应比盖面焊条直径小 1～2mm；立焊焊条直径可以略小于手工焊时焊条直径。

② 焊接电流和电弧电压：当其他因素不变时，电流大，电弧吹力大，熔深增加，焊缝余高大；焊接电流过大，则焊缝深而较窄；电流太小又会造成焊不透或夹渣等缺陷。电弧电压高，焊缝宽度增加，余高下降；电弧电压过高，则焊缝宽而浅，并可能焊不透。

焊接电流强度与焊条直径关系可用下式表示：

$$I=kd\ (\mathrm{A})\text{或}\ I=10d^2\ (\mathrm{A})$$

式中 d——焊条直径 (mm)；

k——经验系数 ($d=2$mm，$k=30$；$d=2\sim4$mm，$k=30\sim40$；$d=4\sim6$mm，$k=40\sim60$)。

使用酸性焊条时焊接电流可按表 6-12 选择。

使用酸性焊条时焊接电流的选择 **表 6-12**

焊条直径 d(mm)	1.6	2.0	2.5	3.2	4.0	5.0	6.0
I(A)	25～40	40～70	50～80	90～130	160～210	200～270	260～310

注：用碱性焊条时，电流应比本表酸性焊条小约 10%。横焊和仰焊时，电流强度比平焊时减小 10%～15%。

电流选定后，要在试板上试焊一下，若出现弧光强，弧声大，飞溅多，焊条过早发红，焊缝金属下陷，焊道过宽且有咬边现象，说明电流过大；若熔深浅，弧光弱，焊条熔化慢，焊条熔滴堆积在焊件表面，说明电流太小。

③ 电弧：电弧长度对焊缝质量有极大的影响，一般电弧长度超过焊条直径称为长弧，小于焊条直径称为短弧。碱性焊条要取短弧，因为长弧容易吸收空气中的氧和氮而出现气孔。

④ 电流种类与极性：用直流反接极时生成气孔最小；用直流正接极时生成气孔较多；用交流电时气孔最多，碱性焊条一定要直流反接极（工件接负极）。

2）埋弧自动焊规范参数

① 焊接电流：

经验公式：$I=40\delta+50d+50$（A）

式中 δ——钢板厚度（mm）；

d——焊丝直径（mm）。

此公式一般适用于板厚 $\delta<14$mm 钢板的焊接。

② 焊接电压：

经验公式 $V=30+\frac{I}{100}+C$（V）

式中 I——选定的电流（A）；

C——焊丝直径系数。焊丝直径 5mm 时，$C=1$；焊丝直径 3～4mm 时，$C=2$。

用上式算得数据比较粗略，使用时尚需适当调整。

③ 电弧电压。焊接电流增大时，电弧吹力增强，焊缝形状系数下降，熔合比增大。但焊接电流过大，可能引起烧穿。

电弧电压增高，电弧长度增加，活动能力增大，加热面积增大，电弧对熔化金属的作用力减少，熔宽增大，熔深减小。电弧电压过高，电弧不稳定，容易出现气孔和咬边。埋弧焊时，当增大焊接电流时，应相应增高电弧电压，见表 6-13。

焊接电流与相应的焊接电压　　表 6-13

焊接电流(A)	520～600	600～700	700～850	850～1000	1000～1200
电弧电压(V)	34～36	36～38	38～40	40～42	42～44

④ 极性。埋弧自动焊一般采用直流反极性，使焊缝与坡口边缘或焊道之间有较良好可靠的熔合。对某些热裂纹敏感性大的钢材，有时采用正极性焊接，利用其熔深浅的特点，减少热裂的可能。交流埋弧焊的熔深介于直流反极和直流正极之间。

⑤ 焊接速度。焊接速度过大，会造成咬边、未焊透和气孔等缺陷；速度太慢，熔池满溢，造成夹渣和未熔合等缺陷。焊接速度太慢且电弧电压又很高时，会造成“蘑菇形”焊缝，易在焊缝内部产生裂纹。

6.4.5 焊接操作技术

（1）手工电弧焊

手工电弧焊的引弧有擦划法和碰击法两种。运条方法很多，但都是由直线前进、横向摆动和送进焊条三个动作组合而成。对于低碳钢焊条，各种横向摆动方式和摆动时在两侧停留时间对接头性能影响不大。对于低合金钢、低温钢、不锈钢运条方式的要求与低碳钢不一样，推荐运条方法是快速不摆动焊法。当然，对于横、立、仰焊位置下的焊接，保证焊缝良好成形而作摆动是需要的。收弧时，应将熔池填满，拉灭电弧时注意不要在工件表面造成电弧擦伤。

1）操作要领：控制焊接熔池形状和尺寸，是手工电弧焊操作的基础；保持正确的焊条角度，可以分离熔渣和铁水，防止熔渣流到铁水前造成夹渣与未焊透；利用电弧吹力托住铁水，防止立、横、仰焊时铁水坠落；直线向前移动可以控制焊缝横截面积大小；焊条运送快慢起到控制电弧长度的作用，压低电弧可以增大熔深；横向摆动和两侧停留可以保证焊缝两侧有良好的熔合。

2）焊接姿势：焊接以平焊或水平的姿势最好，适当的角度和运条对防止咬边和夹渣、取得优良的焊接接头是很重要的。运条必须注意焊接的横摆运条，但是横摆运条移动过大时，药皮不能完全覆盖熔池和隔绝空气，一般横摆的宽度不超过焊条直径的3倍。

焊接姿势符号表示：

F——平焊；V——立焊；H——横焊；O——仰焊。

3）焊接速度是影响熔透度最重要的条件。根据熔化速度（与焊接电流有关）、坡口形状及有无横摆运条等因素确定焊接速度。在电压、电流一定时，增加焊接速度、熔接量就减少，即焊接速度应增加到熔透度最合适时的速度。但焊接速度太快，则焊件冷却速度加快，使合金钢热影响的淬硬倾向加大。一般平焊时，焊接速度为100～160mm/min；立焊时，焊接速度为60～120mm/min。

（2）低氢碱性焊条焊接特点

由于焊缝金属中含氢很低，故称为低氢焊条，焊接特点如下：

1）操作时坚持用直流电焊机，反接极，短弧。

2）焊前准备工作要求很高，去除工件水分、油污，防止焊缝产生气孔。

3）对焊条质量要求很高，焊条焊芯偏心度不超过0.05mm，焊芯不能有锈迹，焊条药皮按规定烘焙，重复烘干不能超过三次，以防药皮变脆，质量下降。

4）低氢碱性焊条中有大量萤石粉，它会分解成有害气体，因此焊时要加强通风。

5）引弧时确保低氢碱性焊条焊接质量的关键，气孔及缺陷一般都出现在引弧、熄弧及打低层。通常应装置引弧板和引出板，中途引弧可在小钢板上引弧后移入焊缝。

6）焊工操作时，打底焊缝不能形成“球形”，否则在焊第二层时容易在与母材夹角处出现气孔。打底层出现的气孔，在背面用碳弧气刨清根时，应仔细检查有无黑线、夹渣及气孔，直到彻底清除干净。如果主焊缝盖面时焊接电流太大，以至把打底层也熔化而使气孔“浮”到上层，这种气孔只有用无损检测才能发现。

6.4.6 预热、后热和焊后热处理

（1）环境对施焊的影响

1）风速：气体保护焊风速不大于2m/s，其他焊接风速不大于1m/s。

2）相对湿度：不大于90%。

3）雨雾环境：不准在露天施焊。

4）焊接时气温：在0℃以下时原则上不得进行焊接。若把距焊缝100mm以内母材加热到36℃以上仍允许进行焊接。

（2）预热

钢结构焊接应视钢种、板厚、接头拘束度、焊接方法和焊接环境等综合考虑是否要预热，必要时通过试验确定。碳素结构钢厚度大于50mm，低合金高强度钢厚度大于30mm时，焊前均应预热，温度控制在100～150℃，预热在焊道两侧，其宽度各为焊件厚度的2倍以上，且不小于100mm。若工艺及设计文件另有规定，按规定预热。

（3）后热处理

碳素结构钢在焊缝冷却到环境温度即可进行焊缝探伤检查，低合金钢则在焊接后24h方可进行焊缝探伤检查，这是为了防止延迟裂纹。为了防止延长裂纹，应对焊件进行消氢处理，这主要用于强度级别较高的低合金钢和拘束度较大的焊接结构。

（4）焊后热处理

热处理是使固态金属通过加热、保温、冷却等方法，改善内部组织。由于消除应力是焊后热处理主要目的，故将消除应力回火、退火作为焊后热处理。

6.4.7 钢材的可焊性、线能量和应力集中

（1）钢材的可焊性

国际焊接协会规定的碳当量计算公式：

$$C_{eq}=\mathrm{C}(含量)+\frac{\mathrm{Mn}}{6}(含量)+\frac{\mathrm{Ni}+\mathrm{Cu}(含量)}{15}+\frac{\mathrm{Cr}+\mathrm{Mo}+\mathrm{V}(含量)}{5}$$

当 $C_{eq}<0.4\%$，可焊性良好；

$C_{eq}=0.4\%\sim0.6\%$，可焊性尚可，需采取措施控制线能量；

$C_{eq}>0.6\%$，可焊性差，淬硬倾向大，较难焊，需采取较高预热温度。

常用钢材碳当量见表6-14。

常用钢材碳当量（供参考）　　表6-14

钢种	10	Q235	09Mn2 09Mn2Cu	16MnR 16MnCu 16MnQ	16MnVNb	15MnVCu 15MnV	15MnVN 15MnVNCu
C_{eq}(%)	0.295	0.32	0.36	0.39	0.36	0.4	0.43

（2）线性能量公式

$$q=\frac{IU}{v}\ (\mathrm{J/mm})$$

式中 I——焊接电流（A）；

U——电弧电压（V）；

v——焊接速度（m/s）。

从上式可知，电流电压增大，q增大；v增大，q减小。线能量增大时，热影响区宽度增大；但线能量过大会使焊接接头过热，晶粒较大，对焊接接头塑性和韧性不利。经验表明，对于碳当量大于0.4%的低合金钢应严格控制线能量。

（3）应力集中

如图 6-4 所示，原来长方形板是连续的，平均应力 $\sigma_{\mathrm{m}}=\frac{F}{B\times\delta}$，当板边形成缺口时，产生应力集中，局部峰值应为 $\sigma_{\max}$。应力集中系数 $K_{\mathrm{T}}=\frac{\sigma_{\min}}{\sigma_{\mathrm{m}}}$，应力集中危害很大。

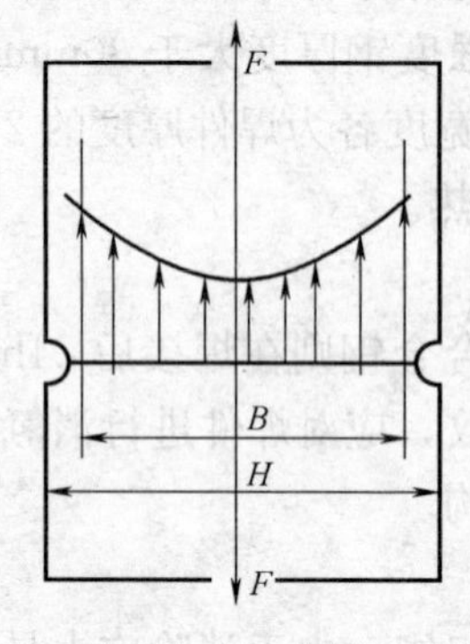

图 6-4 应力集中

1）产生原因：

① 工艺缺陷：气孔，夹渣，裂缝，未焊透等。

② 不合理的焊接缝外形：余高 C 太高，使焊角增加，焊缝外形不光顺。余高与母材相交处突变，焊角太小。角焊缝余高太高，焊趾太大（图 6-5）。

③ 不合理的接头设计，接头截面突变：对接头应力集中主要取决于 C。

从观念上看，应改变过去那种余高愈大愈好，把过多的焊条堆积在焊缝上的做法，既浪费工料又造成变形。为此，应严格控制焊缝余高，减少应力集中，同时注意余高与母材的平缓过渡。

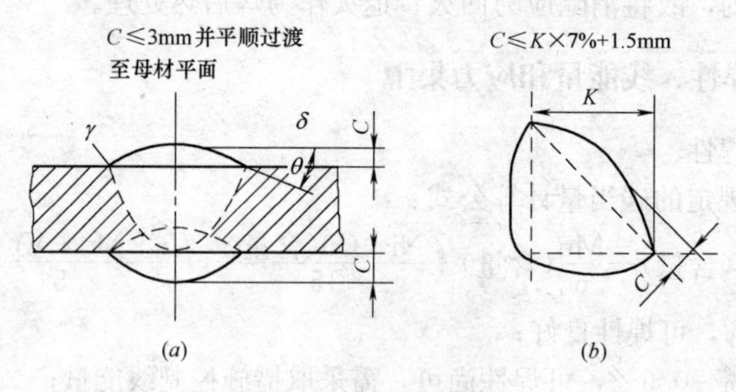

图 6-5 不合理的焊缝

(*a*) 对接；(*b*) 角接

2）预防措施：为了减少或防止钢结构应力集中，在钢结构工程施工及验收规范中作了明确规定。

① T 形接头、十字接头、角接接头等要求融透的对接和角接组合焊缝，其焊角尺寸不应小于 $l/4$ [图 6-6 (*a*)、(*b*)、(*c*)]；重级工作制和起重量大于或等于 $50t$ 的中级工作制吊车梁腹板与上翼缘的连接焊缝的焊脚尺寸为 $l/2$ [图 6-6 (*d*)]，且不应大于 10mm。

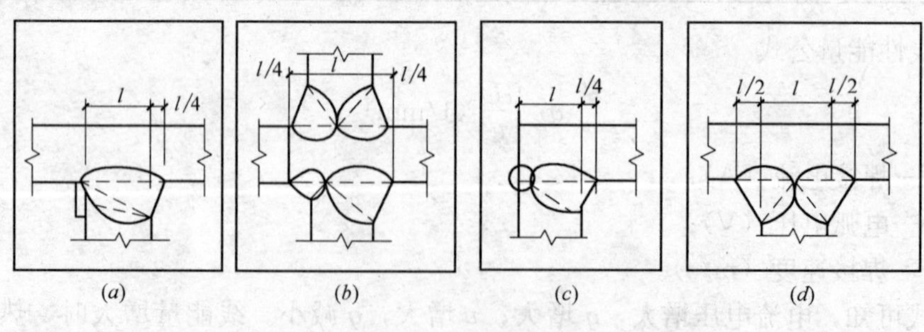

图 6-6 焊脚尺寸

② 角焊缝转角处宜连接绕角施焊，起落弧点距焊缝端部宜大于 10.0mm [图 6-7 (*a*)]；角焊缝端部不设置引弧和引出板的连接焊缝，起落弧点距焊缝端部宜大于 10.0mm

[图 6-7（b）]，弧坑应填满。当角焊缝的端部在构件上时，转角处宜连续包角焊，起落弧点不宜在端部或棱角处，应距焊缝端部 10mm 以上。

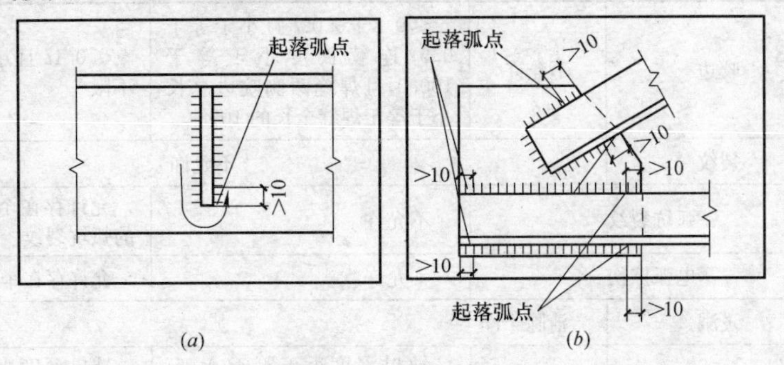

图 6-7　起落弧点位置

③ 对接接头、T 形接头、角接接头、十字接头等对焊缝及对接和角接组合焊缝，应在焊缝两端设置引弧板和引出板，其材质和坡口形式应与焊件相同。

引弧和引出板的焊缝长度：埋弧自动焊为 50～100mm。焊接完毕应采用气割切除引弧板和引出板，其材质和坡口形式与焊件相同。

④为防止应力集中，构件边缘特别是受弯矩的钢梁，立柱翼板上的切割缺口、缺棱等缺陷应焊补并修磨平整。这不仅为了观感和外形美观，更重要的是确保钢结构整体强度，防止因应力集中而导致钢梁折断。

6.5　焊缝质量等级及缺陷分级

现行国家标准《钢结构设计规范》规定焊缝质量级别分为一、二、三级，一级、二级焊缝由设计规定。一般一级焊缝是适用于动载受拉等强的对接缝；二级是适用于静载受拉、受压的等强焊缝，都是结构的关键连接。这些焊缝内部质量的优劣是保证结构整体质量的根本，所以必须进行相应等级的焊缝探伤（见 GB 50221—95），表 6-15 所列的焊缝表面缺陷，凡严重影响焊缝承载能力的都是严禁的。又由于一二级焊缝的重要性，对表面气孔应有特定严禁要求。咬边是极易出现的缺陷，它对动载性能影响很大，因此一般焊缝严禁咬边，并应 100%探伤。

焊缝质量等级及缺陷分级（mm）　　**表 6-15**

焊缝质量等级		一级	二级	三级
内部缺陷超声波探伤	评定等级	Ⅱ	Ⅲ	—
	检验等级	B 级	B 级	
	探伤比例	100%	20%	
外观缺陷	为焊满(指不满足设计要求)	不允许	$\leqslant 0.2+0.02t$ 且小于等于 1.0	$\leqslant 0.2+0.02t$ 且小于等于 2.0
			每 100.0 焊缝内缺陷总长小于等于 25.0	
	根部收缩	不允许	$\leqslant 0.2+0.02t$ 且小于等于 1.0	$\leqslant 0.2+0.02t$ 且小于等于 2.0
			长度不限	

续表

焊缝质量等级		一级	二级	三级
外观缺陷	咬边	不允许	≤$0.2+0.02t$且小于等于0.5；连续长度小于等于100.0，且焊缝两侧咬边总长小于等于焊缝全长的10%	≤$0.1t$且小于等于1.0，长度不限
	裂纹	不允许		
	弧坑裂纹		不允许	允许存在个别长小于等于5.0的弧坑裂纹
	电弧擦伤		不允许	允许存在个别电弧擦伤
	飞溅	清除干净		
	接头不良	不允许	缺口深度小于等于$0.05t$且小于等于0.5	缺口深度小于等于$0.1t$且小于等于1.0
			每米焊缝不得超过1处	
	焊瘤	不允许		
	表面夹渣	不允许		深不大于$0.2t$ 长不大于$0.5t$且小于等于20
	表面气孔	不允许		每50.0长度焊缝内允许直径小于等于$0.4t$且小于等于3.0气孔2个；孔距大于等于6倍孔径
	角焊缝厚度不足	—		≤$0.3+0.05t$且小于等于2.0；每100.0焊缝长度内缺陷总长小于等于25.0
	角焊缝焊脚不对称	—		差值不大于$2+0.2h$

注：1. 超声波探伤用于全熔透焊缝，其探伤比例按每条焊缝长度的百分数计，且不小于200mm；不要求熔透的焊缝（角焊缝或组合焊缝）不能进行超声波探伤。
2. 除注明角焊缝缺陷外，其余均为对接、角接焊缝通用。
3. 咬边如经磨削修正并平滑过渡，则只按焊缝最小允许厚度值评定。
4. 表内t为连接处较薄的板厚（mm）。

7　螺栓连接

螺栓作为钢结构主要连接紧固件，通常用于钢结构中构件间的连接、固定、定位等，钢结构中使用的连接螺栓一般分为普通螺栓和高强度螺栓两种。选用普通螺栓作为连接的紧固件，或选用高强度螺栓但不施加紧固轴力，该连接即为普通螺栓连接，也即通常意义下的螺栓连接；选用高强度螺栓作为连接的紧固件，并通过对螺栓施加紧固轴力而起到连接作用的钢结构连接称高为强度螺栓连接。图 7-1 所示为两种螺栓连接工作机理的示意图，其中图 7-1（a）为摩擦型高强度螺栓连接的工作机理，通过对高强度螺栓施加紧固轴力，将被连接的连接钢板夹紧产生摩擦效应，当连接节头受外力作用时，外力靠连接板层接触面间的摩擦来传递，应力流通过接触面平滑传递，无应力集中现象。普通螺栓连接在受外力后，节点连接板即产生滑动，外力通过螺栓杆受剪和连接板壁承压来传递，如图 7-1（b）所示。

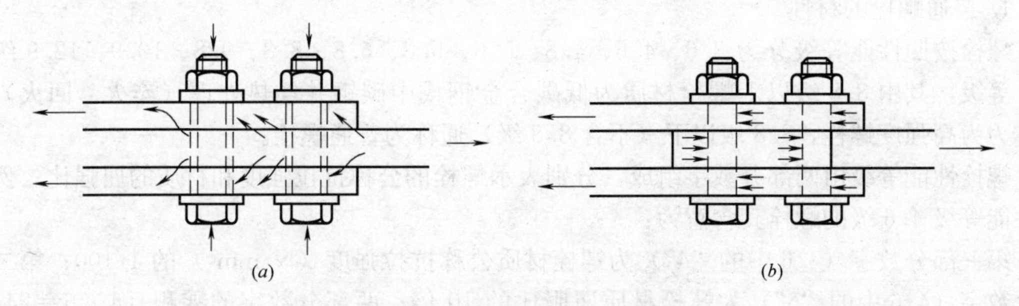

图 7-1　螺栓连接工作机理示意

图 7-2 为典型螺栓连接拉伸曲线，从曲线上可以把螺栓连接工作过程分为四个阶段：阶段 1 为静摩擦抗滑移阶段，即为摩擦型高强度螺栓连接的工作阶段，对普通螺栓连接，阶段 1 不明显，可忽略不计，连接接头直接进入阶段 2；阶段 2 为荷载克服摩擦阻力，接头产生滑移，螺栓杆与连接板壁接触进入承压状态，此阶段为摩擦型高强度螺栓连接的极限破坏状态；阶段 3 为螺栓和连接板处于弹性变形阶段，荷载-变形曲线呈现线性关系；阶段 4 为螺栓和连接板处于弹塑性变形阶段，最后螺栓剪断或连接板破坏（拉脱、承压和净截面拉断），整个连接接头破坏，曲线的终点即为普通螺栓连接的极限破坏状态；若采用高强度螺栓，则为承压型高强度螺栓连接的极限破坏状态。

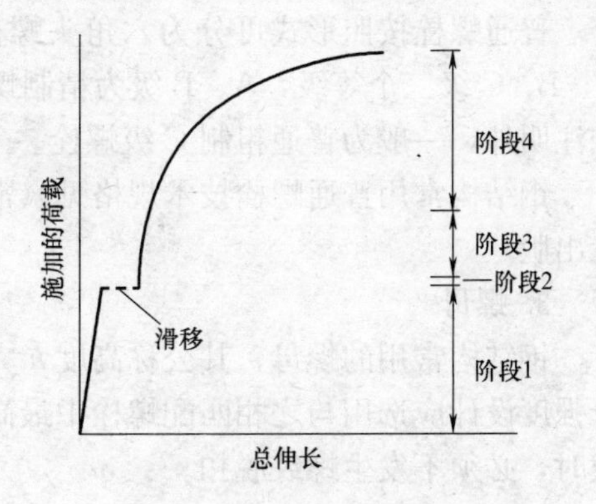

图 7-2　螺栓连接的典型拉伸曲线

对于高强度螺栓连接，阶段 3 和阶段 4 中连接板面间的摩擦效应仍然存在，该两阶段通称摩擦-承压型高强度螺栓连接，连接的设计计算应采用变形准则方法进行，即给定一个连接接头变形量（Δ），可以通过连接拉伸曲线（$R=f(\Delta)$）得到相应接头承载力，对于允许连接接头有一定变形的结构，可以采用摩擦-承压型高强度螺栓连接，其优点是比摩擦型连接提高了连接的承载力，避免了接头发生极限破坏（承压型连接）。

7.1 普通螺栓连接

钢结构普通螺栓连接即将普通螺栓、螺母、垫圈机械地和连接件连接在一起形成的一种连接形式。从连接的工作机理看，荷载是通过螺栓杆受剪、连接板孔壁承压来传递的，这种连接螺栓和连接板孔壁之间有间隙，接头受力后会产生较大的滑移变形，因此一般受力较大的结构或承受动荷载的结构，当采用普通螺栓连接时，螺栓应采用精制螺栓以减小接头的变形量。精制螺栓连接是一种紧配合连接，即螺栓孔径和螺栓直径差一般在0.2～0.5mm，有的要求螺栓孔径与螺栓直径相等，施工时需要强行打入。精制螺栓连接加工费用高、施工难度大，工程上已极少使用，逐渐地被高强度螺栓连接所替代。

7.1.1 普通螺栓的种类和特性

1. 普通螺栓的材性

螺栓按照性能等级分为3.6、4.6、4.8、5.6、5.8、6.8、8.8、9.8、10.9、12.9级十个等级，其中8.8级以上螺栓材质为低碳合金钢或中碳钢并经热处理（淬火、回火），通称为为高强度螺栓，8.8级以下（不含8.8级）通称为普通螺栓。

螺栓性能等级由两部分数字组成，分别表示螺栓的公称抗拉强度和材质的屈强比。例如性能等级4.6级的螺栓其含意为：

第一部分数字（4.6中的“4”）为螺栓材质公称抗拉强度（N/mm^2）的1/100；第二部分数字（4.6中的“6”）为螺栓材质屈服比的10倍；两部分数字的乘积（4×6＝24）为螺栓材质公称屈服点（N/mm^2）的1/10。

2. 普通螺栓的规格

普通螺栓按照形式可分为六角头螺栓、双头螺栓、沉头螺栓等；按制作精度可分为A、B、C级三个等级，A、B级为精制螺栓，C级为粗制螺栓，钢结构用连接螺栓，除特殊注明外，一般为普通粗制C级螺栓。

钢结构常用普通螺栓技术规格见《常用钢材与紧固件速查手册》（中国建筑工业出版社出版）

3. 螺母

钢结构常用的螺母，其公称高度h大于或等于0.8D（D为与其匹配的螺栓直径），螺母强度设计应选用与之相匹配螺栓中最高性能等级的螺栓强度，当螺母拧紧到螺栓保证荷载时，必须不发生螺纹脱扣。

螺母性能等级分为4、5、6、8、9、10、12级等，其中8级（含8级）以上螺母与高强度螺栓匹配，8级以下螺母与普通螺栓匹配，表7-1列出了螺母与螺栓性能等级相匹配的参照表。

螺母的螺纹应和螺栓相一致，一般应为粗牙螺纹（除非特殊注明应细牙螺纹），螺母的机械性能主要是螺母的保证应力和硬度，其值应符合GB 3098.2的规定。

常用六角螺母规格见《常用钢材与紧固件速查手册》（中国建筑工业出版社出版）。

螺母与螺栓性能等级匹配参照表 表 7-1

螺母性能等级	相匹配的螺栓性能等级	
	性能等级	直径范围(mm)
4	3.6、4.6、4.8	>16
5	3.6、4.6、4.8	≤16
	5.6、5.8	所有的直径
6	6.8	所有的直径
8	8.8	所有的直径
9	8.8	>16～≤39
	9.8	≤16
10	10.9	所有的直径
12	12.9	≤39

4. 垫圈

常用钢结构螺栓连接的垫圈，按形状及其使用功能可以分成以下几类：

圆平垫圈——一般放置于紧固螺栓头及螺母的支承面下面，用以增加螺栓头及螺母的支承面，同时防止被连接件表面损伤。

方形垫圈——一般放置于地脚螺栓头及螺母支承面下，用以增加支承面及遮盖较大螺栓孔眼。

斜垫圈——主要用于工字钢、槽钢翼缘倾斜面的垫平，使螺母支承面垂直于螺杆，避免紧固时造成螺母支承面和被连接的倾斜面局部接触。

弹簧垫圈——防止螺栓拧紧后在动荷载作用下的振动和松动，依靠垫圈的弹性功能及斜口摩擦面防止螺栓的松动，一般用于有动荷载（振动）或经常拆卸的结构连接处。

垫圈的常用规格见《常用钢材与紧固件速查手册》（中国建筑工业出版社出版）。

7.1.2 普通螺栓施工

1. 一般要求

普通螺栓作为永久性连接螺栓时，应符合下列要求：

（1）对一般的螺栓连接，螺栓头和螺母下面应放置平垫圈，以增大承压面积。

（2）螺栓头下面放置的垫圈一般不应多于两个，螺母头下的垫圈一般不应多于1个。

（3）对于设计有要求防松动的螺栓、锚固螺栓应采用有防松装置的螺母或弹簧垫圈，或用人工方法采取防松措施。

（4）对于承受动荷载或重要部位的螺栓连接，应按设计要求放置弹簧垫圈，弹簧垫圈必须设置在螺母一侧。

（5）对于工字钢、槽钢类型钢应尽量使用斜垫圈，使螺母和螺栓头部的支承面垂直于螺杆。

2. 螺栓直径及长度的选择

(1) 螺栓直径。螺栓直径的确定原则上应由设计人员按等强原则通过计算确定，但对某一个工程来讲，螺栓直径规格应尽可能少，有的还需要适当归类，便于施工和管理，一般情况下螺栓直径应与被连接件的厚度相匹配，表 7-2 为不同的连接厚度所推荐选用的螺栓直径。

不同连接厚度推荐螺栓直径（mm）　　表 7-2

连接件厚度	4～6	5～8	7～11	10～14	13～20
推荐螺栓直径	12	16	20	24	27

(2) 螺栓长度。螺栓的长度通常是指螺栓螺头内侧面到螺杆端头的长度，一般都是以 5mm 进制；从螺栓的标准规格上可以看出，螺纹的长度基本不变，显而易见，影响螺栓长度的因素主要有：被连接件的厚度、螺母高度、垫圈的数量及厚度等，一般可按以下公式计算：

$$L=\delta+H+nh+C$$

式中 δ——被连接件总厚度（mm）；

H——螺母高度（mm），一般为 $0.8D$；

n——垫圈个数；

h——垫圈厚度（mm）；

C——螺纹外露部分长度（mm）（2～3 扣为宜，一般为 5mm）。

3. 常用螺栓连接形式

钢板、槽钢、工字钢、角钢等常用螺栓连接形式见表 7-3。

钢板、槽钢、工字钢、角钢的螺栓连接形式　　表 7-3

材料种类	连接形式		说明
钢板	平接连接		用双面拼接板，力的传递不产生偏心作用
			用单面拼接板，力的传递具有偏心作用，受力后连接部发生弯曲
			板件厚度不同的拼接，须设置填板并将填板伸出拼接板以外；用焊件或螺栓固定
	搭接连接		传力偏心只有在受力不大时采用
	T 形连接		
槽钢			应符合等强度原则，拼接板的总面积不能小于被拼接的杆件截面积，且各支面积分布与材料面积大致相等
工字钢			同槽钢

续表

材料种类	连接形式		说明
角钢	角钢与钢板		适用角钢与钢板连接受力较大的部位
			适用一般受力的接长或连接
	角钢与角钢		适用于小角钢等截面连接
			适用大角钢等同面连接

4. 螺栓的布置

螺栓连接接头中螺栓的排列布置主要有并列和交错排列两种形式，螺栓间的间距确定既要考虑连接效果（连接强度和变形），同时要考虑螺栓的施工，通常情况下螺栓的最大、最小容许距离见表 7-4。

螺栓的最大、最小容许距离 **表 7-4**

名称	位置和方向			最大容许距离（取两者的较小值）	最小容许距离
中心间距	任意方向	外排		$8d_0$ 或 $12t$	$3d_0$
		中间排	构件受压力	$12d_0$ 或 $18t$	
			构件受拉力	$16d_0$ 或 $24t$	
中心至构件边缘距离	顺内力方向			$4d_0$ 或 $8t$	$2d_0$
	垂直内力方向	切割边			$1.5d_0$
		轧制边	高强度螺栓		
			其他螺栓或铆钉		$1.2d_0$

注：1. d_0 为螺栓或铆钉的孔径（mm），t 为外层较薄板件的厚度（mm）。
2. 钢板边缘与刚性构件（如角钢、槽钢等）相连的螺栓或铆钉的最大间距，可按中间排的数值采用。

对于常用的工字钢、槽钢及角钢等型钢连接接头中螺栓的间距及最大孔径分别见表 7-5、表 7-6、表 7-7。

对于常用的 H 型钢（轧制或焊接），其连接（拼接）螺栓的排列布置及间距参见图 7-3、图 7-4。其中图 7-3 为 M20、M22 连接示意图，图 7-4 为 M24 连接示意图。

5. 螺栓孔

对于精制螺栓（A、B 级螺栓），螺栓孔必须是 I 类孔，应具有 H12 的精度，孔壁表面粗糙度 R_a 不应大于 12.5μm，为保证上述精度要求必须钻孔成形。

对于粗制螺栓（C 级螺栓），螺栓孔为 II 类孔，孔壁表面粗糙度 R_a 不应大于 25μm，其允许偏差应符合表 7-8 的要求。

工字钢连接螺栓最大开孔直径及间距　　表 7-5

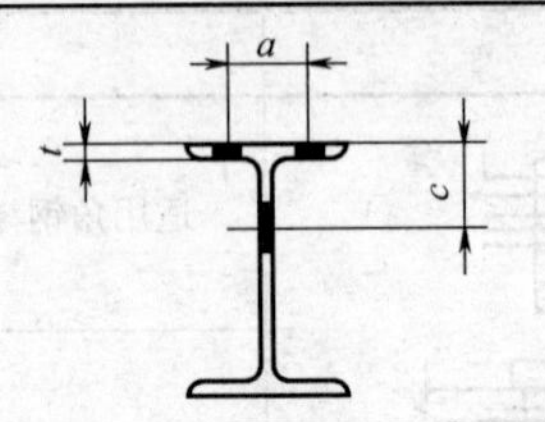

<table>
<tr><th rowspan="2">型　号</th><th colspan="3">翼缘(mm)</th><th colspan="2">腹板(mm)</th></tr>
<tr><th>a</th><th>t</th><th>最大开孔直径</th><th>c</th><th>最大开孔直径</th></tr>
<tr><td>10</td><td>—</td><td>8</td><td>—</td><td>30</td><td>11</td></tr>
<tr><td>12.6</td><td>42</td><td>9</td><td>11</td><td>40</td><td>13</td></tr>
<tr><td>14</td><td>46</td><td>9</td><td>13</td><td>44</td><td>17</td></tr>
<tr><td>16</td><td>48</td><td>10</td><td>15</td><td>48</td><td>19.5</td></tr>
<tr><td>18</td><td>52</td><td>10.5</td><td>15</td><td>52</td><td>21.5</td></tr>
<tr><td>20^{a}_{b}</td><td>58</td><td>11</td><td>17</td><td>60</td><td>25.5</td></tr>
<tr><td>22^{a}_{b}</td><td>60</td><td>12.5</td><td>19.5</td><td>62</td><td>25.5</td></tr>
<tr><td>25^{a}_{b}</td><td>64</td><td>13</td><td>21.5</td><td>64</td><td>25.5</td></tr>
<tr><td>25c</td><td>66</td><td>13</td><td>21.5</td><td>64</td><td>25.5</td></tr>
<tr><td>28^{a}_{b}</td><td>70</td><td>14</td><td>21.5</td><td>66</td><td>25.5</td></tr>
<tr><td>28c</td><td>72</td><td>14</td><td>21.5</td><td>66</td><td>25.5</td></tr>
<tr><td>32a</td><td>74</td><td rowspan="3">15</td><td rowspan="3">21.5</td><td rowspan="3">68</td><td rowspan="3">25.5</td></tr>
<tr><td>32b</td><td>76</td></tr>
<tr><td>32c</td><td>78</td></tr>
<tr><td>36a</td><td>76</td><td rowspan="3">16</td><td rowspan="3">23.5</td><td rowspan="3">70</td><td rowspan="3">25.5</td></tr>
<tr><td>36b</td><td>78</td></tr>
<tr><td>36c</td><td>80</td></tr>
<tr><td>40a</td><td>82</td><td rowspan="3">16</td><td rowspan="3">23.5</td><td rowspan="3">72</td><td rowspan="3">25.5</td></tr>
<tr><td>40b</td><td>84</td></tr>
<tr><td>40c</td><td>86</td></tr>
<tr><td>45a</td><td>86</td><td rowspan="3">17.5</td><td rowspan="3">25.5</td><td rowspan="3">74</td><td rowspan="3">25.5</td></tr>
<tr><td>45b</td><td>88</td></tr>
<tr><td>45c</td><td>90</td></tr>
<tr><td>50a</td><td>92</td><td rowspan="3">20</td><td rowspan="3">25.5</td><td rowspan="3">78</td><td rowspan="3">25.5</td></tr>
<tr><td>50b</td><td>94</td></tr>
<tr><td>50c</td><td>96</td></tr>
<tr><td>56a</td><td>98</td><td rowspan="3">20.5</td><td rowspan="3">25.5</td><td rowspan="3">80</td><td rowspan="3">25.5</td></tr>
<tr><td>56b</td><td>100</td></tr>
<tr><td>56c</td><td>102</td></tr>
<tr><td>63a</td><td>104</td><td rowspan="3">21</td><td rowspan="3">28.5</td><td rowspan="3">90</td><td rowspan="3">25.5</td></tr>
<tr><td>63b</td><td>106</td></tr>
<tr><td>63c</td><td>108</td></tr>
</table>

槽钢连接螺栓最大开孔直径及间距 表 7-6

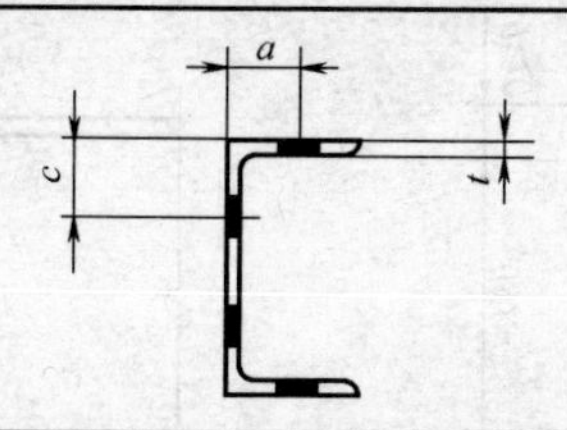

型号	翼缘(mm)			腹板(mm)	
	a	t	最大开孔直径	c	最大开孔直径
5	20	7	11	25	7
6.3	25	7.5	11	31.5	11
8	25	8	13	40	15
10	30	8.5	15	35	11
12.6	30	9	17	40	15
14a,14b	35	9.5	17	45	17
16a,16b	35	10	19.5	50	17
18a,18b	40	10.5	21.5	55	21.5
20a	45	11	21.5	60	23.5
22a	45	11.5	23.5	65	25.5
25a,25b,25c	45	12	23.5	65	25.5
		12	25.5		
28a,28b,28c	50	12.5	25.5	67	25.5
32a,32b,32c	50	14	25.5	70	25.5
36a,36b,36c	60	16	25.5	74	25.5
40a,40b,40c	60	18	25.5	78	25.5

角钢连接螺栓最大开孔直径及间距 表 7-7

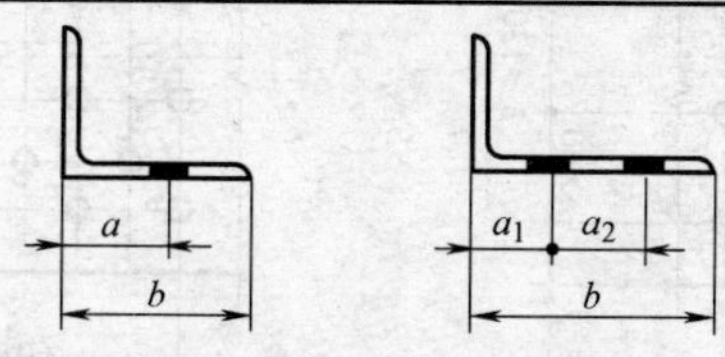

单行(mm)			双行交错排列(mm)				双行并列(mm)			
肢宽 b	线距 a	最大开孔直径	肢宽 b	线距 a_1	线距 a_2	最大开孔直径	肢宽 b	线距 a_1	线距 a_2	最大开孔直径
45	25	13	125	55	35	23.5	140	55	60	20.5
50	30	15	140	60	45	26.5	160	60	70	23.5
56	30	15	160	60	65	26.5	180	65	75	26.5
63	35	17					200	80	80	26.5
70	40	21.5								
75	45	21.5								
80	45	21.5								
90	50	23.5								
100	55	23.5								
110	60	26.5								
125	70	26.5								

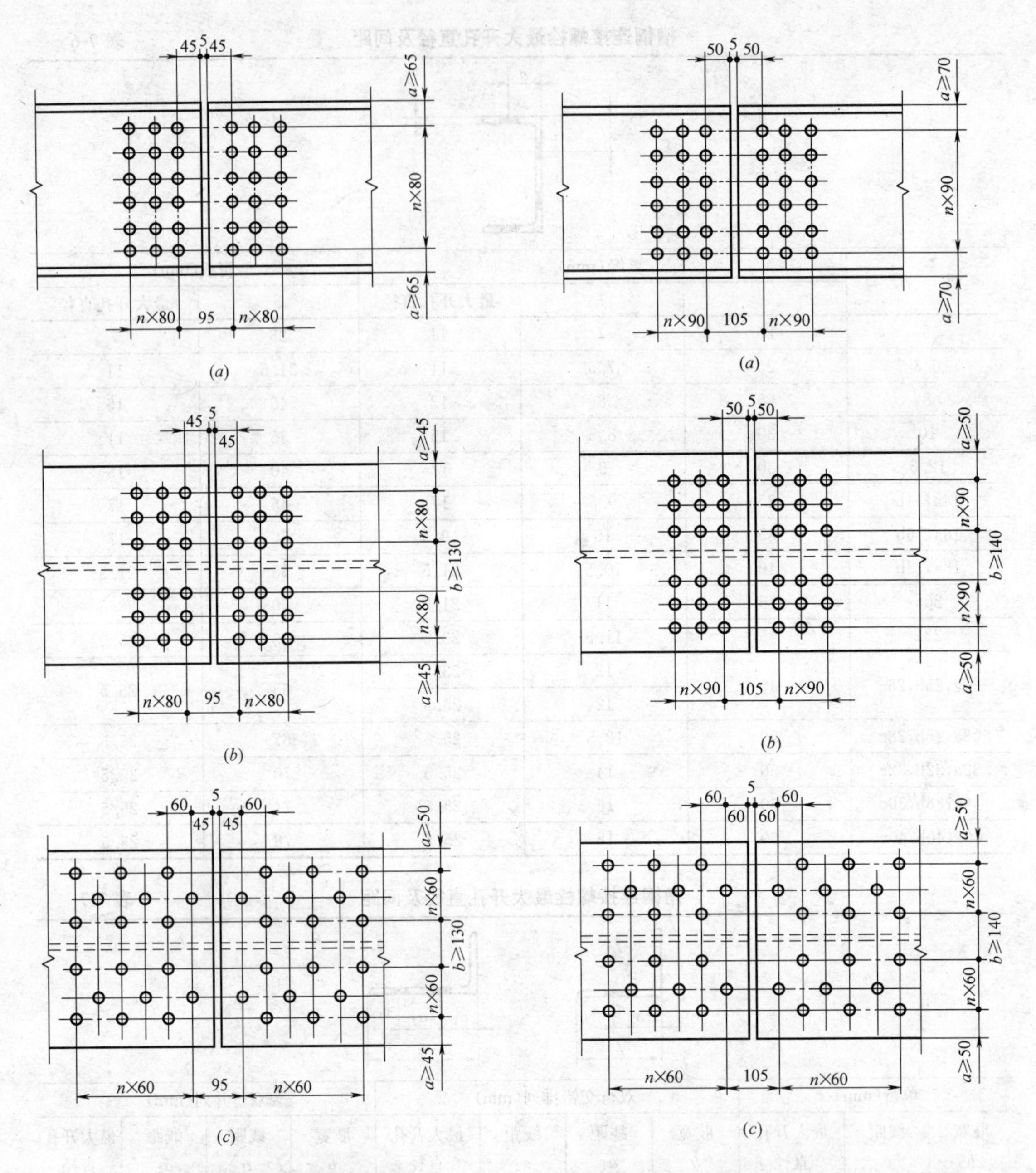

图 7-3　实腹梁或柱拼接接头示意（M20、孔 $\phi22$，M22、孔 $\phi24$）

（*a*）腹板；（*b*）翼缘板（1）；（*c*）翼缘板（2）

图 7-4　实腹梁或柱拼接接头示意图（M24、孔 $\phi26$）

（*a*）腹板；（*b*）翼缘板（1）；（*c*）翼缘板（2）

C 级螺栓孔的允许偏差　　表 7-8

项目	允许偏差(mm)
直径	+1.0 0
圆度	2.0
垂直度	0.03t 且不大于 2.0

注：t 为连接板的厚度。

6. 螺栓的紧固及检验

普通螺栓连接对螺栓紧固轴力没有要求，因此螺栓的紧固施工以操作者的手感及连接接头的外形控制为准，通俗地讲，就是一个操作工使用普通扳手靠自己的力量拧紧螺母即可，保证被连接接触面能密贴，无明显的间隙，这种紧固施工方式虽然有很大的差异性，但能满足连接要求。为了使连接接头中螺栓受力均匀，螺栓的紧固次序应从中间开始，对称向两边进行；对大型接头应采用复拧，即两次紧固方法，保证接头内各个螺栓能均匀受力。

普通螺栓连接螺栓紧固检验比较简单，一般采用捶击法，即用 3kg 小锤，一手扶螺栓（或螺母）头，另一手用锤敲，要求螺栓头（螺母）不偏移、不颤动、不松动，锤声比较干脆，否则说明螺栓紧固质量不好，需要重新紧固施工。

7.2 高强度螺栓连接

7.2.1 概述

高强度螺栓连接现在已经发展成为与焊接并举的钢结构主要连接形式之一，它具有受力性能好，耐疲劳，抗震性能好，连接刚度高，施工简便等优点，被广泛地应用在建筑钢结构和桥梁钢结构的工程连接中，成为钢结构安装的主要手段之一。

高强度螺栓连接按其受力状况，可分为摩擦型连接、摩擦-承压型连接、承压型连接和张拉型连接等几种类型，其中摩擦型连接是目前广泛应用的基本连接形式。

（1）摩擦型连接：这种连接接头处用高强度螺栓紧固，使连接板层夹紧，利用由此产生于连接板层之间接触面间的摩擦力来传递外荷载。高强度螺栓在连接接头中不受剪，只受拉并由此给连接件之间施加了接触压力，这种连接应力传递圆滑，接头刚性好，通常所指的高强度螺栓连接，就是这种摩擦型连接，其极限破坏状态即为连接接头滑移。

（2）承压型连接：对于高强度螺栓连接接头，当外力超过摩擦阻力后，接头发生明显的滑移，高强度螺栓杆与连接板孔壁接触并受力，这时外力靠连接接触面间的摩擦力、螺栓杆剪切及连接板孔壁承压三方共同传递，其极限破坏状态为螺栓剪断或连接板承压破坏，该种连接承载力高，可以利用螺栓和连接板的极限破坏强度，经济性能好，但连接变形大，可应用在非重要的构件连接中。

（3）摩擦-承压型连接：高强度螺栓连接在摩擦阶段以后到极限破坏状态之前的阶段，可视为摩擦-承压型连接，该连接承载力没有极限状态来界定，不能采用强度准则来设计，只能采用变形准则的方法设计，即根据结构接头所允许变形量的大小来确定接头的承载力。

（4）张拉型连接：当外力与高强度螺栓轴向一致时，如法兰连接、T 形连接等这类高强度螺栓连接称为张拉型连接。该连接的特点是，作用的外力和紧固螺栓时产生在连接件间的压力相平衡，在外拉力作用下，螺栓的轴力（拉力）变化很小，仍能使连接件间保持较大的夹紧力，保证接头获得较大的刚度。

7.2.2 高强度螺栓种类

高强度螺栓在外形上可分为大六角头和扭剪型两种；按性能等级可分为 8.8 级、10.9

级、12.9级等，目前我国使用的大六角头高强度螺栓有8.8级和10.9级两种，扭剪性高强度螺栓只有10.9级一种。从世界各国高强度螺栓发展过程来看，过高的螺栓强度会带来螺栓的滞后断裂问题，造成工程隐患，经过试验研究和工程实践，发现强度在1000MPa左右的高强度螺栓既能满足使用要求，又可最大限制地控制因强度太高而引起的滞后断裂的发生，表7-9列出了主要国家高强度螺栓性能的对比情况。

各国高强度螺栓性能对比 **表7-9**

国家	标准	性能等级	螺栓类别	抗拉强度(MPa)	延伸率(%)	硬度HRC
中国	GB 1231	8.8级、10.9级	大六角头	830、1040	10	24～31
	GB 3633	10.9级	扭剪型	1040	12	33～39
美国	A325	8.8S	大六角头	844	14	23～32
	A490	10.9S		1055	14	32～38
日本	JIS 1311B6 JSSⅡ09	F8T、F10T	大六角头	800～1000	16	18～31
		F10T	扭剪型	1000～1200	14	27～38
德国	DIN267	10K	大六角头	1000～1200	8	

(1) 大六角头高强度螺栓连接副。大六角头高强度螺栓连接副含有一个螺栓、一个螺母、两个垫圈（螺头和螺母两侧各一个垫圈）。螺栓、螺母、垫圈在组成一个连接副时，其性能等级要匹配，表7-10列出了各国钢结构用大六角头高强度螺栓连接副匹配组合。

大六角头高强度螺栓连接副匹配表 **表7-10**

螺 栓	螺 母	垫 圈
8.8级	8H	HRC35～HRC45
10.9级	10H	HRC35～HRC45

1) 大六角头高强度螺栓连接副推荐材料见表7-11。

大六角头高强度螺栓连接副推荐材料 **表7-11**

类别	性 能 等 级	推 荐 材 料	材料标准号	适 用 规 格
螺栓	10.9S	20MnTiB	GB/T 3077—1999	<M24
		40B	GB/T 3077—1999	<M24
		35VB	**	<M30
	8.8S	45	GB/T 699—1999	<M22
		35	GB/T 699—1999	<M16
螺母	10H	45、35	GB/T 699—1999	
		15MnVB	GB/T 3077—1999	
	8H	35	GB/T 699—1999	
垫圈	HRC35～45	45、35	GB/T 699—1999	

2) 大六角高强度螺栓型号及规格见《常用钢材与紧固件速查手册》(中国建筑工业出版社出版)。

3）大六角头螺母形式及规格见《常用钢材与紧固件速查手册》（中国建筑工业出版社出版）。

4）大六角头垫圈形式及规格见《常用钢材与紧固件速查手册》（中国建筑工业出版社出版）。

（2）扭剪型高强度螺栓连接副。扭剪型高强度螺栓连接副含一个螺栓、一个螺母、一个垫圈，目前国内只有 10.9 级一个性能等级。

1）扭剪型高强度螺栓连接副性能等级匹配及推荐材料见《常用钢材与紧固件速查手册》（中国建筑工业出版社出版）。

2）扭剪型高强度螺栓形式及规格见《常用钢材与紧固件速查手册》（中国建筑工业出版社出版）。

3）扭剪型高强度螺母形式及规格见《常用钢材与紧固件速查手册》（中国建筑工业出版社出版）。

4）扭剪型高强度垫圈型式及规格见《常用钢材与紧固件速查手册》（中国建筑工业出版社出版）。

（3）高强度螺栓连接副的机械性能。

高强度螺栓连接副实物的机械性能主要包括螺栓的抗拉荷载、螺母的保证荷载及实物硬度等。

1）高强度螺栓实物硬度和抗拉荷载分别见表 7-12、表 7-13。

高强度螺栓实物硬度 **表 7-12**

性能等级	维氏硬度 HV30		洛氏硬度 HRC	
	min	max	min	max
10.9S	312	367	33	39
8.8S	249	296	24	31

高强度螺栓实物机械性能 **表 7-13**

公称直径 d (mm)			12	16	20	(22)	24	(27)	30
公称应力截面积 A_1 (mm^2)			84.3	157	245	303	353	459	561
性能等级	10.9S	拉力载荷 (N) (kgf)	87700～104500	163000～195000	255000～304000	315000～376000	367000～438000	477000～569000	583000～696000
			(8940～107000)	(16600～19800)	(26000～31000)	(32100～38300)	(37400～44600)	(48600～58000)	(59400～70900)
	8.8S		70000～86800	130000～162000	203000～252000	251000～312000	293000～364000	381000～473000	466000～578000
			(7140～8850)	(13300～16500)	(20700～25700)	(25600～31800)	(29900～37000)	(38800～48200)	(47500～58900)

2）螺母实物的保证荷载和硬度见表 7-14。

3）垫圈的实物硬度。对于高强度螺栓连接副，不论是 10.9 级和 8.8 级螺栓，所采用的垫圈是一致的，其硬度要求都是 HV30 329～436（HRC35～45）。

高强度螺栓螺母机械性能　　表 7-14

公称直径 D(mm)		12	16	20	(22)	24	(27)	30
10H	保证载荷(N) (kgf)	87700 (8940)	163000 (16600)	255000 (26000)	315000 (32100)	367000 (37400)	477000 (48600)	583000 (59400)
	洛氏硬度	HRB98～HRC28						
	维氏硬度	HV30 222～274						
8H	保证载荷(N) (kgf)	70000 (7140)	130000 (13300)	203000 (20700)	251000 (25600)	293000 (29900)	381000 (38800)	466000 (47500)
	洛氏硬度	HRB95～HRC22						
	维氏硬度	HV30 206～237						

7.2.3　高强度螺栓连接施工

1. 一般规定

（1）高强度螺栓连接在施工前应对连接副实物和摩擦面进行检验和复验，合格后才能进入安装施工。

（2）对每一个连接接头，应先用临时螺栓或冲钉定位，为防止损伤螺纹引起扭矩系数的变化，严禁把高强度螺栓作为临时螺栓使用。对每一个接头来说，临时螺栓和冲钉的数量原则上应根据该接头可能承担的荷载计算确定，并应符合下列规定：

1）不得少于安装孔数的 1/3；

2）不得少于两个临时螺栓；

3）冲钉穿入数量不宜多于临时螺栓的 30%，不得将连接用的高强度螺栓兼作临时螺栓。

（3）高强度螺栓的穿入，应在结构重心位置调整后进行，其穿入方向应以施工方便为准，力求一致；安装时要注意垫圈的正反面，即：螺母带圆台面的一侧应朝向垫圈有倒角的一侧；对于大六角头高强度螺栓连接副靠近螺头一侧的垫圈，其有倒角的一侧朝向螺栓头。

（4）高强度螺栓的安装应能自由穿入孔，严禁强行穿入，如不能自由穿入时，该孔应用铰刀进行修整，修整后的孔的最大直径应不小于 1.2 倍螺栓直径。修孔时，为了防止铁屑落入板迭缝中，铰孔前应将四周螺栓全部拧紧，使板迭密贴后再进行，严禁气割扩孔。

（5）高强度螺栓连接中连接钢板的孔径略大于螺栓直径，并必须采取钻孔成形方法，钻孔后的钢板表面应平整、孔边无飞边和毛刺，连接板表面应无焊接飞溅物、油污等，螺栓孔径及允许偏差见表 7-15。

（6）高强度螺栓连接板螺栓孔的孔距及边距除应符合表 7-16 的要求外，还应考虑专用施工机具的可操作空间，一般规格的螺栓可操作空间详见图 7-5 及表 7 17。

当表 7-17 中数值 a 不满足要求时，且数值 b 有足够大空间时，可考虑采用加长套筒施拧，此时套筒头部直径一般为螺母对角线尺寸加 10mm。

高强度螺栓连接板螺栓孔距允许偏差见表 7-18。

高强度螺栓连接构件制造孔允许偏差（mm）　　　表 7-15

名称		直径及允许偏差						
螺栓	直径	12	16	20	22	24	27	30
	允许偏差	±0.43		±0.52			±0.84	
螺栓孔	直径	13.5	17.5	22	(24)	26	(30)	33
	允许偏差	+0.43 0		+0.52 0			0.84 0	
圆度（最大和最小直径之差）		1.00		1.50				
中心线倾斜度		应不大于板厚的3%，且单层板不得大于2.0mm，多层板迭组合不得大于3.0mm						

高强度螺栓的孔距和边距值　　　表 7-16

名　称	位置和方向		最大值（取两者的较小值）	最小值
中心间距	外　排		$8d_0$ 或 $12t$	$3d_0$
	中间排	构件受压力	$12d_0$ 或 $18t$	
		构件受拉力	$16d_0$ 或 $24t$	
中心至构件边缘的距离	顺内力方向		$4d_0$ 或 $8t$	$2d_0$
	垂直内力方向	切割边		$1.5d_0$
		轧制边		$1.5d_0$

注：1. d_0 为高强度螺栓的孔径；t 为外层较薄板件的厚度。

2. 钢板边缘与刚性构件（如角钢、槽钢等）相连的高强度螺栓的最大间距，可按中间排数值采用。

（7）高强度螺栓在终拧以后，螺栓丝扣外露应为2～3扣，其中允许有10%的螺栓丝扣外露1扣或4扣。

施工机具可操作空间尺寸　　　表 7-17

扳手种类	最小尺寸（mm）	
	a	b
手动定扭矩扳手	45	$140+c$
扭剪型电动扳手	65	$530+c$
大六角电动扳手	60	

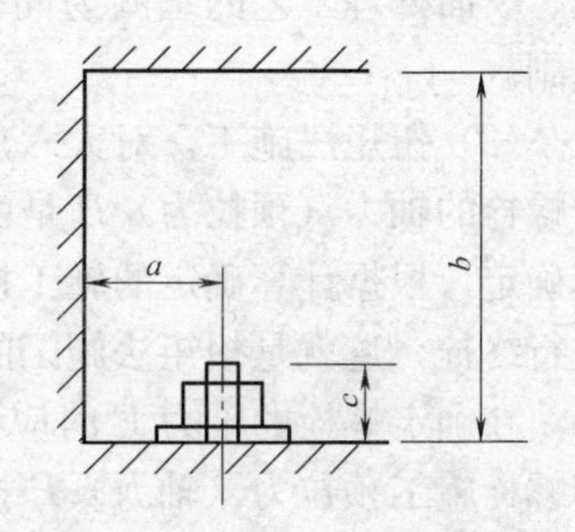

图 7-5　施工机具操作空间示意

高强度螺栓连接构件的孔距允许偏差（mm）　　　表 7-18

项次	项　目	螺栓孔距			
		<500	500～1200	1200～3000	>3000
1	同一组内任意两孔间	±1.0	±1.2	—	—
2	相邻两组的端孔间	±1.2	±1.5	±2.0	±3.0

注：孔的分组规定：

1. 在节点中连接板与一根杆件相连的所有连接孔划为一组。

2. 接头处的孔：通用接头—半个拼接板上的孔为一组；阶梯接头—两接头之间的孔为一组。

3. 在两相邻节点或接头间的连接孔为一组，但不包括1、2项所指的孔。

4. 受弯构件翼缘上，每1m长度内的孔为一组。

2. 大六角头高强度螺栓连接施工

（1）大六角头高强度螺栓连接副扭矩系数。对于大六角头高强度螺栓连接副，拧紧螺栓时，加到螺母上的扭矩值 M 和导入螺栓的轴向紧固力（轴力）P 之间存在对应关系：

$$M=KDP$$

式中 D——螺栓公称直径（mm）；

P——螺栓轴力（kN）；

M——施加于螺母上扭矩值（kN·m）；

K——扭矩系数。

扭矩系数 K 与下列因素有关：

1）螺母和垫圈间接触面的平均半径及摩擦系数值；

2）螺纹形式、螺距及螺纹接触面间的摩擦系数值；

3）螺栓及螺母中螺纹的表面处理及损伤情况等。

高强度螺栓连接副的扭矩系数 K 是衡量高强度螺栓质量的主要指标，是一个具有一定离散性的综合折减系数，我国标准 GB/T 1231—2006 规定，10.9 级大六角头高强度螺栓连接副必须按批保证扭矩系数供货，同批连接副的扭矩系数平均值为 0.110～0.150（10.9 级），其标准偏差应小于或等于 0.010，在安装使用前必须按供应批进行复验。

大六角头高强度螺栓连接副，应按批进行检验和复验，所谓批是指：同一性能等级、材料、炉号、螺纹规格、长度（当螺纹长度≤100mm 时，长度相差≤15mm；螺纹长度＞100mm 时，长度相差≤20mm，可视为同一长度）、机械加工、热处理工艺、表面处理工艺的螺栓为同批；同一性能等级、材料、炉号、螺纹规格、机械加工、热处理工艺、表面处理工艺的螺母为同批；同一性能等级、材料、炉号、螺纹规格、机械加工、热处理工艺、表面处理工艺的垫圈为同批；分别由同批螺栓、螺母、垫圈组成的连接副为同批连接副。

（2）扭矩法施工。对大六角头高强度螺栓连接副来说，当扭矩系数 K 确定之后，由于螺栓的轴力（预拉力）P 是由设计规定的，则螺栓应施加的扭矩值 M 就可以容易地计算确定，根据计算确定的施工扭矩值，使用扭矩扳手（手动、电动、风动）按施工扭矩值进行终拧，这就是扭矩法施工的原理。

在确定螺栓的轴力 P 时应根据设计预拉力值，一般考虑螺栓的施工预拉力损失 10%，即螺栓施工预拉力（轴力）P 按 1.1 倍的设计预拉力取值，表 7-19 为大六角头高强度螺栓施工预拉力（轴力）P 值。

高强度螺栓施工预拉力（kN） 表 7-19

性能等级	螺栓公称直径(mm)						
	M12	M16	M20	M22	M24	M27	M30
8.8 级	45	75	120	150	170	225	275
10.9 级	60	110	170	210	250	320	390

螺栓在储存和使用过程中扭矩系数易发生变化，所以在工地安装前一般都要进行扭矩系数复检，复检合格后根据复验结果确定施工扭矩，并以此安排施工。

扭矩系数试验用螺栓、螺母、垫圈试样，应从同批螺栓副中随机抽取，按批量大小一般取 5～10 套（由于经过扭矩系数试验的螺栓仍可用于工程，所以如果条件许可，样本多取一些更能反映该批螺栓的扭矩系数），试验状态应与螺栓使用状态相同，试样不允许重复使用。扭矩系数复验应在国家认可的有资质的检测单位进行，试验所用的轴力计和扭矩扳手应经计量认证。

在采用扭矩法终拧前，应首先进行初拧，对螺栓多的大接头，还需进行复拧。初拧的目的就是使连接接触面密贴，螺栓“吃上劲”，一般常用规格螺栓（M20、M22、M24）的初拧扭矩在 200～300N·m，螺栓轴力达到 10～50kN 即可，在实际操作中，可以让一个操作工使用普通扳手用自己的手力拧紧即可。

初拧、复拧及终拧的次序，一般都是从中间向两边或四周对称进行，初拧和终拧的螺栓都应做好不同的标记，避免漏拧、超拧等安全隐患，同时也便于检查人员检查紧固质量。

（3）转角法施工。因扭矩系数的离散性，特别是螺栓制造质量或施工管理不善，扭矩系数超过标准值（平均值和变异系数），在这种情况下采用扭矩法施工，即用扭矩值控制螺栓轴力的方法就会出现较大的误差，欠拧或超拧问题突出。为解决这一问题，引入转角法施工，即利用螺母旋转角度以控制螺杆弹性伸长量来控制螺栓轴向力的方法。

试验结果表明，螺栓在初拧以后，螺母的旋转角度与螺栓轴向力成对应关系，当螺栓受拉处于弹性范围内，两者呈线性关系，因此根据这一线性关系，在确定了螺栓的施工预拉力（一般为 1.1 倍设计预拉力）后，就很容易得到螺母的旋转角度，施工操作人员按照此旋转角度紧固施工，就可以满足设计上对螺栓预拉力的要求，这就是转角法施工的基本原理。

高强度螺栓转角法施工分初拧和终拧两步进行（必要时需增加复拧），初拧的要求比扭矩法施工要严，因为起初连接板间隙的影响，螺母的转角大都消耗于板缝，转角与螺栓轴力关系极不稳定。初拧的目的是为消除板缝的影响，给终拧创造一个大体一致的基础。转角法施工我国已有 30 多年的历史，但对初拧扭矩的大小没有标准，各个工程根据具体情况确定，一般地讲，对于常用螺栓（M20、M22、M24），初拧扭矩定在 200～300N·m 比较合适，原则上使连接板缝密贴为准。终拧是在初拧的基础上，再将螺母拧转一定的角度，使螺栓轴向力达到施工预拉力。图 7-6 为转角法施工示意。

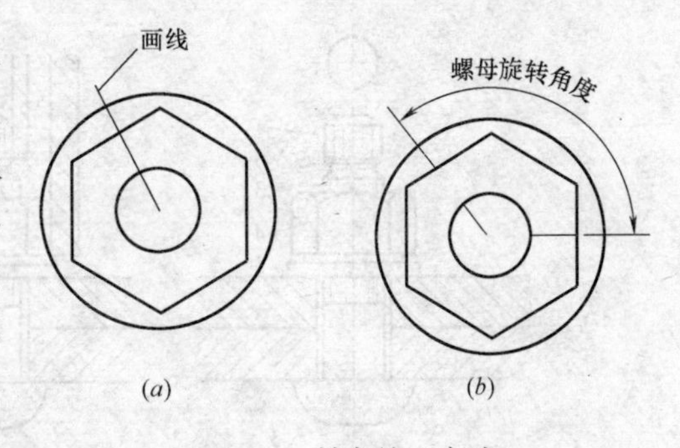

图 7-6　转角施工方法

转角法施工次序如下：

初拧：采用定扭矩扳手，从栓群中心顺序向外拧紧螺栓。

初拧检查：一般采用敲击法，即用小锤逐个检查，目的是防止螺栓漏拧。

画线：用专用扳手使螺母再旋转一个额定角度，如图 7-6 所示，螺栓群紧固的顺序同初拧。

终拧检查：对终拧后的螺栓逐个检查螺母旋转角度是否符合要求，可用量角器检查螺栓与螺母上画线的相对转角。

作标记：对终拧完的螺栓用不同颜色笔作出明显的标记，以防漏拧和重拧，并供质检人员检查。

终拧使用的工具目前有风动扳手、电动扳手等，一般的扳手控制螺母转角大小的方法是将转角角度刻划在套筒上，这样当套筒套在螺母上后，用笔将套筒上的角度起始位置画在钢板上，开机后得套筒角度终点线与钢板上标记重合后，终拧完毕，这时套筒旋转角度即为螺母旋转的角度。当使用定扭角扳手时，螺母转角由扳手控制，达到规定角度后，扳手自动停机。为保证终拧转角的准确性，施拧时应注意防止螺栓与螺母共转的情况发生，为此螺头一边有人配合卡住螺头最为安全。

螺母的旋转角度应在施工前复验，复验程序同扭矩法施工，即复验用的螺栓、螺母、垫圈试样，应从同批螺栓副中随机抽取，按批量大小一般取 5～10 套，试验状态应与螺栓使用状态相同，试样不允许重复使用。转角复验应在国家认可的有资质的检测单位进行，试验所用的轴力计、扳手及量角器等仪器应经过计量认证。

3. 扭剪型钢高强度螺栓连接施工

扭剪型高强度螺栓和大六角头高强度螺栓在材料、性能等级及紧固后连接的工作性能等方面都是相同的，所不同的是外形和紧固方法，扭剪型高强度螺栓是一种自标量型（扭矩系数）的螺栓，其紧固方法采用扭矩法原理，施工扭矩是由螺栓尾部梅花头的切口直径来确定的。

（1）紧固原理。图 7-7 为扭剪型高强度螺栓紧固过程示意。扭剪型高强度螺栓的紧固采用专用电动扳手，扳手的扳头由内外两个套筒组成，内套筒套在梅花头上，外套筒套在螺母上，在紧固过程中，梅花头承受紧固螺母所产生的反扭矩，此扭矩与外套施加在螺母上的扭矩大小相等，方向相反，螺栓尾部梅花头切口处承受该纯扭矩作用。当加于螺母的扭矩值增加到梅花头切口扭断力矩时，切口断裂，紧固过程完毕，因此施加螺母的最大扭矩即为梅花头切口的扭断力矩。

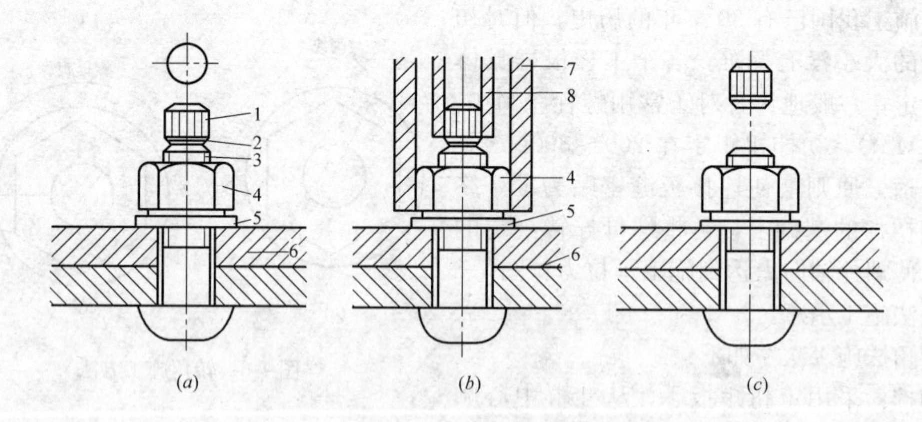

图 7-7　扭剪型高强度螺栓紧固过程

1—梅花头；2—断裂切口；3—螺栓螺纹部分；4—螺母；5—垫圈；6—被紧固的构件；7—外套筒；8—内套筒

由材料力学可知，切口的扭断力矩 M_b 与材料及切口直径有关，即：

$$M_b=\frac{\pi}{16}d_0{}^3\cdot\tau_b$$

式中 τ_b——扭转极限强度（MPa），$\tau_b = 0.77 f_u$；

d_0——切口直径（mm）；

f_u——螺栓材料的抗拉强度（MPa）。

施加在螺母上的扭矩值 M_k 应等于切口扭断力矩 M_b 即：

$$M_k = M_b = K \cdot d \cdot P = \frac{\pi}{16} d_0^3 \cdot (0.77 f_u)$$

由上式可得：

$$P = \frac{0.15 d_0^3 f_u}{K \cdot d}$$

式中 P——螺栓的紧固轴力；

f_u——螺栓材料的抗拉强度；

K——连接副的扭矩系数；

d——螺栓的公称直径；

d_0——梅花头的切口直径。

由上式可知，扭剪型高强度螺栓的紧固轴力 P 不仅与其扭矩系数有关，而且与螺栓材料的抗拉强度（即梅花头切口直径）直接有关，这就给螺栓制造提出了更高更严的要求，需要同时控制 K、f_u、d_0 三个参量的变化幅度，才能有效地控制螺栓轴力的稳定性。为了便于应用，在扭剪型高强度螺栓的技术标准中，直接规定了螺栓轴力 P 及其离散性，而隐去了与施工无关的扭矩系数 K 等。

（2）紧固轴力。大角头高强度螺栓连接副在出厂时，制造商应提供扭矩系数值及变异系数，同样，扭剪型高强度落实连接副在出厂时，制造商应提供螺栓的紧固轴力及其变异系数（或标准偏差）。在进入工地安装前，需要对连接副进行紧固轴力的复验，复验用的螺栓、螺母、垫圈必须从同批连接副中随即取样，按批量大小一般取 5～10 套，试验状态应与螺栓使用状态相同。试验应在国家认可的有资质的检测单位进行，试验使用的轴力计应经过计量认证。

扭剪型高强度螺栓的紧固轴力试验，一般取试件数（连接副）紧固轴力的平均值和标准偏差来判定该螺栓连接副是否合适，根据国家标准 GB/T 3633 规定，10.9 级扭剪型高强度螺栓连接副紧固轴力的平均值及标准偏差（变异系数）应符合表 7-20 的要求，当螺栓长度小于表 7-21 中的数值时，由于试验机具等困难，无法进行轴力试验，因此允许不进行轴力复验，但应进行螺栓材料的强度、硬度及螺母、垫圈硬度等试验来旁证该批螺栓的轴力值。当同批螺栓中还有长度较长的螺栓时，也可以用较长螺栓的轴力试验结果旁证该批螺栓的轴力值。

扭剪型高强度螺栓连接副紧固轴力 **表 7-20**

螺纹规格		M16	M20	M22	M24
每批紧固轴力的平均值（kN）	公称	109	170	211	245
	min	99	154	191	222
	max	120	186	231	270
紧固轴力标准偏差 $\sigma \leqslant$		1.01	1.57	1.95	2.27

允许不进行紧固轴力试验螺栓长度限制　　**表 7-21**

螺栓规格	M16	M20	M22	M24
螺栓长度(mm)	≤60	≤60	≤65	≤70

由同批螺栓、螺母、垫圈组成的连接副为同批连接副，这里批的概念同大六角头高强度螺栓连接副，即：同一等级材料、炉号、螺纹规格、长度（当螺栓长度≤100mm 时，长度相差≤15mm；螺栓长度＞100mm 时，长度相差≤20mm，可视为同一长度）、机械加工、热处理工艺及表面处理工艺的螺栓为同批；同一材料、炉号、螺纹规格、机械加工、热处理工艺及表面处理工艺的螺母为同批；同一材料、炉号、规格、机械加工、热处理工艺及表面处理工艺的垫圈为同批。

（3）扭剪型高强度螺栓连接副紧固施工。扭剪型高强度螺栓连接副紧固施工相对于大六角头高强度螺栓连接副紧固施工要简便得多，正常的情况采用专用的电动扳手进行终拧，梅花头拧掉标志着螺栓终拧的结束，对检查人员来说也很直观明了，只要检查梅花头掉没掉就可以了。

为了减少接头中螺栓群间相互影响及消除连接板间的缝隙，紧固要分初拧和终拧两个步骤进行，对于超大型的接头还要进行复拧。扭剪型高强度螺栓连接副的初拧扭矩可适当加大，一般初拧螺栓轴力可以控制在螺栓终拧轴力值的 50%～80%，对常用规格的高强度螺栓（M20、M22、M24）初拧扭矩可以控制在 400～600N·m，若用转角法初拧，初拧转角控制在 45°～75°，一般以 60°为宜。

由于扭剪型高强度螺栓是利用螺尾梅花头切口的扭断力矩来控制紧固扭矩的，所以用专用扳手进行终拧时，螺母一定要处于转动状态，即在螺母转动一定角度后扭断切口，才能起到控制终拧扭矩的作用。否则由于初拧扭矩达到或超过切口扭断扭矩或出现其他一些不正常情况，终拧时螺母不再转动切口即被拧断，失去了控制作用，螺栓紧固状态成为未知，造成工程安全隐患。

扭剪型高强度螺栓终拧过程如下：

1）先将扳手内套筒套入梅花头上，轻压扳手，再将外套筒套在螺母上。完成本项操作后最好晃动一下扳手，确认内、外套筒均已套好，且调整套筒与连接面垂直。

2）按下扳手开关，外套筒旋转，直至切口拧断。

3）切口断裂，扳手开关关闭，将外套筒从螺母上卸下，此时注意拿稳扳手，特别是高空作业。

4）启动顶杆开关，将内套筒中已拧掉的梅花头顶出，梅花头应收集在专用容器中，禁止随便丢弃，特别是高空坠落伤人。

图 7-8 为扭剪型高强度螺栓连接副终拧示意图。

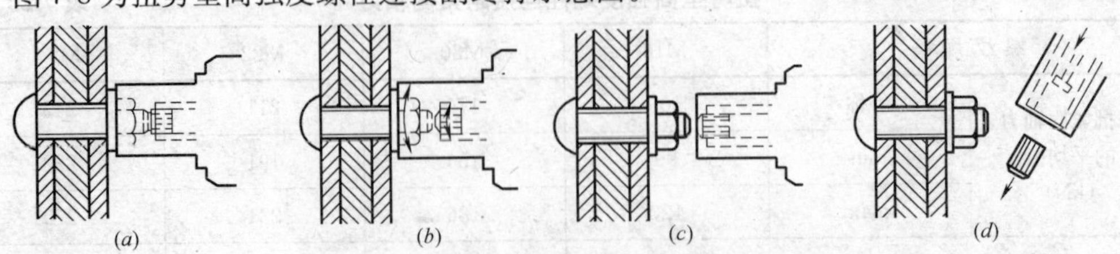

图 7-8　扭剪型高强度螺栓连接副终拧示意图

7.2.4 高强度螺栓连接摩擦面

对于高强度螺栓连接，无论是摩擦型、摩擦-承压型，还是承压型连接，连接板接触摩擦面的抗滑移系数是影响连接承载力的重要因素之一，对某一个特定的连接节点，当其连接螺栓规格与数量确定后，摩擦面的处理方法即抗滑移系数值成为确定摩擦型连接承载力的主要参数，因此对高强度螺栓连接施工，连接板摩擦面处理是非常重要的一环。

1. 影响摩擦面抗滑移系数值的因素

(1) 摩擦面处理方法及生锈时间。摩擦面处理通常采用喷砂（丸）、酸洗（化学处理）、人工打磨三种基本方法，三种表面处理方法所得到的表面粗糙度略有不同，其摩擦面的抗滑移系数值有所变化；另外，摩擦面处理后经生锈的粗糙度普遍高于未经生锈摩擦面的粗糙度，也即生成浮锈后摩擦面抗滑移系数要大于未生锈的值，根据不同的处理方法一般要大于10%～30%。一般最佳生锈时间为60d，除掉浮锈后进行工地安装效果很好。

(2) 摩擦面状态。连接板摩擦面状态（如表面涂防锈漆、面漆、防腐涂层、镀锌等）都对摩擦面抗滑移系数有重要影响，一般地讲，对重要的受力节点，在摩擦面处限制或禁止使用涂层，涂层对摩擦面抗滑移系数有降低的影响，同时由于涂层在高压下的蠕变引起螺栓轴向预拉力的损失，从而降低连接承载力。

(3) 连接板母材钢种。从摩擦力的原理来看，两个粗糙面接触时，接触面相互啮合。摩擦力就是所有这些啮合点的切向阻力的总和，由于连接板钢材的强度和硬度不同，克服摩擦力所做的功也不相同。对于高强度螺栓连接，有效抗滑移面积（3倍螺栓直径）范围内，粗糙面的尖端在紧固螺栓后发生了相互压入和啮合，同时在相互接触的表面分子有吸力，因此钢种强度和硬度较高的，克服粗糙面所需的抗滑力亦大，就是说摩擦面的抗滑移系数随着连接板母材强度和硬度的增高而增大。对我国目前常用的Q235和Q345号钢来说，Q345钢表面抗滑移系数要比Q235钢高约15%～25%。

(4) 连接板厚度。摩擦面抗滑移系数随连接板厚度的增加而趋于减小，比如连接板厚度为16mm的值要比厚9mm的值低10%左右。

(5) 环境温度。钢结构处于高温情况下的最大弱点是受热而变软，对接头的承载力带来很大的影响，导致抗滑移系数较为明显的降低。试验结果表明，在200℃状态，其抗滑移系数值比常温状态降低约9%～16%；当温度上升到350℃时，则下降30%；当温度上升到450℃时，抗滑移系数急剧下降，减少70%，约为常温值的30%。因此一般要求摩擦型高强度螺栓连接的环境温度不能超过350℃。

(6) 摩擦面重复使用。试验结果表明，滑移以后的摩擦面栓孔周围的粗糙面变得平滑发亮，其抗滑移系数降低3%～30%，平均降低20%左右。

2. 摩擦面的处理方法

摩擦面的处理一般结合钢构件表面处理方法一并进行处理，所不同的是摩擦面处理完不用涂防锈底漆。摩擦面的处理方法有近10种，其中经常使用的几种方法介绍如下：

(1) 喷砂（丸）法。利用压缩空气为动力，将砂（丸）直接喷射到钢板表面，使钢板表面达到一定的粗糙度，除掉铁锈，经喷砂（丸）后的钢板表面呈铁灰色。压缩空气的压力、砂（丸）的粒径、硬度、喷嘴直径、喷嘴距钢材表面的距离、喷嘴角度、喷射时间等每一个参数的改变，都将直接影响钢板表面的粗糙度，也即影响摩擦面的抗滑移系数值。

这种方法一般效果较好，质量容易达到，目前大型金属结构厂基本上都采用。

从技术上来讲，通常要求砂（丸）粒径为1.2～1.4mm，喷射时间为1～2min，喷射风压为0.5MPa，表面喷成银灰色，表面粗糙度达到45～50μm。对于喷丸来说最好是整丸、半丸及残丸级配使用，效果可能更好。对大型项目，一般在处理前进行喷砂（丸）工艺试验，根据工厂的条件确定工艺的各种参数，确保摩擦面的抗滑移系数能达到设计要求。

试验结果表明，经过喷砂（丸）处理过的摩擦面，在露天生锈一段时间，安装前除掉浮锈，此方案能够得到比较大的抗滑移系数值，理想的生锈时间为60～90d。

有些工程，为了防锈及施工方便，表面喷砂（丸）后全部喷涂无机富锌底漆，一般涂层厚度为0.6～0.8μm，在这种情况下摩擦面的抗滑移系数值与未经表面处理的值接近，可近似按0.3取值。

(2) 化学处理-酸洗法。一般将加工完的构件浸入酸洗槽中，停留一段时间，然后放入石灰槽中中和及清水清洗，酸洗后钢板表面应无轧制铁皮，呈银灰色。此法的优点是处理简便，省时间，缺点主要是残留酸液，极易引起钢板腐蚀，特别是在焊缝及边角处，由于环保等限制，该法已比较少用。

理想的酸洗工艺应该是，将构件放在温度为100℃、浓度为20%的硝酸或盐酸溶液中浸泡，一般30min左右，直至洗掉表面的全部氧化层，然后放入清水池中清洗表面酸液，完毕捞出即可。

酸洗后摩擦面的抗滑移系数值并不明显提高，一般都是露天生锈一段时间，摩擦面的抗滑移系数会有提高，且离散性比未处理过的大为改善。试验结果表明，酸洗后生锈60～90d，表面粗糙度可达45～50μm。

(3) 砂轮打磨法。对于小型工程或已有建筑物加固改造工程，常常采用手工方法进行摩擦处理，砂轮打磨是最直接、最简便的方法。在用砂轮机打磨钢材表面时，砂轮打磨方向垂直于受力方向，打磨范围应为4倍螺栓直径。打磨时应注意钢材表面不能有明显的打磨凹坑。一般来说，砂轮片使用40°为宜。

试验结果表明，砂轮打磨以后，露天生锈60～90d，摩擦面的粗糙度能达到50～55μm。

(4) 钢丝刷人工除锈。用钢丝刷将摩擦面处的铁磷、浮锈、尘埃、油污等污物刷掉，使钢材表面露出金属光泽，保留原轧制表面，此方法一般用在不重要的结构或受力不大的连接处，试验结果表明，此法处理过的摩擦面抗滑移系数值能达到0.3左右。

3. 摩擦面抗滑移系数检验

摩擦面抗滑移系数检验主要是检验经处理后的摩擦面，其抗滑移系数能否达到设计要求，当检验试验值高于设计值时，说明摩擦处理满足要求，当试验值低于设计值时，摩擦面需重新处理，直到达到设计要求。

(1) 摩擦面的抗滑移系数检验可按下列规定进行：

1) 抗滑移系数检验应以钢结构制造批（验收批）为单位，由制造厂和安装单位分别进行，每一批进行三组试件检验。以单项工程每2000t为一制造批，不足2000t视作一批，当单项工程的构件摩擦面选用两种及两种以上表面处理工艺时，则每种表面处理工艺均需检验。抗滑移系数检验的最小值必须等于或大于设计规定值。

2）抗滑移系数检验用的试件由制造厂加工，试件与所代表的构件应同一材质、同一摩擦面处理工艺、同批制作、使用同一性能等级、同一直径的高强度螺栓连接副，并在相同条件下同时发运。

3）抗滑移系数试件应采用图 7-9 所示的标准形式。

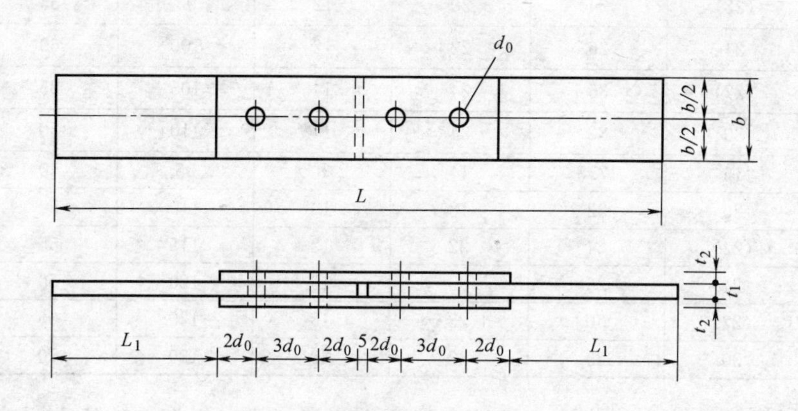

图 7-9　抗滑移试件的标准形式

4）抗滑移系数检验在拉力试验机上进行，并测出其滑移荷载，试验时，试验的轴线应与试验机夹具中心线严格对中。

5）抗滑移系数试验值按下式计算：

$$\mu=\frac{N}{n\cdot\sum P_{\mathrm{t}}}$$

式中　N——抗滑移荷载（kN）；

n——传力摩擦面数，$n=2$；

P_{t}——试件滑移一侧对应的高强度螺栓紧固轴力之和（kN）。

6）试件中高强度螺栓紧固轴力 P_{t} 的确定应力求精确，通过应变片或压力环（传感器）控制螺栓轴力应为最佳，但很多试验室可能不具备这些条件，因此原则上规定下列要求：

对大六角头高强度螺栓，P_{t}应为实测值，此值应准确控制在（0.95～1.05）P_0范围内，其中 P_0为设计预拉力值；对扭剪型高强度螺栓，先检验 8 套（与试件螺栓同批），8 套螺栓的紧固轴力平均值和变异系数均符合表 7-20 的规定时，即以该平均值作为 P_{t}，应该说此法为近似估算法。对于有条件的试验室不应首先采用此法。

7）抗滑移试件由制造厂运往工地时，应注意保护，防止变形和碰伤，不得改变摩擦面的出厂状态，在试件组装前，可以用钢丝刷清除表面的浮锈和污物，但不得进行再加工处理。

（2）根据高强度螺栓连接的设计计算规定，可以计算出不同性能等级、螺栓直径、连接板厚的摩擦系数试件参考尺寸，见表 7-22，表中参数含意参见图 7-9。

4. 连接接头板缝间隙的处理

因板厚公差、制造偏差及安装偏差等原因，接头摩擦面间产生间隙。当摩擦面间有间隙时，有间隙一侧的螺栓紧固力就有一部分以剪力形式通过拼接板传向较厚一侧，结果使

抗滑移系数试件参考尺寸（mm） 表 7-22

性能等级	公称直径	孔径	芯板厚度 t_1	盖板厚度 t_2	板宽 b	端距 a_1	间距 a
8.8S	16	17.5	14	8	75	40	60
	20	22	18	10	90	50	70
	(22)	24	20	12	95	55	80
	24	26	22	12	100	60	90
	(27)	30	24	14	105	65	100
	30	33	24	14	110	70	110
10.9S	16	17.5	14	8	95	40	60
	20	22	18	10	110	50	70
	(22)	24	22	12	115	55	80
	24	26	25	16	120	60	90
	(27)	30	28	18	125	65	100
	30	33	32	20	130	70	110

有间隙一侧摩擦面间正压力减少，摩擦面承载力降低，或者说有间隙的摩擦面其抗滑移系数降低。因此在实际工程中，一般规定高强度螺栓连接接头板缝间隙采用下列方法处理：

（1）当间隙不大于 1mm 时，可不作处理。

（2）当间隙在 1～3mm 时，将厚板一侧削成 1∶10 缓坡过渡，如图 7-10 所示；在这种情况下也可以加口板处理.

（3）当间隙大于 3mm 时应加口板处理，如图 7-11 所示，口板材质及摩擦面应与构件作同样级别的处理。

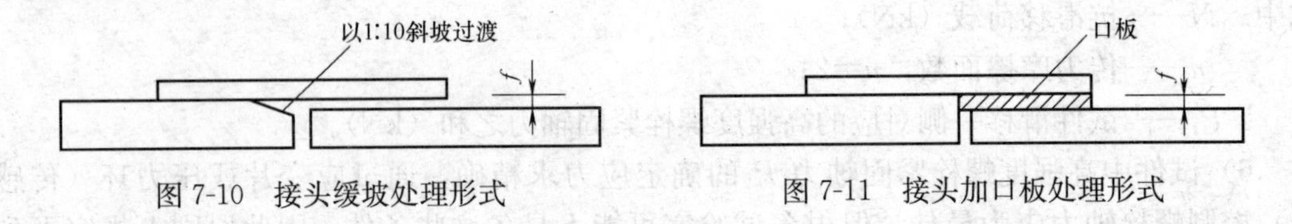

图 7-10　接头缓坡处理形式　　　　图 7-11　接头加口板处理形式

7.2.5 高强度螺栓连接施工的主要检验项目

高强度螺栓连接是钢结构工程的主要分项工程之一，其施工质量直接影响着整个结构的安全，是质量过程控制的重要一环。从工程质量验收的角度来讲，高强度螺栓连接施工的主要检验项目有下列几种。

1. 资料检验

高强度螺栓连接副（螺栓、螺母、垫圈）应配套成箱供货，并附有出厂合格证、质量证明书及质量检验报告，检验人员应逐项与设计要求及现行国家标准进行对照，对不符合的连接副不得使用。

对大六角头高强度螺栓连接副，应重点检验扭矩系数检验报告；对扭剪型高强度螺栓连接副重点检验紧固轴力检验报告。

2. 工地复验项目

（1）大六角头高强度螺栓连接副应进行扭矩系数复验，复验用螺栓连接副应在施工现场待安装的螺栓批中随机抽取，每批应抽取8套连接副进行复验。复验使用的计量器具应经过标定，误差不得超过2%。每套连接副只应做一次试验，不得重复使用。

连接副扭矩系数的复验是将螺栓穿入轴力计，在测出螺栓紧固轴力（预拉力）P的同时，测出施加于螺母上的施拧扭矩值T，并按下式计算扭矩系数K：

$$K=\frac{T}{P \cdot d}$$

式中　T——施拧扭矩（N·m）；

d——高强度螺栓的公称直径（mm）；

P——螺栓紧固轴力（预拉力）（kN）。

在进行连接副扭矩系数试验时，螺栓的紧固轴力（预拉力）P应控制在一定的范围内，表7-23为各种规格螺栓紧固轴力的试验控制范围。

螺栓紧固轴力值范围　　表7-23

螺栓规格	M12	M16	M20	M24	M27
紧固轴力P(kN)	49～59	93～113	142～177	206～250	265～324

（2）扭剪型高强度螺栓连接副应进行紧固轴力（预拉力）复验。复验用的螺栓连接副应在施工现场待安装的螺栓批中随机抽取，每批抽取8套连接副进行复验。试验用的轴力计、应变仪、扭矩扳手等计量器具应经过标定，其误差不得超过2%。每套连接副只应做一次试验，不得重复使用，在紧固过程中垫圈发生转动时，应更换连接副，重新试验。

紧固轴力复验一般采用轴力计进行，紧固螺栓分初拧和终拧进行，初拧采用扭矩扳手，初拧值应控制在预应力（轴力）标准值的50%左右，终拧采用专用电动扳手，施拧至端部梅花头拧掉，读出轴力值。

复验螺栓连接副（8套）的紧固轴力平均值应符合表7-24的要求，其变异系数应不大于10%。

高强度螺栓连接副紧固轴力（kN）　　表7-24

螺栓规格	M16	M20	M22	M24
每批紧固轴力的平均值$\overline{P}$	99～120	154～186	191～231	222～270

变异系数按下式计算：

$$\delta=\frac{\sigma_P}{\overline{P}}\times 100\%$$

式中　δ——紧固轴力的变异系数；

σ_P——紧固轴力的标准差；

$\overline{P}$——紧固轴力的平均值。

（3）高强度螺栓连接摩擦面的抗滑移系数值应复验。本项要求在制作单位进行了合格试验的基础上，由安装单位进行复验。

复验用的试件形式、尺寸详见第7.2.4节中的有关规定。试验用的试验机应经过标定，误差控制在1%以内；传感器、应变仪等误差控制在2%以内。

将组装好的试件置于拉力试验机上，试件轴线应与试验机夹具中心严格对中，试件应在其侧面画出观察滑移的直线，以便确认是否有滑移发生。

对试件加荷时，应先施加 10%的抗滑移设计荷载，停 1min 后，再平稳加荷，加荷速度为 3～5kN/s，直至滑移发生，测得滑移荷载。

当试验发生下列情况之一时，所对应的荷载可视为试件的滑移荷载：

1）试验机发生明显的回针现象。

2）试件侧面画线发生可见的错动。

3）X-Y 记录仪上变形曲线发生突变。

4）试件突然发生“嘣”的响声。

3. 一般检验项目

（1）高强度螺栓连接副的安装顺序及初拧、复拧扭矩检验。检验人员应检查扳手标定记录、螺栓施拧标记及螺栓施工记录，有疑义时抽查螺栓的初拧扭矩。

（2）高强度螺栓的终拧检验。大六角头高强度螺栓连接副在终拧完毕 48h 内应进行终拧扭矩的检验，首先对所有螺栓进行终拧标记的检查，终拧标记包括扭矩法和转角法施工两种标记，除了标记检查外，检查人员最好用小锤对节点的每个螺栓逐一进行敲击，从声音的不同找出漏拧或欠拧的螺栓，以便重新拧紧。对扭剪型高强度螺栓连接副，终拧是以拧掉梅花头为标志，可用肉眼全数检查，非常简便，但扭剪型高强度螺栓连接的工地施工质量重点应放在施工过程的监督检查上，如检查初拧扭矩值及观察螺栓终拧时螺母是否处于转动状态，转动角度是否适宜（以 60°为理想状态）等。

大六角头高强度螺栓的终拧检验就显得比较复杂，分扭矩法检查和转角法检查两种，对扭矩法施工的螺栓应采用扭矩法检查，同理对转角法施工的螺栓应采用转角法检查。

常用的扭矩法检查方法有如下两种：

1）将螺母退回 60°左右，用表盘式定扭扳手测定拧回至原来位置时的扭矩值，若测定的扭矩值较施工扭矩值低 10%以内即为合格。

2）用表盘式定扭扳手继续拧紧螺栓，测定螺母开始转动时的扭矩值，若测定的扭矩值较施工扭矩值大 10%以内即为合格。

转角法检查终拧扭矩的方法如下：

1）检查初拧后在螺母与螺尾端头相对位置所画的终拧起始线和终止线所夹的角度是否在规定的范围内。

2）在螺尾端头和螺母相对位置画线，然后完全卸松螺母，再按规定的初拧扭矩和终拧角度重新拧紧螺栓，观察与原画线是否重合，一般角度误差在±10°为合格。

（3）高强度螺栓连接副终拧后应检验螺栓丝扣外露长度，要求螺栓丝扣外漏 2～3 扣为宜，其中允许有 10%的螺栓丝扣外露 1 扣或 4 扣，对同一个节点，螺栓丝扣外露应力求一致，便于检查。

（4）其他检验项目。

1）高强度螺栓连接摩擦面应保持干燥、整洁，不应有飞边、毛刺、焊接飞溅物、焊疤、氧化铁皮、污垢和不应有的涂料等。

2）高强度螺栓应自由穿入螺栓孔，不应气割扩孔，遇到必须扩孔时，最大扩孔量不应超过 1.2d（d 为螺栓公称直径）。

7.2.6 高强度螺栓连接副的储运与保管

高强度螺栓不同于普通螺栓，它是一种具备强大紧固能力的紧固件，其储运与保管的要求比较高，根据其紧固原理，要求在出厂后至安装前的各个环节必须保持高强度螺栓连接副的出厂状态，也即保持同批大六角头高强度螺栓连接副的扭矩系数和标准偏差不变；保持扭剪型高强度螺栓连接副的轴力及标准偏差不变，对大六角头螺栓连接副来讲，假如状态发生变化，可以通过调整施工扭矩来补救，但对扭剪型高强度螺栓连接副就没有补救的机会，只有改用扭矩法或转角法施工来解决。

1. 影响高强度螺栓连接副紧固质量的因素

对于高强度螺栓来讲，当螺栓强度一定时，大六角头螺栓的扭矩系数和扭剪型螺栓的紧固轴力就成为影响施工质量的主要参数，而影响连接副扭矩系数及紧固轴力的主要因素有：

(1) 连接副表面处理状态。

(2) 垫圈和螺母支承面间的摩擦状态。

(3) 螺栓螺纹和螺母螺纹之间的咬合及摩擦状态。

(4) 扭剪型高强度螺栓的切口直径。

从高强度螺栓紧固原理来讲，不难理解上述四项主要因素。就是说在紧固螺栓时，外加扭矩所做的功除了使螺栓本身伸长，从而产生轴向拉力外，同时要克服垫圈与螺母支承面间的摩擦及螺栓螺纹与螺母螺纹之间的摩擦力，就是外加扭矩所做的功分为有用功和无用功两部分。例如螺栓、螺母、垫圈表面处理不好，有生锈、污物或表面润滑状态发生变化，或螺栓螺纹及螺母螺纹损伤等在储运和保管过程中容易发生的问题，就会加大无用功的份额，从而在同样的施工扭矩值下，螺栓的紧固轴力就达不到要求。

2. 高强度螺栓连接副的储运与保管要求

(1) 高强度螺栓连接副应由制造厂按批配套供应，每个包装箱内都必须配套装有螺栓、螺母及垫圈，包装箱应能满足储运的要求，并具备防水、密封的功能。包装箱内应带有产品合格证和质量保证书；包装箱外表面应注明批号、规格及数量。

(2) 在运输、保管及使用过程中应轻装轻卸，防止损伤螺纹，发现螺纹损伤严重或雨淋过的螺栓不应使用。

(3) 螺栓连接副应成箱在室内仓库保管，地面应有防潮措施，并按批号、规格分类堆放，保管使用中不得混批。高强度螺栓连接副包装箱码放底层应架空，距地面高度大于300mm，码高一般不大于5～6层。

(4) 使用前尽可能不要开箱，以免破坏包装的密封性。开箱取出部分螺栓后也应原封包装好，以免沾污灰尘和锈蚀。

(5) 高强度螺栓连接副在安装使用时，工地应按当天计划使用的规格和数量领取，当天安装剩余的应妥善保管，有条件时应送回仓库保管。

(6) 在安装过程中，应注意保护螺栓，不得沾染泥砂等赃物和碰伤螺纹。使用过程中如发现异常情况，应立即停止施工，经检查确认无误后再行施工。

(7) 高强度螺栓连接副的保管时间不应超过6个月。当由于停工、缓建等原因，保管周期超过6个月时，若再次使用须按要求进行扭矩系数试验或紧固轴力试验，检验合格后方可使用。

7.2.7 高强度螺栓连接副施工质量验收

（1）大六角头高强度螺栓连接副施工质量验收

1）用0.3～0.5kg重的小锤敲击高强度螺栓进行普查，以防漏拧。同时应防止过拧。

2）验收检查施工扭矩时，应先在螺杆和螺母的端面上画一直线，然后将螺母拧松约60°，再用扭矩扳手重新拧紧，使两线重合，此时测得的扭矩值T应在下式范围内：

$$T=(0.9\sim1.1)KPd$$

式中 T——检查扭矩；

K——施工前测得的扭矩系数；

P——螺栓预拉力设计值；

d——螺栓公称直径。

3）每个节点扭矩验收抽验的螺栓连接副数为10%，但不少于一个螺栓连接副，如发现不符合要求的，应重新抽样10%检查，如仍是不合格的，是欠拧、漏拧的应该重新补拧，是超拧的应予更换。

4）扭矩检查应在施工1h以后，24h之前完成。

（2）扭剪型高强度螺栓连接副施工质量验收

扭剪型高强度螺栓连接副验收，以目测螺杆尾部梅花头拧断为合格，对于不能用专用扳手拧紧的扭剪型高强度螺栓，应按大六角头高强度螺栓连接副验收方法进行。

（3）高强度螺栓连接副施工质量应有下列原始检查验收记录：高强度螺栓连接副复验数据，抗滑移系数试验数据，初拧、复拧扭矩，大六角头高强度螺栓连接副终拧扭矩，扭矩扳手检查数据和施工质量检查验收记录等。

7.3 高强度螺栓连接的应用

7.3.1 梁采用高强度螺栓的工地拼接

为便于与焊接结构对照，现将焊接梁的工地拼接一并示出。梁对接制作时一般采用焊接结构。运往工地后，大合拢时，常采用高强度螺栓工地拼接。当然，一般在车间内制作后，应进行预拼接，检查合格后，拆去高强度螺栓、连接副，编好号，然后运去工地拼装（图7-12、图7-13）。

7.3.2 梁与柱刚性连接

梁与柱刚性连接如图7-14所示，其中：

图7-14（*b*）、（*c*）、（*d*）、（*e*）、（*g*）、（*h*）是高强度螺栓连接结构。

图7-14（*b*）是焊栓结构。翼板焊接，腹板用高强度螺栓。

图7-14（*c*）、（*d*）、（*e*）常用于轻钢彩板房门架结构。

图7-14（*a*）、（*b*）、（*f*）、（*g*）、（*h*）常用于多层钢结构建筑。

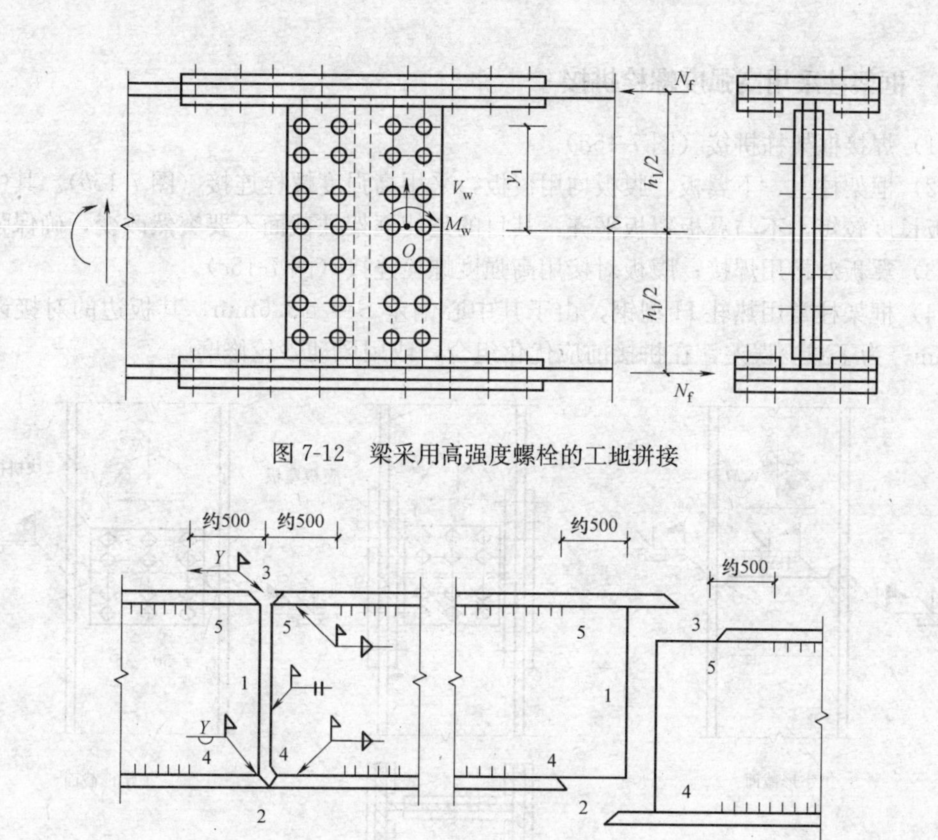

图 7-12　梁采用高强度螺栓的工地拼接

图 7-13　焊接梁的工地拼接

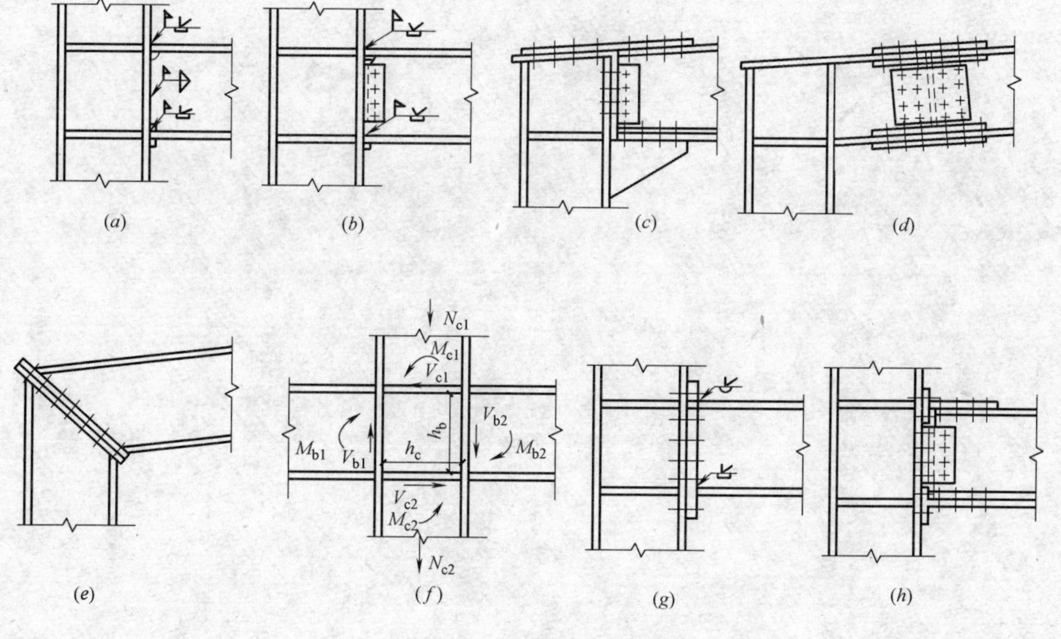

图 7-14　梁与柱刚性连接

7.3.3 框架柱采用高强度螺栓拼接

（1）焊接框架柱拼接（图 7-15*a*）。

（2）框架柱上、下翼板、腹板均用覆板，采用高强度螺栓连接（图 7-15*b*）。其中腹板的覆板长度较短，不与翼板覆板平齐，其目的是使框架柱截面不要突然改变，确保强度。

（3）翼板对接用焊接；腹板对接用高强度螺栓连接（图 7-15*c*）。

（4）框架柱常用热轧 H 型钢，由于其中心偏差 $S=\pm 3.5$mm。其板边的对接误差可达 7mm，为了减少误差，在拼接前应优化组合，或用风动砂轮修磨。

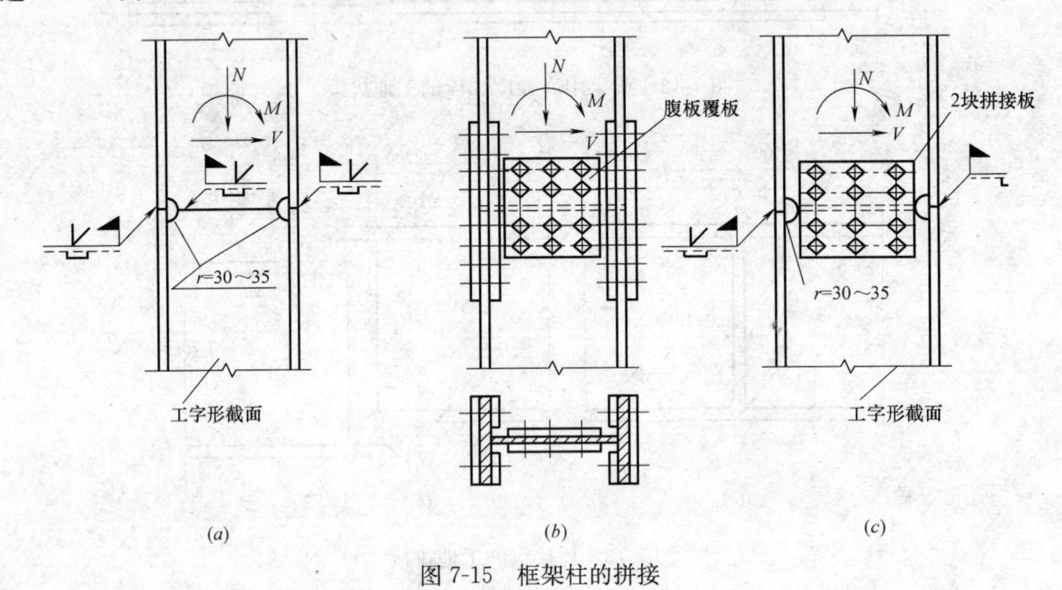

图 7-15 框架柱的拼接

8 铆接工艺

20世纪中期以前，铆接是钢结构连接的主要形式，例如船舶、大桥等均采用铆接工艺。直径10mm以上钢铆钉必须加热以后“红铆”。施工时工地上烟灰飞舞、施工条件差，劳动强度高，这是铆接工艺的缺点。但是铆接具有重新分布高应力的优点，故能减少产生残余应力和结构变形。因此一些受强力的构件以及无法焊接的部位，仍然采用铆接结构，对于铆接结构的修理，仍会涉及铆接工艺。对于构件厚度4mm以下的钢结构工程、铝合金结构或混合结构、金属与非金属结构，仍较多地采用铆接结构。

8.1 施工准备

（1）铆钉规格的选用

铆接新结构可按国家标准；旧结构修理必须根据结构上铆钉孔的实际情况来确定。铆接结构一般是50多年前造的，那时的标准与现行标准不一样，有的虽然有铆钉图纸，但是几次更换铆钉之后，铆钉孔直径已扩大，锪孔深度已增加，图纸上铆钉规格已不适用，必须根据实际情况选定铆钉规格。

（2）铆钉材料应具有合格证，材料经过拉丝（将盘圆直径拉细）之后，会产生冷作硬化，必须作退火处理。

（3）铆钉成品每批抽三只做冷弯试验。弯到两头相碰，弯曲处表面不应有裂口和裂纹。每批中应抽三只做打扁试验，将其烧红、塞入孔模打扁到铆钉锥头直径为钉杆直径的2.5倍，不发生裂口。

（4）对于铆接结构在修理时改成焊接结构，必须将原构架取样化学分析，化学成分应符合焊接要求。

（5）制造铆钉窝子的材料为T8或T8A高碳工具钢。铆钉窝子使用寿命与其颈部的加工精度和热处理工艺有很大关系。有的铆钉窝子使用寿命极短，极易在肩部发生断裂，其原因是加工时颈部圆弧处留有刀痕，虽然经淬火处理，但未作回火处理，故其韧性很差，往往易在颈部断裂。改进的方法是：颈部放余量、淬火后进行回火处理，用磨床加工，消除颈部刀痕。铆钉窝子热处理规范规定：淬火温度700～800℃，保温28～30min油冷；回火温度450～500℃，保温2h，空冷。

8.2 拆换铆钉工艺

8.2.1 拆卸旧铆钉的方法

（1）钻孔法。在铆钉锥头上打孔，孔径比钉杆小1mm，孔深与锪孔深度相当，然后将钉杆冲去。

（2）用气割炬割断锥头然后冲去钉杆。

（3）用碳精棒电弧切割，或用氧-乙炔火焰气割去掉铆钉锥头部分，然后冲去钉杆。

8.2.2 割换旧铆钉的程序

（1）大量更换铆钉，应分批进行。第一批割三留一，待冲去钉杆用螺栓固定后再割卸其余部分铆钉。

（2）外板接缝铆钉，一般是割六留二，分两批割。

8.2.3 单换铆钉的工艺及技术要求

钢结构不换，单换旧铆钉，当钉杆拆除后，应检查板缝内垫料是否完好，若损坏且有条件更换者应更换，以保证水密性。

铆接前应去除铆钉孔内氧化铁及垃圾，同时用锪孔钻将原锪孔圆锥面修刮至露出金属光泽。若原锪孔处的圆锥面已损坏，要用电焊修补好后再行锪孔。实践证明，锪孔圆锥面的好坏，直接影响铆接质量和结构水密性。

8.3 铆接新结构工艺

8.3.1 铆钉规格和尺寸

铆钉品种见表 8-1。

铆钉品种　　表 8-1

1	半圆头铆钉(粗制)GB 863.1—86，如图 8-1(*a*)所示	$H=0.6d$	$D=1.75d$ 用于强固板架结构
2	平锥头铆钉(GB 864—86)，如图 8-1(*b*)所示	$H=0.8d$	$D=1.75d$ 用于强固板架结构
3	沉头铆钉(GB 865—86)，如图 8-1(*c*)所示	$H=0.6d$	$D=1.75d$ 用于两面均需平滑的密固结构
4	半沉头铆钉(GB 866—86)，如图 8-1(*d*)所示	$H=0.6d$	$D=1.75d$ 用于两面均需平滑的密固结构

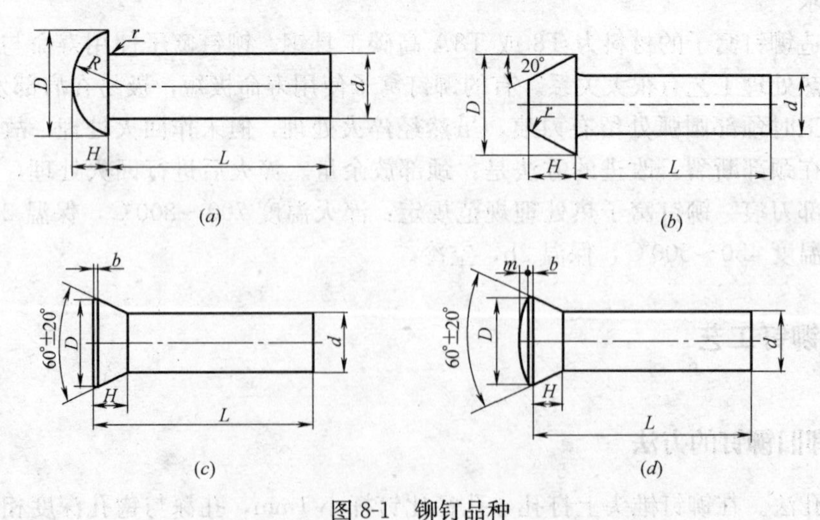

图 8-1　铆钉品种

（*a*）半圆头铆钉；（*b*）平锥头铆钉；（*c*）沉头铆钉；（*d*）半沉头铆钉

8.3.2 铆钉化学成分及机械性能

制作铆钉的钢材为专用钢材 ML2、ML3 钢及普通碳钢，其化学成分与力学性能见表 8-2、表 8-3。

铆钉用钢的钢号及化学成分 **表 8-2**

钢号	化学成分			
	碳	磷	硫	铜
		≤		
ML2	0.09～0.15	0.045	0.05	0.25
ML3	0.14～0.22	0.045	0.05	0.25

铆钉用钢主要力学性能 **表 8-3**

钢号	抗拉强度（MPa）	伸长率（%）		冷弯锻试验 $x=h_1/h$	热顶锻试验	热状态下或冷状态下铆钉头锻平试验
		δ_{10}	δ_5			
		≥				
ML2	333～412	26	31	$x=0.4$	达 1/3 高度	钉头直径为钉杆直径的 2.5 倍
ML3	373～461	22	26	$x=0.5$	达 1/3 高度	

注：1. 完成上述试验，还应做热弯试验，即弯曲 180°，使钉杆与钉头相碰为止，检查弯曲部位是否有裂纹。
2. 材料拉丝之后，会产生冷作硬化，必须进行退火，提高韧性，然后锻制成铆钉，否则会有裂纹隐藏在里面，铆接后裂纹会变成裂缝，由此可见，铆接前的工艺试验十分必要。

8.3.3 铆缝设计

（1）铆钉直径 d

铆钉直径 d 与被铆接构架厚度有关：

$$d=\sqrt{50t}-S$$

式中 t——块板的厚度（mm）；

S——系数，单剪切连接 $S=4$，单行双剪切连接 $S=5$，双行双剪切连接 $S=6$，三行双剪切连接 $S=7$。

例如：有两块等厚的钢板搭接单剪铆接，每块板厚度 $t=10$mm，则铆钉直径 $d=\sqrt{50\times10}-4=18.3$mm，取整数 $d=18$mm。当数块钢板重叠铆接时，铆钉直径 d 应不小于总厚度的 25%。

（2）铆钉的排列

铆缝即铆钉的排列，有单列、双列、三列之分，也有并列和交错之分。

单列一般用于骨架与板的强固连接，双列一般用于密固结构的纵缝，三列一般用于密固结构的端缝（图 8-2）。

铆钉孔中心离边缘的距离 e，俗称边距，应不小于 $1.5d$（d 为铆钉直径）；需要敛缝的部位，边距 $e=1.75d$；双列铆缝列距 $b>2.5d$，端缝列距 $b>3.5d$，双列交错列距 $b>3d$（见表 8-4）。

铆钉间距 l 按如下取值：密固连接时，$l=(4.5\sim5.0)d$；强固连接时（骨架与板），$l=(6\sim7)d$（见表 8-5）。

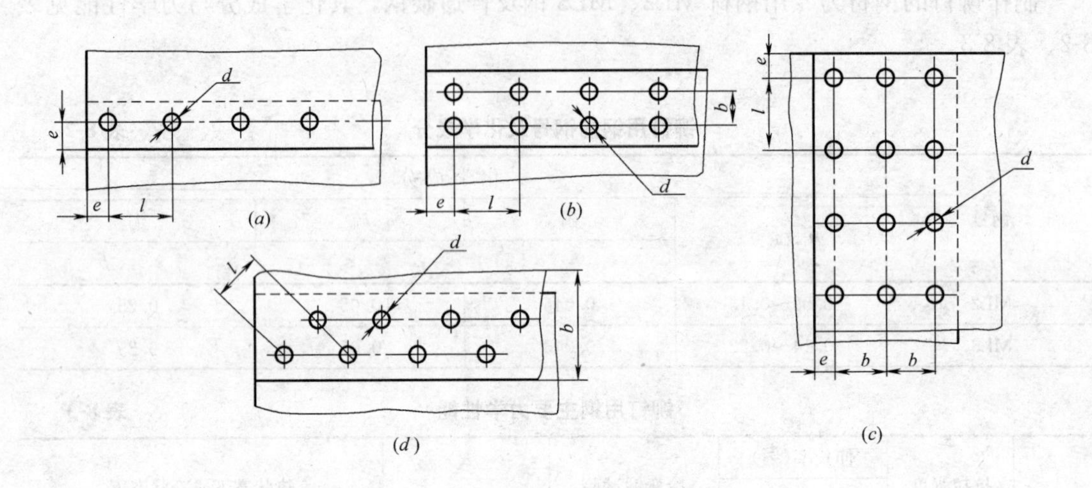

图 8-2 铆钉的排列

边行铆钉距板间距离（mm） 表 8-4

铆缝种类	工作边缘敛缝时	工作边缘不敛缝时
密固铆缝	$1.5d+3$mm 或 $1.75d$	$1.5d$
强固铆缝	$2\sim2.5d$	

铆钉间距的一般规定 表 8-5

铆缝类别	间距	铆缝类别	间距
连接铆缝	$(7\sim8)d$	连接铆缝	$(4\sim4.5)d$
受力铆缝	$(5\sim6)d$	受力铆缝	约 $3.5d$

（3）铆钉孔

铆钉孔直径 ϕ 应当比冷铆钉直径大 0.5～1.0mm（但不大于铆钉直径的 8%），铆钉孔直径与锪孔要素列于表 8-6、表 8-7。

铆钉孔直径与锪孔要素表 表 8-6

铆钉直径		12	14	16	18	20	22	24	27	30	36
铆钉孔直径 ϕ	标准	12.5	14.5	16.5	19	21	23	25	28	31	37
	最大	13	15	17.3	19.5	21.6	23.5	25.5	29	32.0	38
锪孔(mm)	角度	与铆钉头角度配合									
	板厚	6	7	8	9	12	14	16	18	24	30
	深度	5	6	7	8	9	10	11	12	14	17

注：锪孔角度、深度是对沉头及半沉头铆钉而言，必须与铆钉相匹配，深度应比沉头、半沉头 H 值小 1mm 为宜。

新结构铆钉孔直径允许偏差（mm）　　表 8-7

铆钉直径	8	10	13	16	19	22	25	28	31	34
孔的必须直径	8.5	10.5	13.5	16.5	20	23	26	29	32	35
孔的最大允许直径	9	11	14.5	17.5	21	24	27	30	33	36

8.3.4 铆接工艺

(1) 铆钉杆长度的计算

锁头为半埋头的钉杆长度：$L=1.1d+1.1t$

锁头为半圆头铆钉杆全长：$L=(1.5\sim1.75)d+1.1t$

锁头为平的铆钉杆长度：$L=0.8d+1.1t$

式中　d——铆钉直径（mm）；

　　t——板总厚度（mm）。

(2) 冷铆与热铆

直径 $d\leqslant$8mm 的铆钉可以用冷铆工艺。用作冷铆的铆钉，其含碳量应小于 0.15%，且应作 800～900℃高温退火处理，铆钉硬度 $RC\leqslant47$。

直径 $d>$8mm 的铆钉，应用热铆工艺，热铆要将铆钉烧至 1000℃（桃红色）。其优点是铆钉头易做成，当冷却时产生极大的压力，使钉杆收缩，增加了连接强度；缺点是劳动量大，费时，铆钉损耗多。热铆法的烧钉，应使靠近锥头处的温度稍高，而端部的温度稍低，这样容易铆接。

8.3.5 沉头及半沉头铆钉在构件衬端扩孔要素

沉头及半沉头铆钉在构件衬端扩孔要素见表 8-8。

沉头及半沉头铆钉在构件衬端扩孔要素　　表 8-8

铆钉直径 d(mm)	10	13	16	19	22	25
扩孔角度 α	75°	75°	60°	60°	60°	60°
扩孔深度 t(mm)	3	4	6	7.5	9	10.5
允许差(mm)	±0.5	±0.5	±1.0	±1.0	±1.0	±1.0
铆钉直径 d(mm)	28	31	34			
扩孔角度 α(mm)	45°	45°	45°			
扩孔深度 t(mm)	11.5	13	14.5			
允许差(mm)	±1.5	±1.5	±1.5			

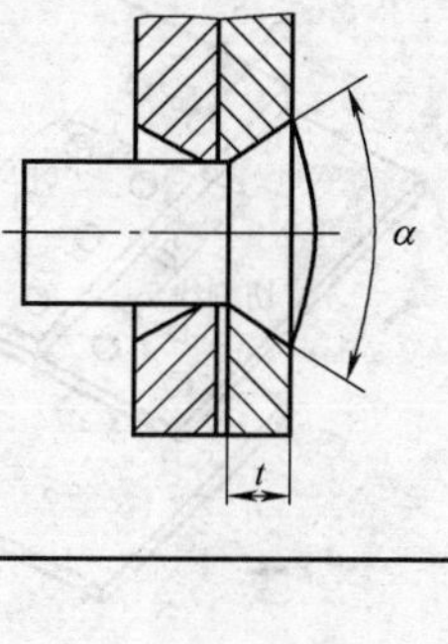

8.3.6 锥头铆钉铆固后尺寸

锥头铆钉铆固后尺寸见表 8-9。

锥头铆钉铆固后尺寸（mm） **表 8-9**

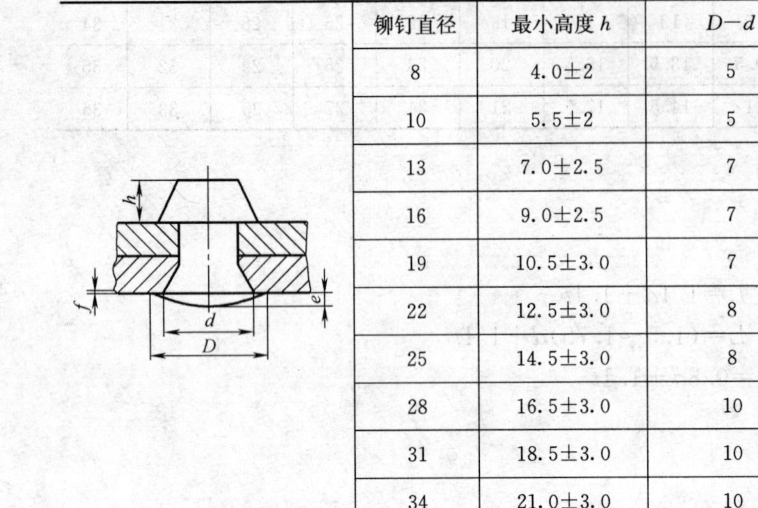

铆钉直径	最小高度 h	$D-d$	c	f
8	4.0±2	5	2～3	0.5～1
10	5.5±2	5	2～3	0.5～1
13	7.0±2.5	7	2～3	0.5～1
16	9.0±2.5	7	2.5～4	1～1.5
19	10.5±3.0	7	3.5～4.5	1～1.5
22	12.5±3.0	8	4.0～4.5	1～1.5
25	14.5±3.0	8	4.5～6.0	1.5～2.0
28	16.5±3.0	10	5.0～6.5	1.5～2.0
31	18.5±3.0	10	5.5～7.0	1.5～2.0
34	21.0±3.0	10	6.0～7.5	1.5～2.0

8.4 铆接改焊接工艺

8.4.1 改装原则

（1）钢板材料化学分析，鉴定其可焊性，若可焊，便于选择相应焊条。

（2）钢板要采取分批改换，防止变形。

（3）更换板装配定位需用“马”矫平。

（4）狭小部位封底焊接困难，可放垫板放大焊缝间隙。

8.4.2 铆结构改焊接结构实例

铆结构改焊接结构实例见图 8-3，图 8-4。

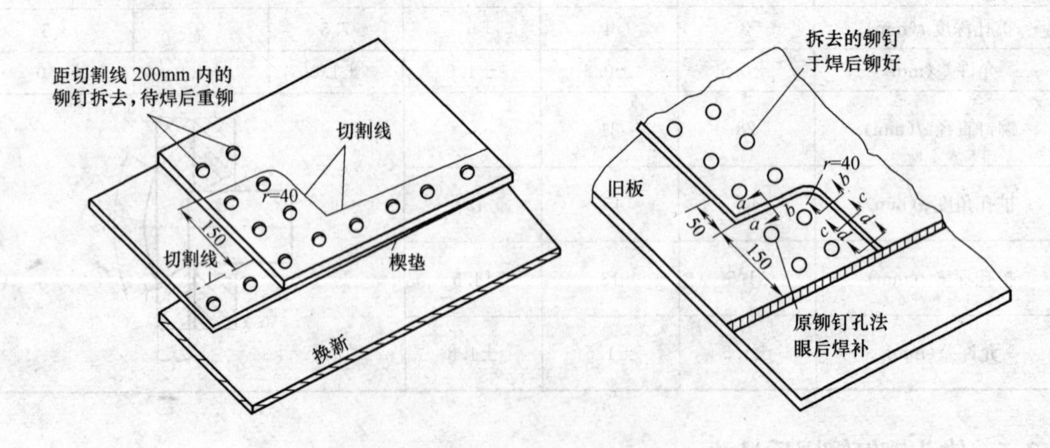

图 8-3 铆结构改焊接结构实例（一）

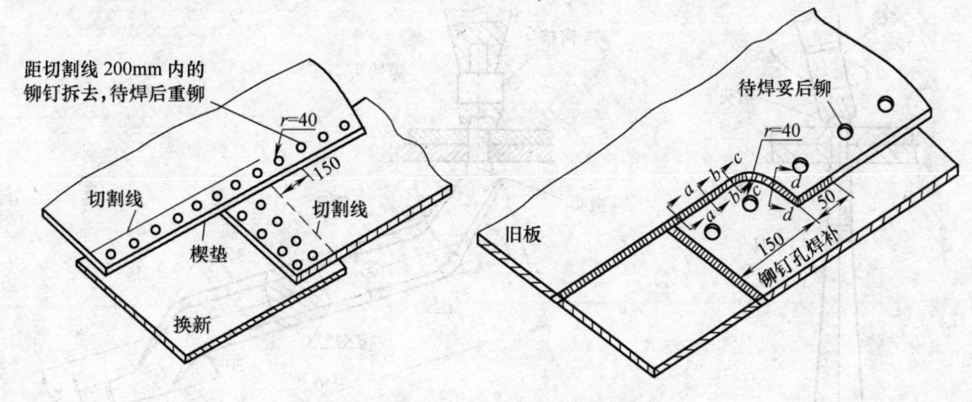

图 8-4　铆结构改焊接结构实例（二）

8.5　铆钉冷铆操作技术

直径 d 为 4～8mm 的铝铆钉及钢铆钉采用冷铆工艺，用于轻型结构，例如用于薄钢板连接，LY12 硬铝结构连接，钢与铝合金连接，金属与非金属连接。

8.5.1　铆钉冷铆操作使用的材料

（1）钢铆钉　钢铆钉材料牌号是用 10 号或 15 号优质碳素钢，其含碳量应控制在 0.08％～0.15％。钢铆钉成品应经 890～930℃封闭退火处理，硬度 HRD＜47。若超过以上硬度，会给冷铆带来困难，甚至出现裂纹。

（2）铝铆钉

1）LF21 强度低，用于钢制家具结构。

2）LY1 抗剪强度 $\tau_{cp} \geqslant 186$MPa。

3）LY10 抗剪强度 $\tau_{cp} = 245$MPa，塑性好，被广泛用于轻钢结构。

4）LC3 抗剪强度 $\tau_{cp} \geqslant 323$MPa，可与超硬铝结构配套使用。

8.5.2　铆接方法

（1）正铆法：用铆钉枪，通过窝模冲击钉杆，使之变成镦头［图 8-5（*a*）］。

（2）反铆法：将窝模装在铆钉枪上，使铆钉枪冲击力传到铆钉头上去。而在另一面用顶具顶住钉杆，使钉杆镦粗成形。反铆法常用于铆成平镦头。此法由于是单纯的轴向冲击力，钉杆容易胀足，生产效率比正铆法高 3～5 倍，目前常用于平镦头铆接［图 8-5（*b*）］。

8.5.3　冷铆铆接前铆钉杆长度的计算

冷铆铆接工艺采用平镦头较多，优点是铆接效率很高，铆接质量好。以 $\phi8$ 铆钉为例。钉杆可以胀足到 8.4～8.8mm，即铆前钉孔直径的 1.02～1.08 倍，由实践而得出钉杆全长的计算公式。

半圆头铆钉全长由下式确定：$l = 1.1t + 1.5d$

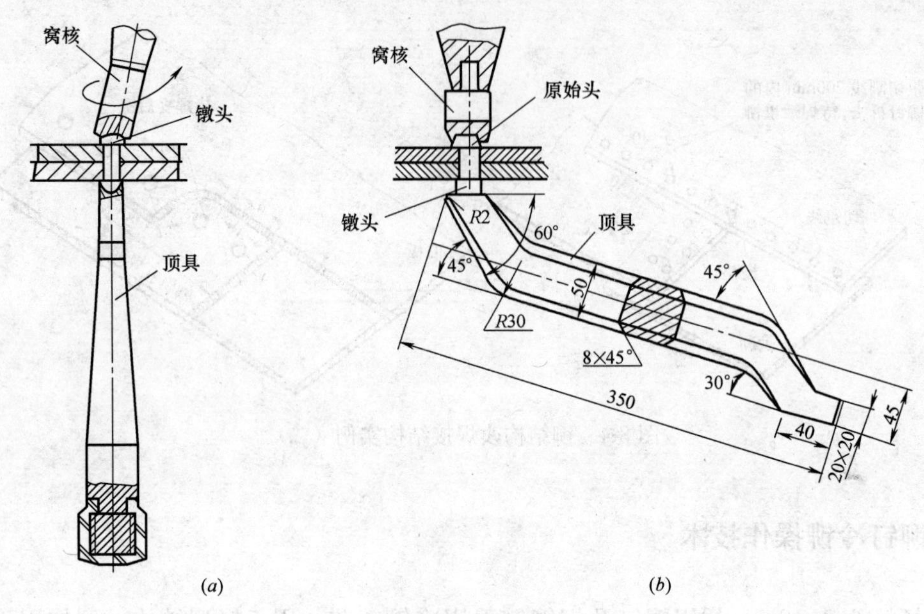

图 8-5　铆接方法

(a) 正铆法；(b) 反铆法

平镦头钉杆全长由下式确定：$l=1.1t+1.1d$

平埋头钉杆全长由下式确定：$l=1.1t+0.9d$

式中　t——铆件总厚度（mm）；

　　　d——铆钉直径（mm）。

9 组装装配

9.1 组装准备工作及组装概述

充分做好组装前的准备工作，对确保组装质量，提高组装工作效率作用很大，组装前应做好以下准备工作。

9.1.1 理料

把加工好的零件分门别类，按型号、规格堆放在组装工地旁，方便使用，可极大地提高工效。当然理料会花去一些时间，这是值得的；有的为了“节省”理料时间，随寻随装。实事上，先理好料就能做到胸有成竹，均衡生产，生产进度反而更快。

9.1.2 对上道工序加工质量检查

对上道工序加工质量的检查是十分重要的，零件质量不合格，应事先解决，直到符合要求为止，不要等装上去后，发现有问题再解决。有的零件加工的弧度不到位，组装时为了赶进度，强行约束装配，造成很大的内应力，甚至定位焊崩裂，只得拆下来重复加工，进度反而慢。由此可见，仔细检查零部件的加工质量是否到位非常重要。

9.1.3 开好工件坡口

开好工件坡口是保证焊接质量的关键。工件该开坡口的，必须按图纸或工艺文件规定开设坡口，这是确保焊缝强度的有力措施。拼板的焊缝要全焊透必须开坡口。内部结构规定开破口的，有的是处于振动区域，受交变荷载的结构，有的是地位狭窄只能单面焊，均应按设计图纸规定开好坡口，按图施工。

9.1.4 画好构件安装线

构件是有厚度的，一个构件装在另一个构件上，必须在另一个构件绘出安装位置线，这关系到钢结构的总体尺寸，同时必须考虑到焊缝的收缩量，因此画好构件安装线，也是十分重要的工艺措施。

（1）焊件收缩量（见表 9-1）。

（2）高层建筑结构焊缝的横向收缩值。

高层建筑柱与柱、梁与柱接头试验完毕后，应将焊接工艺全过程记录下来，测量焊缝的收缩量，反馈到钢结构制作厂，作为柱和梁加工时增加长度的依据。

厚钢板焊缝的横向收缩值，可按下式计算确定，也可按表 9-2 选用。

$$S=kA/t$$

式中 S——焊缝的横向收缩量（mm）；

A——焊缝横截面面积（mm^2）；

t——焊缝厚度、熔深（mm）；

k——常数，一般取 0.1。

焊件收缩量 **表 9-1**

简图	焊接收缩余量	
L_m 适用板厚：$\delta=16\sim40$mm	长度方向收缩量为 1、2、3 项的总和 1. $L_m\times0.3$mm/m 2. 取决于主体焊接的加强板数量，取左、右板数多的数量 A 个 $A\times0.2$mm/个 3. 消除应力热处理的收缩量： $L_m\times0.1$mm/m	
L_m δ 适用板厚：$\delta=16\sim30$mm	长度方向收缩量为 1、2、3 项的总和 1. $L_m\times0.3$mm/m 2. 取决于主体焊接的加强板数量，取左、右板数多的数量 B 个 $B\times0.2$mm/个 3. 消除应力热处理的收缩量： $L_m\times0.1$mm/m	
圆周长收缩量 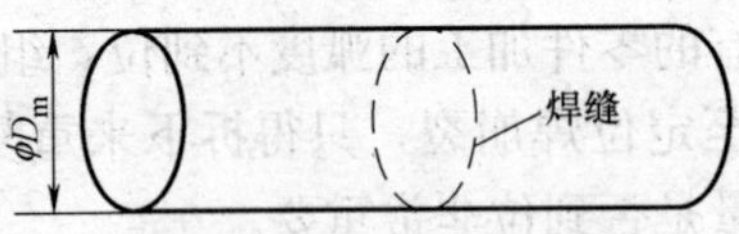 ϕD_m 焊缝 适用直径：$\phi300\sim\phi500$mm 筒体	圆周长的收缩量为 1、2 项总和 1. $D_m\times0.4$mm/m 2. 消除应力热处理的收缩量： $D_m\pi\times0.3$mm/m	
对接接头角变形　6	手工电弧焊两层	角变形 1°
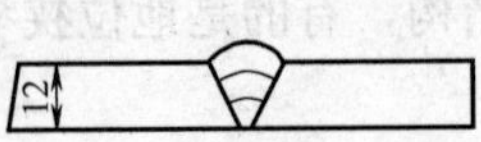 12	光焊条手工电弧焊	角变形 1.4°
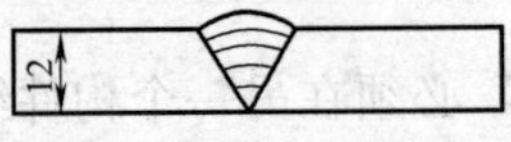 12	单面手工焊 5 层	角变形 3.5°
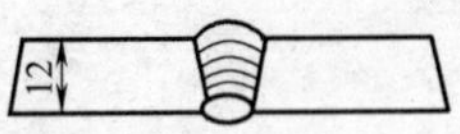 12	正面手工焊 5 层，背面清根焊 3 层	角变形 0°
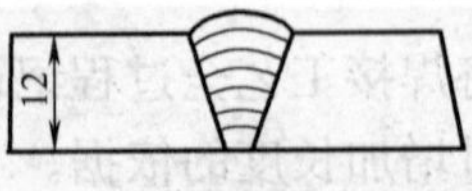 12	手工电弧焊 8 层	角变形 7°
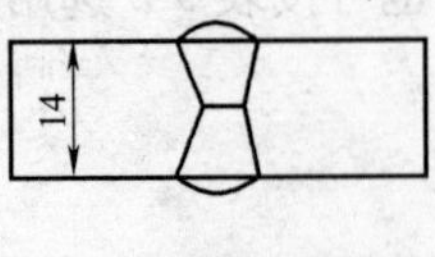 14	两面同时垂直气焊	角变形 0°

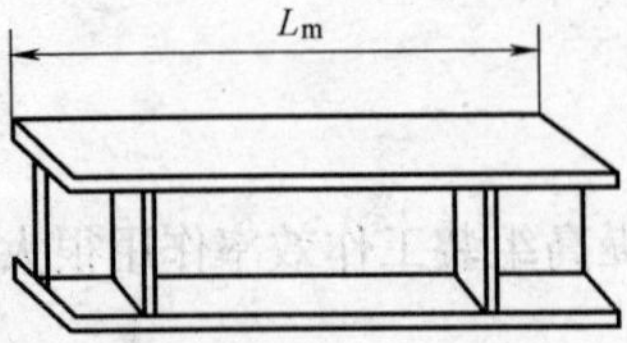

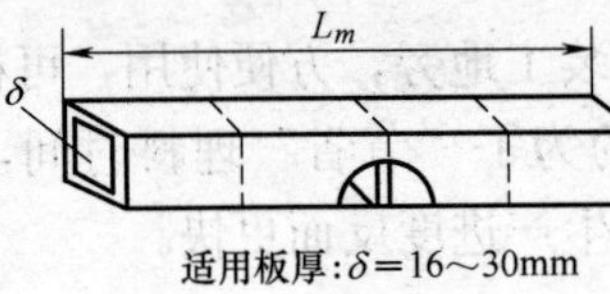

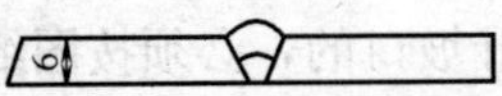

焊缝横向收缩值　　表 9-2

焊缝坡口形式	钢材厚度（mm）	焊缝收缩量（mm）	构件制作增加长度（mm）
上柱 35° 6～9mm 下柱	19	1.3～1.6	1.5
	25	1.5～1.8	1.7
	32	1.7～2.0	1.9
	40	2.0～2.3	2.2
	50	2.2～2.5	2.4
	60	2.7～3.0	2.9
	70	3.1～3.4	3.3
	80	3.4～3.7	3.5
	90	3.8～4.1	4.0
	100	4.1～4.4	4.3
35° 柱 6～9mm	12	1.0～1.3	1.2
	16	1.1～1.4	1.3
	19	1.2～1.5	1.4
	22	1.3～1.6	1.5
	25	1.4～1.7	1.6
	28	1.5～1.8	1.7
	32	1.7～2.0	1.8

9.1.5　组装概述

装配，也称组装，是钢结构制作中的一道重要工序。它关系到结构外形尺寸和装配精度，直接影响使用性能。装配上靠加工质量，下连焊接质量；加工不到位，强行拘束装配会导致构件出现内应力，影响强度；装配尺寸超差、构件错位会引起裂缝；装配间隙大小，必须符合规范要求。

组装时，必须掌握三要素：一是坡口角度；二是钝边高度（俗称留根）；三是装配间隙，装配间隙并非越小越好，必须严格按工艺规定。装配一般分小合拢（构件装配）、中合拢（部件装配）、大合拢（总装配）以及工厂预拼接。小合拢如拼板、型钢、T 形钢、H 型钢、十字柱梁、箱形柱组装；中合拢是将小合拢的构件经焊接矫正变形之后装配成部件；大合拢是将中合拢并焊妥的部件总装成成品。这样有利于扩大作业面、组成生产流水线，更为有利的是减少总体焊接变形，确保钢结构精度。

9.2　装配工夹具及其操作技能

1. 度量工具

1）木尺。用来测量构件尺度，利用木尺宽厚画构件余量线。一般规格长为 500mm、620mm。

2）卷尺。用来测量构件尺度，等分圆筒周长。一般规格为 2m、5m、10m、30m、50m、100m。

3）钢直尺。用来测量构件尺度。一般规格为 150mm、300mm、1000mm。

4）角尺。用来测量构架垂直度及用于垂直画线。

2. 画线工具

1）各种画笔。用于直线或曲线画线。

2）粉线团。用铜皮制成，直径约 500mm，中间缠线作为弹直线与检查平直度用。

3）圆规。用于制图、作图、分等分、作角度，如图 9-1 所示。

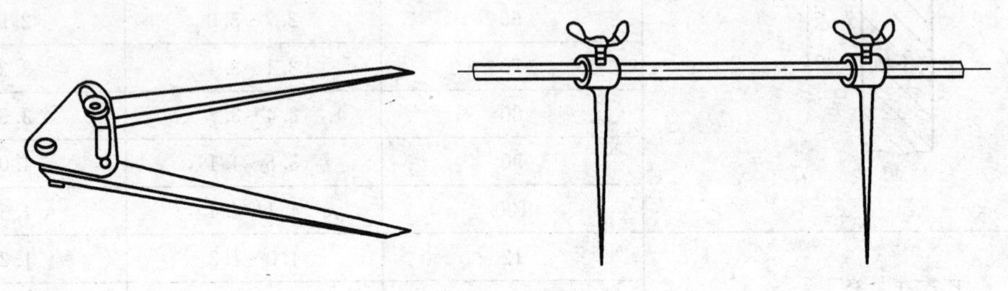

图 9-1 圆规

3. 测量工具

1）线锤。用来检查零件的垂直度［图 9-2（*a*）］。

2）水平尺。用于测量物体水平度和垂直度［图 9-2（*b*）］。

3）水平软管。用于测量较大构件的水平度［图 9-2（*d*）］。

4）软管水平筒。在一金属水筒底部安装数根金属管，套上细直径橡胶软管，在另一端套上玻璃管，可以同时测定数个构件水平度［图 9-2（*c*）］。

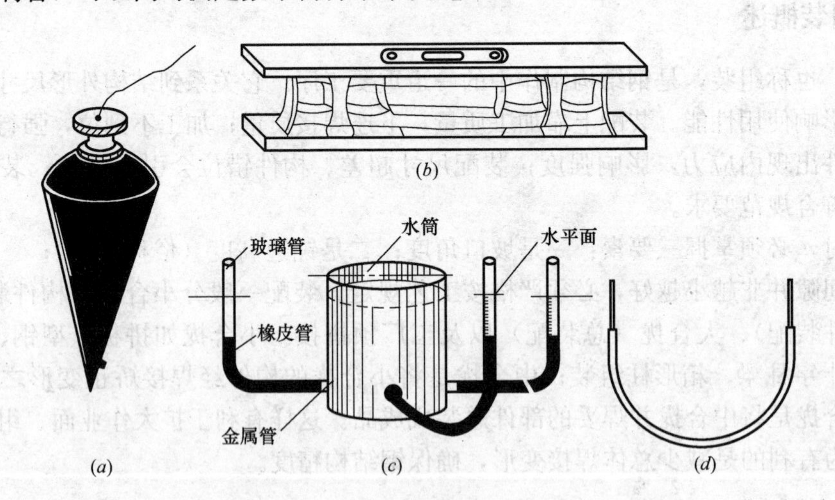

图 9-2 测量工具

（*a*）线锤；（*b*）水平尺；（*c*）水平筒；（*d*）水平软管

5）水准仪。主要用来测量构件的水平线和高度，它由望远镜、水准器和基座等组成［图 9-3（*a*）］。它的主要功能是给予水平视线与测定各点间的高差。

如图 9-3（*b*）所示是屋架柱脚测量水平的例子。屋架各柱脚上预先标出基准点，把水准仪安置在屋架柱脚附近，用水准仪测试。如果水准仪上基准点的读数相同，说明各柱脚处于同一水平面，不同时就需要调整柱脚。

6）激光经纬仪（图 9-4）。

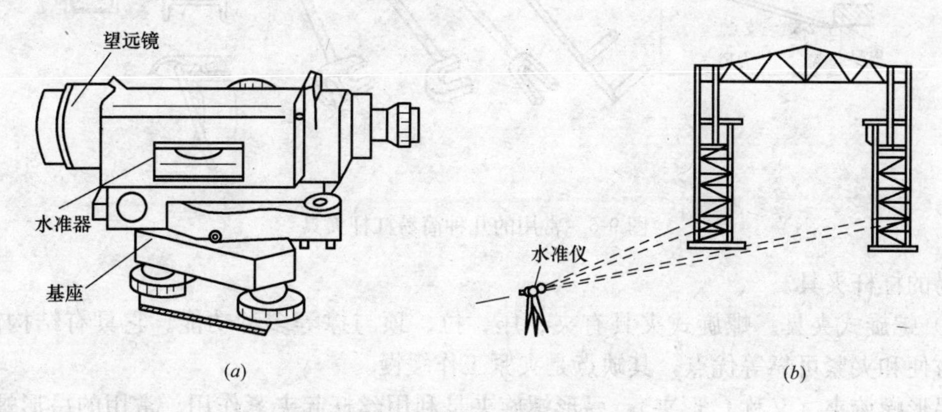

图 9-3　水准仪及其应用

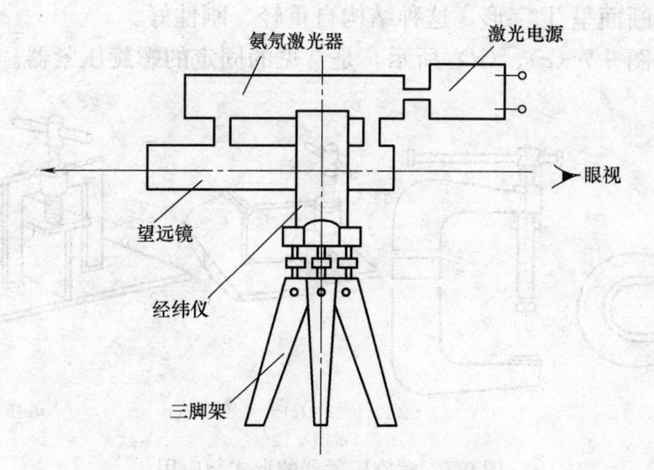

图 9-4　激光经纬仪示意图

4. 装配工具夹

1）榔头。用于钢结构定位、矫平、敲字码符号［图 9-5（*a*）］。

2）铁楔。铁楔与各种“马”配合使用，利用锤击或其他机械方法获得外力，利用铁楔的斜面将外力转变为夹紧力，从而对工件夹紧［图 9-5（*b*）］。

3）杠杆夹具。杠杆夹具是利用杠杆原理将工件夹紧，图 9-6 所示为装配中常用的几

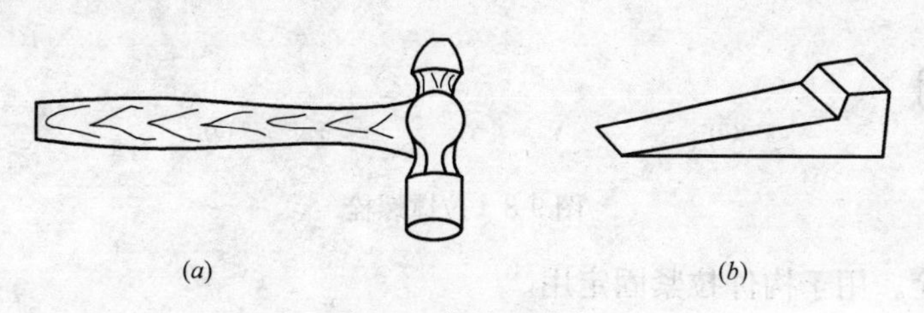

图 9-5　榔头和铁楔

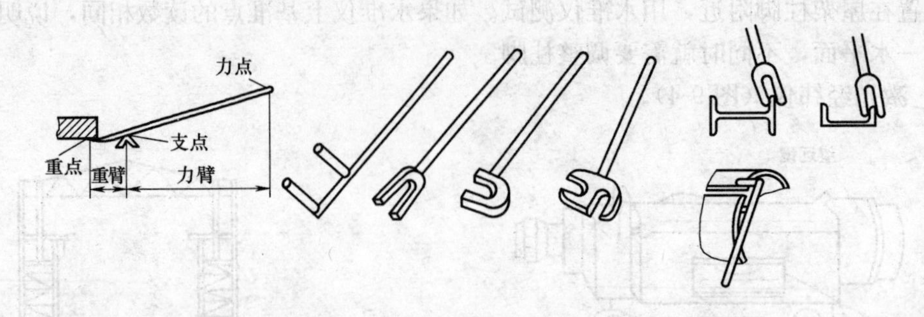

图 9-6　常用的几种简易杠杆夹具

种简易的杠杆夹具。

4）螺旋式夹具。螺旋式夹具有夹、压、拉、顶与撑等多种功能。它具有结构简单、制造方便和夹紧可靠等优点，其缺点是夹紧工作缓慢。

弓形螺旋夹（又称C形夹）：弓形螺旋夹是利用丝杆起夹紧作用。常用的弓形螺旋夹有如图 9-7（*a*）、（*b*）所示的几种结构。

弓形螺旋夹其断面呈 T 字形，这种结构自重轻、刚性好。

螺旋压紧器如图 9-7（*c*）、（*d*）所示，是常见的固定的螺旋压紧器。

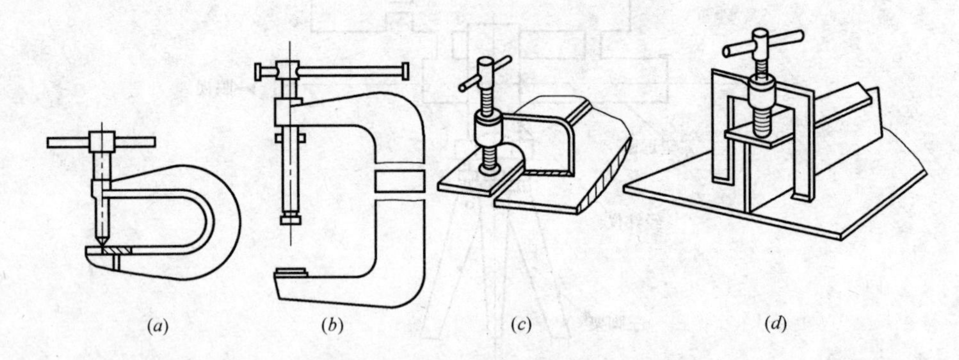

图 9-7　螺旋压紧器的形式与应用

5）拉撑螺栓。起拉紧和撑开作用，不仅用于装配，还可用于矫正（图 9-8）。

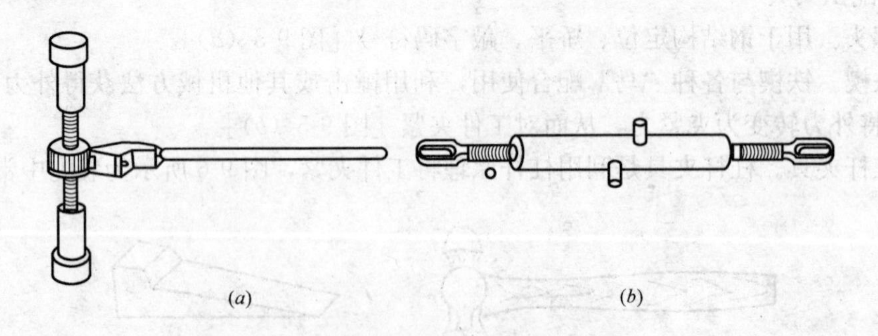

图 9-8　拉撑螺栓

6）花篮螺栓。用于构件拉紧固定用。

7）千斤顶。是支撑重物、顶举或提升重物的起重工具。提升高度不大，但起重量很大。广泛用于冷作件装配中作为顶压工具，使两个构件紧贴［图 9-9（*a*）］。若要使钢结构件整体上升或上升后平移，可采用液压千斤顶［图 9-9（*b*）、（*c*）］。它具有起重大大、操作省力、上升平稳、安全可靠等优点，在使用时，液压千斤顶不准倾斜、横置或倒置使用。

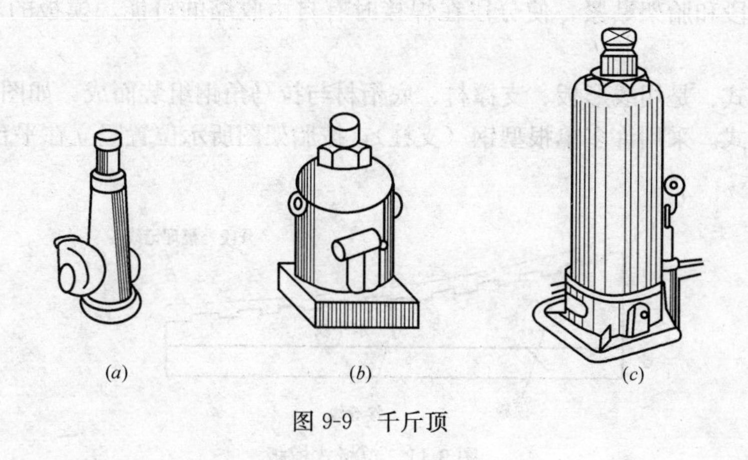

图 9-9 千斤顶

9.3 制作钢结构的胎架

9.3.1 平台

钢结构制作要有坚实牢固的胎架基础，常见形式有水泥墩、条形基础、水泥平台基础等形式。

(1) 水泥墩。其用途是在水泥墩上搁置槽钢或工字钢［图 9-10（*a*）］。

(2) 条形基础。在平台上，横向按一定间距排列设置连续的 T 形钢筋混凝土条［图 9-10（*b*）］。T 形混凝土条下部与钢筋混凝土连为一体。T 形上部沿平台纵向布置有槽钢（或工字钢），上表面基本保持水平。

(3) 水泥平台基础。在平地上，用钢筋混凝土浇筑成有一定厚度的平台，平台表面按一定间距排列布置有 T 形钢制埋件，埋件下部通过钢筋与平台钢筋连为一体，浇筑后 T 形埋件上表面与平台上表面基本位于同一水平面上。模板可直接竖立于平台上与 T 形埋件定位焊固定，如图 9-10（*c*）所示。它既可作为胎架基础，又可作为平台使用；结构较强，控制分段焊接变形的作用大，工作场地也大，画线方便。

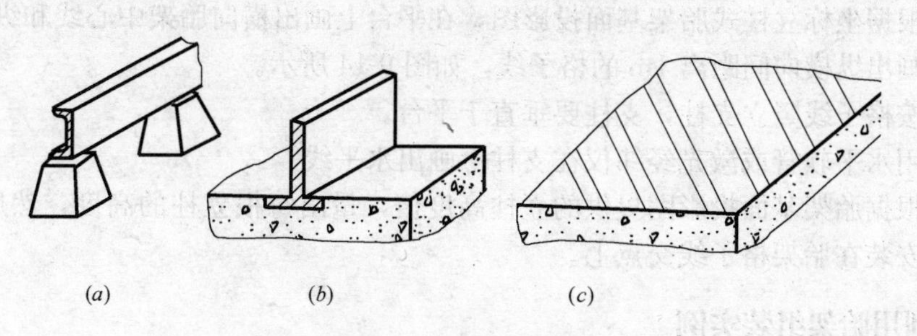

图 9-10 胎架基础

（*a*）水泥墩；（*b*）条形基础；（*c*）水泥平台基础

9.3.2 模板

模板经常采用的形式有单板式、框架式、支柱式三种。

(1) 单板式。是用整块钢板割制而成，如图 9-11 所示。为了减轻模板与分段的接触面，有利于分段和胎架贴紧，使分段在焊接时有自由收缩的可能，模板的表面通常做成齿形。

(2) 框架式。是用线形板、支撑材、底桁材与拉马角钢组装而成，如图 9-12 所示。

(3) 支柱式。采用许多单根型钢（支柱），按胎架图所示位置竖立在平台上制造而成，如图 9-13 所示。

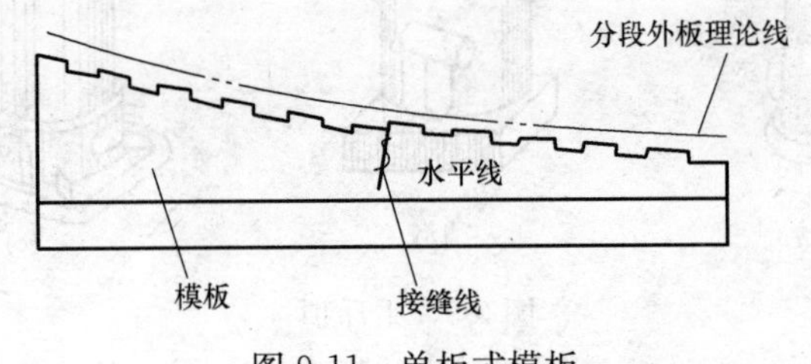

图 9-11 单板式模板

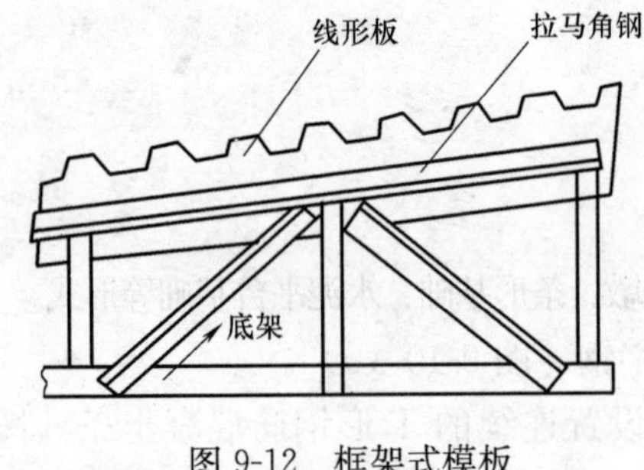

图 9-12 框架式模板

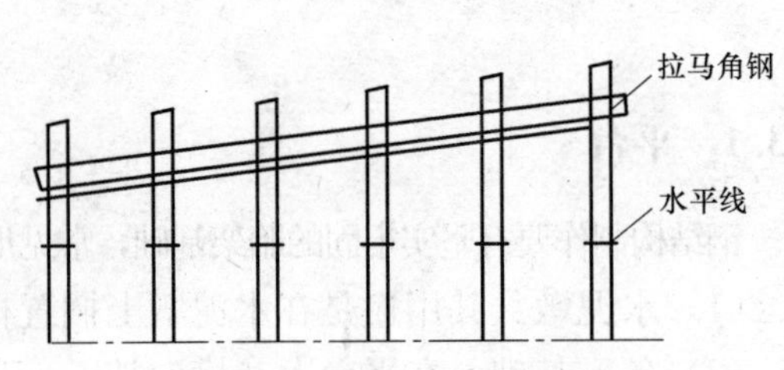

图 9-13 固定型支柱式模板

9.3.3 坐标立柱式胎架

将胎架的模板形式改成立柱式，并由电子计算机提供胎架立足高度型值，便成为坐标立柱式胎架。尤其在数字放样和数控技术日益成熟的今天，坐标立柱式胎架将更多地替代模板胎架。这种胎架在采用双斜切基面时，立柱垂直于第二胎架基面，简化了胎架制造工作。它的制造方法如下：

(1) 根据坐标立柱式胎架基面投影图，在平台上画出横向胎架中心线和纵向胎架中心线，然后画出纵横向间距离 1m 的格子线，如图 9-14 所示。

(2) 按格子线竖立支柱，支柱要垂直于平台。

(3) 用水平软管或激光经纬仪在支柱上画出水平线。

(4) 根据胎架基面投影图提供的立柱高度值，量出每根立柱的高度，然后切割立柱，对号入座安装在胎架格子线交点上。

9.3.4 利用胎架组装实例

钢结构工程中经常会遇到板架结构制作，例如大型水槽、闸门、坞门均是箱形结构，

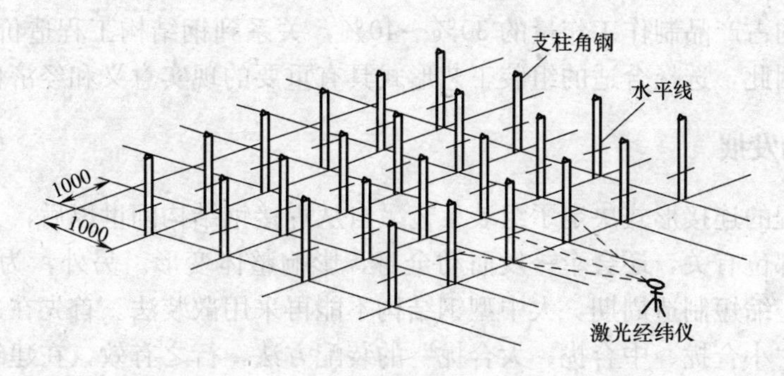

图 9-14　坐标立柱胎架画个子线及水平线

由数块板架结构组成。

板架结构的构件是由拼焊成的钢板、拼焊成的骨架以及连接的肘板组成。

板架组装一般在胎架上进行，其安装步骤是：先横骨架［图 9-15（*a*）］，接着宽肋骨与纵桁顺序安装［图 9-15（*b*）］。若纵桁横跨横骨架，则纵桁最后安装。

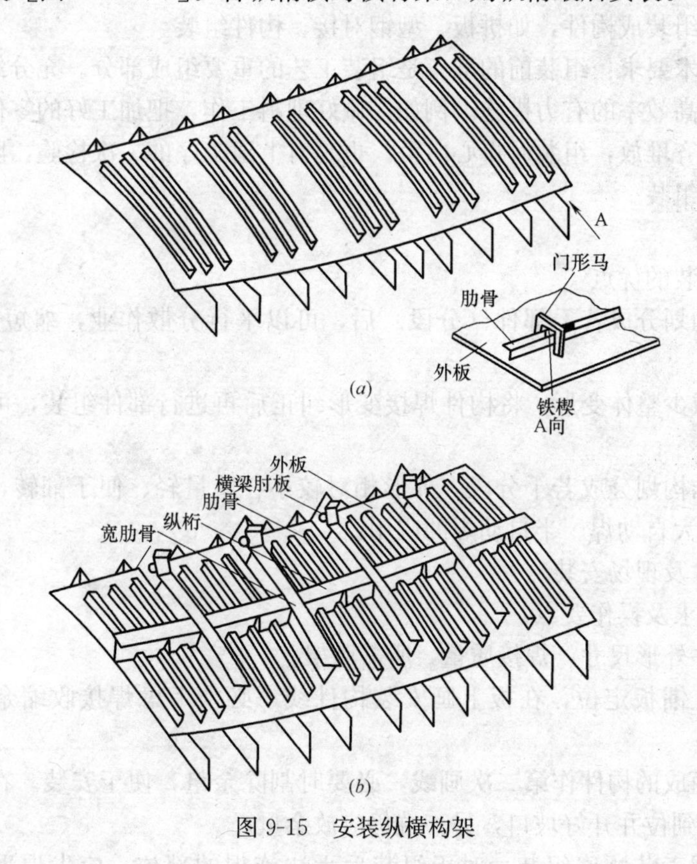

图 9-15　安装纵横构架

9.4　组装形式

钢结构是由许多零部件组合而成的产品，这一工艺过程称为组装。组装在产品制造工艺中占有极其重要的地位，它决定了产品的外形和精度，直接关系产品的最终质量；又因为组装工作量约占产品制作工作量的30%～40%，关系到钢结构工程造价、成本、效率、质量和周期，因此，选择合适的组装工艺形式具有重要的现实意义和经济价值。

9.4.1 组装的发展

钢结构工程的连接形式决定了组装工艺。自从焊接钢结构问世以后，人们发觉焊接变形不但与构件部位有关，还会牵一发而动全身，影响整体变形。另外，为了扩大作业面，提高施工效率，缩短制造周期，大中型钢结构不能再采用散装法。首先在造船行业进行工艺变革，采用"小合拢、中合拢、大合拢"的装配方法，行之有效，在建筑钢结构施工中也在逐步应用。

9.4.2 组装形式

按钢结构的结构特点，通常组装分成构件组装、部件组装、总组装三种形式。

1. 构件组装

将板和零件组装成构件，如拼板、型钢对接、构件组装。

构件组装技术要求：组装前的准备是组装工艺的重要组成部分。充分细致地准备是提高组装质量，提高效率的有力措施。例如，做好理料工作，把加工好的零件，按名称、规格分门别类、整齐堆放，组装时得心应手。也是对上道工序的一次检验，防范质量不合格的零件进入构件组装。

2. 部件组装

(1) 部件组装的优点：

① 将钢结构划分成若干部件（分段）后，可以平行分散作业，缩短生产制造周期，提高生产效率。

② 有利于减少整体变形。将构件焊接变形纠正后再进行部件组装，可使整体变形大为减少。

③ 一个钢结构划分成若干分段，外形相对较小、质量轻、便于翻转，可将立、仰焊变为平面焊，扩大自动焊、半自动焊的应用。

④ 方便运输及现场安装。

(2) 技术要求及操作要点：

① 检查构件外形尺寸，焊接质量，所需胎架。

② 在胎架上铺板定位，在板上画安装构件线，必须考虑焊接收缩余量及构件厚度位置。

③ 对焊制而成的构件作第二次画线，必要时割除余量，便于安装。在总组装大接头处一端割切精确到位并开好坡口，另一端仍应放余量。

④ 根据装配工艺顺序组装。对于组装后无法施焊的部位，应先焊妥后再组装相邻构件。

⑤ 组装完毕后，自检装配间隙、错边以及主要尺寸，应符合图纸要求，然后提交专职检查员检验，合格后才能正式焊接。

3. 总组装

总组装时将部件总装成正品（完整件）。例如将牛腿、屋架、托架、檩条、拉撑等总组装成屋架。技术要求及操作要领：

(1) 上道工序确已完工且检验合格，部件组装时能解决的问题决不留到总组装。

(2) 按结构特点，做必要的反变形。

(3) 总组装（大合拢）是组装最后一道工序，特别要确保外形尺寸符合验收标准。

(4) 组装焊接构件时，对构件的几何尺寸应对焊缝等收缩变形状况，预放收缩余量；对有起拱要求的构件，必须在组装前按规定的起拱量做好起拱，起拱偏差 $\Delta a \leqslant L/100$ 或 $\leqslant$6mm。

(5) 胎模或组装大样定型后须经自检，合格后质检人员复检认可后，方可组装。

(6) 构件相邻节间的纵向焊缝，以及其他构件同一截面的多条对接缝可为“十字形”或“T字形”拼缝，均应错开200mm以上，或按工艺要求，以避免焊缝交叉和焊缝缺陷的集中。

9.4.3 组装操作技能

(1) 拼装机安装T形构件

在组装时，拼板是最常见的操作能能之一（图9-16）。板料应按规定先开好坡口后，再进行拼板。拼板时必须注意板边直线度，以便控制间隙，若检查板边不直，应该修直后再行拼板。

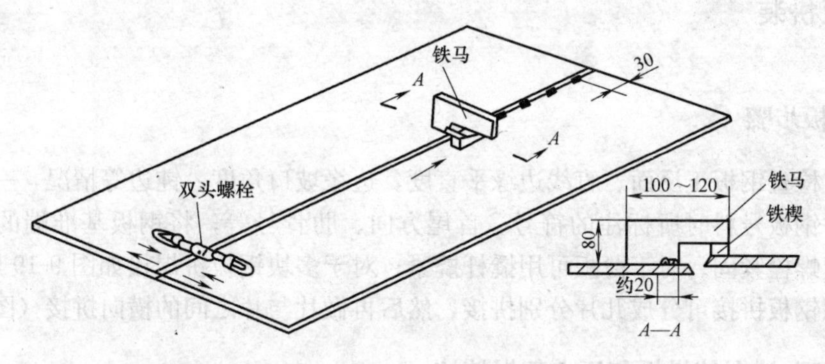

图 9-16 拼板

拼板时，通常在板的一端（离端部30mm处），当间隙及板缝平度符合要求后进行定位，在另一端把一只双头螺栓分别用定位焊定位于两块板上，控制接缝间隙，当发现两板对接处不平时，可如图9-16所示，在低面上焊“铁马”并用铁楔矫正。焊装“铁马”的焊缝应焊在打入“铁楔”的一面，焊缝紧靠“铁马”开口直角边（单面焊），长度约20mm，不宜焊得太长，否则拆“铁马”很麻烦，甚至会把钢板拉损。拆除“铁马”时在“铁马”的背面，用锤轻轻一击即可。

安装T形构件时，焊装Π形“铁马”或其他铁马定位，焊缝均必须焊在打入“铁楔”的一面。有些受强力的“铁马”用千斤顶作顶具，Π形马的底脚必须两面施焊。拆卸Π形马时应用氧-乙炔焰将一面焊缝熔化吹掉，然后用锤轻击，使Π形马倾倒并拆去。使用千斤顶时，Π形马如图9-17所示，其顶部用⊥形钢焊成，增加接触面，防止千斤顶弹滑。

(2) 托架上弦杆工地对接

在钢结构组装时，经常会遇到⊥形钢对接，这种接头都是钢结构主要受力构件，组装这种接头至关重要。现以上海市某重点工程高跨屋架中托架上弦杆对接组装技能为例。

腹板接头应与翼板接头错开，采用 X 形 60°坡口，钝边 2mm，间隙 1～2mm，在车间内组装、焊接完毕后，到工地组装焊接（图 9-18）。焊接顺序：①腹板对接接头；②焊翼板对接接头；③焊腹板与翼板角焊缝。

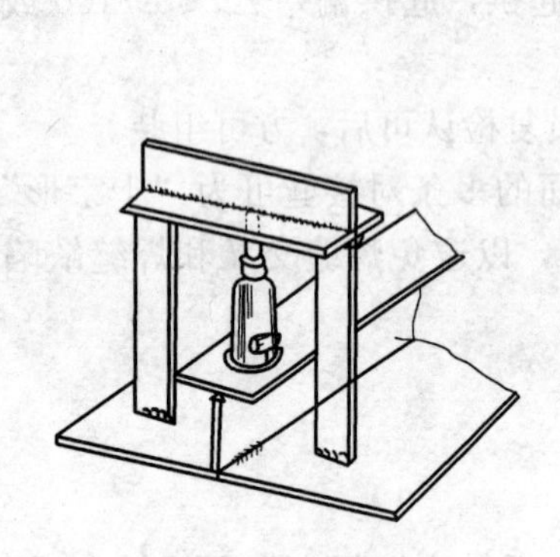
图 9-17　安装 T 形构件

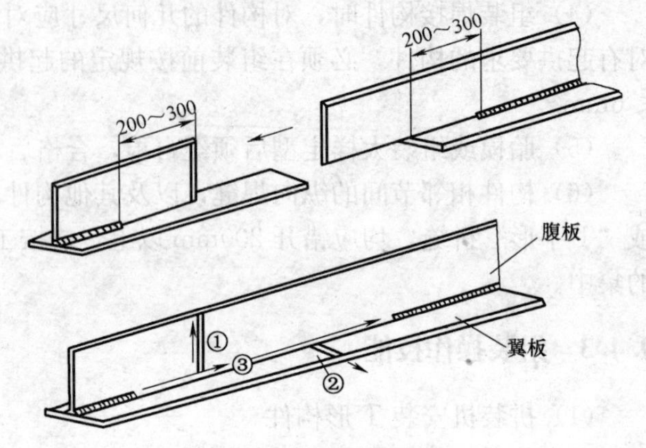

图 9-18　工地对接图

9.5　钢板拼装

9.5.1　拼板步骤

拼板前检查钢板正反面、直线边缘平直度、边缘坡口角度、钝边等情况，一切符合要求后，核对钢板号料时所标注的符号、首尾方向、肋骨号等；将钢板基准端的边缘对平齐，用花篮螺栓紧固。对于薄板可用撬杆撬紧；对于多块钢板拼焊接如图 9-19 所示顺序；对于大面积钢板拼接可分成几片分别拼接，然后再做片与片之间的横向拼接（图 9-20）。

9.5.2　“RF”法焊接拼板和压力架焊接法

埋弧自动焊单面焊双面成形工艺的背面成形有两种方法：一种以焊剂作为衬垫，称为焊剂垫双丝单面埋弧自动焊；另一种是用固定的衬垫使背面成形，称为压力架焊接。

焊剂垫双丝单面埋弧自动焊（简称 RF 法）工艺，是利用焊件自重和充气软垫把焊剂紧密贴在被焊工件的背面，如图 9-21 所示。焊接时电弧将焊件熔透，并使焊剂垫表面的部分焊剂熔化成液态薄层，将熔池金属与空气隔开，熔池则在此液态焊剂薄层上凝固成形，最后形成焊缝。这种方法在焊接过程中无需压力架固定工作，而是利用板列自重和焊剂垫装置的气顶压力之平衡作用，使衬垫焊剂完全紧贴焊缝，以保证反面焊缝的良好成形，达到单面焊双面成形的目的。

采用 RF 法工艺焊接 16～22mm 板厚的对接缝时，均采用 Y 形坡口，其加工精度应按表 9-3 中规定数值。接缝板厚差不大于 2mm 时，厚板一侧的留根高度为 6mm 加板厚差。

压力架焊接方法也是单面焊双面成形，但钢板的固定不采用梳状马或定位焊的方法，而是借助压力架对钢板加压，使之对钢板缝压平固定，接着在焊缝两端装上引弧板和熄弧

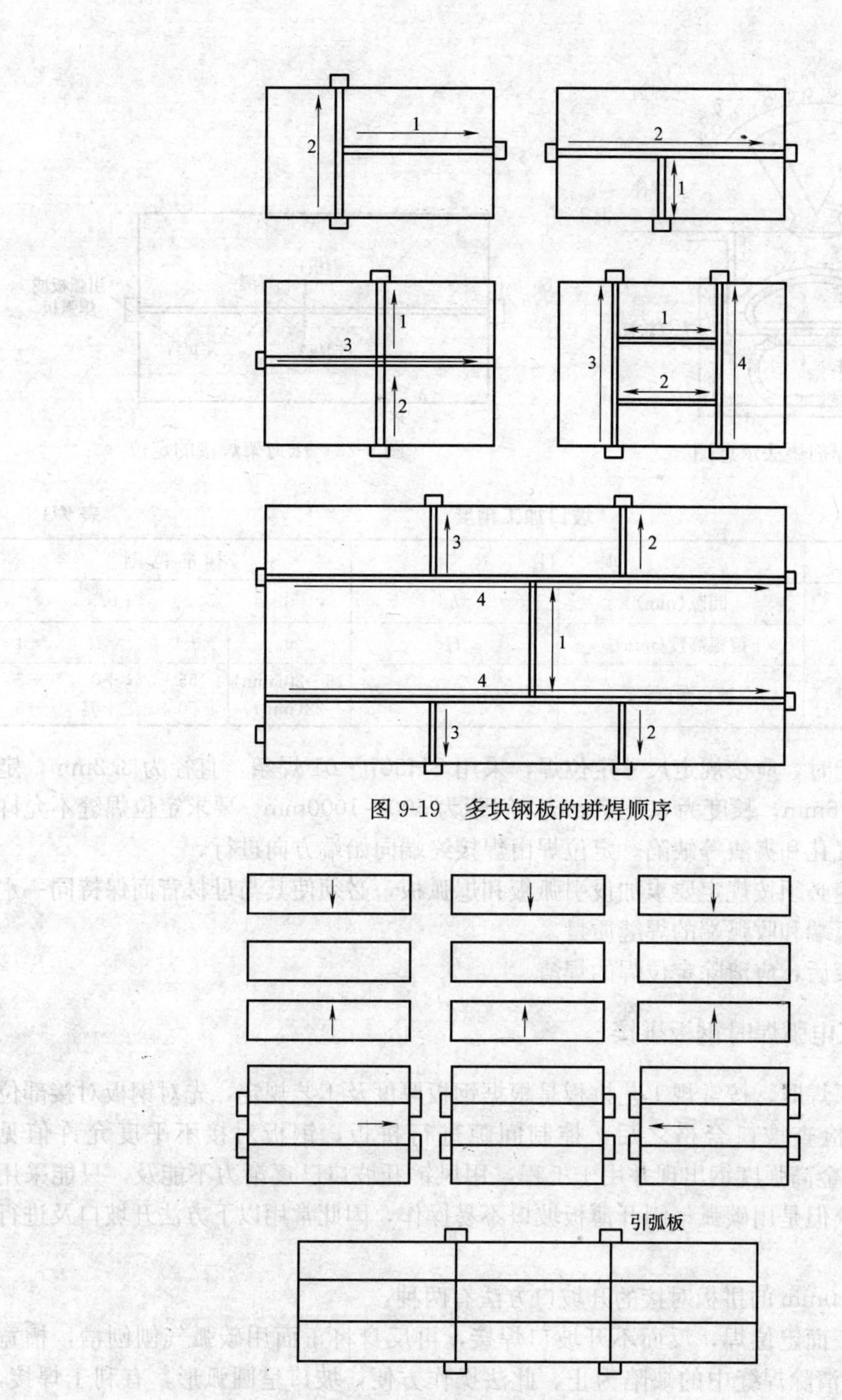

图 9-19　多块钢板的拼焊顺序

图 9-20　大面积板的拼接步骤

板再进行焊接，如图 9-22 所示。压力架焊接钢板之间的整条焊缝上的间隙是相等的，当钢板厚度在 10mm 以下时，间隙为 3mm；钢板厚度在 12mm 以上时，其间隙为 4mm。

拼板接缝装配的技术要求：

（1）在流水线工位进行拼板接缝装配时，首先应保证接缝边缘正、反面各 20～30mm 范围内无铁锈、氧化皮、油污以及水分等杂质。

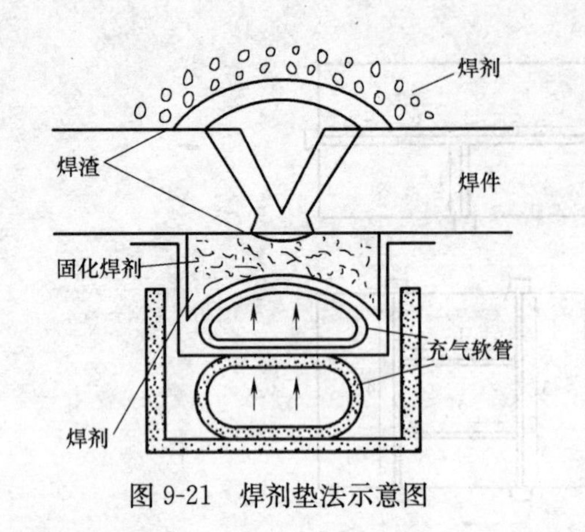

图 9-21　焊剂垫法示意图

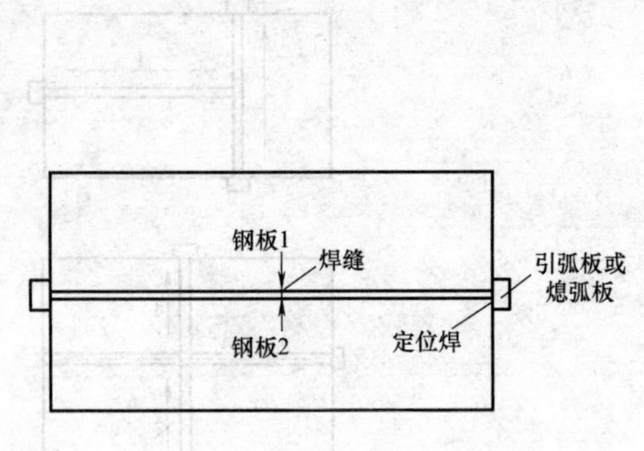

图 9-22　压力架焊接的定位

坡口加工精度　　**表 9-3**

坡口形式	项　目		标准范围			
单边 Y 形坡口	间隙(mm)	b	0	+0.5		
	留根高度(mm)	H	6	+1		−1
	坡口角度(°)	α	16～20(mm)	55	+0	−5
			22(mm)	50	+0	−5

(2) 接缝装配时，应按规定尺寸定位焊，采用 SH507・01 焊条，直径为 3.2mm，定位焊缝高度为 4～6mm，长度为 30～50mm，间距为 500～1000mm。要求定位焊缝不允许有裂缝、弧坑、气孔和夹渣等缺陷。定位焊由焊接终端向始端方向进行。

(3) 每对焊缝必须按规定要求加设引弧板和熄弧板，必须使其与母材背面保持同一水平面，以确保起弧端和收弧端的焊缝质量。

(4) 装配结束后，应清除定位焊的焊渣。

9.5.3 采用手工电弧焊时钢板拼接

采用手工电弧焊时，按常规工艺拼板是根据钢板厚度及工艺规定，先对钢板对接部位的边缘开坡口，检查坡口合格之后，控制间隙进行拼板，钢板对接不平度允许值见表 9-4。随着低合金高强度钢出现并用于工程，用风铲开坡口已逐渐力不能及，只能采用碳弧气刨开坡口，但是用碳弧气刨开薄板坡口不易操作，因此常用以下方法开坡口及进行装配。

板厚 2.5～4.0mm 的拼板对接的开坡口方法有两种：

一种方法是正面定位焊，反面不开坡口焊接，再反身将正面用碳弧气刨刨槽，槽宽 4～5mm，深度以清除焊缝中的缺陷为止。此法操作方便，坡口呈圆弧形，有利于焊接，经实践证明，对于 2.5～4.0mm 的薄板的全熔透焊接十分适合。

另一种方法是正面不开坡口用手工焊，反面铲去焊瘤，用埋弧自动焊封底。

内场拼板时，对于薄板来说，要在板边单面开坡口比较困难，又不易控制钝边高度，若没有钝边，极易烧穿，装配间隙也不易控制，故上述两法效果好。

碳弧气刨开坡口时手工焊接头基本形式和尺寸见表 9-4 和如图 9-23 所示，坡口呈圆弧形。

碳弧气刨坡口时手工焊接头基本形式及尺寸（mm）　　表 9-4

板厚		3	4	5	6	7	8	9	10	12	14	16	18
主焊缝	b	4～5	5～6	6～7	7～8	8～9	9～10	10～11	11～12	11～12	13～14	15～16	17～18
	h	1.0				1.5				2.0		3.0	
封底	b	4～5	5～6	6～7	6～7	6.5～7.5	7～8	7～8	8～10	8～10	8～10	10～12	10～12

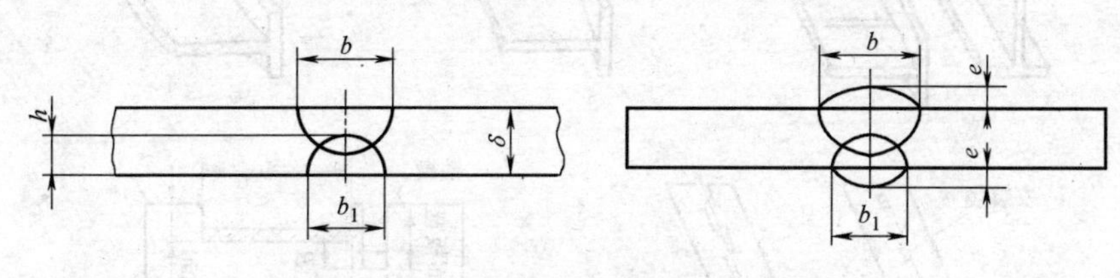

图 9-23　碳弧气刨开坡口示意图

e——余高

9.5.4 装配定位焊

又称钉焊，见表 9-5。

定位焊规格（mm）　　表 9-5

构件厚度	手工焊定位焊长度	埋弧自动焊定位焊长度	定位焊间距
$t \leqslant 4$	≥30	≥40	100～150
$4 \leqslant t \leqslant 24$	≥40	≥50	200～250
$t \geqslant 24$	≥50	≥70	300～400

注：1. 定位焊必须在与焊缝交叉或方向急剧改变处相隔 10 倍板厚处进行（见图 9-24）。
2. 定位焊使用的焊条应与正式施焊的焊条一致，焊缝厚度不宜超过设计焊缝的 2/3，且不大于 8mm，定位焊内有裂缝、气孔应铲除重焊；定位焊应由持合格证的焊工进行施焊。

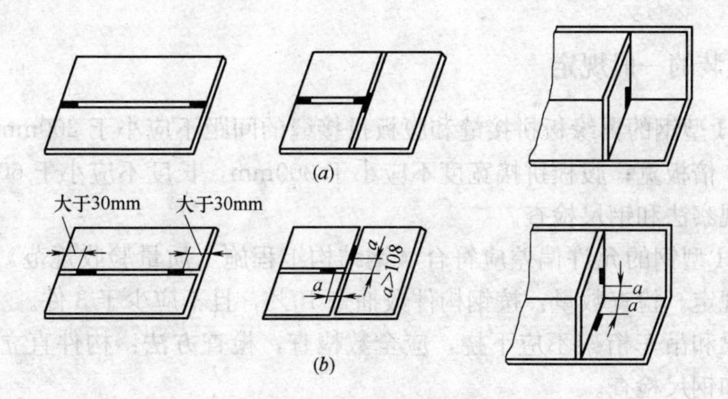

图 9-24　定位焊规则

（a）不正确；（b）正确

9.6 T 形梁的组装

T 形梁分直形和弯形两种，直形面板平直，画出安装线后在平台上倒装［图 9-25

(*a*)]，弯形面板画出安装线后在模板上侧装［图 9-25（*b*）］。

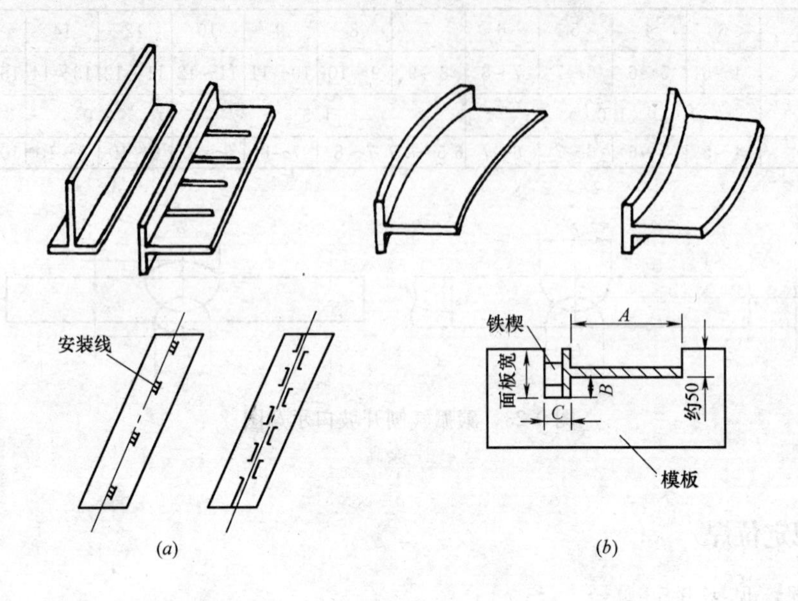

图 9-25　T 形件装配

（*a*）直形；（*b*）弯形

为了控制 T 形梁焊接变形，焊前应加设临时支撑马板，并采用对称焊接和分段逐步退焊法。对于弯形 T 形梁，焊前在其腹板上画出一根检验线，并敲上样冲印，在火工矫正变形时用于检验。

9.7　构件组装质量验收

9.7.1　构件组装的一般规定

（1）焊接 H 型钢的翼缘板拼接缝和腹板拼接缝的间距不应小于 200mm。翼缘板拼接长度不应小于 2 倍板宽；腹板拼接宽度不应小于 300mm，长度不应小于 600mm。要检查全部数量，用观察法和钢尺检查。

（2）焊接 H 型钢的允许偏差应符合《钢结构工程施工质量验收规范》（GB 50205—2001）的有关规定。检查数量：按钢构件数抽查 10％，且不应少于 3 件。

（3）吊车梁和吊车桁架不应下挠，应全数检查，检查方法：构件直立，在两端支撑后，用水准仪和钢尺检查。

（4）桁架结构构件轴线交点错位的允许偏差不得大于 3.0mm。检查数量：按构件数抽查 10％，且不应少于 3 个，每个抽查构件按节点数抽查 10％，且不应少于 3 个节点。

（5）钢构件预拼装工程可按钢结构制作工程检验批的划分原则划分为一个或若干个检验批。预拼装所用支承架或平台应测量找平，检查时应拆除全部临时固定和拉紧装置。进行预拼装的钢构件，其质量应符合设计要求和《钢结构工程施工质量验收规范》合格质量标准的规定。

(6) 高强度螺栓和普通螺栓连接的多层板叠，应采用试孔器进行检查，并应符合下列规定：

1）当采用比孔公称直径小 1.0mm 的试孔器检查时，每组孔的通过率不应小于 85%；

2）当采用比螺栓公称直径大 0.3mm 的试孔器检查时，通过率应为 100%；预拼装的一般项目，允许偏差应符合表 9-6 的规定。

螺栓球规格系列　　表 9-6

螺栓球代号	螺栓球直径 D(mm)	螺栓球代号	螺栓球直径 D(mm)	螺栓球代号	螺栓球直径 D(mm)
BS100	100	BS130	130	BS190	190
BS105	105	BS140	140	BS200	200
BS110	10	BS150	150	BS210	210
BS115	115	BS160	160	BS220	220
BS120	120	BS170	170	BS230	230
BS125	125	BS180	180	BS240	240

9.7.2 工厂预拼装质量要求及允许偏差

(1) 预拼装的目的、方法和要求。

合同规定及设计要求预拼装的构件或者工厂为了消除构件积累误差，便于现场安装，必须进行预拼装的构件，在出厂前应进行自由状态拼装。

1）目的：消除积累误差，进行相关组合，对制作质量做全面验证，把质量问题消灭在出厂前。

2）方法及要求：预拼装构件必须焊接完毕，矫正变形，处于自由状态，即脱离胎架，无拘束。可在平台上做平面或立体拼接。每批预拼装数量不少于一组，按设计要求和技术文件规定，尽可能选用重要受力框架、有代表性的构件，拼装应在坚固的平台或胎架上进行，应控制基准和构件中心线，不因构件自重而导致平台或胎架下沉。应避免日照温差促使构件变形而产生测量误差。

工厂拼装必须使构件处于自由状态，不得强力拘束或用外力改变构件原形，预拼装的构件必须是经过检验合格的构架，包括焊接质量。预拼装以后，原则上不准再返修、焊补及加热矫正变形，以免影响构件尺寸和精度。

工程预拼装，试装螺栓在一组孔内不少于螺栓孔的 30%，且不少于 2 只。冲钉数不得多于临时螺栓的 1/3。

预装后应用试孔器检查，当用比孔公称直径小 1.0mm 的试孔器检查时，每组孔的通过率应不小于 85%；当用比螺栓公称直径大 0.3mm 的试孔器检查时，通过率应为 100%，试孔器必须垂直自由穿落。对于不能通过的孔，允许铰磨刮孔，修孔后若超规范，允许采用与母材材质相匹配的焊材焊补后重新制孔。

(2) 各类结构工厂预拼装允许偏差（见表 9-7，摘自 GB 50205—2001）。

各类结构工厂预拼装允许偏差　　表 9-7

项次	构件类型	项　　目		允许偏差(mm)
1	管状、壳体结构	壳体中心对预拼平台检查中心的距离		$H/1000$,且不大于 8.0
2		圆形壳体的最大直径与最小直径之差		$D/500$,且不大于 8.0
		单元总长		±5.0
3		矩形壳体对角线长度之差		≤5.0
		单元弯曲矢高		$L/1500$,且不大于 10.0
4		壳体上口水平度		$D/500$,且不大于 5.0
5		对口错边		$t/10$,且不大于 3.0
6		坡口间隙		+2.0 −1.0
7	桁架、梁	跨度最外端两安装孔或两端支承面距离		+5 −10
8		接口截面错位		2.0
9		拱度	设计要求起拱	$\pm L/5000$
			设计未要求起拱	$L/2000$ 0
		节点处杆件轴线错位		3.0
10	多节柱	单元总长		±5.0
11		单元弯曲矢高		$L/1500$,且不大于 10.0
12		接口截面高、宽尺寸		2.0
13		铣平面紧面至连接节点的距离	至第一安装孔	±1.0
			至任一牛腿	±2.0
		单元柱身扭曲		$h/200$,且不大于 5.0
14	平面总体预拼装梁、柱、支撑等构件	各楼层柱距		±4.0
15		相邻楼层梁与梁之间距离		±3.0
16		各层间框架两对角线之差		$H_n/2000$ 且不大于 5.0
17		任意两对角线之差		$\sum H_n/2000$ 且不大于 8.0

9.7.3 构件及部件的焊接连接组装偏差

（1）焊接连接件组装允许偏差（见表 9-8，摘自 GB 50205—2001）。

焊接连接组装允许偏差　　表 9-8

序号	项目	示意图	允许偏差(mm)
1	对口接头错边 Δ 间隙 a 坡口角度 α 钝边 p		$\Delta \leqslant t/10$,且不大于 2 $a \leqslant 2.0$ $\alpha \leqslant -5°$ $\Delta p = \pm 1.0$

续表

<table>
<tr><th>序号</th><th colspan="2">项目</th><th>示意图</th><th>允许偏差(mm)</th></tr>
<tr><td>2</td><td colspan="2">搭接长度 a
间隙 Δ</td><td>$a+\Delta a$
Δ</td><td>$\Delta a \leqslant \pm 5.0$
$\Delta \leqslant 1.5$</td></tr>
<tr><td>3</td><td colspan="2">根部间隙 Δa
(背面加垫板)</td><td>$a+\Delta a$</td><td>埋弧焊
$-2 \leqslant \Delta a \leqslant +2$
手工焊、半自动气体保护焊:
$-2 \leqslant \Delta a$</td></tr>
<tr><td>4</td><td colspan="2">型钢接合部错位 Δ
其他部位</td><td>Δ</td><td>$\Delta \leqslant 1.0$
$\Delta \leqslant 2.0$</td></tr>
<tr><td rowspan="8">5</td><td rowspan="8">焊接H型钢允许偏差</td><td>$h<500$</td><td rowspan="4">e
h
$e=2.0$
b</td><td>±2.0</td></tr>
<tr><td>$500<h<1000$</td><td>±3.0</td></tr>
<tr><td>$h>1000$</td><td>±4.0</td></tr>
<tr><td>截面宽 b</td><td>±3.0</td></tr>
<tr><td>翼缘板垂直度 Δ</td><td>b Δ h b Δ</td><td>$b/100$ 且不应大于 3.0</td></tr>
<tr><td>弯曲矢高(受压构件除外)</td><td></td><td>$l/1000$ 且不应大于 10</td></tr>
<tr><td>扭曲</td><td></td><td>$h/250$,且不应大于 5</td></tr>
<tr><td>腹板局部不平度 f</td><td>b
I—I
f
1000
I I
1000</td><td>$t<14$ 允许偏差 3.0
$t \geqslant 14$ 允许偏差 2.0</td></tr>
</table>

续表

序号	项目	示意图	允许偏差(mm)
6	间隙(Δ)	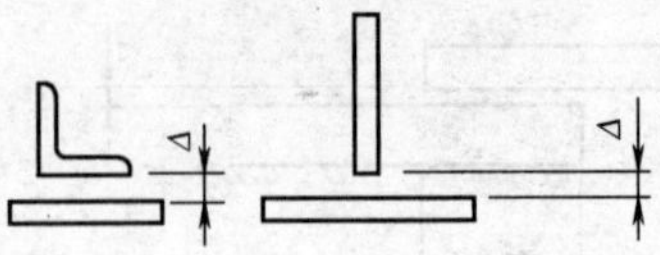	Δ≤1.5
7	箱形截面高度 h 宽度 b 垂直度 Δ L_1 与 L_2 之差	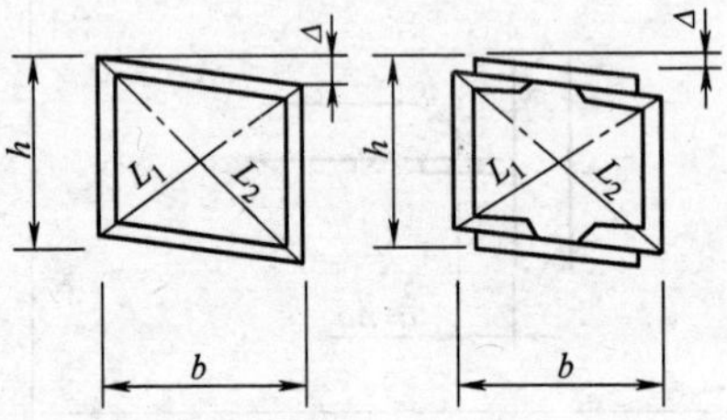	±2 ±2 $b/200$,且不应大于 3.0 ≤2.5
	两腹板至翼缘板中心线距离 a 连接处 其他处	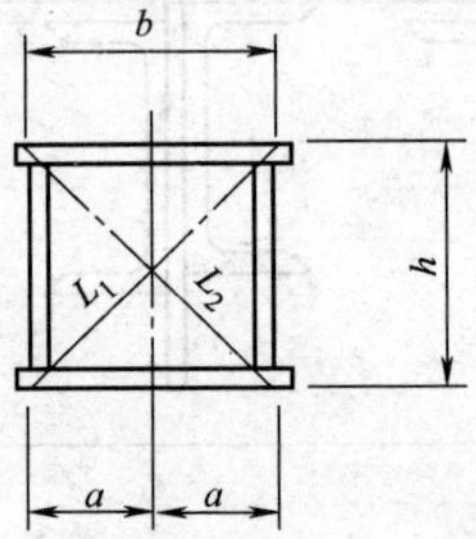	 1.0 1.5
8	封头板与 H 梁端边倾斜(Δ)	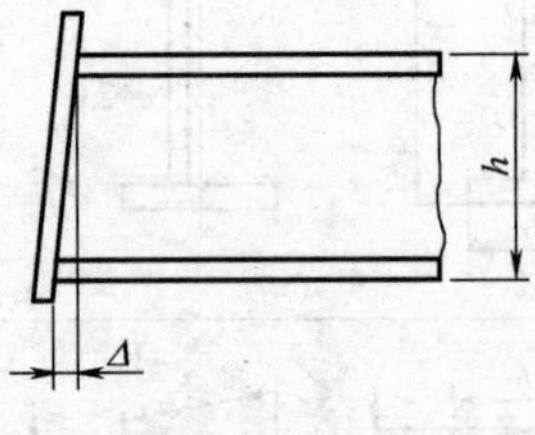	$h/300$,且不大于 2
9	牛腿与柱连接立面倾斜(Δ)	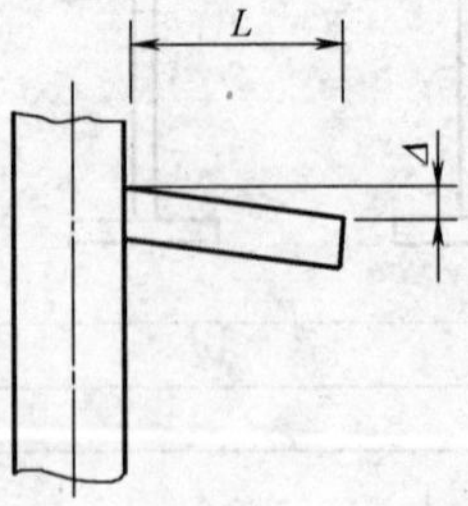	L≤300,Δ≤1 L>300,Δ≤2
10	牛腿与柱连接平面倾斜 Δ_t	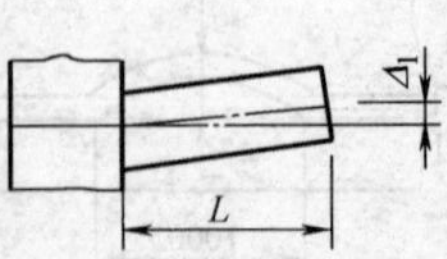	L≤300,Δ_t≤1 L>300,Δ_t≤2

续表

序号	项目	示意图	允许偏差(mm)
11	柱长度 ΔL 柱牛腿间距 ΔL_1 ΔL_2 ΔL_3	$L+\Delta L$ $L_1+\Delta L_1$ $L_2+\Delta L_2$ $L_3+\Delta L_3$	$L<10m$　$\Delta L \leqslant 3$ $L \geqslant 10m$　$\Delta L \leqslant 4$ (ΔL 可在吊装时作临时调整) $-3 \leqslant \Delta L_1 \leqslant 3$ $-3 \leqslant \Delta L_2 \leqslant 3$ $-3 \leqslant \Delta L_3 \leqslant 3$
12	梁长度偏差 ΔL 位于中心线处的长度偏差 ΔL_1	$L+\Delta L$ $L_1+\Delta L_1$	$-3 \leqslant \Delta L \leqslant 3$ $-2 \leqslant \Delta L_1 \leqslant 2$
13	柱中线至连接板孔中心距 ΔL	$L+\Delta L$	$-1 \leqslant \Delta L \leqslant 1.5$ ($\Delta L \pm 1.5$)
14	接头的错位差(e)	t_2 横隔板 柱腹板 e t_1 梁翼缘	$t_1 \leqslant t_2$ 情况下: $t_1 \leqslant 20$ 时,$e \leqslant t_1/6$; $t_1>20$ 时,$e \leqslant 3$ $t_1<t_2$ 情况下: $t_1 \leqslant 20$ 时,$e \leqslant t_1/5$; $t_1>20$ 时,$e \leqslant 4$
15	纵向错边(Δ)(对接)	t Δ	$\Delta \leqslant t/10$,且不大于 2.0
16	环向对接错边(Δ)	Δ t	$t_1 \leqslant 6.0$ 时 $\Delta \leqslant 1.0$; $6<t \leqslant 10$ 时 $\Delta \leqslant t/10$,且不大于 1.5; $t>10$ 时 $\Delta \leqslant t/10$,且不大于 2.0; $t>30$ 时 $\Delta \leqslant t/10$,且不大于 3.0

续表

序号	项目	示意图	允许偏差(mm)
17	法兰盘与管端倾斜(Δ) 管件弯曲(f) 管件长度(L)		$D \leqslant 1500$，$\Delta \leqslant 3$； $D > 1500$，$\Delta \leqslant D/500$； $f < L/1500$ 时，且不大于 5.0； $\Delta L \leqslant \pm 3$

注：序号 8～17 摘自上海市地标 DBJ 108—216—95，序号 1～7 摘自 GB 50205—2001。

（2）构件不同高度或厚度的削斜。

1）不同高度构件削斜参见图 9-26。

2）不同厚度的两块钢板对接削斜，见表 9-9，或按设计图纸及工艺要求。

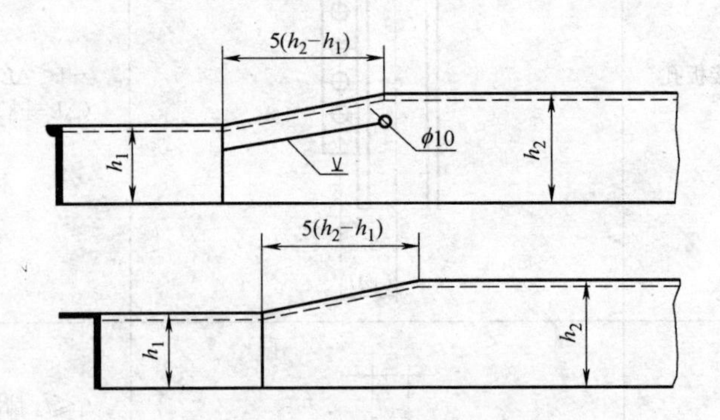

图 9-26　不同高度构件对接削斜

厚度不等的两块钢板对接削斜要求　　表 9-9

厚板	薄板	削斜长度	
δ_2	δ_1	$l=5(\delta_2-\delta_1)$	
δ_2	δ_1	$l=2.5(\delta_2-\delta_1)$	

9.7.4　钢构件外形尺寸的允许偏差

（1）单层钢柱外形尺寸允许偏差见表 9-10。

（2）钢桁架外形尺寸允许偏差见表 9-11。

（3）多节钢柱外形尺寸允许偏差见表 9-12。

单层钢柱外形尺寸的允许偏差（摘自 GB 50205—2001）　　表 9-10

项目		允许偏差(mm)	图例
柱底面到柱端与桁架连接的最上一个安装孔距离 l		$\pm l/1500$ ± 15.0	
柱底面到牛腿支承面距离 l_1		$\pm l_1/2000$ ± 8.0	
受力支托表面到第一个安装孔距离 a		± 1.0	
牛腿面的翘曲 Δ		2.0	
柱身弯曲矢高		$H/1200$ 且不大于 12.0	
柱身扭曲	牛腿处	3.0	
	其他处	8.0	
柱截面几何尺寸	连接处	± 3.0	
	其他处	± 4.0	
翼缘板对腹板的垂直度	连接处	1.5	
	其他处	$b/100$ 且不大于 5.0	
柱脚底板平面度		5.0	
柱脚螺栓孔中心对柱轴线的距离		3.0	
箱形截面连接处对角线差		3.0	
柱身板平面度		$h(b)/150$ 且不应大于 5.0	

钢桁架外形尺寸的允许偏差（摘自 GB 20205—2001）　　表 9-11

项　目		允许偏差(mm)	图　例
桁架跨度最外端两个孔，或两端支承处最外侧的距离 l	$l \leqslant 24m$	+3.0 −7.0	
	$l > 24m$	+5.0 −10.0	
桁架跨中高度		±10.0	
桁架跨中拱度	设计要求起拱	$\pm l/5000$	
	设计未要求起拱	10.0 −5.0	
支承面到第一个安装孔距离 a		±1.0	
相邻节间弦杆的弯曲		$l/1000$	
檩条连接支座间距 a		±5.0	
杆件轴线交点错位 e		3.0	

多节钢柱外形尺寸的允许偏差（摘自 GB 20205—2001）　　表 9-12

项　目		允许偏差(mm)	图　例
一节柱高度 H		±3.0	
两端最外侧安装孔距离 l_3		±2.0	
柱底铣平面到牛腿支承面的距离 l_1		±2.0	
铣平面到第一个安装孔距离 a		±1.0	
柱身弯曲矢高 f		$H/1500$ 且不应大于 5.0	
一节柱的柱身扭曲		$h/250$ 且不应大于 5.0	
牛腿端孔到柱孔线距离 l_2		±3.0	
牛腿的翘曲(Δ)	$l_2 \leqslant 1000$	2.0	
	$l_2 > 1000$	3.0	
柱截面尺寸	连接处	±3.0	
	其他处	±4.0	
柱脚底板平面度		5.0	

(4) 焊接实腹钢梁外形尺寸允许偏差见表 9-13。

焊接实腹钢梁外形尺寸的允许偏差（摘自 GB 20205—2001）　　表 9-13

项目		允许偏差(mm)	图例
梁长度 l	端部有凸缘支座板	0 −5.0	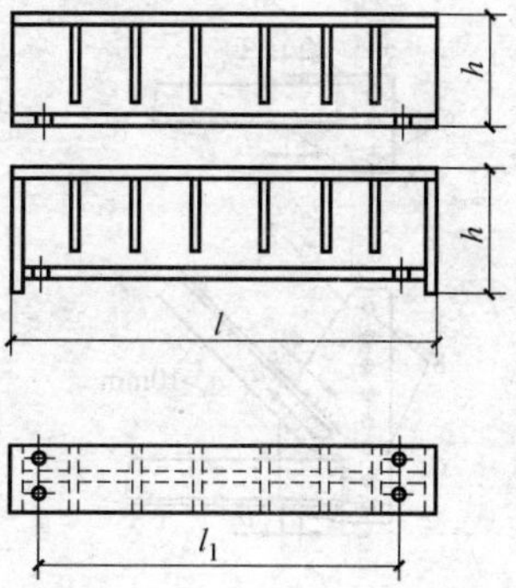
	其他形式	$\pm l/2500$ ±10.0	
端部高度 h	$h\leqslant 2000$	±2.0	
	$h>2000$	±3.0	
两端最外侧安装孔距离 l_1		±3.0	
拱度	设计要求起拱	$\pm l/5000$	
	设计未要求起拱	10.0 −5.0	
侧弯矢高		$l/2000$ 且不应大于 10.0	
扭曲		$h/250$ 且不应大于 10.0	
腹板局部平面度	$t\leqslant 14$	5.0	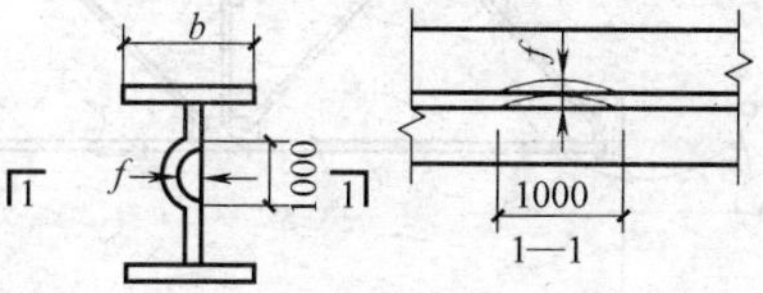
	$t>14$	4.0	

(5) 钢管构件外形尺寸允许偏差见表 9-14。

钢管构件外形尺寸的允许偏差（摘自 GB 20205—2001）　　表 9-14

项目	允许偏差(mm)	图例
直径 d	$\pm d/500$ ±5.0	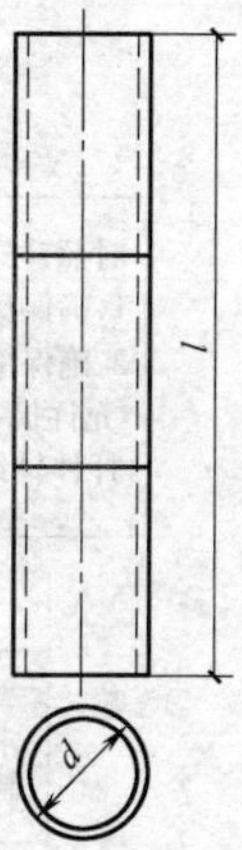
构件长度 l	±3.0	
管口圆度	$d/500$ 且不应大于 5.0	
端面对管轴的垂直度	$d/500$ 且不应大于 3.0	
弯曲矢高	$l/1500$ 且不应大于 5.0	
对口错边	$t/10$ 且不应大于 3.0	

9.8 制作拼装实例

图 9-27 所示为 30m 大跨度高跨重型屋架，其组装及工厂内预拼装流程见图 9-28。

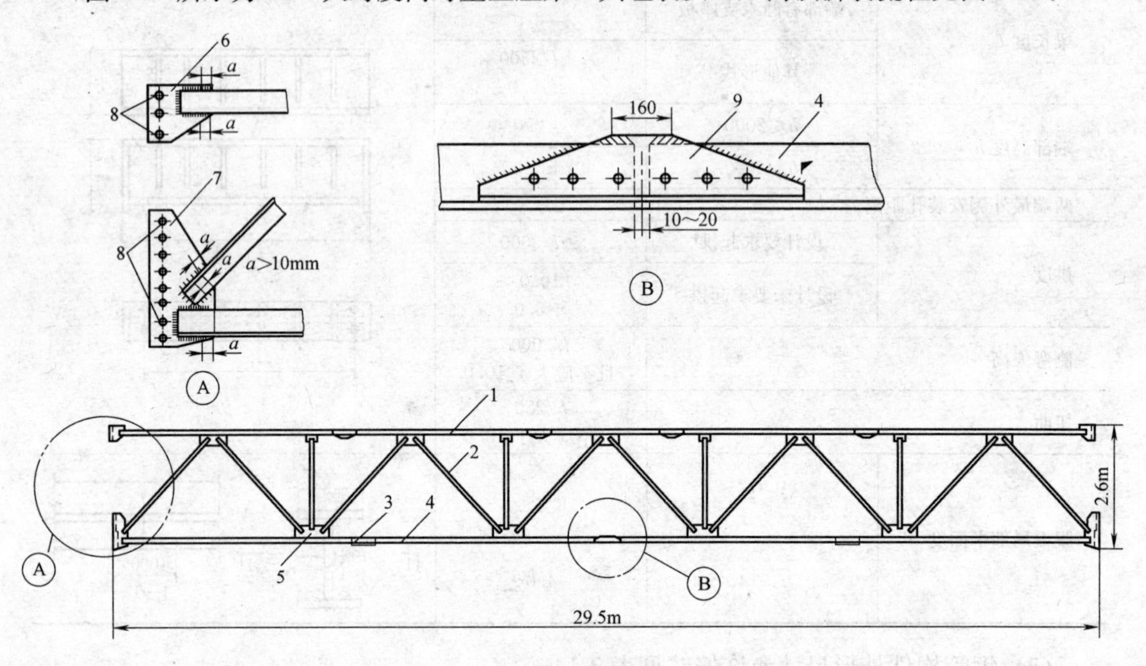

图 9-27 大跨度高跨重型屋架

1—上弦杆；2—支撑；3—绑接；4—下弦杆；5—连接板；6—3 孔板；7—7 孔板；8—定位销；9—工地安装绑脚

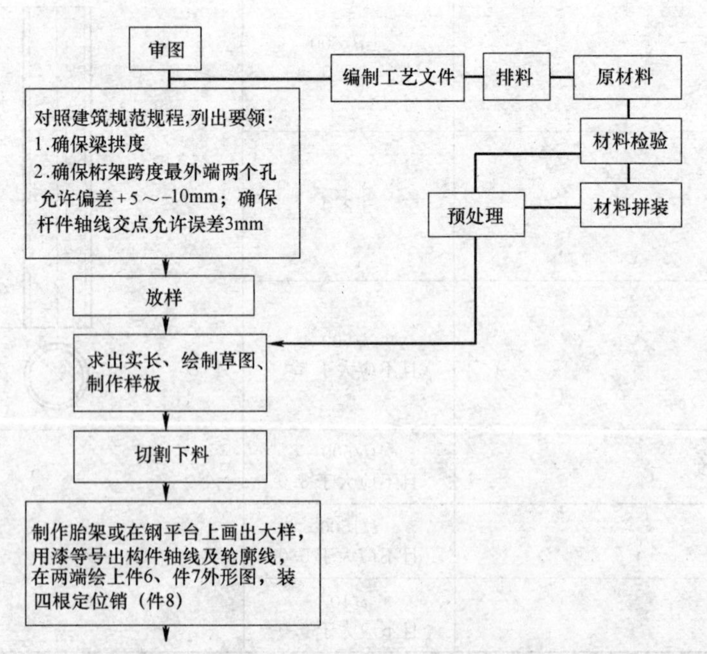

图 9-28 屋架拼装流程（一）

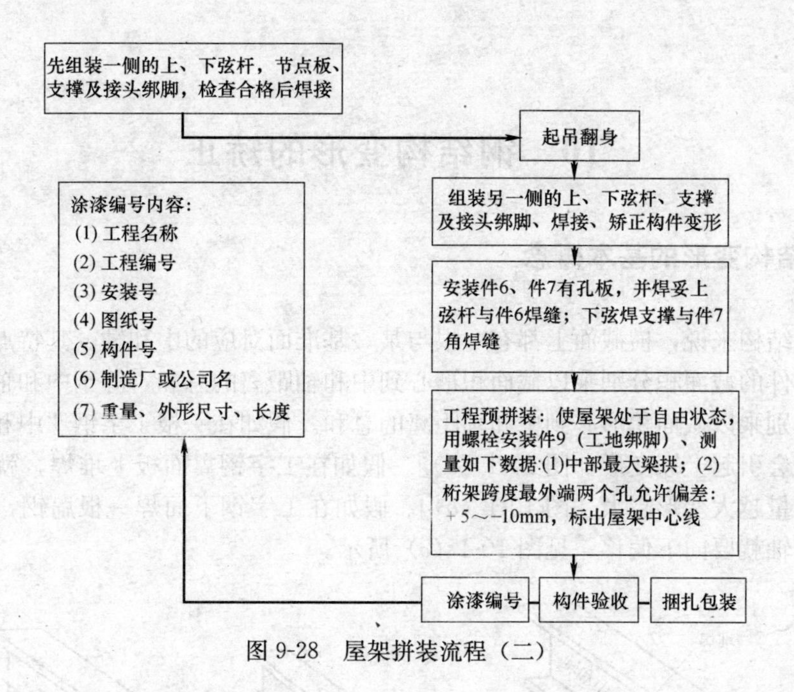

图 9-28 屋架拼装流程（二）

10　钢结构变形的矫正

10.1　钢结构变形的基本概念

对于钢结构来说，横截面上都有一根与某一基准面对应的中和轴。其特点是：中和轴以上各个零件的截面积分别乘以截面积形心到中和轴距离的总和，等于中和轴以下各个零件截面积分别乘以截面积形心到中和轴距离的总和。假如在一根工字钢“中和轴”处对称堆焊，并不会引起上翘变形［图 10-1（*a*）］。假如在工字钢翼面板上堆焊，就会引起上翘变形。堆焊量越大变形越大［图 10-1（*b*）］。假如在工字钢下面焊一根扁钢，那么这个组合件的中和轴就要向下偏移，见图 10-1（*c*）所示。

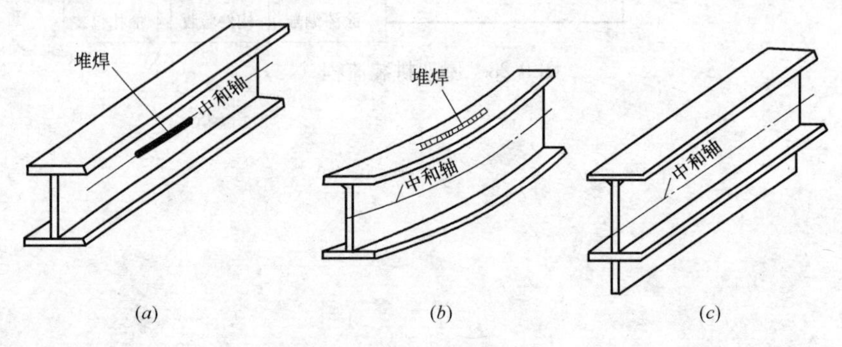

图 10-1　变形的基本概念

焊接变形是围绕工字钢中和轴进行的。在上翼板上焊接，工字钢会产生中垂变形（图 10-1*b*）；若在下翼板上焊接，会产生中拱变形；若焊缝对称于中和轴焊接，从理论上讲，不会产生总体变形。

10.2　焊接变形原理

钢结构施工中，造成结构变形的主要原因是焊接。焊接是在高温状态下进行，焊接时熔池温度高达 1700℃，构件受热是局部的、不均匀的，焊缝区域受热后要膨胀，但是焊缝四周的金属又处于冷的状态，阻止受热金属的膨胀，使受热金属（焊缝金属）产生压缩应力。同时，金属在高温时其屈服点很低，当热金属内的压缩应力超过屈服点 σ_s 后，焊缝内的热金属就会造成塑性压缩变形，此种塑性压缩变形是不可逆的。随着加热金属的冷却，压缩应力随之减小、消失；进一步冷却，加热区段开始增长反方向的应力。但由于周围冷金属的阻止，使得热金属（焊缝）不能得到充分的收缩，因而又使其内部呈现拉伸应力，造成结构变形。

从上述分析可以看出，焊接应力与变形的产生是由于焊缝区域受热不均匀和焊缝周围金属的约束所致，而热膨胀过程中出现的塑性压缩变形，便是冷却中产生塑性变形的根源。

在钢板上面沿纵向堆焊一条焊缝，此焊缝长为L，宽为b。我们把堆上去的焊缝看作是加在钢板上的热能，将焊缝的投影面积看作是一分离的板条$b\times L$。板条受热后，假定四周没有冷金属的约束，板条势必膨胀，膨胀长度ΔL，膨胀宽度Δb。但是实际上板条$b\times L$与钢板不是分离的，四周会受到冷金属的约束而无法膨胀，所以板条是缩短了长度ΔL、宽度Δb。板条的缩短是由于产生压缩应力σ_0所致，且$\sigma_0>\sigma_s$。因而板条产生塑性变形（缩短）。

当焊接完毕温度降低时，σ_0亦下降，板条要收缩，但是由于四周冷金属的阻止，使得板条无法得到充分的缩短，因而产生了残余应力（拉应力）。板条内的拉应力使四周的冷金属造成压缩，四周的板受到压缩后，在平面内将出现波形。对于厚度在8mm以下的板，因为它的临界应力比屈服点低得多，因此当焊缝收缩时，焊缝内呈现的残余拉应力σ_0（即四周冷金属所受到的压应力）会超过临界应力。因而板易丧失稳定性而出现波浪形，在板边会产生皱折，如图10-2所示。

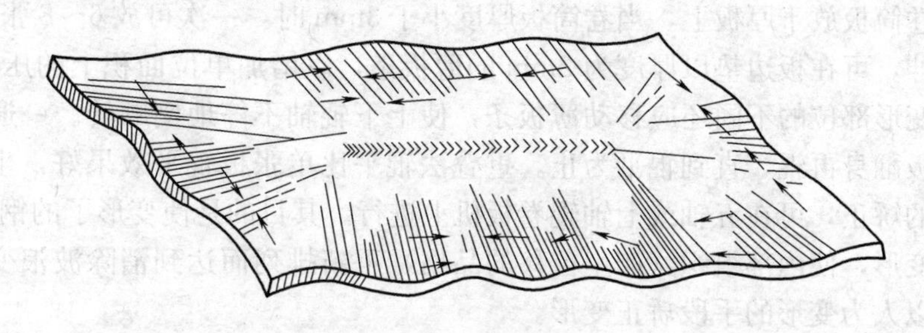

图10-2　焊接变形原理

假如在板的边缘堆焊，且板是狭长的，则存在板内的拉应力会使板条呈现弯曲变形。又因为焊缝是堆焊于钢板的上面，板的受热在厚度上分布是不均匀的，因此板要以焊缝处为转折点产生角变形。角变形与板厚有关，厚板比薄板的角变形小，这是因为厚板的抗弯模数大，塑性变形小。角变形又与焊足的大小有关，加大焊足容易造成角变形。因此，从防止变形的观点出发，在保证焊缝强度的条件下，连续的角焊缝比间断的角焊缝变形要小。

影响焊接变形的因素是：

（1）加热程度。变形大小主要受焊接规范的影响。采用大电流和降低焊接速度都会使线能量增大，使变形增加。

（2）焊缝尺寸。主要取决于板厚及设计的强度要求。

（3）焊接工艺。主要取决于焊接方向、焊接程序和焊道层数等。

（4）焊接结构和刚性及采取的边界约束措施。

钢结构焊接以后的变形规律：焊缝趋向于缩短。

10.3　矫正变形的原理和方法

矫正变形的方法有延展法和收缩法。

1. 延展法

这种方法矫正变形是在室温下进行，钢材不需要加热，因此又称冷矫正法。

延展法的原理是将构件缩短了的部位，用人为的方法使其压延展伸，恢复至原来的长度（低碳结构钢其所以能用冷作法矫正变形，因为它是良好的塑性材料，脆性材料是不允许用冷加工的）。但由于矫正之外力超过屈服点，随着冷作程度的加大，金属塑性和冲击韧性要下降，金属的强度和硬度都增加，发生加工硬化。如继续敲击，内应力增大，将会有新的晶界滑移出现，甚至使板料发生破裂。

延展法的原理可以通过下例说明：

两块板料在拼焊之后，在焊缝处缩短。矫正变形的方法可以在辊轧机上进行，通过上辊的压力，使焊缝延展。有时为了增加单位面积上的压力，在焊缝边缘垫以板条，矫平效果较好。卷板的矫平也可说明延展法原理，炼钢厂供应的卷筒钢板，由于生产过程中在钢板还未全部冷却时即已卷拢，因此板边冷却很快、收缩多，板中部冷却很慢、收缩较少，从而形成变形及凹凸不平度。

卷筒板的矫正也可以在三辊卷板机上进行。矫正时在下辊轴上搁一块 30～40mm 厚的钢板，将卷筒板放于厚板上，当卷筒板厚度小于 3mm 时，一次可放 6～8 张。为了使缩短的板边延伸，可在板边垫以厚度为 2mm 的薄板条，以增加单位面积上的压力，加速板边伸长。按变形部位的不同还应移动薄板条，使上下辊轴不停地倒顺转。一遍辊完之后，将盖面一块板翻身再辊，直到辊平为止。重叠法辊平比单张板辊平效果好，生产效率高。凹凸形钢板的矫正，可在五轴或七轴辊卷板机上进行。其目的是使变形了的钢板反复上弯下弯，产生变形，使内部组织（产生位移的品格）重新排列而达到消除波浪变形的目的，其实质亦是以人为变形的手段矫正变形。

2. 收缩法

收缩法的原理与延展法相反，是在加热状态下进行的。通过加热、冷却使构件的某一部位收缩，收缩量正好与焊接造成的收缩量相抵消。这种方法是钢结构变形矫正常用的方法。

加热设备一般采用气焊，用氧-乙炔焰，换上合适的烧嘴、配置一根细水管，右手握焊炬，左手捏水管，保持一定的水火距，水管跟踪火炬向前移。

矫正变形的加热方式有以下几种：

(1) 圆点加热矫正法。

圆点加热法是在板材产生变形的地方，用氧-乙炔焰作圆环游动，使之均匀地加热成圆点状。火圈温度到 800℃（呈淡红色）时，即用铁锤捶击其周围。随着火圈温度的下降，捶击也渐轻缓。捶击的位置由火圈附近移至火圈中央部位，但必须用方榔头衬好，以免敲瘪火圈。火圈至暗红色时停止捶击。待冷却至 40～50℃时反复捶击，以消除其内应力。

圆点加热矫正法的原理，可以通过下面一个例子加以说明，如图 10-3 所示。

某钢板产生波浪凹凸变形，变形的最高峰值在 a 处。矫正该工件变形，可在沿 a 处的周围 b 处布以加热火圈。当火圈达到高温状态时，在火圈周围捶击，加速火圈内热金属的塑性变形，使其产生挤压，变形挠度 f 随之减少。同时火圈内金属在冷却过程中，要产生收缩。其收缩的趋势使变形波面长度缩短，于是 f 也随之减小。火圈在冷却时，直径收缩量 $\varepsilon = d_T - d_0 \alpha T$（其中 d_T 为火圈加热后的直径；d_0 为火圈未加热时的直径；α 为线膨胀系数；T 为加热温度）。

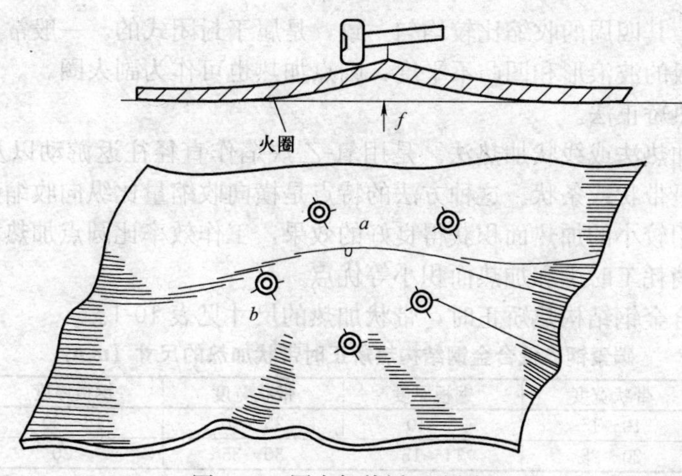

图 10-3 圆点加热矫正法原理

通过矫正变形后，可测得火圈内板的厚度增加，这是由于波形冷金属挤向火圈，火圈内产生压缩塑性变形所致。

从上例可以看出，矫正变形时，不能将火圈直接布置在变形最高点，否则会使矫正质量受到影响。而必须从变形小的地方开始向变形大的地方进行，这样可逐步将变形最高处的挠度减小。

火圈直径的大小，目前各厂不一致，有的厂选择火圈较大（$\phi\approx10\delta$）；有的厂选 $\phi\approx6\delta$。笔者认为火圈直径选择不亦过大或过小，火圈直径过大，容易使火圈表面皱折；火圈直径过小，会使周围刚性过大而产生很大的局部平面应力，甚至造成龟裂。火圈直径符合下式是适宜的：

$$\phi\approx6\delta<70\text{mm}$$

式中 δ——板厚（mm）。

火圈间距按下式选定： $a=\phi+150-4f(\text{mm})$

式中 ϕ——火圈直径（mm）；

f——变形挠度（mm）。

火圈布置视钢结构变形情况而定，形式有梅花式和交错式，如图 10-4 所示，具体应用在后面叙述。

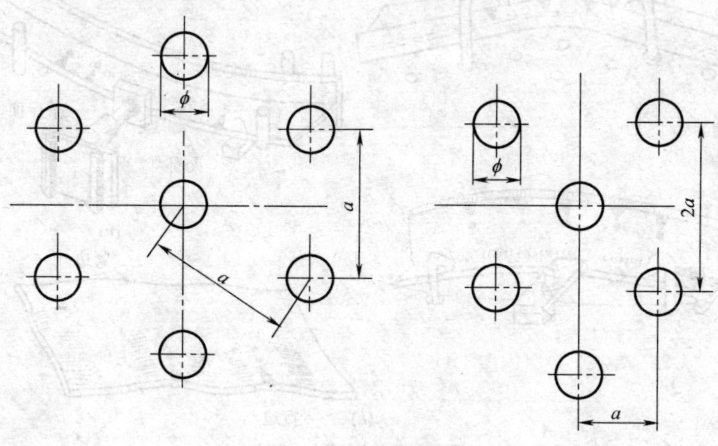

图 10-4 加热火圈布置

圆点加热法，其四周的收缩比较均匀一致，是属于封闭式的。一般常用于矫正结构的封闭变形。例如板的波浪形和凹凸不平度，圆点加热也可作为副火圈。

（2）带状加热矫正法。

又称为条状加热法或线状加热法。是用氧-乙炔焰作直径往返游动以及呈波形向前游动，使加热形状呈带状或条状。这种方法的特点是横向收缩量比纵向收缩量约大3倍，掌握运用得当，能用较小的加热面积获得良好的效果，工作效率比圆点加热法提高1倍。具有无局部凸起、消耗工时少和加热面积小等优点。

碳素钢和低合金钢结构热矫正时，带状加热的尺寸见表10-1。

碳素钢、低合金钢结构热矫正时带状加热的尺寸（mm）　　表10-1

钢板厚度	带状宽度	钢板厚度	带状宽度	钢板厚度	带状宽度
≤4	10～15	7～10	25～30	16～20	35～40
5～6	20～25	11～15	30～35	≥20	25

注：加热深度等于板厚，加热带与骨架间距不能小于80～100mm。

圆点加热和带状加热矫正试验结果见表10-2。

圆点法和带状加热法矫正试验结果　　表10-2

加热方法	变形面积(mm)	变形量 f_{max}(%)	加热面积(mm^2)	时间(min)	矫正后结果
圆点法	900×350	18	56500	35	$f=0$，加热点变厚
带状加热法	900×350	19	30600	23	$f=0$，无局部凸起

带状加热宽度一般为20～30mm，带状加热长度$L=200$～250mm，带状加热火条间距一般为300～400mm。

（3）楔形加热矫正法。

又称作三角形加热法。通常应用此法矫正T形钢构件和板自由边缘的变形（俗称宽边）。加热温度750～850℃，最高不超过900℃。楔形加热法的原理就是将“宽边”的金属加热后，使多余的板料挤压到热金属处，使该处材料变厚，使“宽边”缩短。楔形火圈（即三角形火圈）高度应视板和构件厚度而定，一般为60～80mm。火圈太大，会使板边造成皱折。三角形顶角一般为30°。加热的起点应从夹角处开始，这样效果好。火圈顶角处一般会产生局部供起，可使用副火圈解决。

楔形加热法的应用实例见图10-5。

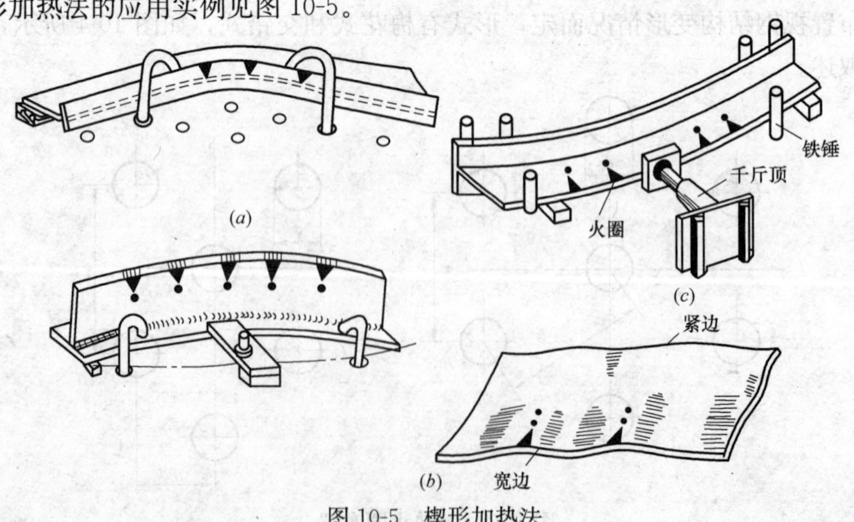

图10-5　楔形加热法

（4）螺旋带状火圈加热矫正法。

这种方法的特点是加热带成螺旋状。方法是在骨架的背面（外板表面），用氧—乙炔焰以螺旋式游动加热，同时在加热处用2磅铁锤轻敲，见图10-6。实践证明，用这种方法矫正厚度8mm以上外板的角变形有明显效果。

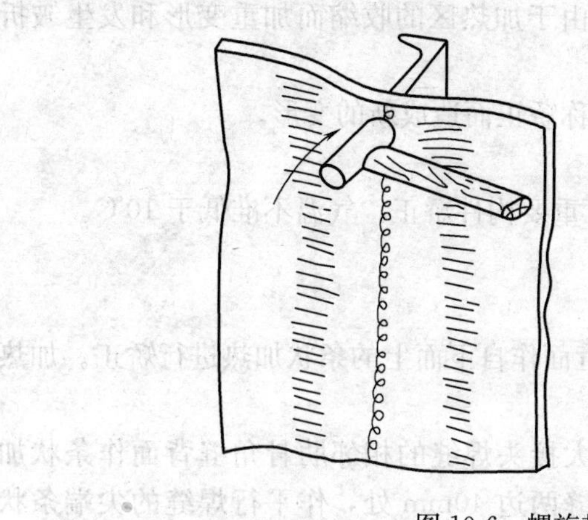

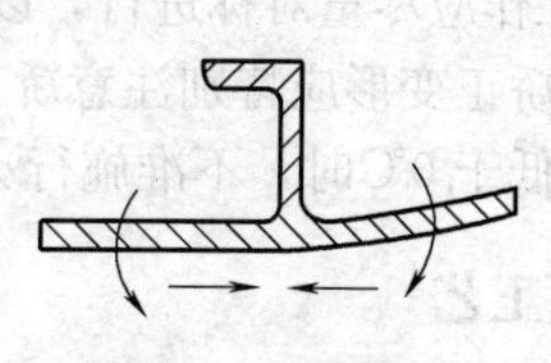

图10-6　螺旋带状火圈加热矫正法

10.4　热矫正工艺

10.4.1　基本原则

（1）下列变形可以就地矫正，变形挠度 $f=(2\sim3)\delta<60$mm 的平顺凸起；凹陷变形延伸到三个肋距且 $f=(2\sim3)\delta<70$mm 的变形。

（2）矫正变形工作应在焊接工作全部结束后进行，以免发生重复矫正现象。

（3）有裂缝的构件不准矫正。

（4）焊缝及热影响区30mm范围内，原则上不准加热矫正，如非矫正不可，应用带槽方平锤，衬垫好后施行捶击。

（5）加热火圈，原则上不重叠。个别情况下，碳素钢板可重复加热两次，允许加热至750～850℃。

（6）钢的最佳加热温度为650～750℃，对于碳素结构钢和低合金高强度结构钢，加热温度严禁超过900℃。火圈温度冷至600℃以下时，不允许用液压千斤顶、大锤和松紧螺栓等机械作用，以免造成裂缝。火圈冷至200～300℃是钢材的蓝脆温度范围，严禁捶击。

（7）矫正必须严格遵守下列要求：

1）在矫正两个相邻不同刚性的板架时，应当首先矫正具有较大刚性的板架。因为钢材加热厚度收缩力与板厚及截面成正比，先矫正刚性较大的构架，其收缩力也大，会使构架变形小的部位减少或消除变形。因此，凡矫正由板和骨架组成的平面分段变形时，应首先矫正骨架的变形，然后再矫正板的变形。

2）在矫正两个相邻的、刚性相同但板幅不等的结构时，应首先矫正板幅面积较小的结构。

3）在矫正具有开孔或自由边缘的板架时，应首先矫正板架，然后再矫正开孔及自由边缘。

4）当变形范围超越四档板架时，应对板架进行间隔矫正。

5）在板壁角隅处应尽量避免热矫正，以免由于加热区的收缩而加重变形和发生皱折及裂缝。

6）矫正工作应尽量对称进行，以免因不对称矫正而造成新的变形。

（8）火工矫正变形应特别注意矫正顺序。

（9）气温低于0℃时，不准施行火工矫正。重要构件矫正，气温不准低于10℃。

10.4.2 矫正工艺

（1）平直钢板的变形，在变形区肋骨焊缝背面作自下而上的条状加热进行矫正。加热线宽度见表10-1，加热温度700～900℃。

（2）大接头处焊缝区变形较大，矫正时在大接头焊缝的相邻肋骨角缝背面作条状加热，以消除角变形，如变形仍未消除，则在焊缝两边40mm处，作平行焊缝的尖端条状加热，条状长80mm，条状间隔60mm。

（3）矫正首、尾端时，温度不宜太高，注意控制在700～800℃左右。加热线应窄些，以防热量过大而引起首、尾上翘。

（4）变形区如有厚板与薄板同时存在，应先矫正较厚板的变形。

（5）变形区如有板与骨架（构件）同时存在，应先矫正骨架的变形以及骨架处板的角变形，再矫正板幅。

（6）矫正薄板时容易产生皱折，因此火圈要尽量小，排列也要尽量均匀。为了使火圈很快冷却，不使热量集中，可以采用跳格烧火圈。为了达到表面光顺平整，矫正时可用工具在背面衬好。

（7）矫正波浪状变形，不能将火圈直接烧在变形量最大处，这样会使变形更大。故必须从变形小的部位到大的部位，这样可提高矫正效果。先矫正小波形变形有可能将大波形变形处拉平而达到矫正目的，或者使大波形变形缓和及减少，提高工效。

10.5 验收条件和质量标准

（1）验收条件

① 热矫正操作方法应符合矫正工艺规程。

② 挠度值应符合公差要求。

③ 加热区域金属无过热或熔融成脓溃状。

④ 结构上无裂缝。

⑤ 矫正区域无尖锐的锤击伤痕。

⑥ 矫正表面无橘皮现象。

⑦ 矫正高强度低合金钢结构，严禁用水激冷。

（2）质量标准

质量标准见表 10-3、表 10-4、表 10-5。

槽钢、工字钢、H 型钢的直线度、垂直度、扭曲度的允许偏差（摘自上海市地方标准 DBJ 08-216-95） **表 10-3**

项目名称	示意图	允许偏差(mm)	检验方法和器具
槽钢、工字钢的挠曲矢高 f	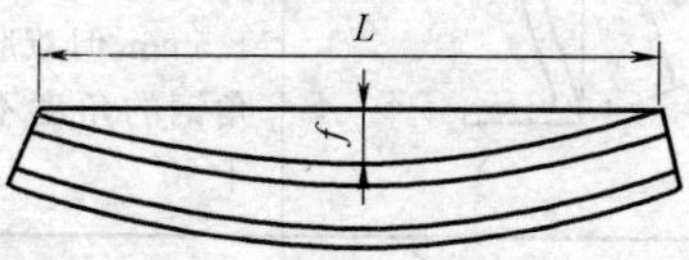	长度的 $L/1000$ 且不大于 5mm	用直尺和塞尺检查
槽钢翼缘对腹板的倾斜度 Δ	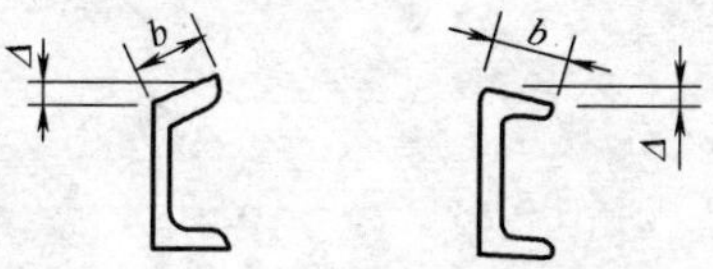	$\Delta \leqslant b/80$ 且不大于 1.5mm	用直尺和塞尺检查
工字钢、H 型钢翼缘对腹板的倾斜度 Δ	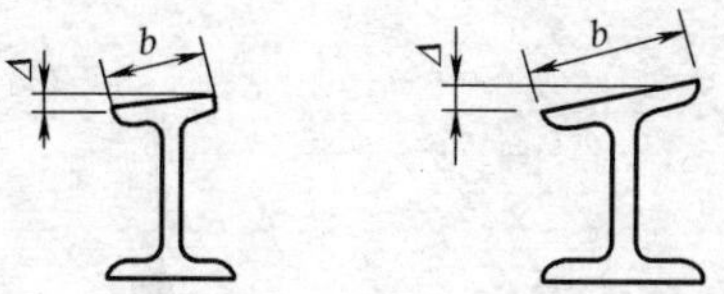	$b/100$ 且不大于 2mm	用直尺和塞尺检查
槽钢、工字钢的扭曲度 t	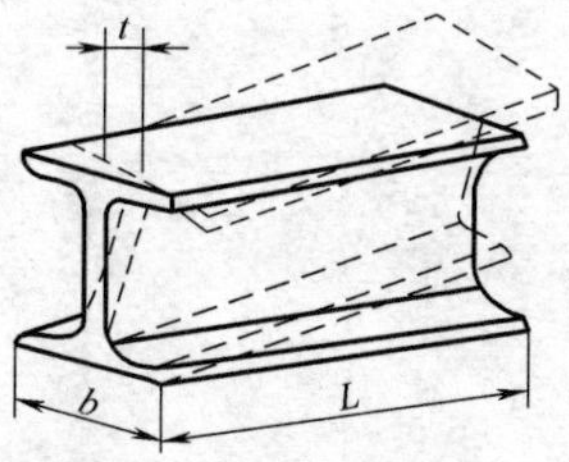	长度的 $L/1000$ 且不大于 5mm	用 1m 直尺和塞尺检查

钢板、扁钢矫正后的允许偏差（摘自 GB 50250—2001） **表 10-4**

项目名称	示意图	允许偏差(mm)	检验方法和器具
钢板扁钢的局部挠曲矢高 f	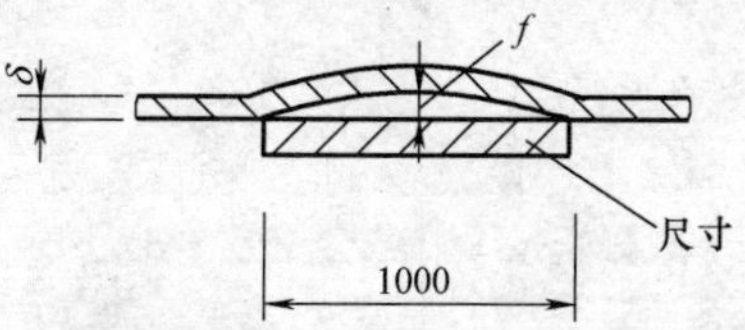 尺寸 1000	(1m 范围内) $\delta \leqslant 14$ $f \leqslant 1.5$ $\delta > 14$ $f \leqslant 1.0$	用 1m 直尺和塞尺检查

角钢的直线度垂直度和挠曲矢高的允许偏差（摘自 GB 50250—2001） **表 10-5**

项目名称	示意图	允许偏差(mm)	检验方法和器具
角钢挠曲矢高 f	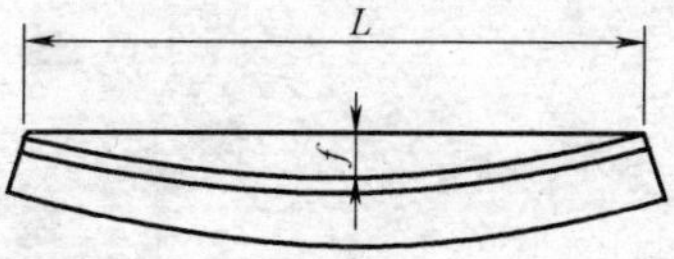	挠曲矢高 $f=L/1000$ 且不大于 5mm	用 1m 直尺和拉线测定

续表

项目名称	示意图	允许偏差(mm)	检验方法和器具
角钢肢不垂直度Δ	Δ b Δ b	角钢肢不垂直度Δ≤b/100(不等边角钢按长边宽度计算)，且不大于1.5mm,但双肢栓接角钢的角度不得大于90°	用直角尺和钢尺检查

11 钢结构工程防腐蚀

11.1 概述

11.1.1 钢结构腐蚀的必然性

金属与氧气、氯气、二氧化碳、硫化氢等干燥气体或汽油、润滑油等非电解质接触会发生化学腐蚀，与液态介质、水溶液、潮湿气体或电解质溶液接触时会产生化学腐蚀；铁路桥梁、公路大桥和跨江大桥、各种钢铁工业和民用建筑、石化炼油设备、电力设备等钢结构，长年累月暴露在大气中，经受着工业大气、风沙、尘土、盐类等侵蚀。在空气相对湿度达到100%时，大气中的 SO_2、Cl_2、HCl、NH_3 等气体腐蚀物质被金属表面的水膜溶解后，形成“酸雨”，更加剧了钢材的腐蚀。在工业大气中，碳素钢的腐蚀速度为0.1mm/年，低合金钢腐蚀速度为0.08～0.09mm/年。各种不同钢材浸在海水中，腐蚀速度都在0.1～0.2mm/年范围内。而不完全浸入海水中的钢结构，在交变水线区腐蚀速度特别快。对于钢结构工程设计师及制作工艺师来说应引起注意，钢结构腐蚀是必然的，是客观存在的。

11.1.2 钢结构工程防腐蚀的重要性

2010年，我国因腐蚀造成的经济损失已超过9000亿元，大力发展防腐蚀技术已成为减少腐蚀损失、推进资源节约的迫切需要。这同时也引起了各行业的高度重视。腐蚀问题的解决与否，往往会直接影响新技术、新材料、新工艺的实现。尤其是现代化钢结构建筑构件的等时性（使用年限相当），构件使用年限不同步，往往严重影响建筑的使用年限。现代化高温、高压和处在复杂腐蚀介质的设备，其腐蚀问题解决不好，将影响正常生产；由于腐蚀失效而引起事故屡见不鲜，造成了巨大的经济损失甚至是灾难性事故。

11.1.3 钢结构工程防腐蚀的有效性

半个世纪以来，我国防腐蚀科技工作者做了大量工作，取得了许多科研成果，对防护钢结构工程腐蚀有明显实效。从涂料来看，品种繁多如“磷化底漆＋底漆＋中间漆＋面漆”可构成长效重防腐涂料，应用于大型钢结构、桥梁、电视塔、化工设备上，使用寿命长，效果良好；又如“环氧富锌底漆＋环氧云铁漆＋氯化橡胶面漆”构成的重防腐涂料配套体系，使用寿命可达7～15年，用于海洋钢结构建筑，陆上热力管道、桥梁、石油化工设备及高架铁塔等防腐蚀；绿黄化聚乙烯防腐涂料用于建筑钢结构防腐，耐候性较好。

大型钢结构常用的方法还有喷锌或喷铝，并用防腐涂料构成长效防腐涂层，或者选用配套的重防腐蚀涂料防护。金属锌、铝具有很好的耐大气腐蚀特征：①喷铝涂层与钢铁基体结合力牢固，涂层寿命长，长期经济效益好；②工艺灵活，适用于重要的大型、高耸、维护难的结构作长效防护；③喷锌或喷铝涂层加防护涂料封闭，可大大延长涂层使用寿命。

钢结构建筑防腐蚀必须注意如下四点：

（1）进行经济技术分析，论证钢结构工程全寿命周期费用。有的防腐工作扎实，防腐效果好，虽然初始投资略高，但使用期维修费用省，全寿命周期费用低；有的急功近利，忽视防腐效果，不计平时维修费用，单纯追求初始投资费用低，往往得不偿失，全寿命周期费用剧增。例如屋架檩条，未在平地上抛丸除锈、彻底除锈、防腐，日后必然要高空除锈，不但费时费力，还会影响使用年限，跟不上压型彩板 30 年以上的使用寿命，如中途大修，后果则不堪设想。

涂装防护是钢结构工程的一项重要措施，事关百年大计，不能以减少防护措施来降低造价，留下隐患。

（2）注意结构“死角”。实践证明，结构“死角”，平时无法保养，是腐蚀最严重的部位，有的一触即穿，影响强度。

（3）注意构件等时性。两个相连构件，防腐蚀效果相当，使用年限相当，不能一个构件尚好，另一个构件严重腐蚀而失效。例如，压型钢板与檩条，压型钢板与自钻自攻螺钉。

（4）从大处着眼、小处着手。钢结构建筑上的小零件，看起来是局部，处理不好可能造成整体损坏，全局失误。以压型彩色钢板上的自钻自攻螺钉为例，彩板与彩板搭接、彩板与檩条连接都是采用自钻自攻螺钉，一幢上万平方米的轻钢彩板屋盖需用几万颗自钻自攻螺钉，屋面水分会通过毛细管渗入构件搭接部，导致螺钉主体部分腐蚀，使螺钉机械强度、抗剪强度和抗拔力大幅削弱，最后导致螺钉断裂，屋面漏水，结构解体。

轻钢彩板房使用年限 30 年以上，螺钉使用年限必须与彩板相当，为提高防腐蚀效果，国际上广泛使用 AISI304 或 AISI316 不锈钢螺钉，杜绝了腐蚀的产生，避免了建筑物使用碳钢螺钉腐蚀失效而出现不良后果。研究结果显示，碳钢螺钉不管加上何种涂层、镀层，在实际使用环境下对腐蚀的抵抗力都是很有限的。国际上已广泛使用不锈钢螺钉。目前国内能购到的有“SFS”紧固件系统的“施百达”自钻螺钉和“特别锋”自攻螺钉以及“伊锐”艺术螺钉。

11.2 除锈

除锈目的是去除氧化皮及腐蚀，是钢材表面达到出白或接近出白的程度，使其露出银灰色的基本金属，使防锈底漆有足够的附着力，能紧紧地“咬”住钢材。

11.2.1 钢材表面的腐蚀度、除锈方法与除锈等级

（1）钢材表面的腐蚀度：系指轧制钢材表面被腐蚀的程度，分 A、B、C、D 四个等级。D 级不得使用（表 11-1）。

钢材表面的锈蚀度 **表 11-1**

A 级	钢材表面完全被紧密的轧制氧化皮覆盖，几乎没有什么锈蚀
B 级	钢材表面已开始发生锈蚀，部分轧制氧化皮已经剥落
C 级	钢材表面已大量生锈，轧制氧化皮已因锈蚀而剥落，并有少量点蚀
D 级	钢材表面已全部生锈，轧制氧化皮已全部脱落，并普遍发生点蚀

（2）除锈方法与除锈等级。钢材表面的清洁度：指通过机械、手工、火焰等方法，去除钢材表面锈、赃物和表面附着物程度。构件表面的除锈方法和除锈等级应符合表 11-2 的规定。

除锈方法和除锈等级 **表 11-2**

等级	处理方法	处理手段和达到要求			对比标准		
					美国 SSPC-AISI	日本 JSRA SPSS	德国 DIN55982
Sa1	喷射或抛射	喷（抛）棱角砂、铁丸、断丝和混合磨料	轻度锈蚀	只除去疏松轧制氧化皮、锈和附着物	SP-7		清扫级 Sa1
Sa2	喷射或抛射	喷（抛）棱角砂、铁丸、断丝和混合磨料	彻底锈蚀	轧制氧化皮，锈和附着物几乎都被除去，至少有 2/3 面积无任何可见残留物	工业级 SP-6	Sa1 Sh1	工业级 Sa2
Sa2 $\frac{1}{2}$	喷射或抛射	喷（抛）棱角砂、铁丸、断丝和混合磨料	非常彻底锈蚀	轧制氧化皮，锈和附着物残留在钢材表面的痕迹已是点状或条状的轻微污痕，至少有 95% 面积无任何可见残留物	接近出白级 SP-10	Sd2 Sh2	接近出白级 Sa21/2
Sa3	喷射或抛射	喷（抛）棱角砂、铁丸、断丝和混合磨料	除锈到出白	表面上轧制氧化皮，锈和附着物都完全除去，具有均匀多点光泽	出白级 SP-5	Sd3 Sh3	出白级 Sa3
St2	手工和动力工具	使用铲刀、钢丝刷、机械钢丝刷、砂轮等	无可见油脂和污垢，无附着不牢的氧化皮、铁锈和油漆涂层等附着物		SP-2		St3
St3	手工和动力工具	使用铲刀、钢丝刷、机械钢丝刷、砂轮等	无可见油脂和污垢，无附着不牢的氧化皮、铁锈和油漆涂层等附着物； 除锈比 St2 更为彻底，底材显露部分的表面应具有金属光泽		SP-3		
AF1	火焰	火焰加热作业后以动力钢丝刷清除加热后附着在钢材表面的产物	无氧化皮、铁锈、油漆涂层等附着物及任何残留的痕迹，应仅表面变色		SP-4		F1
BF1	火焰	火焰加热作业后以动力钢丝刷清除加热后附着在钢材表面的产物	无氧化皮、铁锈、油漆涂层等附着物及任何残留的痕迹，应仅表面变色		SP-4		F1
CF1	火焰	火焰加热作业后以动力钢丝刷清除加热后附着在钢材表面的产物	无氧化皮、铁锈、油漆涂层等附着物及任何残留的痕迹，应仅表面变色		SP-4		F1

11.2.2 钢材表面防锈的技术要求

（1）钢材工件的除锈应在对制作质量检验合格后，方可进行。

1）面上涂有车间底漆的钢材，因焊接、火焰校正、暴晒和擦伤等原因，造成重新锈蚀的表面，或附有污垢盐类的表面，必须清除干净后方可涂漆。焊接后，焊缝不宜立即涂漆。

2）当钢材表面温度低于零点以上3℃时，干喷磨料除锈应停止进行，更不得涂漆。

3）喷（抛）射磨料进行表面处理后，一般应在4～6h内涂第一次底漆。

涂装前钢材表面不容许再有锈蚀，否则应重新喷（抛）射除锈。又如处理后表面粘上油迹或污垢，应用溶剂清洗后，方可涂装。

（2）摩擦型高强螺栓连接面的清洁度，除达到规定级别要求外，同时还须满足设计的抗滑移系数要求的粗糙度。

（3）要求喷涂防火涂料的钢构件除锈，可按有关专业标准或设计技术要求进行。与混凝土直接接触或埋入其中的构件可不进行处理。

（4）外露构件需热浸锌和热喷锌、铝者，除锈要求为Sa21/2～Sa3级，对喷涂表面粗糙度应达30～35μm。

（5）对热浸锌构件允许用酸洗除锈，酸洗后必经3～4道水洗，完全将残留酸清洗干净，干燥后方可浸锌。

11.2.3 除锈工艺

（1）预处理生产线

钢材的运输、矫正、除锈、涂漆、烘干等工序形成的自动流水作业线称作“钢材预处理自动流水线”。大型钢结构厂备有此生产线。虽然原材料抛丸除锈流水线的布置方案不尽相同，其工艺流程基本一致，如图11-1所示。它首先用电磁吊将钢板吊到传送滚道上，送至多辊校平机校平，再经预热室预热，然后由传送滚道送入抛丸室，钢板由抛丸室出来后，由传动滚道送入喷漆室，进行自动喷涂保养底漆再进入干燥室将其烘干，处理完的钢板由滚道直接送到下料场进行下料、切割等作业。该流水线设有拉、重两台多辊校平机，分别进行厚板和薄板的校平。流水作业线能大幅度提高生产效率，降低成本，不污染环境。

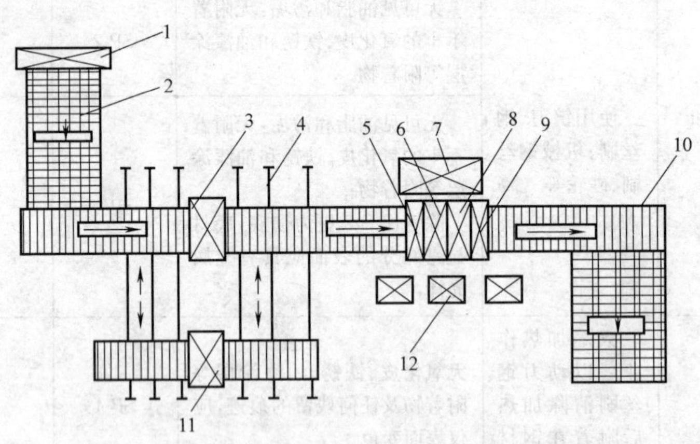

图11-1 钢材预处理生产线

1—电磁吊；2—钢板运送台；3—重型轿平机；4—轨道；5—预热装置；
6—吸式抛丸除锈装置；7—吸尘装置；8—多头喷漆装置；9—烘干装置；
10—传送滚道；11—轻型轿平机；12—控制台

（2）喷射除锈

1）20世纪60年代前，常用喷砂除锈，这种方法产生大量砂尘，劳动条件恶劣。1963年，我国国务院批准有关防止硅尘危害的条例中，禁止使用敞开式干喷砂。

2）为了改善劳动条件，采用湿喷射除锈，即以砂子为磨料，使水和砂子分别在喷嘴汇合，用高压空气使水和砂子高速喷出对钢材表面除锈，在喷射后需对钢材表面进行清洁。

3）用铜矿砂作磨料进行喷射除锈，效果较好。

4）抛丸除锈，磨料用钢丸、铁丸、钢丝粒等，是利用抛射机叶轮中心吸入磨料，从定向套飞出，射向工件，达到除锈目的，对环境污染少，费用较低。

抛丸在封闭的工场内操作，工人戴有防护头盔和防护服。磨料从工件上掉下通过带栅的工作平台，落入漏斗回收。

（3）高压水射流除锈

高压水射流除锈是一种先进和高效的除锈工艺。从基本原理分析，有两种类型。

1）高压连续细射流。它是利用高压水通过 5mm 以下的小孔急速射出，产生强大的冲击力，可以把铁锈、旧漆冲除干净。

2）脉冲射流。这种高压水射流不是连续的，而是间歇性的，呈脉冲状态作用在工件上，产生水锤作用，使压力增大。水射流环绕中心体时发生分离，产生一个低压，使溶在水中的空气逸出，形成大量的气蚀气泡，造成空泡腐蚀，达到除锈目的。

高压水清洗除锈，生产效率比人工除锈可提高 100 倍，机械除锈对于凹坑和坑点内的铁锈不一定能彻底除净，射流对凹入的弧面，比对平面的冲击力大，特别能除去麻点内的锈蚀。

（4）手工除锈

1）用尖头锤、铲刀、刮刀和钢丝刷敲铲除锈。一般刮刀或铲刀工效较低，在长期的实践中，人们创造了一种“钨钢铲刀”，即用 $\phi20$、长约 800mm 的钢管或铜管作手柄，另一端焊一块 5mm×25mm×25mm 的钨钢，头部磨成刃口，除锈效果很好，除腐蚀坑点较深者外，所刮之处均能较彻底地去除锈蚀，露出基本金属，对于新钢材的 C 级表面特别适合，对于旧钢结构除锈效果甚佳。

2）动力工具除锈。常用的有气动角向平面砂轮机、电动角向平面砂轮机和风动钢丝刷等。采用风动钢丝刷，必须戴有防护眼镜，防止废断钢丝飞出伤人。

手工或动力工具除锈之后，必须用麻袋布擦去工件表面的锈尘，然后涂刷防锈低漆。

11.3 涂装与防护

钢结构防护常用的有油漆涂料、金属镀层和阴极防护等方法。一般结构仅采用油漆涂料防护，如机械加工厂房、仓库、机场以及内河船舶。有些防腐要求较高的结构采用金属镀层和油漆涂料双重防护，运用电弧喷涂铝、锌层之后再涂刷防护油漆，使用年限可大大提高。钢桥结构、高耸建筑以及平时不易油漆保养的钢结构，通常先在构件表面热喷镀铝或锌，然后再涂刷油漆。现在常见的压型彩色钢板厂房，其彩色钢板母材表面喷镀锌、铝合金层之后再覆盖化学皮膜层，表面刷耐腐蚀底漆。

11.3.1 油漆涂料防护

这是广泛使用的一种防护方法。

(1) 一般规定

1) 涂装：对于钢结构工程所采用的涂装材料，应具有出厂质量证明书，并符合设计要求。但对涂覆方法，除设计规定外不作限制，手刷、机械喷涂均可。

2) 选择涂料种类，匹配性能、遍数、干湿膜厚度，均应符合设计防锈要求。

对涂件要求一般防锈时，表面清洁度可选 Sa2 或 St2～St3 级，防锈要求高时可选 Sa2 $\frac{1}{2}$～Sa3 级或 St3 级。

3) 当设计对涂装厚度无明确规定时，一般宜涂 4～5 遍；干膜厚度：室外构件应大于 150μm，室内构件应大于 125μm，其允许误差为－25μm。

4) 对于涂件清理后的表面和已涂装好的任何表面，应防止灰尘、水滴、油脂、焊接飞溅或其他赃物粘附在其上面。

5) 涂覆应尽可能在室内进行，并应在清洁和干燥环境中进行。相对湿度＞85%，构件表面温度低于露点加 3℃，露天作业涂覆时出现雨、雪、霜，环境温度在 5℃以下或 38℃以上时均应停止作业。

6) 涂件准备涂装时，应检查基层表面质量，如不符合上述两条时应停止作业。涂后 4h 内严防雨淋。当使用无气喷涂时，风力超过 5 级不宜喷涂。

7) 各种涂料必须具备产品合格证书和混合涂料的配料说明书。因存放过久，超过使用期限的涂料，应取样进行质量检测；检测项目按产品标准的规定或设计部门要求进行。

8) 涂料色泽应按设计要求，符合《漆膜颜色标准》色卡编号，必要时可做样板，封存对比。

9) 涂料调制应搅拌均匀，防止沉淀，影响色泽。当天使用的涂料应在当天配置。

10) 不得随意添加稀释剂。当黏度过大，不便涂（喷）刷时，可适量加入，但不得超过 5%。

11) 构件需在工地焊接部位，应留出一定的宽度暂不涂装，参见表 11-3、图 11-2。

构件边缘暂不涂装尺寸　　表 11-3

钢板厚度 T(mm)	B(mm)
＜50	50
50～90	70
＞90	100

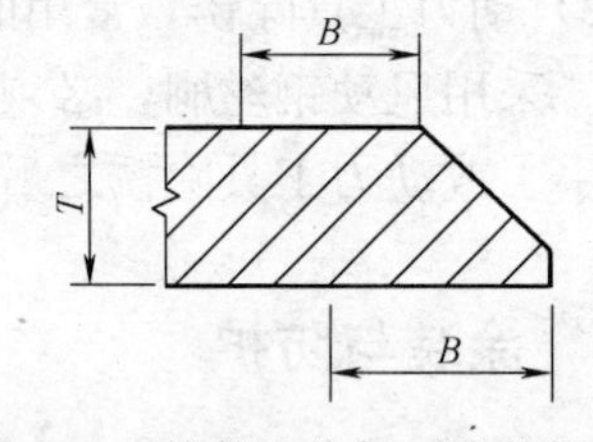

图 11-2　构件边缘暂不涂装部位

12) 涂装前构件表面处理情况和涂装工作每一个工序完成后，都需检查，并做好工作记录。记录内容：涂件周围工作环境温度、相对湿度、表面清洁度，各层涂刷（喷）遍数，涂料种类，配料，湿、干膜厚度等。

13) 目测涂装质量应均匀、细致，无明显色差，无流挂、失光、起皱、针孔、气泡、裂纹、脱落、赃物粘附、漏涂等，必须附着良好（用划痕法或粘力计检查）。

14) 漆膜干透后，应用干膜测厚仪测出干膜厚度，做好记录，不合规定者要补涂。

测量取点：＜10m²，≥5 点（没点三处，取其平均值）。

≥10m²，每 2m² 为一点且不少于 9 点，所测点 90%以上应达到标准涂层厚度，最小厚度值不小于标准值70%。

15）损伤涂膜应根据损伤的情况经砂、磨、铲后重新按层涂刷，仍按原工艺要求修补。

16）包浇、埋入混凝土部位均可不做涂刷油漆。

17）当喷涂防火涂料时，应符合现行标准《钢结构防火涂料应用技术规程》（CECS24：90）的规定。

（2）涂刷方法及工艺规程

1）涂刷方法，见表11-4。

涂料涂刷方法 **表11-4**

方法		工艺特点
手工涂刷	刷涂法	工具简单，施工方便，适应性强 方法：自上而下，从左到右，先里后外，每次蘸漆要适宜，不能贪多图快，造成挂流
	滚涂法	适用于大面积图刷以及较高部位涂刷，工作效率较高
高压空气喷漆		每分钟喷漆面积30m²以上，漆膜质量好，适用于高黏度油漆，劳动强度低，工效比涂刷法高5～6倍。但涂料宜飞损，利用率一般为65%
高压无气喷涂法		利用液压泵将涂料增压，从喷枪喷嘴喷出，速度极高，涂料雾化吸附于工件，不用压缩空气。优点是工效高，比手工涂刷高10倍以上，涂料利用率高，减少环境污染

2）涂装施工工艺规程：

① 检查工件表面除锈质量，施工前必须用麻袋布清洁工件，达到无尘、无水、无油污。

② 施工环境温度和相对湿度应按产品说明书规定，当产品说明书无此要求时，环境温度宜在5～38℃，相对湿度应不大于85%，构件表面结露时不得涂装，涂装后4h内不得淋雨。

③为了便于掌握漆膜干燥时间，把环境温度为25℃，湿度小于70%的环境下，各种常用涂料的表面干燥和实际干燥时间列于表11-5，供参考。

常用涂料的表面干燥和实际干燥时间 **表11-5**

涂料名称	表面干燥时间(h)	实际干燥时间(h)
红丹油性防锈漆	≤8	≤16
环氧铁红防锈漆	≤4	≤24
铝粉铁红酚醛防锈漆	≤3	≤24
各色醇酸磁漆（通用型）	≤5	≤15
醇酸铁红底漆	≤2	≤24

④ 第一道油漆涂刷后，到第二道油漆涂刷的间隔时间，按产品说明书规定。

⑤ 涂料涂装遍数、涂层厚度均应符合设计要求，当设计无要求时，宜涂装4～5遍。涂层干漆膜总厚度，室外应为150μm，室内应为125μm（允许偏差为−25μm）。处于化工大气中的钢结构，干膜总厚度应比上述增加10%～15%。

⑥ 施工图中注明不涂装的部位不得涂装，安装焊缝处应留出30～50mm暂不涂装。

⑦ 涂装应均匀，附着应良好，不起皱，不挂流。

⑧ 当喷涂防火涂料时，防火涂装工程的用料和施工人员均须由法定的专门机构检测和批准，并按专业标准验收。

⑨ 以下部位禁止涂装：螺栓、摩擦结合面、机械加工面、密封表面、海船防腐蚀锌板外表面、设计上注明不涂装的部位。

(3) 涂料品种及其经济性

1) 涂料产品种类代号见表 11-6。

涂料产品代号　　表 11-6

涂料类别	代号	涂料类别	代号	涂料类别	代号	涂料类别	代号
油脂漆类	Y	醇酸树脂漆	C	过氧乙烯漆	G	聚氨酯漆	S
天然树脂漆	T	氨基树脂漆	A	烯树脂漆	X	元素有机漆	W
酚醛树脂漆	F	硝基漆	Q	聚酯漆	Z	橡胶漆	J
沥青漆	L	纤维素漆	M	环氧树脂漆	H	其他漆	E

2) 涂料经济性。氯化橡胶底漆价格是红丹、铝粉铁红底漆的一倍，因此对于一般防腐结构，选用红丹、铝粉铁红底漆为宜，做到物尽其用。

3) 氯化橡胶底漆成本高，使用年限长，全寿命周期成本并不高，另外，除锈等级要与涂料相适应，见表 11-7。

除锈质量等级与涂料的适应性　　表 11-7

除锈方法	除锈等级 GB 8923—88	涂料种类							
		酚醛漆	有机富锌	无机富锌	氯磺化聚乙烯漆	长油醇酸涂料	环氧沥青涂料	环氧树脂涂料	氯化橡胶涂料
喷射除锈	Sa3	A	A	A	A	A	A	A	A
	Sa2 $\frac{1}{2}$	A	A	A	A	A	A	A	A
	Sa2	A	B	D	B	A	C	C	A
手工除锈	St3	B	C	D	C	B	C	C	C
动力工具除锈	St2	C	D	D	D	C	D	D	D

注：A—好；B—较合适；C—稍不合适；D—不能用。

4) 涂料品种配套及使用

陆上建筑钢结构工程涂料配套选例见表 11-8。常用钢结构防腐涂层配套及设计使用寿命举例见表 11-9。

陆上建筑钢结构工程涂料配套选例　　表 11-8

使用环境	底漆	中间漆	面漆	干膜总厚度(μm)
炼钢厂钢结构厂房	Y53-31 红丹醇酸防腐漆 1 道(35μm)	Y53-31 或 53～35 云铁醇酸防锈漆 2 道(60μm)	C04-42 醇酸磁漆 室内 2 道(50μm) 室外 3 道(70μm)	室内:145 室外:165
机场候机楼挑檐	水性无机富锌底漆(100μm)	环氧云铁防锈底漆(60μm)	氯化橡胶面漆(60μm)	220
机场高耸屋架、托架	水性无机富锌底漆(100μm)	环氧脂铁红防锈底漆(100μm)	聚氨酯面漆(70μm)	270

续表

使用环境	底漆	中间漆	面漆	干膜总厚度(μm)
化工厂厂房，钢铁厂厂房（耐化工厂大气）	J53－81云铁氯磺化聚乙烯底漆 2道(60μm)	J53氯磺化聚乙烯中间漆 1道(40μm)	J53—61氯磺化聚乙烯防腐漆 2道(60μm)	160
金工车间厂房，仓库屋架，工业厂房	醇酸铝粉铁红防锈漆3道(70μm)		醇酸磁漆（耐候型）(75μm)	145
	环氧红丹防锈漆 (2×35＝70μm)		氯磺化聚乙烯面漆 (2×35＝70μm)	140
跨江大桥	氯化橡胶铝粉防锈底漆(70μm)		氯化橡胶面漆 (2×35＝70μm)	175

常用钢结构防腐蚀涂层配套设计使用寿命举例　　表11-9

涂料品种及除锈要求	涂料名称	遍数	涂层总厚度(μm)	性能及选用范围	设计使用年限(年)
醇酸(St3级)	铁红醇酸底漆 C50醇酸耐酸漆	2/1 5/4	50/25 110/90	室内外一般化工大气（含少量酸性气体）环境，不耐碱、涂膜装饰性强、有光泽	2～4
氯化橡胶漆(Sa2级)	氯化橡胶底漆或铁红环氧酯底漆	2/1	60/30	室内外中等腐蚀性化工气体作用的建筑结构耐候性好，附着力强、每层漆膜较厚，可在低温环境下施工	4～8
	氯化橡胶防腐漆	3	135		
氯化橡胶($Sa2\frac{1}{2}$级)	环氧富锌底漆（或喷锌铝） 云铁环氧底漆 氯化橡胶玻璃鳞片涂料（或氯化橡胶防腐漆）	1(1) 1	80(120) 60～80	化工腐蚀性大气、潮湿环境下的构筑物（如室外高耸塔架、钢冷却塔等）长效防腐	≥8
环氧(Sa2级)	环氧红丹防锈漆 环氧（厚浆型）防腐漆	1 2	25～40 200	室内强腐蚀介质作用的建筑结构、耐酸、碱、盐、附着力好	4～8
	云铁环氧底漆 环氧玻璃鳞片涂料	1 2	60～80 120～160	室内强腐蚀、部位、维修困难结构的长效防腐	≥8
氯磺化聚乙烯(Sa2级)	氯磺化聚乙烯底漆 氯磺化聚乙烯中间漆 氧磺化聚乙烯防腐漆	2 2 3/2	40 80 60/40	室内外中等腐蚀介质作用的建筑构件，耐酸、碱、盐、附着力稍差、漆膜无光泽	4～8
聚氨酯(Sa2级)	聚氨酯底漆 聚氨酯防腐漆 聚氨酯清漆 氰凝防水涂料 聚氨酯沥青底漆 聚氨酯沥青面漆	2 3 2 4 2 5	50 75 35 80 60 150	室内中等或弱碱腐蚀介质作用的构件，物理力学性能好，耐磨、耐油、耐较高温度、耐腐蚀、涂膜有光泽、装饰性强	4～8

注：表中数字分子用于室外涂层，分母用于室内涂层。

11.3.2　镀层防护

镀层防护是指在金属表面镀层，生成一层保护膜，与大气隔绝，从而使金属不锈蚀。在工程中常用的方法有以下几种：

(1) 镀锌及镀铝、锌层

建筑上用的压型彩色钢板，其基料板就采用镀锌与镀铝、镀锌。镀铝、镀锌钢板系采用优质冷轧卷板经过连续热浸过程制造出来，比起镀锌（或镀铝）钢板具有较为优越的防腐蚀功能，目前在国际上开始广泛使用。

钢结构工程特点是工件体积较大，无法在槽内电镀，即使电镀后再焊接，焊缝处也得不到防护，因此就出现了喷涂新工艺。

1) 氧-乙炔火焰喷涂。

其原理是将锌丝用氧-乙炔火焰熔化成液态之后，用SGP-1型高速喷枪将呈雾状的微粒喷向经过喷砂处理的工件表面，使其牢固地吸附在工件上。镀层本身是负电位，与钢铁形成牺牲阳极保护作用；另外，镀层中的金属微粒形成致密的氧化膜，再用涂料封孔处理，可提高抗腐蚀能力，构成对钢结构的长效保护。

火焰喷镀工艺参数为：氧气压力0.4～0.5MPa，氧气流量800～900L/h，乙炔压力0.07～0.09 MPa，乙炔流量700～800L/h，空气压力0.5～0.6MPa，喷涂距离100～150mm，喷涂角度60°～90°。

2) 电弧喷涂。

早在20世纪90年代初，中国矿业大学就研究成功电弧喷涂长效防腐复合涂层新工艺，此技术1991年经鉴定，电弧喷涂性能优异，结合强度高，其防腐性能是火焰喷涂结合强度的2倍以上，防腐寿命长，可达30年以上，是重防腐涂料的4～5倍，是玻璃钢喷涂的2～3倍，与基本金属结合的强度是火焰喷涂层的3倍，且经济性好，费用是火焰喷涂的1/10，且安全性高。

电弧喷涂工艺流程

① 抛丸除锈。先对工件进行喷丸除锈，达到Sa2 $\frac{1}{2}$级标准。

② 电弧喷涂。其基本原理是利用电弧热能将喷涂材料熔化，再利用空气射流使熔化的液态金属呈雾状喷涂到工件表面。喷涂设备型号及工艺参数见表11-10，喷锌、喷铝工艺参数见表11-11，对原材料要求见表11-12，应用标准见表11-13。

电弧喷涂设备型号及工艺参数　　**表11-10**

型号	喷涂工艺参数						用途
	电压(V)	功率(kW)	输出电流(A)	输出电压(V)	丝材直径(mm)	喷涂速度(kg/h)	
CMD-AS1620	380	15	0～300	20～38	1.6～2.0	25(喷锌)	防腐蚀
CMD-AS3000	380	15	0～300	27～38	3.0	30(喷锌)	适合于大面积长效防腐现场喷锌、喷铝、喷不锈钢、喷铜作业
CMD-AS6000	380	25	0～300	27～40	3.8	65(喷锌)	适合于喷锌、喷铝、喷不锈钢；产品如桥梁、液化气罐等大批量流水线喷涂

电弧喷锌、喷铝工艺参数 **表 11-11**

工艺参数	喷锌	喷铝	工艺参数	喷锌	喷铝
电弧电压(V)	20～24	24～30	雾化空气压力(MPa)	0.4～0.6	0.5～0.6
电弧电流(A)	50～300	100～300	喷涂角度(°)	>60	>60
丝材直径(mm)	0.6,2.0,3.0	0.6,2.0,3.0	喷涂距离(mm)	120～200	150～220
喷涂速度(kg/h)	6～25	6～18	每层厚度(mm)	20～50	20～50
喷涂移动速度(m/min)	10～20	10～20			

注：摘自北京新迪表面技术工程有限公司的产品和技术样本。

对锌、铝原料的要求 **表 11-12**

材料	密度(g/cm³)	熔点(℃)	纯度(%)	pH	厚度(μm)	结合强度(N/mm²)	用途
锌	7.14	419	99.97	5～12	150～200	5.9	耐海水、淡水、海洋盐雾、工业大气
铝	2.72	660		4～8	150～200	9.8	

喷锌、喷铝应用标准 **表 11-13**

标准	摘要
中国石油天然气行业标准 SY/T 14091	规定海滩石油钢质结构采用热喷锌、喷铝进行长效防腐
美国焊接学会标准 AWSC2.2～67	贮罐内介质溶液 pH<6.5 时喷锌，海洋船上贮罐喷铝
英国国家标准 BS5493-1977	化学贮罐的长效防护，罐内介质 pH=4～9 时喷铝，pH=5～12 时喷锌，并规定盐雾环境只有喷锌、铝才能提供 20 年以上的保护
欧共体标准（英、德、法等 18 个国家）ISO/DIS14713	规定 C_4 化工设备、C_3 含盐大气的腐蚀保护采用喷锌、铝，可以提供 20 年以上保护

（2）锌加涂膜镀锌

锌加是由纯度高于 99.995%以原子化法提炼、粒度仅 3～5μm 椭球形的纯金属锌粉和挥发性溶剂以及有机树脂（不饱和碳氢化合物）组成的单组分镀锌系统。

1）产品特性

① 具有双重的阴极保护性能和良好的屏蔽保护作用。盐雾试验达 9500h，防腐性能优于热镀锌、热喷锌和富锌漆，是取代热浸锌、热喷锌（铝）的最好材料。

② 可单独使用。可用作重防腐涂层（图 11-3、表 11-14），也可用作底漆与其他配套涂料组合，其综合防腐年限可提高 1.8～2.5 倍，达 30～50 年以上。当用于无污染的郊区钢结构，涂层干膜厚度 90μm 时，估计使用年限可达 30 年以上。

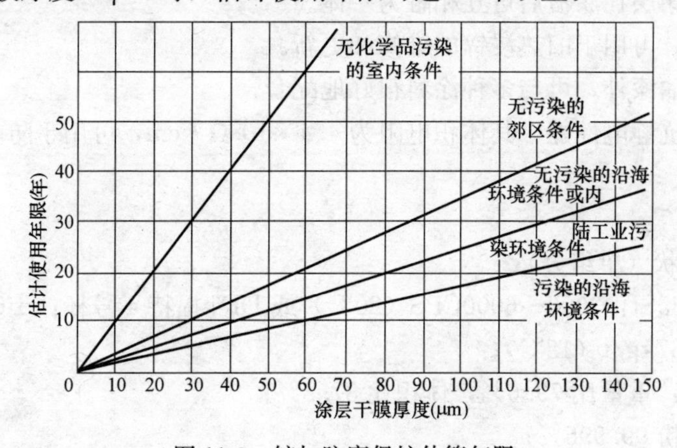

图 11-3 锌加防腐保护估算年限

注：此图是根据英国国家质量监督局（BBA）对锌加认证绘制。

锌加理论涂布率表（实际损耗未计算在内） **表 11-14**

湿膜厚度(μm)	干膜厚度(μm)	涂布率(m^2/kg)	单位用量(kg/m^2)
53	20	7.08	0.14
106	40	3.54	0.28
132	50	2.83	0.35
159	60	2.36	0.42
212	80	1.77	0.56
265	100	1.42	0.70
317	120	1.18	0.85
370	140	1.01	0.99
397	150	0.94	1.06
423	160	0.88	1.14

注：锌加是比利时锌加金属有限公司（ZINGAMETALL b. v. b. a）专利研制生产的长效防腐蚀涂膜镀锌系统。中国地区总代理——尚峰建筑工程产品（上海）有限公司，产品符合 ISO 14001 标准，通过了 ISO 9002 质量体系论证和英国国家技术质量监督局（BBA）产品技术质量认证。

③ 干膜中含有 96％以上的金属锌，不含任何铅、镉等重金属。溶剂中不含甲苯、二甲苯、一氯甲烷、甲乙酮等有机溶剂。无毒无害，可与饮用水直接接触。

④ 具有优异的附着力、柔韧性、耐冲击性及足够的摩擦力。

⑤ 使用温度范围：－80～＋150℃。

⑥ 具有良好的耐磨性、耐油性、耐水性。

⑦ 常温干燥，只需很短时间即能搬运、堆放和涂装后道油漆。

⑧ 对环境容忍性很好，可在潮湿的环境或无肉眼可见水膜的钢铁表面进行涂装。

⑨ 钢铁表面喷砂至 Sa2 $\frac{1}{2}$ 级即可，允许表面残留 10％以上锈蚀手工或机械打磨至 St3 级，允许保留 5％～10％除锈面积。

⑩ 可以用刷（辊）涂、有气（无气）喷涂、浸涂或静电喷涂可在车间或室外现场涂装。

⑪ 新旧锌加涂层在涂覆后可互相融为一体。

⑫ 复涂性好，可用于旧热浸锌的维修和更新。

⑬ 除酸醇类油漆外，可与多种涂料很好地配套。

⑭ 有优异的抗静电性能，其体积电阻为 $4.4\times10^5\Omega\cdot$cm，可用于防静电涂层。

2）技术参数

① 湿膜

A. 状态：浆状（单组分）；

B. 黏度：2.35St：3000～6000CPS（20℃）或 DIN 福特 4 号杯：±60s；

C. 密度：2.67kg/t（15℃）；

D. 固体含量：重量比 79.6％，体积比 37.8％；

E. 纯度：锌粉 99.995％；

F. 水溶性：不溶；

G. 闪点：47℃；

H. 储存期限：无限期。

② 干膜

A. 锌灰色（亚光），接触潮色后颜色会变更；

B. 理论涂布率：3.45m²/kg（以40μm计算）；

C. 干燥时间：20℃时，指干5～10min，实干固化48h；

D. 锌含量≥96%（重量比）；

E. 耐热性：150℃；

F. pH值限定：5.5～12.5。

3）施工说明

① 推荐后道配套涂料：环氧云铁中间漆（封闭）、环氧树脂、氯化橡胶、沥青、聚氨酯、乙烯树脂、丙烯酸、氟碳树脂等类面漆（不能涂覆醇酸类涂料）。

② 施工工艺参数见表11-15。

施工工艺参数 **表11-15**

施工方式	手工刷涂匀滚涂	有气喷涂	无气喷涂
稀释剂加入量(%)(体积比)	0～2	5～7	2～4
喷出压力(MPa)	—	0.3～0.4	8.0～12.0
喷嘴孔径(mm)	—	1.8～2.5	0.38～0.63

③ 施工环境质量：－10～＋50℃，相对湿度95%亦可涂装。

④ 再次涂覆间隔：锌加涂层自身涂覆1～4h，锌加涂层上涂覆其他配套涂料2～4h。

4）产品用途

锌加作为钢结构的阴极保护，可单独使用，也可以和其他多种防腐涂料配套，适用于海洋大气、工业大气、城市大气中的钢结构建筑，如桥梁、塔桅、护栏、储罐、集装箱、船舶、水闸门、各种管道、轨道交通等钢结构长效防腐处理。

例如，山西大同二电厂空冷平台钢结构、天津博物馆廊道钢结构、台湾台塑345kV供电塔桅，以及加拿大overlander大桥钢箱均使用锌加涂膜镀锌处理。

11.4 钢结构防腐技术应用实例

钢结构防腐蚀技术应用实例见表11-16。

钢结构防腐蚀技术应用实例 **表11-16**

序号	项目	配套体系	涂层厚度(μm)或效果
1	英国Forth Road桥	喷镀锌 洗涤底漆 硅酸酯底漆2道 酯系环氧云铁面漆2道	100 6～13 40～50 80～100
2	美国 Sanmate Haywrd桥	洗涤底漆 厚膜型无机富锌涂料 乙烯底漆 厚膜型乙烯面漆2道	6～13 75 25 50～80

续表

序号	项目	配套体系	涂层厚度(μm)或效果
3	日本关门桥	喷锌 磷化底漆 酚醛锌黄底漆2道 酚醛云母漆2道 (以上为车间涂装) 氯化橡胶中间漆(现场涂装) 氯化橡胶面漆(现场涂装)	10 75 40 120
4	上海体育馆屋顶网架涂装防护	Q345钢管酸洗、磷化 焊缝涂刷X01-1磷化底漆 H06－2环氧树脂钼铬红底漆3道 桐油酚醛磁漆2道	10 180 100

11.5 钢结构防火涂料涂装工程

防火涂料涂装工程应在钢结构除锈和防锈符合设计要求和国家现行标准规定后进行。

11.5.1 保证项目的规定

(1) 钢结构防火涂料的品种和技术性能应符合设计要求，并经过国家检测机构检测符合国家现行有关标准的规定。

(2) 钢结构防火涂料涂装中每使用100t薄型防火涂料应抽检一次粘结强度；每使用500t厚型防火涂料应抽检一次粘结强度和抗压强度，其结果应符合国家现行有关标准规定。

检验方法：检查抽检报告。

(3) 钢结构防火涂料涂装工程应由经批准的施工单位负责施工。

检验方法：观察检查。

(4) 防火涂料涂装的基层应无油污、灰尘和泥砂等污垢。

检验方法：观察检查。

(5) 防火涂料涂层不得误涂、漏涂。涂层应无脱层和空鼓。

检验方法：观察检查。

(6) 薄型防火涂料的涂层厚度应符合设计要求。

检验方法：用涂层厚度测量仪检查。测量方法应符合《钢结构防火涂料应用技术规程》的规定。

11.5.2 基本项目的规定

(1) 防火涂料涂层的外观质量。

合格：涂层应较平整，无明显凹陷，粘结牢固，无粉化松散和浮浆，乳突已剔除。

优良：涂层应颜色均匀，轮廓清晰，接缝平整，无凹陷，粘结牢固，无粉化松散和浮浆，乳突已剔除。

检查数量：按同类构件数抽查 10%，但不应少于 3 件。

(2) 防火涂料涂层的表面裂纹

合格：薄涂型防火涂料涂层表面裂纹宽度不应大于 0.5mm；厚涂型防火涂料涂层表面裂纹宽度不应大于 1mm。

优良：防火涂料涂层表面应无明显裂纹。

检查数量：按同类构件数抽查 10%，但均不应少于 3 件。

检验方法：观察和用钢尺检查。

(3) 厚涂型防火涂料涂层的厚度。

合格：在 5m 长度内涂层厚度低于设计要求的长度不应大于 1m，并不应超过 1 处，且该处厚度不应低于设计要求的 85%。

优良：涂层厚度应符合设计要求。

检查数量：按同类构件数抽查 10%，但均不应少于 3 件。

检验方法：用测针和钢尺检查，检查方法应符合《钢结构防火涂料应用技术规程》的规定。

(4) 厚涂型防火涂层表面平整度的允许偏差项目和检验方法应符合表 11-17 的规定。

检验数量：按同类构件数抽查 10%，但均不应少于 3 件。

厚涂型防火涂层平整度的允许偏差项目和检验方法　　表 11-17

项目	允许偏差	检验方法
母线平直度	8μm	用 1m 直尺和钢尺检查
圆度		用样板和钢尺检查

11.5.3 防火涂料产品命名

防火涂料以汉语拼音字母的缩写作为代号，N 和 W 分别代表室内和室外，CB、B 和 H 分别代表超薄型、薄型和厚型三种类型。各类涂料名称与代号对应关系如下：

室内超薄型钢结构防火涂料—NCB；

室外超薄型钢结构防火涂料—WCB；

室内薄型钢结构防火涂料—NB；

室外薄型钢结构防火涂料—WB；

室内原型钢结构防火涂料—NH。

11.6 构件编号

构件编号的目的是使构件从生产到实际安装全过程中，始终有规定的符号，标于一定的位置上显示，它对下料、制作、涂装、发运、验收、报关、安装等都起到正确的辨认识别作用。

11.6.1 各类构件编号的代号

各类构件编号的代号（或按设计施工图和安装图）见表 11-18。

构件编号代号 **表 11-18**

名称	代号	名称	代号
柱	C	间柱	P
大梁	G	檩条	M
小梁	B	横向加固构件	D
垂直支撑	V	楼梯	S
水平支撑	F	桁架	T
吊杆	H	防压曲件	Z
吊车梁	C_G	地板龙骨	N
桁架式梁	T_G		

11.6.2 编号的一般要求

一般工程都有其规定编号要求，可按下列规定编号：除原材料编号外，构件编号一般从号料开始到组装完成，即用钢印、油漆或粘纸标注在工件的规定部位，按施工图纸标准注全码号或用厂代码号，上述标示方法至少要具有两种或者三者皆全标式表明，如图11-4所示。

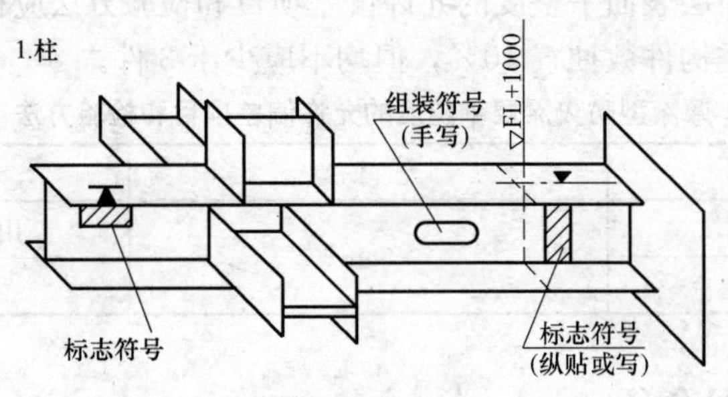

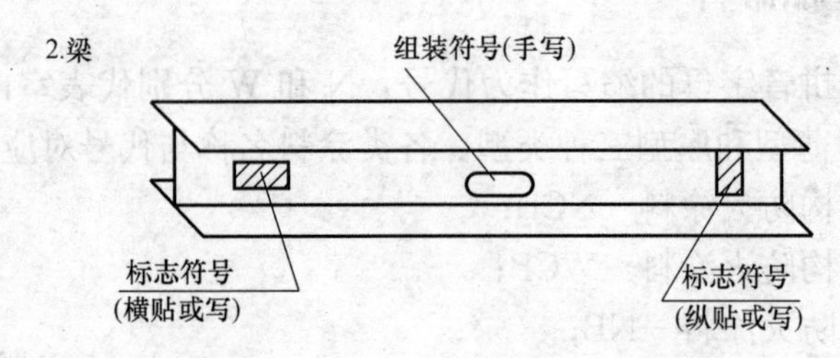

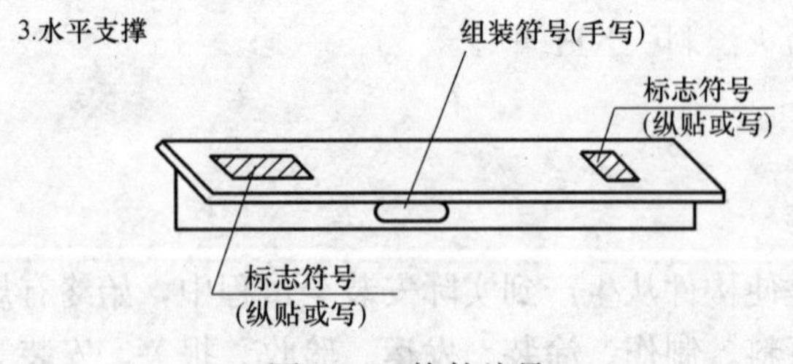

图 11-4 构件编号

12　钢结构制作的安全生产

12.1　安全使用氧-乙炔

12.1.1　氧-乙炔气

（1）乙炔特性及乙炔瓶。

乙炔气，又称溶解乙炔气。其密度在0℃时为0.906g/ml，1L乙炔重1.172g，乙炔性质活泼，因此必须将它储存在多孔性物质内。为了将这种危险性气体稳定地储存在钢瓶中，在瓶中填充一种多孔性物质，20世纪60年代前采用活性炭填充在钢瓶中，钢瓶内活性炭经过多年使用，不可避免地滚动碰撞而造成“空穴”，空穴内的气态乙炔受到冲击振动而聚合作用，可能产生爆炸。

乙炔瓶公称容积有2L、24L、32L、35L、41L。常用的是41L，公称内径250mm，总长度1030mm，最小设计壁厚4mm，公称质量58kg，储存量7kg。气瓶在基准温度15℃时限定压力值为1.52MPa，气瓶内部发热燃烧，瓶外表会发生炭黑现象。

乙炔瓶颈部应设置两个易熔塞，这是安全措施。平时应经常保养，使其完好。

我国早期（20世纪60年代）经常采用电石（碳化钙）桶制取乙炔气，将水和电石装入桶内，即生成乙炔气供使用。其最大的缺点是不安全，又污染环境。后来劳动监察部门明令规定，未经批准不能擅自使用乙炔发生器。为了满足市场用乙炔气，按地区布设乙炔生产厂，用瓶装乙炔供应用户。有些大工厂、大用户，经劳动监察部门批准，使用乙炔发生器以管道、汇流排供应乙炔到用气部门（工地或车间）。

由于乙炔是易燃易爆气体，所以在使用时必须谨慎，除必须遵守使用注意事项外，还应遵守以下几点：

1）乙炔瓶不应受剧烈振动或撞击，以免瓶内多孔填料下沉形成空洞，产生聚合作用造成爆炸。满瓶时一般容易引起注意，可是空瓶时极易疏忽，其实空瓶时的乙炔瓶抛掷、振动，使填料下沉，在以后使用时产生隐患，是十分危险的。

2）乙炔瓶不能卧放，不能使丙酮流出或通过减压阀流入橡胶管和焊炬内，从而酿成事故。

3）乙炔瓶表面温度不应超过30～40℃，温度过高会降低丙酮对乙炔的溶解度，使瓶内乙炔压力急剧升高。

4）乙炔减压器与乙炔瓶阀的连接必须可靠，严禁在漏气的情况下使用。

（2）氧气瓶是储运氧气的高压容器，瓶体用优质碳素钢或低合金钢制成，一般容积为40L，在15MPa的压力下可储存6m^{3}的氧气。氧气瓶内径219mm，长度1360mm，质量58kg，氧气瓶外表涂成天蓝色，并有黑色“氧气”字样。氧气是极活泼的助燃气体，使用时易引起爆炸（CO_2气瓶、氩气瓶规格与氧气瓶同）。

（3）减压器又称压力调节器，其作用是将瓶中的高压气体降压至所需压力并保持稳定。

12.1.2 安全操作

（1）乙炔瓶在工地存放时，因工地上情况复杂，为防止意外，乙炔瓶和氧气瓶不能卧放，必须竖放在专门的架子内，并防止倾倒。氧气瓶、乙炔瓶应分开存放，离火源距离应大于 10m。

（2）乙炔瓶、氧气瓶应有遮阳设施，在高温季节，应防止烈日照射。

（3）氧气瓶、乙炔瓶、减压器、输气皮管等严禁接触油污，严禁用有油的扳手拧气瓶及减压阀，也不允许戴油手套操作，防止发生燃烧爆炸事故。

（4）瓶中气体至少保留 0.05 大气压，不能全部用完。

（5）气瓶解冻只能用热水，禁止用火烘或敲击。

（6）必须用专门扳手打开气瓶阀门，禁止用金属敲击。

（7）在打开气瓶阀门及拆装减压器时，人的头部及身体不准对着出气口。

（8）防止高压气流损坏压力表。调整气压的支头螺栓应缓慢拧紧，使压力逐渐升高，切忌一次很快开足，以免高压气冲出损坏压力表。

（9）防止回火。气割操作时，火焰倒流的原因有：皮管太长，割嘴太靠近钢板，造成过热，割嘴孔被垃圾或微粒阻塞。发生回火或爆鸣时，应立即关闭乙炔气阀和氧气阀，阻止气体倒流，并把皮管弯曲 180°，用双手捏紧，阻止火源窜入钢瓶。待焊炬或割炬冷却后，再开氧气吹除焊（割）炬内黑炭，最后点燃操作。

（10）防止皮管漏气。应经常检查皮管及其接头，并用肥皂水进行漏泄试验。

（11）乙炔和铜长时间接触，在铜的表面上就会生成同素异形体爆炸性的化合物，所以其安全器和乙炔导管接头等不要使用铜管。

12.2 焊工安全操作规程

（1）未经考试合格并未持有安全操作证者，不准上岗操作。徒工应有师傅带领。

（2）工作前，焊工必须穿戴好各种必备的劳动防护用品，以防烫伤、伤目、触电等事故。

（3）施焊前应检查工作场地 10m 周围是否有易燃易爆物品，焊机所用电气系统的导线绝缘是否良好，防止触电、失火、爆炸等事故。

（4）电焊机上不准堆放导电物品。开启焊机时，要迅速将闸刀推足，等运转正常后才可操作，离开操作场地应关闭焊机。

（5）严禁焊接密闭及盛有可燃气体的容器。油罐、油柜卸除盛油后，必须清洗并用测焊器测量可燃气体是否超标，只有确定符合安全要求时，才能入内操作，外面要有专人看护，入内的照明灯应采用防爆灯。

（6）在易燃易爆物附近工作时，应与有关部门取得联系，采取预防措施。技术部门有专人到场指导。工作结束后，要仔细检查场地，防止火灾和爆炸事故。

（7）在升降机上操作时，应注意升降限位，不准将限位开关当“刹车”使用。电焊机所用电器的各导线应绝缘良好，带电部分应有外罩保护。焊接时，严禁接触焊机的带电部分。

12.3 防火灾和爆炸

管理部门必须对钢结构工程防火、防护和灭火等工作所采取的一切措施的计划和实施负全部责任，钢结构特别是钢结构建筑要保持高度的警惕性，才能有效地实施防火方案。应该不断地进行防火巡逻，以发现和消除工作中可能发生意外的危险。有人认为钢结构烧不起来，这是一种误解，火灾后的钢结构，强度会严重削弱，影响使用。

防火工作包括供应合适的和足够的灭火设备，例如灭火器、消防水龙头等，并培训使用灭火设备的人员。

12.3.1 火灾和爆炸危险源

在钢结构工程中最主要的起火原因之一是气割和焊接。其他的火灾可能是由于工作疏忽而造成的。在钢结构工程建造中最严重的火灾通常是在工程接近完工时发生的，房屋失火及其蔓延的危险比较大。

一般说，引起火灾的材料可能是棉纱头、破油布、粗布袋、绳索、垃圾、隔热外套、绝缘舱室或贮藏室内的软木、居住室内的铺盖和家具。

除了上述起火原因之外，还有乱抛的热铆钉，焊割具用点火绳，由丙烯、乙炔和其他易燃气体的积聚而引起的爆炸及自燃着火。堆放的垃圾也是很容易引起燃烧的，在某些情况下，这些垃圾是使火势蔓延的因素。

12.3.2 消防理论

(1) 着火要素

控制火灾有赖于懂得某些基本原理。通常的燃烧包括三个基本要素：

1) 燃料——纸、木、油、溶剂、气体等。

2) 热量——根据燃料性质，使它汽化，并使蒸汽达到燃烧所需的温度。

3) 氧气——空气中含有的氧气对于维持燃烧是必需的。

(2) 着火的类型

着火可分为三种基本类型，它们要求采用不同的灭火剂和不同的消防技术。这三种类型是：

A型：易燃材料着火，即床上用品、衣服、破布、木料和纸张着火。

B型：易燃液体着火，即石油产品（货物油或燃料）、涂料、植物油和油脂着火。

C型：电起火，即短路、击穿和过载引起的火烧。

12.3.3 燃烧的本质

固体和液体本身不会燃烧，燃烧的是从这些固体和液体中挥发出来的蒸汽。达到闪点的易燃物体将产生蒸汽，这种蒸汽被火焰加热即引起燃烧。大多数固体或液体在被加热后才能汽化，而蒸发的气体还需要进一步加热才能燃烧起来。固体或液体在燃烧以后，火焰辐射热将汽化过程持续下去，使得燃烧继续不断。蒸汽和空气的混合物达到点燃温度以后，会引起跳火（击穿）现象。

12.3.4 灭火原则

（1）消除燃料（切断燃料供应或采取隔离措施）。

实际上，要清楚燃料是困难的，但是，如果用阀来控制液体燃料供应的话，那么就能用阀来切断它的供应，不过原来的火焰仍需要扑灭。把火焰与周围的燃料隔离，即清除火焰四周的燃料以形成一道防火线，这是一种防止火灾蔓延的方法。

（2）排除热量（冷却）常用的冷却剂是水。因为它可以大量供应；它是最好的冷却剂。

如果用水来灭火，而燃料仍是热的，这样汽化过程将继续下去，蒸汽不久就会充满舱室。这种情况很容易引起跳火现象。如果蒸汽的温度超过点燃温度或者由于外界供热，跳火现象会自发地产生。这种“跳火”可能是相当激烈的。因此，必须把易燃物质冷却到它的闪点以下，还要把周围热量降低以消除复燃的危险。

（3）与空气隔绝（窒息）。

与空气隔绝的技术很多，它可分为以下三种：

1）覆盖材料。例如泡沫、潮湿的毯子等。

2）用不活泼的气体的蒸汽封闭，例如使用CO_2和各种汽化液体。

3）结构封闭或边界封闭。

12.3.5 灭火剂

（1）水是通过大量的吸热和汽化的窒息作用而灭火的。

（2）泡沫既有窒息作用，还有冷却效果，因为它的主要组分是水。喷射泡沫以后，待完全冷却了才能拨动。

（3）CO_2是通过把氧气浓度降低到燃烧不能维持的程度而灭火的。

（4）干的化学剂是通过抑制燃烧的窒息作用来灭火的，它们几乎没有冷却效果；

（5）液态化学剂汽化产生的蒸汽可以从火中排除空气，另外当它与热的表面接触时所起的化学变化会在燃烧材料的表面上产生一种阻燃气体。

12.3.6 爆炸

由于易爆物质能急速转变为热态气体或者挥发性物质，在同样的外界压力下，上述气态物质的体积比原爆炸物质的体积大，以致它能够突然地对周围物体加压。许多类型的化学反应都能引起爆炸。爆炸物质可能是气体、液体或固体。除了危险货物以外，经常遇到并需对其采取防护措施的易燃易爆物质有乙炔、冷冻剂、易燃液体、油漆、可燃的尘埃、氢和甲烷气体等。

发生爆炸的前提是混合气体中可燃气体和空气的比例要在爆炸范围之内，并且混合气体要由具有足够能量的火源来引爆。混合气体一旦被引爆，接着它就燃烧，冷态混合物转变为热态气体，气体压力就逐步升高。若不考虑技术细节，则爆炸仅是一种短时间内的压力升高。如果压力超过容器的强度，就会导致容器破裂。

12.3.7 窒息

与普通的想法相反，因火灾而致命的事故多数不是因为燃烧，而是由于烟雾所造成的窒息。受难者在充满烟雾的空气中最先是他的眼睛受到刺激，以及因缺氧而使呼吸困难。紧接着他的呼吸次数增多，最后窒息。上述过程大致经历 5～20min。此外，受难者可能被燃烧材料散发的毒气和烟气熏倒。

如下三个因素非常重要，如能适当注意，将大大减少火灾危险：

(1) 制定严格的防火规程和安全措施，并督促有关人员严格遵守。

(2) 雇用称职的巡逻人员，无论是在思想上还是在身体素质上他们都应该能胜任此项工作。

(3) 提倡并维护管理部门及工人在防火方面所表现出来的积极性。

不遵守哪怕是最简单的防火规定，都会导致诸多事故的发生。只有经常保持警惕，才能使火灾危险减少到最低限。

12.4 高空作业安全生产

高空作业时，应注意以下安全措施：

(1) 戴安全帽、系安全带。凡从事 3m 高以上的作业，一律要戴安全帽、系好安全带、绳子要系扣在牢固的结构上，所携带的工具、物品要放置稳妥，以防下坠。

(2) 遇 6 级以上强风，冬天下雪、冰冻，尚未除净冰雪及采取防滑措施，切莫登高作业。

(3) 脚手架和脚手板应符合有关规定。决不要自行移动脚手架，应找专业工作人员来做，决不要从脚手架上向下扔任何东西；上下梯子时两手不能拿东西，除非有皮带或其他类似的携带工具可供利用，否则决不应试图携带工具等物；戴着手套爬梯子可能有危险，会把握不牢扶手。

12.5 金属结构加工安全技术

12.5.1 总则

(1) 机床接地必须良好。

(2) 机床必须完好，严禁带故障、超负荷运行。

(3) 多人同时操作一台机床时，必须有一人负责全面指挥。

(4) 使用行车配合时，应有专人指挥，负责联络。

(5) 做好上下班交接工作，做好润滑保养工作。

(6) 下班时要关闭电源闸门。

12.5.2 操作要领

(1) 当使用三辊、四辊、七辊卷板机时，钢板上有人时不准开动机器，以防卷入轧辊。

(2) 谨防工作伤人。油压机、水压机压制工件时，不准用手把住工件底部；不准使用不规则的临时垫铁、圆钢垫铁以及脆性垫铁；垫铁位置应居中、不歪斜，以防弹出伤人。

（3）龙门剪板机操作时，禁止剪两种不同厚度的板料；不准重叠剪切；禁止将手伸入压板下面操作，剪切时必须用压板压住工件；将工件定位正确后，留一人用脚踏开关操作，进行剪切工件。

（4）操作钻床、铣床要“三不准”。不准戴手套操作，不准在旋转的钻头下翻转测量工件，钻头上绕有长切屑时应停车用铁钩清除，不准用手去拉。使用钻床结束，应将横臂降到最低位置，关闭电源，卸下钻头。

附　　录

屋架、钢桁架计算时常用的数据和公式较多，通常有以下一些计算公式：

（1）直角三角形（见附图 1）

$c^2=a^2+b^2$

$\sin\alpha=\dfrac{a}{c}=\cos\beta$

$\cos\alpha=\dfrac{b}{c}=\sin\beta$

$\tan\alpha=\dfrac{a}{b}=\cot\beta$

$\cot\alpha=\dfrac{b}{a}=\tan\beta$

（2）任意三角形（见附图 2）

$\dfrac{a}{\sin A}=\dfrac{b}{\sin B}=\dfrac{c}{\sin C}$

$a^2=b^2+c^2-2bc\cos A$

$b^2=c^2+a^2-2ca\cos B$

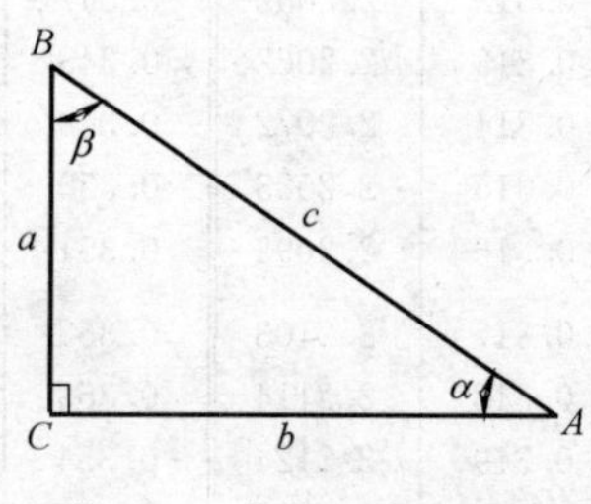

附图 1　直角三角形示意

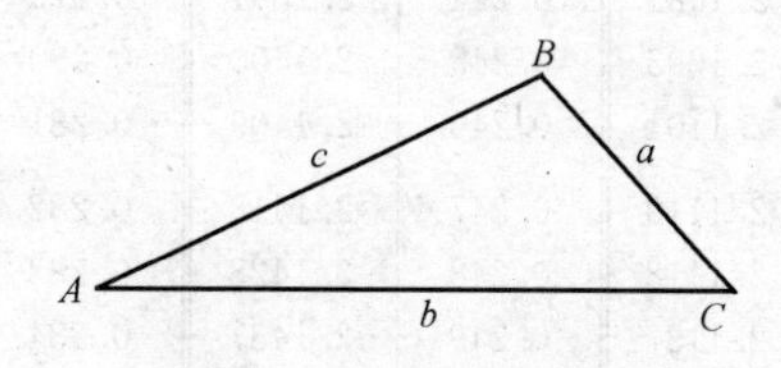

附图 2　任意三角形示意

（3）圆周长

$$C=2R\pi=D\pi$$

式中　C——圆周长；

R——圆半径；

D——圆直径；

π——圆周率。

（4）椭圆周长

$$C=A\times PI$$

式中　C——椭圆周长；

PI——椭圆周率，PI 值由 B/A 的比值确定，见附表 1；

A——椭圆长轴；

B——椭圆短轴。

(5) 弧、弦、角度间的计算（见附图 3）

$\widehat{L}=\dfrac{\pi R\theta}{180^\circ}$　　$\theta=\dfrac{180^\circ}{\pi R}$　　$\widehat{L}=2\sin^{-1}\dfrac{b}{R}$

$R=\dfrac{180^\circ}{\pi\theta}$　　$\widehat{L}=\dfrac{b^2+h^2}{2h}=\dfrac{4h^2+l^2}{8h}$

$b=R\sin\dfrac{\theta}{2}=\sqrt{h(2R-h)}$

$h=R-R\cos\dfrac{\theta}{2}=R-\sqrt{R^2-b^2}$

$l=2b$

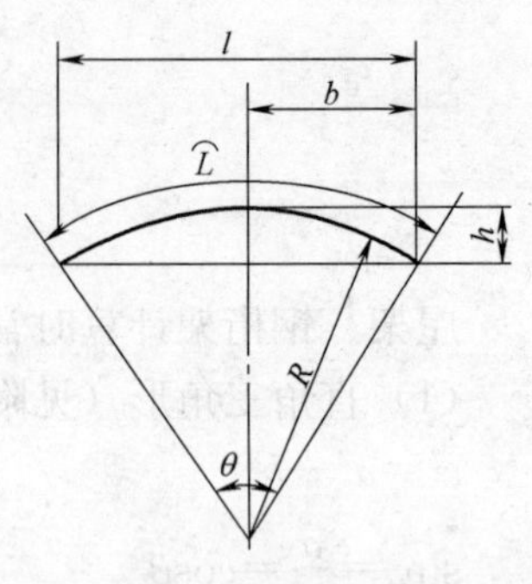

附图 3　圆弧示意

椭圆周律表　　**附表 1**

B/A	PI	B/A	PI	B/A	PI	B/A	PI	B/A	PI
0.050	2.0097	0.232	2.1283	0.267	2.1605	0.302	2.1950	0.337	2.2314
0.100	2.0320	0.233	2.1292	0.268	2.1615	0.303	2.1960	0.338	2.2325
0.150	2.0631	0.234	2.1301	0.269	2.1625	0.304	2.1970	0.339	2.2335
0.200	2.1010	0.235	2.1310	0.270	2.1634	0.305	2.1980	0.340	2.2346
0.201	2.1018	0.236	2.1319	0.271	2.1644	0.306	2.1990	0.341	2.2357
0.202	2.1026	0.237	2.1328	0.272	2.1653	0.307	2.2001	0.342	2.2367
0.203	2.1035	0.238	2.1337	0.273	2.1663	0.308	2.2011	0.343	2.2378
0.204	2.1043	0.239	2.1346	0.274	2.1673	0.309	2.2021	0.344	2.2389
0.205	2.1051	0.240	2.1355	0.275	2.1682	0.310	2.2031	0.345	2.2400
0.206	2.1060	0.241	2.1364	0.276	2.1692	0.311	2.2042	0.346	2.2410
0.207	2.1068	0.242	2.1373	0.277	2.1702	0.312	2.2052	0.347	2.2421
0.208	2.1076	0.243	2.1382	0.278	2.1711	0.313	2.2062	0.348	2.2432
0.209	2.1085	0.244	2.1391	0.279	2.1721	0.314	2.2072	0.349	2.2443
0.210	2.1093	0.245	2.1400	0.280	2.1731	0.315	2.2083	0.350	2.2454
0.211	2.1101	0.246	2.1409	0.281	2.1741	0.316	2.2093	0.351	2.2465
0.212	2.1110	0.247	2.1418	0.282	2.1750	0.317	2.2103	0.352	2.2475
0.213	2.1118	0.248	2.1428	0.283	2.1760	0.318	2.2114	0.353	2.2486
0.214	2.1127	0.249	2.1437	0.284	2.1770	0.319	2.2124	0.354	2.2497
0.215	2.1135	0.250	2.1446	0.285	2.1780	0.320	2.2135	0.355	2.2508
0.216	2.1144	0.251	2.1455	0.286	2.1790	0.321	2.2145	0.356	2.2519
0.217	2.1152	0.252	2.1465	0.287	2.1800	0.322	2.2156	0.357	2.2530
0.218	2.1161	0.253	2.1474	0.288	2.1810	0.323	2.2166	0.358	2.2541
0.219	2.1170	0.254	2.1483	0.289	2.1819	0.324	2.2176	0.359	2.2552
0.220	2.1178	0.255	2.1492	0.290	2.1829	0.325	2.2187	0.360	2.2563
0.221	2.1187	0.256	2.1502	0.291	2.1839	0.326	2.2197	0.361	2.2574
0.222	2.1196	0.257	2.1511	0.292	2.1849	0.327	2.2208	0.362	2.2585
0.223	2.1204	0.258	2.1520	0.293	2.1859	0.328	2.2218	0.363	2.2596
0.224	2.1213	0.259	2.1530	0.294	2.1869	0.329	2.2229	0.364	2.2607
0.225	2.1222	0.260	2.1539	0.295	2.1879	0.330	2.2240	0.365	2.2618
0.226	2.1230	0.261	2.1549	0.296	2.1889	0.331	2.2250	0.366	2.2629
0.227	2.1239	0.262	2.1558	0.297	2.1899	0.332	2.2261	0.367	2.2640
0.228	2.1248	0.263	2.1568	0.298	2.1909	0.333	2.2271	0.368	2.2651
0.229	2.1257	0.264	2.1577	0.299	2.1919	0.334	2.2282	0.369	2.2662
0.230	2.1266	0.265	2.1586	0.300	2.1930	0.335	2.2293	0.370	2.2674
0.231	2.1274	0.266	2.1596	0.301	2.1940	0.336	2.2303	0.371	2.2685

续表

B/A	PI	B/A	PI	B/A	PI	B/A	PI	B/A	PI
0.372	2.2696	0.417	2.3211	0.462	2.3749	0.507	2.4310	0.552	2.4889
0.373	2.2707	0.418	2.3222	0.463	2.3762	0.508	2.4322	0.553	2.4902
0.374	2.2718	0.419	2.3234	0.464	2.3774	0.509	2.4335	0.554	2.4915
0.375	2.2729	0.420	2.3746	0.465	2.3786	0.510	2.4348	0.555	2.4929
0.376	2.2740	0.421	2.3258	0.466	2.3798	0.511	2.4360	0.556	2.4942
0.377	2.2752	0.422	2.3269	0.467	2.3811	0.512	2.4373	0.557	2.4955
0.378	2.2763	0.423	2.3281	0.468	2.3823	0.513	2.4386	0.558	2.4968
0.379	2.2774	0.424	2.3293	0.469	2.3835	0.514	2.4399	0.559	2.4981
0.380	2.2785	0.425	2.3305	0.470	2.3847	0.515	2.4411	0.560	2.4994
0.381	2.2797	0.426	2.3316	0.471	2.3860	0.516	2.4424	0.561	2.5007
0.382	2.2808	0.427	2.3328	0.472	2.3872	0.517	2.4437	0.562	2.5021
0.383	2.2819	0.428	2.3340	0.473	2.3884	0.518	2.4450	0.563	2.5034
0.384	2.2831	0.429	2.3352	0.474	2.3897	0.519	2.4462	0.564	2.5047
0.385	2.2842	0.430	2.3364	0.475	2.3909	0.520	2.4475	0.565	2.5060
0.386	2.2853	0.431	2.3376	0.476	2.3921	0.521	2.4488	0.566	2.5073
0.387	2.2865	0.432	2.3388	0.477	2.3934	0.522	2.4501	0.567	2.5087
0.388	2.2876	0.433	2.3400	0.478	2.3946	0.523	2.4514	0.568	2.5100
0.389	2.2887	0.434	2.3411	0.479	2.3959	0.524	2.4526	0.569	2.5113
0.390	2.2899	0.435	2.3423	0.480	2.3971	0.525	2.4539	0.570	2.5126
0.391	2.2910	0.436	2.3435	0.481	2.3983	0.526	2.4552	0.571	2.5139
0.392	2.2921	0.437	2.3447	0.482	2.3996	0.527	2.4565	0.572	2.5153
0.393	2.2933	0.438	2.3459	0.483	2.4008	0.528	2.4578	0.573	2.5166
0.394	2.2944	0.439	2.3471	0.484	2.4021	0.529	2.4591	0.574	2.5179
0.395	2.2956	0.440	2.3483	0.485	2.4033	0.530	2.4604	0.575	2.5192
0.396	2.2967	0.441	2.3495	0.486	2.4046	0.531	2.4616	0.576	2.5206
0.397	2.2979	0.442	2.3507	0.487	2.4058	0.532	2.4629	0.577	2.5219
0.398	2.2990	0.443	2.3519	0.488	2.4071	0.533	2.4642	0.578	2.5232
0.399	2.3002	0.444	2.3531	0.489	2.4083	0.534	2.4655	0.579	2.5246
0.400	2.3013	0.445	2.3543	0.490	2.4096	0.535	2.4668	0.580	2.5259
0.401	2.3025	0.446	2.3555	0.491	2.4108	0.536	2.4681	0.581	2.5272
0.402	2.3036	0.447	2.3567	0.492	2.4121	0.537	2.4694	0.582	2.5286
0.403	2.3048	0.448	2.3579	0.493	2.4133	0.538	2.4707	0.583	2.5299
0.404	2.3059	0.449	2.3591	0.494	2.4146	0.539	2.4720	0.584	2.5312
0.405	2.3071	0.450	2.3603	0.495	2.4158	0.540	2.4733	0.585	2.5326
0.406	2.3082	0.451	2.3616	0.496	2.4171	0.541	2.4746	0.586	2.5339
0.407	2.3094	0.452	2.3628	0.497	2.4183	0.542	2.4759	0.587	2.5352
0.408	2.3106	0.453	2.3640	0.498	2.4196	0.543	2.4772	0.588	2.5366
0.409	2.3117	0.454	2.3652	0.499	2.4209	0.544	2.4785	0.589	2.5379
0.410	2.3129	0.455	2.3664	0.500	2.4221	0.545	2.4798	0.590	2.5393
0.411	2.3140	0.456	2.3676	0.501	2.4234	0.546	2.4811	0.591	2.5406
0.412	2.3152	0.457	2.3688	0.502	2.4246	0.547	2.4824	0.592	2.5419
0.413	2.3164	0.458	2.3701	0.503	2.4259	0.548	2.4837	0.593	2.5433
0.414	2.3175	0.459	2.3713	0.504	2.4272	0.549	2.4850	0.594	2.5446
0.415	2.3187	0.460	2.3725	0.505	2.4284	0.550	2.4863	0.595	2.5460
0.416	2.3199	0.461	2.3737	0.506	2.4297	0.551	2.4876	0.596	2.5473

续表

B/A	PI	B/A	PI	B/A	PI	B/A	PI	B/A	PI
0.597	2.5487	0.642	2.6100	0.687	2.6728	0.732	2.7369	0.777	2.8023
0.598	2.5500	0.643	2.6114	0.688	2.6742	0.733	2.7384	0.778	2.8038
0.599	2.5514	0.644	2.6128	0.689	2.6756	0.734	2.7398	0.779	2.8052
0.600	2.5527	0.645	2.6141	0.690	2.6770	0.735	2.7412	0.780	2.8067
0.601	2.5540	0.646	2.6155	0.691	2.6784	0.736	2.7427	0.781	2.8082
0.602	2.5554	0.647	2.6169	0.692	2.6799	0.737	2.7441	0.782	2.8096
0.603	2.5567	0.648	2.6183	0.693	2.6813	0.738	2.7456	0.783	2.8111
0.604	2.5581	0.649	2.6197	0.694	2.6827	0.739	2.7470	0.784	2.8126
0.605	2.5595	0.650	2.6211	0.695	2.6841	0.740	2.7485	0.785	2.8141
0.606	2.5608	0.651	2.6224	0.696	2.6855	0.741	2.7499	0.786	2.8155
0.607	2.5622	0.652	2.6238	0.697	2.6869	0.742	2.7514	0.787	2.8170
0.608	2.5635	0.653	2.6252	0.698	2.6883	0.743	2.7528	0.788	2.8185
0.609	2.5649	0.654	2.6266	0.699	2.6898	0.744	2.7542	0.789	2.8199
0.610	2.5662	0.655	2.6280	0.700	2.6912	0.745	2.7557	0.790	2.8214
0.611	2.5676	0.656	2.6294	0.701	2.6926	0.746	2.7571	0.791	2.8229
0.612	2.5689	0.657	2.6308	0.702	2.6940	0.747	2.7586	0.792	2.8244
0.613	2.5703	0.658	2.6322	0.703	2.6954	0.748	2.7600	0.793	2.8258
0.614	2.5717	0.659	2.6335	0.704	2.6969	0.749	2.7615	0.794	2.8273
0.615	2.5730	0.660	2.6349	0.705	2.6983	0.750	2.7629	0.795	2.8288
0.616	2.5744	0.661	2.6363	0.706	2.6997	0.751	2.7644	0.796	2.8303
0.617	2.5757	0.662	2.6377	0.707	2.7011	0.752	2.7658	0.797	2.8317
0.618	2.5771	0.663	2.6391	0.708	2.7026	0.753	2.7673	0.798	2.8332
0.619	2.5785	0.664	2.6405	0.709	2.7040	0.754	2.7687	0.799	2.8347
0.620	2.5798	0.665	2.6419	0.710	2.7054	0.755	2.7702	0.800	2.8362
0.621	2.5812	0.666	2.6433	0.711	2.7068	0.756	2.7716	0.801	2.8376
0.622	2.5825	0.667	2.6447	0.712	2.7083	0.757	2.7731	0.802	2.8391
0.623	2.5839	0.668	2.6461	0.713	2.7097	0.758	2.7746	0.803	2.8406
0.624	2.5853	0.669	2.6475	0.714	2.7111	0.759	2.7760	0.804	2.8421
0.625	2.5866	0.670	2.6489	0.715	2.7125	0.760	2.7775	0.805	2.8436
0.626	2.5880	0.671	2.6503	0.716	2.7140	0.761	2.7789	0.806	2.8450
0.627	2.5894	0.672	2.6517	0.717	2.7154	0.762	2.7804	0.807	2.8465
0.628	2.5907	0.673	2.6531	0.718	2.7168	0.763	2.7818	0.808	2.8480
0.629	2.5921	0.674	2.6545	0.719	2.7183	0.764	2.7833	0.809	2.8495
0.630	2.5935	0.675	2.6559	0.720	2.7197	0.765	2.7848	0.810	2.8510
0.631	2.5949	0.676	2.6573	0.721	2.7211	0.766	2.7862	0.811	2.8525
0.632	2.5962	0.677	2.6587	0.722	2.7226	0.767	2.7877	0.812	2.8539
0.633	2.5976	0.678	2.6601	0.723	2.7240	0.768	2.7891	0.813	2.8554
0.634	2.5990	0.679	2.6615	0.724	2.7254	0.769	2.7906	0.814	2.8569
0.635	2.6004	0.680	2.6629	0.725	2.7269	0.770	2.7921	0.815	2.8584
0.636	2.6017	0.681	2.6643	0.726	2.7283	0.771	2.7935	0.816	2.8599
0.637	2.6031	0.682	2.6657	0.727	2.7297	0.772	2.7950	0.817	2.8614
0.638	2.6045	0.683	2.6671	0.728	2.7312	0.773	2.7964	0.818	2.8629
0.639	2.6059	0.684	2.6686	0.729	2.7326	0.774	2.7979	0.819	2.8644
0.640	2.6072	0.685	2.6700	0.730	2.7341	0.775	2.7994	0.820	2.8658
0.641	2.6086	0.686	2.6714	0.731	2.7355	0.776	2.8008	0.821	2.8673

续表

B/A	PI	B/A	PI	B/A	PI	B/A	PI	B/A	PI
0.822	2.8688	0.858	2.9228	0.894	2.9774	0.930	3.0326	0.966	3.0884
0.823	2.8703	0.859	2.9243	0.895	2.9789	0.931	3.0342	0.967	3.0900
0.824	2.8718	0.860	2.9258	0.896	2.9805	0.932	3.0357	0.968	3.0915
0.825	2.8733	0.861	2.9273	0.897	2.9820	0.933	3.0373	0.969	3.0931
0.826	2.8748	0.862	2.9288	0.898	2.9835	0.934	3.0388	0.970	3.0946
0.827	2.8763	0.863	2.9304	0.899	2.9851	0.935	3.0403	0.971	3.0962
0.828	2.8778	0.864	2.9319	0.900	2.9866	0.936	3.0419	0.972	3.0978
0.829	2.8793	0.865	2.9334	0.901	2.9881	0.937	3.0434	0.973	3.0993
0.830	2.8808	0.866	2.9349	0.902	2.9896	0.938	3.0450	0.974	3.1009
0.831	2.8823	0.867	2.9364	0.903	2.9912	0.939	3.0465	0.975	3.1024
0.832	2.8838	0.868	2.9379	0.904	2.9927	0.940	3.0481	0.976	3.1040
0.833	2.8852	0.869	2.9394	0.905	2.9942	0.941	3.0496	0.977	3.1056
0.834	2.8867	0.870	2.9409	0.906	2.9958	0.942	3.0512	0.978	3.1071
0.835	2.8882	0.871	2.9425	0.907	2.9973	0.943	3.0527	0.979	3.1087
0.836	2.8897	0.872	2.9440	0.908	2.9988	0.944	3.0543	0.980	3.1103
0.837	2.8912	0.873	2.9455	0.909	3.0004	0.945	3.0558	0.981	3.1118
0.838	2.8927	0.874	2.9470	0.910	3.0019	0.946	3.0574	0.982	3.1134
0.839	2.8942	0.875	2.9485	0.911	3.0034	0.947	3.0589	0.983	3.1149
0.840	2.8957	0.876	2.9500	0.912	3.0050	0.948	3.0605	0.984	3.1165
0.841	2.8972	0.877	2.9516	0.913	3.0065	0.949	3.0620	0.985	3.1181
0.842	2.8987	0.878	2.9531	0.914	3.0080	0.950	3.0636	0.986	3.1196
0.843	2.9002	0.879	2.9546	0.915	3.0096	0.951	3.0651	0.987	3.1212
0.844	2.9017	0.880	2.9561	0.916	3.0111	0.952	3.0667	0.988	3.1228
0.845	2.9032	0.881	2.9576	0.917	3.0126	0.953	3.0682	0.089	3.1243
0.846	2.9047	0.882	2.9591	0.918	3.0142	0.954	3.0698	0.990	3.1259
0.847	2.9062	0.883	2.9607	0.919	3.0157	0.955	3.0713	0.991	3.1275
0.848	2.9077	0.884	2.9622	0.920	3.0172	0.956	3.0729	0.992	3.1290
0.849	2.9092	0.885	2.9637	0.921	3.0188	0.957	3.0744	0.993	3.1306
0.850	2.9108	0.886	2.9652	0.922	3.0203	0.958	3.0760	0.994	3.1322
0.851	2.9123	0.887	2.9668	0.923	3.0219	0.959	3.0775	0.995	3.1337
0.852	2.9138	0.888	2.9683	0.924	3.0234	0.960	3.0791	0.996	3.1353
0.853	2.9153	0.889	2.9698	0.925	3.0249	0.961	3.0806	0.997	3.1369
0.854	2.9168	0.890	2.9713	0.926	3.0265	0.962	3.0822	0.998	3.1385
0.855	2.9183	0.891	2.9728	0.927	3.0280	0.963	3.0837	0.999	3.1400
0.856	2.9198	0.892	2.9744	0.928	3.0296	0.964	3.0853		
0.857	2.9213	0.893	2.9759	0.929	3.0311	0.965	3.0869		

注：A—长轴，B—短轴，PI—周率，椭圆周长 $L=PI\times$长轴。

（6）圆周等分：

$S=DK$

式中 S——圆周上每一等分的弦长；

D——直径；

K——圆周等分系数（见附表 2）。

圆周等分系数表　　　　**附表 2**

等分数 n	系数 K	等分数 n	系数 K	等分数 n	系数 K	等分数 n	系数 K
3	0.86603	28	0.11197	53	0.059240	78	0.040265
4	0.70711	29	0.10812	54	0.058145	79	0.039757
5	0.58779	30	0.10453	55	0.057090	80	0.039260
6	0.50000	31	0.10117	56	0.056071	81	0.038775
7	0.43388	32	0.098015	57	0.055087	82	0.038302
8	0.38268	33	0.095056	58	0.054138	83	0.037841
9	0.34202	34	0.092269	59	0.053222	84	0.037391
10	0.30902	35	0.089640	60	0.052336	85	0.036951
11	0.28173	36	0.087156	61	0.051478	86	0.036522
12	0.25882	37	0.084805	62	0.050649	87	0.036102
13	0.23932	38	0.082580	63	0.049845	88	0.035692
14	0.22252	39	0.080466	64	0.049067	89	0.035291
15	0.20791	40	0.078460	65	0.048313	90	0.034899
16	0.19509	41	0.076549	66	0.047581	91	0.034516
17	0.18375	42	0.074731	67	0.046872	92	0.034141
18	0.17365	43	0.072995	68	0.046183	93	0.033774
19	0.16459	44	0.071339	69	0.045514	94	0.033415
20	0.15643	45	0.069756	70	0.044864	95	0.033064
21	0.14904	46	0.068243	71	0.044233	96	0.032719
22	0.14232	47	0.066792	72	0.043619	97	0.032381
23	0.13617	48	0.065403	73	0.043022	98	0.032051
24	0.13053	49	0.064073	74	0.042441	99	0.031728
25	0.12533	50	0.062791	75	0.041875	100	0.031410
26	0.12054	51	0.061560	76	0.041325		
27	0.11609	52	0.060379	77	0.040788		

参考文献

1. 国家标准. 钢铁产品牌号表示方法（GB/T 221—2008). 北京：中国标准出版社，2008.
2. 国家标准. 碳素结构钢（GB/T700—2006). 北京：中国标准出版社，2006.
3. 国家标准. 低合金高强度结构钢（GB/T 1591—2008). 北京：中国标准出版社，2008.
4. 国家标准. 钢分类（GB/T 13304.1—2008、GB/T 13304.2—2008). 北京：中国标准出版社，2008.
5. 上海市金属结构行业协会. 建筑钢结构制作工艺师［M]. 北京：中国建筑工业出版社，2006.
6. 上海市金属结构行业协会. 建筑钢结构焊接工艺师［M]. 北京：中国建筑工业出版社，2006.
7. 中国钢结构协会. 建筑钢结构施工手册［M]. 北京：中国计划出版社，2002.
8. 国家标准. 钢结构工程施工质量验收规范（GB 50205—2001). 北京：中国建筑工业出版社，2001.
9. 国家标准. 建筑施工高处作业安全技术规范（JGJ 80—1991). 北京：中国建筑工业出版社，1991.
10. 国家标准. 房屋建筑制图统一标准（GB 50001—2010). 北京：中国建筑工业出版社，2010.
11. 国家标准. 建筑结构制图标准（GB 50105—2010). 北京：中国建筑工业出版社，2010.
12. 国振喜. 实用建筑工程施工及验收手册［M]. 北京：中国建筑工业出版社，2004.
13. 丁阳. 钢结构设计原理［M]. 天津：天津大学出版社，2004.
14. 苏明周. 钢结构［M]. 北京：中国建筑工业社出版，2003.
15. 黄呈伟. 钢结构基本原理［M]. 重庆：重庆大学出版社，2002.
16. 陈建平. 钢结构构工程施工质量控制［M]. 上海：同济大学出版社，1999.
17. 秦国冶，田志明. 防腐蚀技术应用实例［M]. 北京：化学工业出版社，2002.
18. 顾纪清. 实用钢结构施工手册［M]. 上海：上海科学技术出版社，2005.
19. 沈祖炎，黄文忠，沈德洪. 钢结构制作安装手册［M]. 北京：中国建筑工业出版社，1998.
20. 梁建智，于近安. 建筑施工手册（中册）［M]. 北京：中国建筑工业出版社，1981.
21. 陈华杰，李宪麟. 简明冷作钣金工手册［M]. 上海：上海科学技术出版社，2005.
22. 夏巨谌等. 实用钣金工（第二版）［M]. 北京：机械工业出版社，1999.